应用型本科院校"十三五"规划教材/数学

U0226878

主 编 于 丽

副主编 徐 萍 陈佳妮

李世巍 丁 敏

高等数学

下册 （第2版）

Advanced Mathematics

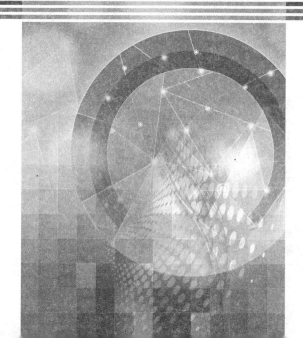

哈尔滨工业大学出版社

内 容 简 介

全书分上、下两册出版。本册(下册)内容包括:第 5 章向量代数与空间解析几何;第 6 章多元函数微分学;第 7 章多元函数积分学;第 8 章无穷级数;第 9 章 Mathematica 实验。

本书适合于应用型本科院校工程类、经济类、管理类专业学生自学及教学使用,也可供工程技术、科技人员参考。

图书在版编目(CIP)数据

高等数学.下/于丽主编.—2 版.—哈尔滨:哈尔滨工业大学出版社,2016.1(2018.1 重印)
应用型本科院校"十二五"规划教材
ISBN 978 - 7 - 5603 - 5800 - 0
应用型本科院校"十二五"规划教材

Ⅰ.①高… Ⅱ.①于… Ⅲ.①高等数学-高等学校-教材 Ⅳ.①O13

中国版本图书馆 CIP 数据核字(2015)第 318801 号

策划编辑 杜 燕 赵文斌
责任编辑 李广鑫
出版发行 哈尔滨工业大学出版社
社　　址 哈尔滨市南岗区复华四道街 10 号　邮编 150006
传　　真 0451 - 86414749
网　　址 http://hitpress.hit.edu.cn
印　　刷 哈尔滨久利印刷有限公司
开　　本 787mm×1092mm　1/16　印张 16.25　字数 373 千字
版　　次 2014 年 1 月第 1 版　2016 年 1 月第 2 版
　　　　 2018 年 1 月第 3 次印刷
书　　号 ISBN 978 - 7 - 5603 - 5800 - 0
定　　价 30.00 元

序

　　哈尔滨工业大学出版社策划的《应用型本科院校"十三五"规划教材》即将付梓,诚可贺也。

　　该系列教材卷帙浩繁,凡百余种,涉及众多学科门类,定位准确,内容新颖,体系完整,实用性强,突出实践能力培养。不仅便于教师教学和学生学习,而且满足就业市场对应用型人才的迫切需求。

　　应用型本科院校的人才培养目标是面对现代社会生产、建设、管理、服务等一线岗位;培养能直接从事实际工作、解决具体问题、维持工作有效运行的高等应用型人才。应用型本科与研究型本科和高职高专院校在人才培养上有着明显的区别,其培养的人才特征是:①就业导向与社会需求高度吻合;②扎实的理论基础和过硬的实践能力紧密结合;③具备良好的人文素质和科学技术素质;④富于面对职业应用的创新精神。因此,应用型本科院校只有着力培养"进入角色快、业务水平高、动手能力强、综合素质好"的人才,才能在激烈的就业市场竞争中站稳脚跟。

　　目前国内应用型本科院校所采用的教材往往只是对理论性较强的本科院校教材的简单删减,针对性、应用性不够突出,因材施教的目的难以达到。因此亟须既有一定的理论深度又注重实践能力培养的系列教材,以满足应用型本科院校教学目标、培养方向和办学特色的需要。

　　哈尔滨工业大学出版社出版的《应用型本科院校"十三五"规划教材》,在选题设计思路上认真贯彻教育部关于培养适应地方、区域经济和社会发展需要的"本科应用型高级专门人才"精神,根据前黑龙江省委书记吉炳轩同志提出的关于加强应用型本科院校建设的意见,在应用型本科试点院校成功经验总结的基础上,特邀请黑龙江省9所知名的应用型本科院校的专家、学者联合编写。

　　本系列教材突出与办学定位、教学目标的一致性和适应性,既严格遵照学科体系的知识构成和教材编写的一般规律,又针对应用型本科人才培养目标及与之相适应的教学特点,精心设计写作体例,科学安排知识内容,围绕应用讲授理论,做到"基础知识够用、实践技能实用、专业理论管用"。同时注意适当融入新理论、新技术、新工艺、新成果,并且制作了与本书配套的PPT多媒体教学课件,形成立体化教材,供教师参考使用。

《应用型本科院校"十三五"规划教材》的编辑出版,是适应"科教兴国"战略对复合型、应用型人才的需求,是推动相对滞后的应用型本科院校教材建设的一种有益尝试,在应用型创新人才培养方面是一件具有开创意义的工作,为应用型人才的培养提供了及时、可靠、坚实的保证。

希望本系列教材在使用过程中,通过编者、作者和读者的共同努力,厚积薄发、推陈出新、细上加细、精益求精,不断丰富、不断完善、不断创新,力争成为同类教材中的精品。

第 2 版前言

随着我国经济建设与科学技术的迅速发展,应用型教育已进入了一个飞速发展时期。为了更好地适应培养高等技术应用型人才的需要,促进和加强应用型本科院校高等数学的教学改革和教材建设,由哈尔滨远东理工学院数学教研室教师编写了这本非数学类的教材。

在编写中,我们结合应用型本科院校的实际情况,遵循"以应用为目的,以必须够用为度"的原则,在保证科学性的基础上,吸取了许多国内优秀教材的精华,注意处理基础与应用、理论与实践的关系,适当地削弱理论证明,注重计算能力、分析问题能力、解决问题能力的培养,通俗易懂,既便于学生学习,又便于教师参考。

本教材由于丽任主编,由徐萍、陈佳妮、李世巍、丁敏任副主编。编写分工如下:丁敏编写第 5 章向量代数与空间解析几何;陈佳妮编写第 6 章多元函数微分学;徐萍编写第 7 章多元函数积分学;于丽编写第 8 章无穷级数;李世巍编写第 9 章 Mathematica 实验。

由于水平有限,书中难免有不妥之处,殷切希望广大读者批评指正,以便不断地改善。

编　　者

2015 年 12 月

目　　录

第 **5** 章

向量代数与空间解析几何

在平面解析几何中,通过建立平面直角坐标系,使平面上的点与二元有序实数组建立了一一对应关系,并把平面上的图形与代数方程对应起来,从而利用代数的方法研究平面几何问题.空间解析几何也可按照类似的方法,建立空间上的点与三元有序实数组、空间图形与代数方程之间的一一对应关系,并利用代数的方法研究空间几何问题.

本章首先介绍向量的基本知识,将平面向量的有关知识推广到空间向量,并以空间向量为工具讨论空间平面与直线,介绍空间曲面与曲线.掌握这些内容对于今后学习多元函数的微积分学具有十分重要的作用.

5.1　向量及其线性运算

一、向量的概念

客观世界的事物中,存在着这样一类量,它们既有大小,又有方向,我们称这一类量为向量(或矢量),例如力、位移、速度等.由于一切向量的共性是它们都有大小和方向,因此在数学上我们只研究与起点无关的向量,并称这种向量为自由向量(以后简称向量).在数学上,常用一条有向线段来表示向量,其中有向线段的长度表示向量的大小,有向线段的方向表示向量的方向.如图 5.1,以 A 为起点、B 为终点的有向线段所表示的向量记作 $\overrightarrow{AB}$,有时也用一个黑体字母 a、r、v、F 或 $\vec{a}$、$\vec{r}$、$\vec{v}$、$\vec{F}$ 等来表示.

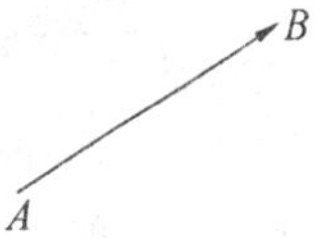

图 5.1

设 a 为一向量,与 a 的大小相同而方向相反的向量叫作 a 的负向量,记作 $-a$.

向量的大小叫作向量的模.向量 $\overrightarrow{AB}$、a 的模依次记作 $|\overrightarrow{AB}|$、$|a|$.模等于1的向量叫作单位向量.一般地,我们用 e_a 表示与非零向量 a 同方向的单位向量.模等于零的向量叫作零向量,记作 **0**.零向量的起点和终点重合,它的方向可以看作是任意的.

如果两个向量 a、b 的模相等,即 $|a|=|b|$,且方向相同,我们称 a 和 b 是相等的,记作 $a=b$.在数学上,经过平行移动后能够完全重合的向量是相等的.

设有两个非零向量 a、b,任取空间一点 O,作向量 $\overrightarrow{OA}=a$,$\overrightarrow{OB}=b$,规定不超过 π 的 $\angle AOB$(设 $\varphi=\angle AOB$,$0\leqslant\varphi\leqslant\pi$)称为向量 a 与 b 的夹角(图 5.2),记作 $\langle a,b\rangle$ 或 $\langle b,a\rangle$,

即〈a,b〉$=\varphi$. 如果向量 a 与 b 中有一个是零向量,规定它们的夹角可以在 0 到 π 之间任意取值.

如果〈a,b〉$=0$ 或 π,称向量 a 与 b 平行,记作 $a \parallel b$. 如果〈a,b〉$=\dfrac{\pi}{2}$,称向量 a 与 b 垂直,记作 $a \perp b$. 由于零向量与另一向量的夹角可以在 0 到 π 之间任意取值,因此可以认为零向量与任何向量都平行,也可以认为零向量与任何向量都垂直.

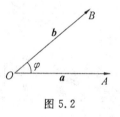

图 5.2

当两个平行向量的起点在同一点时,它们的终点和公共起点应在一条直线上.因此,两个向量平行,又称为两个向量共线.

类似地,还有向量共面的概念.设 $k(k \geqslant 3)$ 个向量,当把它们的起点放在同一点时,如果 k 个终点和公共起点在一个平面上,称这 k 个向量共面.

二、向量的线性运算

向量的加法、减法以及向量与数的乘法运算统称为向量的线性运算.

1. 向量的加法

在几何上将向量 a 与 b 的起点放在一起,并以 a 和 b 为邻边作平行四边形,则从起点 A 到对角顶点 C 的向量称为向量 a 与 b 的和向量,记作 $a+b$(图 5.3). 将向量 b 平移至其起点与 a 的终点重合,从向量 a 的起点至向量 b 的终点的向量也是向量 a 与 b 的和向量(图 5.4). 前者称为向量加法的平行四边形法则,后者称为向量加法的三角形法则. 如图 5.5,三角形法则可推广到多个向量的加法.

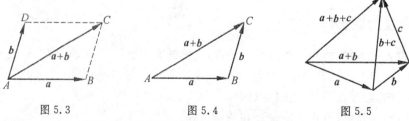

图 5.3　　　　　　图 5.4　　　　　　图 5.5

由向量加法的规定可知,向量的加法满足如下的性质:

(1) 交换律: $a+b=b+a$;

(2) 结合律: $(a+b)+c=a+(b+c)$.

这是因为,由向量加法的规定(三角形法则),参见图 5.3:

$$a+b=\overrightarrow{AB}+\overrightarrow{BC}=\overrightarrow{AC}=c,$$
$$b+a=\overrightarrow{AD}+\overrightarrow{DC}=\overrightarrow{AC}=c,$$

所以交换律成立.又如图 5.5,先作 $a+b$ 再加上 c,即得和 $(a+b)+c$,若以 a 与 $b+c$ 相加,则可得同样结果,所以结合律成立.

2. 向量的减法

前面我们已经定义了负向量,我们规定两个向量 b 与 a 的差,即把向量 $-a$ 加到向量 b 上,便得 b 与 a 的差 $b-a$,即 $b-a=b+(-a)$(图 5.6).

按此规定,两个向量的减法也可按三角形法则进行:把 a 与 b 的起点放在一起,从 a 的

终点至 b 的终点的向量即为 $b-a$(图 5.7).

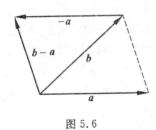

图 5.6

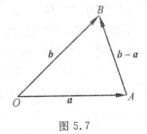

图 5.7

3. 向量与数的乘法

设 λ 为任一实数,向量 a 与数 λ 的乘积是一个向量,记为 λa,并规定:

(1) $|\lambda a|=|\lambda||a|$;

(2) 当 $\lambda>0$ 时,λa 与 a 同向;当 $\lambda<0$ 时,λa 与 a 反向;

(3) 当 $\lambda=0$ 时,$\lambda a=0$(零向量),此时它的方向可以是任意的.

特别地,当 $\lambda=\pm1$ 时,有 $1a=a,(-1)a=-a$.

向量与数的乘法满足如下运算规律:

(1) 交换律:$\lambda a=a\lambda$;

(2) 结合律:$\lambda(\mu a)=(\lambda\mu)a=\mu(\lambda a)$(其中 λ、μ 为常数);

(3) 分配律:$(\lambda+\mu)a=\lambda a+\mu a,\lambda(a+b)=\lambda a+\lambda b$.

证　以下将以结合律为例给予证明. 由向量与数的乘积的规定可知,向量 $\lambda(\mu a)$、$\mu(\lambda a)$、$(\lambda\mu)a$ 都是平行的向量,它们的指向也是相同的,且

$$|\lambda(\mu a)|=|\mu(\lambda a)|=|(\lambda\mu)a|=|\mu||a|,$$

所以

$$\lambda(\mu a)=(\lambda\mu)a=\mu(\lambda a).$$

前面已经介绍过,模长等于 1 的向量叫作单位向量. 设 a 为非零向量,显然有

$$e_a=\frac{a}{|a|},$$

这表示一个非零向量除以它的模的结果是一个与原向量同方向的单位向量.

由于向量 λa 与 a 平行,因此我们常用向量与数的乘积来说明两个向量的平行关系. 即有

定理 5.1　设向量 $a\neq0$,那么,向量 b 平行于 a 的充分必要条件是:存在唯一的实数 λ,使 $b=\lambda a$.

证　条件的充分性是显然的,下面证明条件的必要性.

设 $b/\!/a$. 取 $|\lambda|=\dfrac{|b|}{|a|}$,当 b 与 a 同向时 λ 取正值,当 b 与 a 反向时 λ 取负值,即有 $b=\lambda a$. 这是因为此时 b 与 λa 同向,而且

$$|\lambda a|=|\lambda||a|=\frac{|b|}{|a|}|a|=|b|.$$

再证数 λ 的唯一性. 设 $b=\lambda a$,又设 $b=\mu a$,两式相减得 $(\lambda-\mu)a=0$,即

$$|\lambda-\mu||a|=|0|=0.$$

因 $|a| \neq 0$，故 $|\lambda - \mu| = 0$，即 $\lambda = \mu$.

定理 5.1 是建立数轴的理论依据. 我们知道, 给定一个点、一个方向及单位长度, 就确定了一条数轴. 由于一个单位向量既确定了方向, 又确定了单位长度, 因此, 给定一个点及一个单位向量就确定了一条数轴. 设点 O 及单位向量 i 确定了数轴 Ox (图 5.8), 对于轴上任一点 P, 对应一个向量 $\overrightarrow{OP}$, 由于 $\overrightarrow{OP} \parallel i$, 根据定理 5.1, 必有唯一的实数 x, 使 $\overrightarrow{OP} = xi$ (实数 x 叫作轴上有向线段 $\overrightarrow{OP}$ 的值), 并知 $\overrightarrow{OP}$ 与实数 x 一一对应. 于是

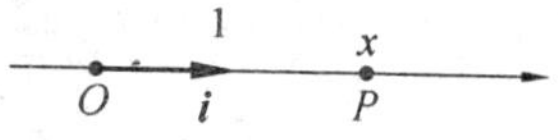

$$点\ P \leftrightarrow 向量\ \overrightarrow{OP} \leftrightarrow 实数\ x,$$

图 5.8

从而轴上的点 P 与实数 x 有一一对应的关系. 据此, 定义实数 x 为轴上点 P 的坐标.

由此可知, 轴上点 P 的坐标为 x 的充分必要条件是 $\overrightarrow{OP} = xi$.

三、空间直角坐标系

空间直角坐标系是平面直角坐标系的自然推广, 也是常用的一种空间坐标系. 在平面直角坐标系中, 一个点的位置可以用两个数组成的有序数组来描绘, 而空间中一个点的位置, 需要三个数所组成的有序数组来确定.

在空间中取定一点 O 和三个两两垂直的单位向量 i、j、k, 就确定了以点 O 为原点三条具有相同单位长度并且两两互相垂直的数轴, 依次记为 x 轴 (横轴)、y 轴 (纵轴)、z 轴 (竖轴), 统称坐标轴. 通常把 x 轴和 y 轴配置在水平面上, 而 z 轴则在铅垂线上, 它们的正方向符合右手规则, 即以右手握住 z 轴, 当右手的四个手指从 x 轴的正向以 $\frac{\pi}{2}$ 角度转向 y 轴的正向时, 竖起的大拇指的指向为 z 轴的正向 (图 5.9), 这样就建立了空间直角坐标系, 这个坐标系称为右手直角坐标系, 也称为 $O\text{-}xyz$ 坐标系, 点 O 称为坐标原点.

三条坐标轴中的任意两条可以确定一个平面, 由 x 轴与 y 轴所确定的坐标面称为 xOy 面, 由 y 轴与 z 轴所确定的坐标面称为 yOz 面, 由 z 轴与 x 轴所确定的坐标面称为 zOx 面, 这三个平面统称为坐标面. 三个坐标面把空间分成八个部分, 每部分叫作一个卦限, 共八个卦限, 其中含有 x 轴、y 轴、z 轴正半轴那个卦限称为第一卦限, 其他第二、第三、第四卦限在 xOy 面上方按逆时针方向依次确定, 并分别用罗马数字记为 Ⅰ、Ⅱ、Ⅲ、Ⅳ 卦限, 在 xOy 面下方与 Ⅰ、Ⅱ、Ⅲ、Ⅳ 卦限相对的依次为第五至第八卦限, 记为 Ⅴ、Ⅵ、Ⅶ、Ⅷ 卦限 (图 5.10).

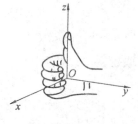

图 5.9

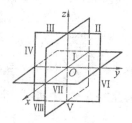

图 5.10

在空间中建立了直角坐标系 $O\text{-}xyz$ 后, 就可以建立空间中的点与 $\mathbf{R}^3$ 中的元素之间的一一对应关系.

在空间中任取一点 M,过点 M 作三个平面分别垂直于三个坐标轴并分别交 x 轴、y 轴、z 轴于点 P、Q、R(图 5.11).设 P、Q、R 在三个坐标轴上的坐标分别为 x、y、z,则$(x,y,z) \in \mathbf{R}^3$,并且元素(x,y,z)由点 M 唯一确定.称(x,y,z)为点 M 的坐标,其中 x 称为点 M 的横坐标,y 称为点 M 的纵坐标,z 称为点 M 的竖坐标,记点 M 为 $M(x,y,z)$.

另一方面,对任意的$(x,y,z) \in \mathbf{R}^3$,则在 x 轴、y 轴、z 轴上分别存在点 P、Q、R,并且它们的坐标为 x、y、z.过点 P、Q、R 作三个平面分别垂直于 x 轴、y 轴、z 轴,这三个平面的交点 M 由(x,y,z)唯一确定.

综上可知,空间中的点与 $\mathbf{R}^3$ 中的元素可以建立一一对应关系.在不致于混淆的情况下,将 $\mathbf{R}^3$ 中的元素称为空间中的点,$\mathbf{R}^3$ 也称为空间.

下面来定义 $\mathbf{R}^3$ 中的任意两点间的距离.

设 $M_1(x_1,y_1,z_1)$、$M_2(x_2,y_2,z_2)$ 是 $\mathbf{R}^3$ 中的任意两点,过点 M_1 与点 M_2 分别作垂直于三个坐标轴的平面,这六个平面围成一个以线段 M_1M_2 为对角线的长方体(图 5.12),称线段 M_1M_2 的长度为点 M_1 与点 M_2 之间的距离,记为 $|M_1M_2|$.由图 5.12 可知

$$|M_1M_2| = \sqrt{(x_2-x_1)^2 + (y_2-y_1)^2 + (z_2-z_1)^2}.$$

特别地,点 $M(x,y,z)$ 与坐标原点 $O(0,0,0)$ 之间的距离为 $|OM| = \sqrt{x^2+y^2+z^2}$.

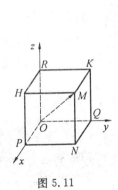

图 5.11

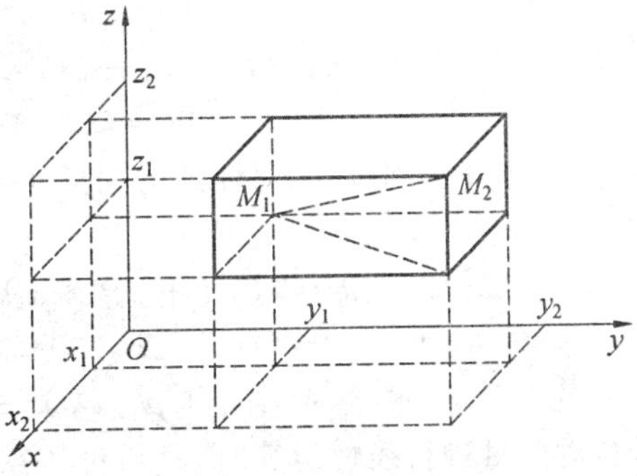

图 5.12

四、向量的坐标表示

下面建立 $\mathbf{R}^3$ 中的点与向量之间的一一对应关系.

在空间中建立直角坐标系 $O\text{-}xyz$ 后,选取分别与 x 轴、y 轴、z 轴的正方向相同的单位向量 i,j,k,并称它们为 $O\text{-}xyz$ 坐标系下的基本单位向量.

对应空间中的任一向量 $\overrightarrow{OM}$,把它的起点放在坐标原点 $O(0,0,0)$,终点 M 对应的坐标记为(x,y,z).以 $\overrightarrow{OM}$ 为对角线并以三个坐标轴为棱作一个长方体(图 5.11),则

$$\overrightarrow{OM} = \overrightarrow{OP} + \overrightarrow{OQ} + \overrightarrow{OR}.$$

于是由 $i /\!/ \overrightarrow{OP},j /\!/ \overrightarrow{OQ},k /\!/ \overrightarrow{OR}$ 可得 $\overrightarrow{OP} = xi,\overrightarrow{OQ} = yj,\overrightarrow{OR} = zk$.

由此可得

$$\overrightarrow{OM} = xi + yj + zk.$$

上式称为向量 $\overrightarrow{OM}$ 按基本单位向量的分解式,其中 xi、yj、zk 分别称为向量 $\overrightarrow{OM}$ 沿 x 轴、y 轴、z 轴方向的分向量.此时,有序数组(x,y,z)称为 $\overrightarrow{OM}$ 的坐标,并记为 $\overrightarrow{OM} = (x,y,z)$,

称其为向量 $\overrightarrow{OM}$ 的坐标表达式.

由上面的讨论可推知,对于空间中的每一个向量 $\overrightarrow{OM}$,在空间 $\mathbf{R}^3$ 中存在唯一的一点 $M(x,y,z)$,使得 $\overrightarrow{OM}=(x,y,z)$;反之,对于空间 $\mathbf{R}^3$ 中的每一个点 $M(x,y,z)$,也可以唯一确定一个向量 $\overrightarrow{OM}=(x,y,z)$.

向量 $\overrightarrow{OM}$ 称为点 M 关于原点 O 的位置向量或向径.由此表明,一个点与该点的向径有相同的坐标,这样空间中所有向量构成的集合与 $\mathbf{R}^3$ 构成一一对应关系,即

$$点\ M \leftrightarrow \overrightarrow{OM}=x\boldsymbol{i}+y\boldsymbol{j}+z\boldsymbol{k}\leftrightarrow(x,y,z).$$

在不致混淆的情况下,空间中所有向量构成的集合也记为 $\mathbf{R}^3$,(x,y,z) 也称为三维向量或向量.空间解析几何中所说的向量都是指三维向量.

坐标面上和坐标轴上的点,其坐标各有一定的特征:如果点 M 在 xOy 面上,则 $z=0$;在 yOz 面上,则 $x=0$;在 zOx 面上,则 $y=0$.如果点 M 在 z 轴上,则 $x=y=0$;在 x 轴上,则 $y=z=0$;在 y 轴上,则 $z=x=0$.

利用向量的坐标表达式可知,向量的线性运算有以下三种情况:

设 $\boldsymbol{a}=(a_x,a_y,a_z),\boldsymbol{b}=(b_x,b_y,b_z)$,即

$$\boldsymbol{a}=a_x\boldsymbol{i}+a_y\boldsymbol{j}+a_z\boldsymbol{k},\boldsymbol{b}=b_x\boldsymbol{i}+b_y\boldsymbol{j}+b_z\boldsymbol{k}.$$

λ 为任意实数,则有

$$\boldsymbol{a}+\boldsymbol{b}=(a_x+b_x,a_y+b_y,a_z+b_z);$$
$$\boldsymbol{a}-\boldsymbol{b}=(a_x-b_x,a_y-b_y,a_z-b_z);$$
$$\lambda\boldsymbol{a}=(\lambda a_x,\lambda a_y,\lambda a_z).$$

由向量的运算法则可知,对任意的向量 $\boldsymbol{a}=(a_x,a_y,a_z)$、$\boldsymbol{b}=(b_x,b_y,b_z)$ 及任意的实数 λ、μ,有

$$\lambda\boldsymbol{a}+\mu\boldsymbol{b}=\lambda(a_x\boldsymbol{i}+a_y\boldsymbol{j}+a_z\boldsymbol{k})+\mu(b_x\boldsymbol{i}+b_y\boldsymbol{j}+b_z\boldsymbol{k})$$
$$=(\lambda a_x+\mu b_x)\boldsymbol{i}+(\lambda a_y+\mu b_y)\boldsymbol{j}+(\lambda a_z+\mu b_z)\boldsymbol{k}$$
$$=(\lambda a_x+\mu b_x,\lambda a_y+\mu b_y,\lambda a_z+\mu b_z).$$

由此可知,对向量进行线性运算时,只须对其各个坐标分别进行相应的运算.利用向量的坐标表达式可以得到两向量平行的充分必要条件:

定理 5.2 对于给定的向量 $\boldsymbol{a}=(a_x,a_y,a_z)$、$\boldsymbol{b}=(b_x,b_y,b_z)$,则向量 $\boldsymbol{a}$ 与向量 $\boldsymbol{b}$ 平行的充分必要条件是:存在实数 λ,使得

$$(b_x,b_y,b_z)=\lambda(a_x,a_y,a_z).$$

【例 5.1】 已知空间中的两点 $A(x_1,y_1,z_1)$、$B(x_2,y_2,z_2)$ 以及实数 $\lambda(\lambda\neq-1)$.如果点 P 在直线 AB 上,且 $\overrightarrow{AP}=\lambda\overrightarrow{PB}$,试求点 P 的坐标.

解 设点 P 的坐标为 (x,y,z),则由 $\overrightarrow{AP}=\lambda\overrightarrow{PB}$ 可得

$$(x-x_1,y-y_1,z-z_1)=\lambda(x_2-x,y_2-y,z_2-z).$$

于是由向量相等的定义可得

$$\begin{cases} x=\dfrac{x_1+\lambda x_2}{1+\lambda} \\[2mm] y=\dfrac{y_1+\lambda y_2}{1+\lambda}, \\[2mm] z=\dfrac{z_1+\lambda z_2}{1+\lambda} \end{cases}$$

即点 P 的坐标为

$$\left(\frac{x_1 + \lambda x_2}{1 + \lambda}, \frac{y_1 + \lambda y_2}{1 + \lambda}, \frac{z_1 + \lambda z_2}{1 + \lambda}\right).$$

通常将点 P 称为有向线段 $\overrightarrow{AB}$ 的 λ 分点. 特别地,当 $\lambda = 1$ 时,得到线段 AB 的中点 P 的坐标是

$$\left(\frac{x_1 + x_2}{2}, \frac{y_1 + y_2}{2}, \frac{z_1 + z_2}{2}\right).$$

通过本例我们看到,记号 (x, y, z) 既可以表示点又可以表示向量. 在几何中,点与向量是两个不同的概念,不可混淆. 因此在遇到记号 (x, y, z) 时,须从上下文去确定它表示的是一个点还是一个向量. 当 (x, y, z) 表示向量时,可对它进行运算;当 (x, y, z) 表示点时,就不能进行运算.

五、向量的模方向角与方向余弦

为了表示向量的方向,我们引入方向角的概念.

对于任意一个向量 $a = (x, y, z)$,由空间 $\mathbf{R}^3$ 中两点间的距离公式可知,向量 $a = (x, y, z)$ 的模可用其坐标表示为

$$|a| = \sqrt{x^2 + y^2 + z^2}.$$

如果 $a \neq \mathbf{0}$,则把向量 a 与 x 轴、y 轴、z 轴正向之间的夹角 α、β、γ(规定 $0 \leqslant \alpha, \beta, \gamma \leqslant \pi$)(图 5.13)称为向量 a 的方向角,称 $\cos \alpha$、$\cos \beta$、$\cos \gamma$ 为向量 a 的方向余弦. 由向量的坐标表达式可推得

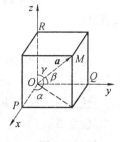

图 5.13

$$\cos \alpha = \frac{x}{|a|} = \frac{x}{\sqrt{x^2 + y^2 + z^2}};$$

$$\cos \beta = \frac{y}{|a|} = \frac{y}{\sqrt{x^2 + y^2 + z^2}};$$

$$\cos \gamma = \frac{z}{|a|} = \frac{z}{\sqrt{x^2 + y^2 + z^2}}.$$

从而有

$$\cos^2 \alpha + \cos^2 \beta + \cos^2 \gamma = 1,$$

并且

$$(\cos \alpha, \cos \beta, \cos \gamma) = \frac{1}{|a|}(x, y, z) = \frac{1}{|a|}a = e_a.$$

上式表明 $(\cos \alpha, \cos \beta, \cos \gamma)$ 是与向量 a 同方向的单位向量.

【例 5.2】　求向量 $a = 2i - 3j + 5k$ 的模,方向角与它的单位向量 e_a,并用 e_a 表示 a.

解　因为 $a = (2, -3, 5)$,于是向量 a 的模为

$$|a| = \sqrt{2^2 + (-3)^2 + 5^2} = \sqrt{38}, e_a = \frac{1}{\sqrt{38}}(2, -3, 5);$$

向量 a 的方向角分别记为 α、β、γ,则方向余弦为

$$\cos \alpha = \frac{2}{\sqrt{38}}, \cos \beta = -\frac{3}{\sqrt{38}}, \cos \gamma = \frac{5}{\sqrt{38}};$$

向量 a 的方向角为

$$\alpha = \arccos \frac{2}{\sqrt{38}}, \beta = \arccos\left(-\frac{3}{\sqrt{38}}\right), \gamma = \arccos \frac{5}{\sqrt{38}};$$

$$a = \sqrt{38} e_a.$$

六、向量在轴上的投影

若撇开 y 轴和 z 轴，单独考虑 x 轴与向量 $\overrightarrow{OM}$ 的关系，那么从图 5.13 可见，过点 M 作与 x 轴垂直的平面，此平面与 x 轴的交点即为点 P．做出点 P，即得向量 $\overrightarrow{OM}$ 在 x 轴上的分向量 $\overrightarrow{OP}$，进而由 $\overrightarrow{OP} = xi$，便得向量在 x 轴上的坐标 x，且 $x = |\overrightarrow{OM}| \cos \alpha$．

一般地，设点 O 及单位向量 e 确定 u 轴（图 5.14）．任给向量 $\overrightarrow{OM}$，再过点 M 作与 u 轴垂直的平面交轴于点 M'（点 M' 叫作点 M 在 u 轴上的投影），则向量 $\overrightarrow{OM'}$ 称为向量 $\overrightarrow{OM}$ 在 u 轴上的分向量．设 $\overrightarrow{OM'} = \lambda e$，则数 λ 称为向量 $\overrightarrow{OM}$ 在 u 轴上的投影，记作 $\mathrm{Prj}_u \overrightarrow{OM}$ 或 $(\overrightarrow{OM})_u$．

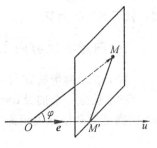

图 5.14

由此定义，向量 a 在直角坐标系 $O\text{-}xyz$ 中的坐标 a_x、a_y、a_z 就是 a 在三条坐标轴上的投影，即

$$a_x = \mathrm{Prj}_x a, a_y = \mathrm{Prj}_y a, a_z = \mathrm{Prj}_z a,$$

或记作

$$a_x = (a)_x, a_y = (a)_y, a_z = (a)_z.$$

由此可知，向量的投影具有与坐标相同的性质：

性质 1 $(a)_u = |a| \cos \varphi$，其中 φ 为向量 a 与 u 轴的夹角；

性质 2 $(a+b)_u = (a)_u + (b)_u$；

性质 3 $(\lambda a)_u = \lambda (a)_u$．

【例 5.3】 设立方体的一条对角线为 OM，一条棱为 OA，且 $|\overrightarrow{OA}| = a$，求 $\overrightarrow{OA}$ 在 $\overrightarrow{OM}$ 方向上的投影 $\mathrm{Prj}_{\overrightarrow{OM}} \overrightarrow{OA}$．

解 如图 5.15，记 $\angle AOM = \varphi$，有

$$\cos \varphi = \frac{|\overrightarrow{OA}|}{|\overrightarrow{OM}|} = \frac{1}{\sqrt{3}},$$

于是

$$\mathrm{Prj}_{\overrightarrow{OM}} \overrightarrow{OA} = |\overrightarrow{OA}| \cos \varphi = \frac{a}{\sqrt{3}}.$$

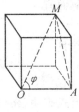

图 5.15

习题 5.1

1．在空间直角坐标系中，指出下列各点在哪个卦限：

$A(2, -1, 3)$；$B(3, 1, -4)$；$C(-1, 2, -1)$；$D(-1, -2, -5)$；$E(-1, -1, 3)$．

2．求点 (a, b, c) 关于各坐标面、各坐标轴、坐标原点的对称点的坐标．

3. 已知点 $A(-1,0,2)$，向量 $\overrightarrow{AB}=(1,2,-3)$，求点 B 的坐标.

4. 已知向量 $\boldsymbol{a}=(3,0,1)$，$\boldsymbol{b}=(-5,1,2)$，$\boldsymbol{c}=(3,5,1)$，求向量 $2\boldsymbol{a}-\boldsymbol{b}-3\boldsymbol{c}$ 的坐标.

5. 求平行于 $\boldsymbol{a}=(-1,1,2)$ 的单位向量.

6. 设向量 $\boldsymbol{a}$ 与 x 轴及 y 轴的夹角皆为 α，与 z 轴的夹角为 2α，又 $|\boldsymbol{a}|=2$，求向量 $\boldsymbol{a}$ 的坐标.

7. 设向量 $\boldsymbol{a}$ 的模是 4，它与 u 轴的夹角是 $\dfrac{\pi}{3}$，求 $\boldsymbol{a}$ 在 u 轴上的投影.

8. 设已知两点 $A(4,\sqrt{2},1)$ 和 $B(3,0,2)$，计算向量 $\overrightarrow{AB}$ 的模、方向余弦与方向角.

5.2　向量的数量积与向量积

一、向量的数量积

设一物体在力 $\boldsymbol{F}$ 作用下，由点 M_1 沿直线移动到点 M_2（图 5.16），这时物体的位移为 $\overrightarrow{M_1M_2}=\boldsymbol{s}$. 设 $\boldsymbol{F}$ 与 $\overrightarrow{M_1M_2}$ 的夹角为 θ，则力所做的功为

$$W=|\boldsymbol{F}||\boldsymbol{s}|\cos\theta.$$

由此可知，功可由向量 $\boldsymbol{F}$ 与 $\overrightarrow{M_1M_2}$ 的模和夹角 θ 唯一确定. 撇开实际意义，下面给出向量的数量积的定义.

定义 5.1　向量 $\boldsymbol{a}$ 与 $\boldsymbol{b}$ 的数量积（或内积、点积）是一个实数，记为 $\boldsymbol{a}\cdot\boldsymbol{b}$，并规定

$$\boldsymbol{a}\cdot\boldsymbol{b}=|\boldsymbol{a}||\boldsymbol{b}|\cos\theta,$$

其中 θ 是 $\boldsymbol{a}$ 与 $\boldsymbol{b}$ 的夹角（图 5.17）.

图 5.16　　　　　　图 5.17

显然根据这个定义，上述问题中力 $\boldsymbol{F}$ 所作的功 W 是力 $\boldsymbol{F}$ 与位移 $\boldsymbol{s}$ 的数量积，即 $W=\boldsymbol{F}\cdot\boldsymbol{s}$.

在定义 5.1 中，如果 $\boldsymbol{a}\neq\boldsymbol{0}$，则称数 $|\boldsymbol{b}|\cos\theta$ 为向量 $\boldsymbol{b}$ 在向量 $\boldsymbol{a}$ 上的投影，并记为 $\mathrm{Prj}_{\boldsymbol{a}}\boldsymbol{b}$，即 $\mathrm{Prj}_{\boldsymbol{a}}\boldsymbol{b}=|\boldsymbol{b}|\cos\theta$.

利用投影的定义，向量 $\boldsymbol{a}$ 与 $\boldsymbol{b}$ 的数量积可以写为

$$\boldsymbol{a}\cdot\boldsymbol{b}=|\boldsymbol{a}|\mathrm{Prj}_{\boldsymbol{a}}\boldsymbol{b}\quad\text{或}\quad\boldsymbol{a}\cdot\boldsymbol{b}=|\boldsymbol{b}|\mathrm{Prj}_{\boldsymbol{b}}\boldsymbol{a},$$

这就是说两个向量的数量积等于其中一个向量的模和另一个向量在这个向量的方向上投影的乘积.

向量的数量积有如下一些性质：

（1）规定 $\boldsymbol{0}$ 与任何向量 $\boldsymbol{a}$ 的数量积为零；

（2）非负性：$\boldsymbol{a}\cdot\boldsymbol{a}=|\boldsymbol{a}|^2\geqslant0$，且 $\boldsymbol{a}=\boldsymbol{0}\Leftrightarrow\boldsymbol{a}\cdot\boldsymbol{a}=0$；

（3）交换律：对任意的向量 $\boldsymbol{a}$ 与 $\boldsymbol{b}$，有 $\boldsymbol{a}\cdot\boldsymbol{b}=\boldsymbol{b}\cdot\boldsymbol{a}$；

（4）结合律：对任意的向量 $\boldsymbol{a}$ 与 $\boldsymbol{b}$ 及任意的数 λ，有

$$(\lambda a) \cdot b = a \cdot (\lambda b) = \lambda(a \cdot b);$$

(5) 分配律：对任意的向量 a、b 与 c，有

$$(a + b) \cdot c = a \cdot c + b \cdot c;$$

(6) 对于两个非零向量 a 与 b，若 $a \cdot b = 0$，则 $a \perp b$；反之，若 $a \perp b$，则 $a \cdot b = 0$.

证 (1) $0 \cdot a = |0||a| \cos \langle a, 0 \rangle = 0$；

(2) 因为夹角 $\theta = 0$，所以 $a \cdot a = |a|^2 \cos 0 = |a|^2 \geqslant 0$；

(3) 根据定义，有

$$a \cdot b = |a||b| \cos \langle a, b \rangle, b \cdot a = |b||a| \cos \langle b, a \rangle,$$

而 $|a||b| = |b||a|$，且

$$\cos \langle a, b \rangle = \cos \langle b, a \rangle,$$

所以

$$a \cdot b = b \cdot a.$$

(4) 当 $b = 0$ 时，该性质成立；当 $b \neq 0$ 时，由 $(\lambda a)_u = \lambda(a)_u$，可得

$$(\lambda a) \cdot b = |b| \operatorname{Prj}_b(\lambda a) = |b| \lambda \operatorname{Prj}_b(a) = \lambda |b| \operatorname{Prj}_b(a) = \lambda(a \cdot b).$$

由上述结合律，利用交换律，可得

$$a \cdot (\lambda b) = (\lambda b) \cdot a = \lambda(b \cdot a) = \lambda(a \cdot b).$$

(5) 当 $c = 0$ 时，该性质成立；当 $c \neq 0$ 时，可得

$$(a + b) \cdot c = |c| \operatorname{Prj}_c(a + b),$$

由投影性质 2，可知

$$\operatorname{Prj}_c(a + b) = \operatorname{Prj}_c a + \operatorname{Prj}_c b,$$

所以

$$(a + b) \cdot c = |c|(\operatorname{Prj}_c a + \operatorname{Prj}_c b) = |c| \operatorname{Prj}_c a + |c| \operatorname{Prj}_c b = a \cdot c + b \cdot c.$$

(6) 对于两个非零向量 a 与 b，若 $a \cdot b = 0$，由于 $|a| \neq 0$，$|b| \neq 0$，所以 $\cos \theta = 0$，从而 $\theta = \dfrac{\pi}{2}$，即 $a \perp b$；

反之，若 $a \perp b$，则 $\theta = \dfrac{\pi}{2}$，$\cos \theta = 0$，于是 $a \cdot b = |a||b| \cos \theta = 0$. 证毕.

【例 5.4】 证明如下的平行四边形法则

$$2(|a|^2 + |b|^2) = |a + b|^2 + |a - b|^2$$

并说明这一法则的几何意义.

证
$$\begin{aligned}
|a + b|^2 + |a - b|^2 &= (a + b) \cdot (a + b) + (a - b) \cdot (a - b) \\
&= |a|^2 + 2a \cdot b + |b|^2 + |a|^2 - 2a \cdot b + |b|^2 \\
&= 2(|a|^2 + |b|^2).
\end{aligned}$$

几何意义 平行四边形对角线的平方和等于相邻两边平方和的 2 倍.

下面推导出数量积的坐标表达式.

在空间直角坐标系 $O\text{-}xyz$ 中，根据数量积的定义，对于其基本单位向量之间的数量积我们可以得到如下结论：

由于 i、j、k 互相垂直，所以 $i \cdot j = j \cdot k = k \cdot i = 0$. 又由于 i、j、k 的模均为 1，所以

$$i \cdot i = j \cdot j = k \cdot k = 1.$$

由此可知,对任意的向量 $a = a_x i + a_y j + a_z k, b = b_x i + b_y j + b_z k$,利用数量积的性质可得

$$
\begin{aligned}
a \cdot b &= (a_x i + a_y j + a_z k) \cdot (b_x i + b_y j + b_z k) \\
&= a_x b_x i \cdot i + a_x b_y i \cdot j + a_x b_z i \cdot k + \\
&\quad a_y b_x j \cdot i + a_y b_y j \cdot j + a_y b_z j \cdot k + \\
&\quad a_z b_x k \cdot i + a_z b_y k \cdot j + a_z b_z k \cdot k \\
&= a_x b_x + a_y b_y + a_z b_z,
\end{aligned}
$$

即两个向量的数量积等于它们对应坐标的乘积之和.

利用数量积的坐标表达式可知,向量的数量积还有如下性质.

对任意的向量 $a = (a_x, a_y, a_z)$ 与 $b = (b_x, b_y, b_z)$,有

(1) $a \perp b \Leftrightarrow a \cdot b = 0 \Leftrightarrow a_x b_x + a_y b_y + a_z b_z = 0$;

(2) 当 $|a||b| \neq 0$ 时,有

$$\cos \langle a, b \rangle = \frac{a \cdot b}{|a||b|} = \frac{a_x b_x + a_y b_y + a_z b_z}{\sqrt{a_x^2 + a_y^2 + a_z^2} \sqrt{b_x^2 + b_y^2 + b_z^2}},$$

即两个向量夹角的余弦的坐标表示.

【例 5.5】 设 $a = (2, 1, 2), b = (4, -1, 10), c = b - \lambda a$ 且 $a \perp c$,求 λ.

解　由于 $a \perp c$,即 $a \cdot c = 0$,故有

$$a \cdot c = a \cdot b - \lambda a \cdot a = 0,$$

于是

$$2 \times 4 + 1 \times (-1) + 2 \times 10 - 3^2 \lambda = 0,$$

所以 $\lambda = 3$.

【例 5.6】 已知 a、b、c 两两垂直,且 $|a| = 1, |b| = 2, |c| = 3$. 求 $s = a + b + c$ 的模以及 s 与 b 的夹角 θ.

解　由 a、b、c 两两垂直,有

$$a \cdot b = 0, b \cdot c = 0, c \cdot a = 0,$$
$$
\begin{aligned}
|s|^2 &= |a + b + c|^2 = |a|^2 + |b|^2 + |c|^2 + 2(a \cdot b + b \cdot c + c \cdot a) \\
&= 1 + 2^2 + 3^2 = 14,
\end{aligned}
$$

故 $|s| = \sqrt{14}$. 又

$$s \cdot b = (a + b + c) \cdot b = a \cdot b + b \cdot b + c \cdot b = |b|^2,$$
$$\cos \theta = \frac{s \cdot b}{|s||b|} = \frac{|b|^2}{|s||b|} = \frac{|b|}{|s|} = \frac{2}{\sqrt{14}},$$

故夹角为

$$\theta = \arccos \frac{2}{\sqrt{14}}.$$

二、向量的向量积

在研究力对物体的作用时,不仅要考虑这物体所受的力,还要分析这些力所产生的力

矩. 下面我们用一个简单的例子说明一下表示力矩的方法.

例如,一根杠杆 L 以点 O 为支点,有一个力 F 作用于这杠杆上点 P 处,力 F 与 $\overrightarrow{OP}$ 的夹角为 θ(图 5.18). 由力学规定,力 F 对支点 O 的力矩是一向量 M,它的模

$$| M | = | \overrightarrow{OQ} | | F | = | \overrightarrow{OP} | | F | \sin \theta.$$

而 M 的方向垂直于 $\overrightarrow{OP}$ 与 F 所确定的平面,M 的指向按右手规则从 $\overrightarrow{OP}$ 以不超过 π 的角转向 F 来确定的,即当右手的四个手指从 $\overrightarrow{OP}$ 以不超过 π 的角转向 F 握拳时,大拇指的指向为 M 的方向(图 5.19). 撇开其物理意义,我们给出向量积的定义.

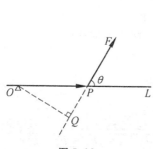 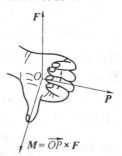

图 5.18   图 5.19

定义 5.2 向量 a 与 b 的向量积(或外积、叉积)是一个向量,记为 $c = a \times b$,并规定

(1) $| c | = | a \times b | = | a | | b | \sin \theta$,其中 θ 是 a 与 b 的夹角(图 5.20);

(2) $c = a \times b$ 的方向满足右手法则,即伸开右手让大拇指与其余四指在同一平面上,且与四个手指垂直,当四个手指从 a 的方向转过角 θ 指向 b 的方向时,大拇指的指向就是 $c = a \times b$ 的方向(即 $c = a \times b$ 垂直于 a,又垂直于 b)(图 5.20).

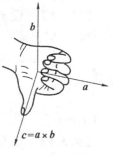

图 5.20

向量的向量积有如下一些性质:

(1) 规定 0 与任何向量 a 的向量积为零向量;

(2) $a \times a = 0$;

(3) 反交换律:对任意的向量 a 与 b,有 $a \times b = -b \times a$;

(4) 对于两个非零向量 a 与 b,若 $a \times b = 0$,则 $a /\!/ b$;反之,若 $a /\!/ b$,则 $a \times b = 0$;

(5) 数乘结合律:对任意的向量 a 与 b 及任意的数 λ,有

$$(\lambda a) \times b = a \times (\lambda b) = \lambda (a \times b);$$

(6) 分配律:对任意的向量 a、b 与 c,有

$$(a + b) \times c = a \times c + b \times c.$$

证 (1) $| 0 \times a | = | 0 | | a | \sin \langle 0, a \rangle = 0$;

(2) 因为夹角 $\theta = 0$,所以 $| a \times a | = | a |^2 \sin 0 = 0$,故成立;

(3) 因为按右手规则从 b 转向 a 定出的方向恰好与按右手法则从 a 转向 b 定出的方向相反,所以

$$a \times b = -b \times a.$$

（4）对于两个非零向量 a 与 b，若 $a \times b = 0$，由于 $|a| \neq 0$，$|b| \neq 0$，所以 $\sin \theta = 0$，从而 $\theta = 0$ 或 π，即 $a \mathbin{/\!/} b$；

反之，若 $a \mathbin{/\!/} b$，则 $\theta = 0$ 或 π，$\sin \theta = 0$，于是 $|a \times b| = |a||b|\sin \theta = 0$，即 $a \times b = 0$.

关于（5）、（6）两个规律这里不予证明.

下面推导出向量积的坐标表达式.

在空间直角坐标系 $O\text{-}xyz$ 中，根据向量积的定义，对于其基本单位向量之间的向量积我们可以得到如下结论：

由于 $i \times i = j \times j = k \times k = 0$，又由于 i, j, k 的模均为 1，所以

$$i \times j = k, j \times k = i, k \times i = j, k \times j = -i, i \times k = -j, j \times i = -k.$$

由此可知，对任意的向量 $a = a_x i + a_y j + a_z k$、$b = b_x i + b_y j + b_z k$，利用向量积的性质可得

$$
\begin{aligned}
a \times b &= (a_x i + a_y j + a_z k) \times (b_x i + b_y j + b_z k) \\
&= a_x b_x i \times i + a_x b_y i \times j + a_x b_z i \times k + \\
&\quad a_y b_x j \times i + a_y b_y j \times j + a_y b_z j \times k + \\
&\quad a_z b_x k \times i + a_z b_y k \times j + a_z b_z k \times k \\
&= (a_y b_z - a_z b_y)i + (a_z b_x - a_x b_z)j + (a_x b_y - a_y b_x)k.
\end{aligned}
$$

为了便于记忆，利用三阶行列式，上式可写成

$$
a \times b = \begin{vmatrix} i & j & k \\ a_x & a_y & a_z \\ b_x & b_y & b_z \end{vmatrix} = \begin{vmatrix} a_y & a_z \\ b_y & b_z \end{vmatrix} i - \begin{vmatrix} a_x & a_z \\ b_x & b_z \end{vmatrix} j + \begin{vmatrix} a_x & a_y \\ b_x & b_y \end{vmatrix} k,
$$

其中 $\begin{vmatrix} a_y & a_z \\ b_y & b_z \end{vmatrix} = a_y b_z - a_z b_y$，其他两个算法类似.

利用向量积的坐标表达式可知，向量的向量积还有如下性质：

对任意的向量 $a = (a_x, a_y, a_z)$ 与 $b = (b_x, b_y, b_z)$，有

$$a \mathbin{/\!/} b \Leftrightarrow a \times b = 0 \Leftrightarrow b_x = \lambda a_x, b_y = \lambda a_y, b_z = \lambda a_z,$$

其中 λ 是一个非零常数.

【例 5.7】　设 $a = (2, 0, -1)$，$b = (2, 3, 4)$，求 $a \times b$.

解

$$
a \times b = \begin{vmatrix} i & j & k \\ 2 & 0 & -1 \\ 2 & 3 & 4 \end{vmatrix} = 3i - 10j + 6k.
$$

【例 5.8】　已知三角形的三顶点 $A(2, -3, 1)$、$B(1, -1, 3)$、$C(1, -2, 0)$，求 $\triangle ABC$ 的面积.

解　由向量积的定义可知 $\triangle ABC$ 的面积

$$S_{\triangle ABC} = \frac{1}{2}|\overrightarrow{AB}||\overrightarrow{AC}|\sin \angle A = \frac{1}{2}|\overrightarrow{AB} \times \overrightarrow{AC}|.$$

由于 $\overrightarrow{AB} = (-1, 2, 2)$，$\overrightarrow{AC} = (-1, 1, -1)$，因此

$$\overrightarrow{AB} \times \overrightarrow{AC} = \begin{vmatrix} i & j & k \\ -1 & 2 & 2 \\ -1 & 1 & -1 \end{vmatrix} = -4i - 3j + k,$$

于是

$$S_{\triangle ABC} = \frac{1}{2} \mid -4i - 3j + k \mid = \frac{1}{2} \sqrt{(-4)^2 + (-3)^2 + 1^2} = \frac{\sqrt{26}}{2}.$$

【例 5.9】 设 $a = (2, -3, 1)$，$b = (1, -2, 3)$，$c = (2, 1, 2)$．求同时垂直于 a 和 b，且在向量 c 上投影是 14 的向量 d．

分析 已知向量 d 同时垂直于 a 和 b，可将向量 d 表达成 $a \times b$ 的 λ 倍，再利用它在 c 上的投影为 14 来确定 λ，从而可求得向量 d．

解 由 $a \perp d$，$b \perp d$ 可得

$$d = \lambda a \times b = \lambda \begin{vmatrix} i & j & k \\ 2 & -3 & 1 \\ 1 & -2 & 3 \end{vmatrix} = \lambda(-7, -5, -1).$$

已知 $\text{Prj}_c d = 14$，又

$$\text{Prj}_c d = \frac{c \cdot d}{\mid c \mid} = \frac{\lambda}{3} [2 \times (-7) + 1 \times (-5) + 2 \times (-1)] = -7\lambda,$$

故 $\lambda = -2$，从而 $d = (14, 10, 2)$．

习题 5.2

1. 设向量 $a = (2, -3, 1)$，$b = (1, -2, 0)$．求：$(1) a \cdot b$ 及 $a \times b$；$(2) a \cdot 2b$ 及 $a \times (-2)b$．

2. 设 a、b、c 为单位向量，且满足 $a + b + c = 0$，求 $a \cdot b + b \cdot c + c \cdot a$．

3. 判断下列等式是否成立，为什么？

   $(1) (a \cdot b)c = a(b \cdot c)$；

   $(2) (a \cdot b)^2 = a^2 \cdot b^2$；

   (3) 若 $a \cdot c = b \cdot c$，则 $a = b$．

4. 求与向量 $\alpha = (1, 2, 3)$，$\beta = (1, 3, 2)$ 都垂直的单位向量．

5. 设 $a = (4, -3, 4)$，$b = (2, 2, 1)$，求 a 在 b 的投影．

6. 设 a、b、c 满足 $a \perp b$，$\langle a, c \rangle = \dfrac{\pi}{3}$，$\langle b, c \rangle = \dfrac{\pi}{6}$，$\mid a \mid = 2$，$\mid b \mid = 1$，$\mid c \mid = 1$，求 $a + b + c$ 的模．

7. 已知 $7a - 5b$ 与 $a + 3b$ 垂直，$a - 4b$ 与 $7a - 2b$ 垂直，a、b 均为非零单位单位向量，求 a 与 b 的夹角 $\langle a, b \rangle$．

8. 已知 $\overrightarrow{OA} = 2i - 3j + k$，$\overrightarrow{OB} = j + 3k$，求 $\triangle OAB$ 的面积．

9. 求证：恒等式 $(a \times b)^2 + (a \cdot b)^2 = \mid a \mid^2 \mid b \mid^2$．

5.3　平面及其方程

一、平面的点法式方程

在空间直角坐标系中,过一定点且与一直线垂直的平面 Π 有且只有一个,那么有以上两个要素即可确定一个平面的方程.垂直于平面 Π 的直线称为它的法线,对于与平面 Π 垂直的直线,我们可用与之平行的向量来代替.与法线平行的任何非零向量称为平面的法向量,通常用向量 $\boldsymbol{n}$ 来表示.

设平面 Π 过点 $M_0(x_0,y_0,z_0)$,且 $\boldsymbol{n}=(A,B,C)$ 是 Π 的一个法向量(图 5.21),则对于平面上的任意一点 $M(x,y,z)$,有

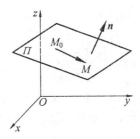

$$\overrightarrow{M_0M}\cdot\boldsymbol{n}=0,$$

从而

$$A(x-x_0)+B(y-y_0)+C(z-z_0)=0. \qquad ①$$

由点 $M(x,y,z)$ 的任意性可知,平面上所有点的坐标都满足方程 ①;另一方面,当点 $M(x,y,z)$ 不在平面上时,有

图 5.21

$\overrightarrow{M_0M}\cdot\boldsymbol{n}\neq 0$,即点的坐标不满足方程 ①.因此,式 ① 是平面的方程,它是由平面上的点 $M_0(x_0,y_0,z_0)$ 及法向量 $\boldsymbol{n}=(A,B,C)$ 所确定的,故称方程 ① 为平面的点法式方程.

【例 5.10】　求过三个已知点 $P_1(2,3,0)$、$P_2(-2,-3,4)$ 和 $P_3(0,6,0)$ 所确定的平面方程.

解　先找出这个平面的法向量 $\boldsymbol{n}$.因向量 $\boldsymbol{n}$ 与向量 $\overrightarrow{P_1P_2}$、$\overrightarrow{P_1P_3}$ 都垂直,而 $\overrightarrow{P_1P_2}=(-4,-6,4)$,$\overrightarrow{P_1P_3}=(-2,3,0)$,所以可取它们的向量积为 $\boldsymbol{n}$,即

$$\boldsymbol{n}=\overrightarrow{P_1P_2}\times\overrightarrow{P_1P_3}=\begin{vmatrix} \boldsymbol{i} & \boldsymbol{j} & \boldsymbol{k} \\ -4 & -6 & 4 \\ -2 & 3 & 0 \end{vmatrix}=-12\boldsymbol{i}-8\boldsymbol{j}-24\boldsymbol{k}.$$

由平面的点法式方程,得所求平面的方程为

$$-12(x-2)-8(y-3)-24z=0,$$

即

$$3x+2y+6z-12=0.$$

二、平面的一般方程

对于式 ① 变形,可得

$$Ax+By+Cz+(-Ax_0-By_0-Cz_0)=0.$$

令 $D=-Ax_0-By_0-Cz_0$,于是有

$$Ax+By+Cz+D=0. \qquad ②$$

此式称为平面的一般方程,其中 x、y、z 的系数就是该平面的一个法向量 $\boldsymbol{n}$ 的坐标,即 $\boldsymbol{n}=(A,B,C)$,A、B、C、D 为常数,且 A、B、C 不全为零.

所以,在空间直角坐标系中,平面的方程是三元一次方程,任何一个三元一次方程表示空间的一个平面.

【例 5.11】 求过点 $(0,0,0)$、$(1,0,0)$、$(0,1,0)$ 的平面方程.

解 设所求平面方程为 $Ax+By+Cz+D=0$.把题设条件中的三点的坐标分别代入式 ② 得 $A=B=D=0$,因 A、B、C 不全为零,所以 $C\neq 0$.

因此所求平面方程为 $z=0$.

由上例说明:xOy 面的方程为 $z=0$;类似地,yOz 面的方程为 $x=0$;zOx 面的方程为 $y=0$.

当 $Ax+By+Cz+D=0$ 中的四个常数 A、B、C、D 不全为零时,一些特殊的方程表示一些特殊位置的平面:

(1) 当 $D=0$ 时,方程 $Ax+By+Cz+D=0$ 表示过原点 O 的平面.

(2) 当 $A=0$ 时,方程 $Ax+By+Cz+D=0$ 表示一个平行于 x 轴的平面;同样,$B=0$ 或 $C=0$ 分别表示平行于 y 轴的平面或平行于 z 轴的平面.

(3) 当 $A=B=0$ 时,方程 $Ax+By+Cz+D=0$ 表示一个平行于 xOy 面的平面;同样,$B=C=0$ 或 $A=C=0$ 分别表示平行于 yOz 面的平面或平行于 zOx 面的平面.

(4) 当 $A=D=0$ 时,方程 $Ax+By+Cz+D=0$ 表示过 x 轴的平面;同样,$B=D=0$ 或 $C=D=0$ 分别表示过 y 轴的平面或过 z 轴的平面.

【例 5.12】 设平面 Π 经过原点 O 及点 $A(6,-3,2)$,且与平面 $\Pi_1:4x-y+2z=9$ 垂直,求此平面 Π 的方程.

解 因平面 Π 过原点 O,故设平面方程为 $\Pi:Ax+By+Cz=0$.又因点 $A(6,-3,2)$ 在平面上,有

$$6A-3B+2C=0.$$

又该平面与平面 $4x-y+2z=9$ 垂直,有

$$4A-B+2C=0,$$

解得 $A=B$,$C=-\dfrac{3}{2}A$,故所求平面的方程为

$$2x+2y-3z=0.$$

【例 5.13】 求通过 z 轴和点 $(-3,1,-2)$ 的平面方程.

解 由于平面通过 z 轴,从而它的法向量垂直于 z 轴,于是法线向量在 z 轴上的投影为零,即 $C=0$;又由于平面过 z 轴,它必通过原点,于是 $D=0$.因此可设这个平面的方程为

$$Ax+By=0.$$

又因这平面通过点 $(-3,1,-2)$,所以有

$$-3A+B=0.$$

以此代入所设方程并除以 $A(A\neq 0)$,便得所求平面方程为

$$x+3y=0.$$

【例 5.14】　求过点 $M_1(1,-1,2)$，$M_2(-1,0,3)$ 且平行于 z 轴的平面方程.

解法 1　因为平面平行于 z 轴,故可设平面方程为

$$Ax + By + D = 0$$

M_1，M_2 在平面上,所以有

$$\begin{cases} A - B + D = 0 \\ -A + D = 0 \end{cases}$$

解得

$$A = D, B = 2D$$

所求平面方程为

$$Dx + 2Dy + D = 0$$

即

$$x + 2y + 1 = 0$$

解法 2　设所求平面的法线向量为 $\boldsymbol{n}$,则 $\boldsymbol{n} \perp \overrightarrow{M_1M_2}, \boldsymbol{n} \perp \boldsymbol{k}$

$$\overrightarrow{M_1M_2} = -2\boldsymbol{i} + \boldsymbol{j} + \boldsymbol{k}$$

$$\boldsymbol{n} = \overrightarrow{M_1M_2} \times \boldsymbol{k} = \begin{vmatrix} \boldsymbol{i} & \boldsymbol{j} & \boldsymbol{k} \\ -2 & 1 & 1 \\ 0 & 0 & 1 \end{vmatrix} = \boldsymbol{i} + 2\boldsymbol{j}$$

取定点 $M_1(1,-1,2)$,所以所求平面方程为

$$(x - 1) + 2(y + 1) + 0(z - 2) = 0$$

即

$$x + 2y + 1 = 0$$

三、平面的截距式方程

【例 5.15】　设一平面与 x、y、z 轴的交点依次为三点 $P(a,0,0)$、$Q(0,b,0)$、$R(0,0,c)$(图 5.22),求这平面的方程(其中 $a \neq 0, b \neq 0, c \neq 0$).

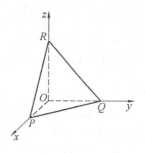

图 5.22

解　设所求平面的方程为 $Ax + By + Cz + D = 0$.因三点 $P(a,0,0)$、$Q(0,b,0)$、$R(0,0,c)$ 都在平面上,所以这三点的坐标都满足方程式 ②,即有

$$\begin{cases} aA + D = 0 \\ bB + D = 0, \\ cC + D = 0 \end{cases}$$

得 $A = -\dfrac{D}{a}, B = -\dfrac{D}{b}, C = -\dfrac{D}{c}$.代入式 ② 除以 $D(D \neq 0)$,便得所求平面方程为

$$\frac{x}{a} + \frac{y}{b} + \frac{z}{c} = 1. \tag{③}$$

我们将方程③称为平面的截距式方程,而 a、b、c 依次叫作平面在 x、y、z 轴上的截距.

四、两个平面的夹角

一般地,对于给定的平面

$$\Pi_1 : A_1 x + B_1 y + C_1 z + D_1 = 0,$$
$$\Pi_2 : A_2 x + B_2 y + C_2 z + D_2 = 0.$$

法向量依次为 $n_1 = (A_1, B_1, C_1)$、$n_2 = (A_2, B_2, C_2)$,我们称该法向量的夹角 $\langle n_1, n_2 \rangle$ 和 $\langle -n_1, n_2 \rangle = \pi - \langle n_1, n_2 \rangle$ 两者中的锐角 θ 为给定的两个平面的夹角(图 5.23).

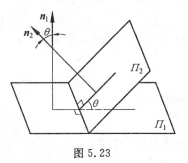

图 5.23

按照两个向量夹角余弦的坐标表示,两个平面的夹角 θ,可由

$$\cos \theta = \frac{|A_1 A_2 + B_1 B_2 + C_1 C_2|}{\sqrt{A_1^2 + B_1^2 + C_1^2} \sqrt{A_2^2 + B_2^2 + C_2^2}} \qquad ④$$

来确定.

从而由两个向量平行、垂直的充分必要条件可得如下结论:

Π_1、Π_2 互相平行或重合相当于 $\dfrac{A_1}{A_2} = \dfrac{B_1}{B_2} = \dfrac{C_1}{C_2}$.

Π_1、Π_2 互相垂直相当于 $A_1 A_2 + B_1 B_2 + C_1 C_2 = 0$.

【例 5.16】　求两平面 $x + y + z + 1 = 0$ 与 $x + 2y - z + 4 = 0$ 夹角.

解　由式④,有

$$\cos \theta = \frac{|1 \times 1 + 1 \times 2 + 1 \times (-1)|}{\sqrt{1^2 + 1^2 + 1^2} \sqrt{1^2 + 2^2 + (-1)^2}} = \frac{2}{\sqrt{3} \sqrt{6}} = \frac{\sqrt{2}}{3},$$

故

$$\theta = \arccos \frac{\sqrt{2}}{3}.$$

【例 5.17】　(1)平面 Π 过 Ox 轴,且与平面 $\Pi_0 : x - y = 0$ 的夹角为 $\dfrac{\pi}{3}$,求平面 Π 的方程.

(2)求由平面 $\Pi_1 : x + y - 2z + 1 = 0$ 和 $\Pi_2 : x - y + 2z + 1 = 0$ 所构成的二面角平分面 Π 的方程.

解　(1)由 Π 过 Ox 轴,设其方程为 $\Pi : By + Cz = 0$,利用两平面的夹角公式

$$\cos \frac{\pi}{3} = \frac{|A - B + C \times 0|}{\sqrt{A^2 + B^2 + C^2} \sqrt{1^2 + (-1)^2 + 0}},$$

其中 $A = 0$,解得

$$C = \pm B,$$

故所求平面 Π 的方程为

$$y + z = 0 \quad \text{或} \quad y - z = 0.$$

(2)将所求平面 Π 作为到两已知平面等距离的动点的轨迹.

设 $M(x, y, z)$ 为平面 Π 上任一点,则点 M 到平面 Π_1,Π_2 的距离相等,即

$$\frac{|x+y-2z+1|}{\sqrt{1^2+1^2+(-2)^2}}=\frac{|x-y+2z+1|}{\sqrt{1^2+(-1)^2+2^2}},$$

$$x+y-2z+1=\pm(x-y+2z+1),$$

故所求平面的方程为

$$x+1=0 \text{ 或 } y-2z=0.$$

习题 5.3

1. 求经过点 $A(1,1,1)$，法向量为 $\boldsymbol{n}=(-2,1,1)$ 的平面的方程.

2. 求过点 $(-1,0,3)$ 且与平面 $3x-7y+5z-12=0$ 平行的平面方程.

3. 求过 $(1,1,-1)$、$(-2,-2,2)$ 和 $(1,-1,2)$ 三点的平面方程.

4. 指出下列各平面的特殊位置，并画出各平面.

　(1) $z=0$；　　　　　　(2) $2x-1=0$；　　　　　　(3) $2y+3z=0$；

　(4) $x-2y+1=0$；　　(5) $2x+3y-z=0$.

5. 求过点 $(3,-5,3)$ 和 $(4,1,2)$ 且垂直于平面 $x-8y+3z-1=0$ 的平面.

6. 求过点 $(2,0,-3)$ 且与两个平面 $x-2y+4z-7=0$，$2x+y-2z+5=0$ 都垂直的平面方程.

7. 求过 x 轴和定点 $(4,-3,-1)$ 的平面方程.

8. 求过点 $(-2,-1,3)$ 和 $(0,-1,2)$，且平行于 z 轴的平面.

9. 求过 x 轴，且垂直于平面 $5x+y-2z+3=0$ 的平面.

10. 求平面 $x+y-z+1=0$ 和平面 $x+2y+z+3=0$ 的夹角.

5.4　空间直线及其方程

　　为了叙述方便，在不致混淆的情况下均把空间直线简称为直线.

　　对于一条已知的直线，如果一个非零向量平行于该直线，则这个向量称为该直线的方向向量，通常用向量 $\boldsymbol{s}$ 来表示.

　　因过空间一点可作而且只能作一条直线与已知直线平行，所以当直线上一点和它的一个方向向量已知时，直线的位置也就定了，下面我们来建立直线的方程.

一、空间直线的点向式方程

　　设直线 L 上一点 $M_0(x_0,y_0,z_0)$，该直线的方向向量为 $\boldsymbol{s}=(m,n,p)$，设点 $M(x,y,z)$ 是直线 L 上的任意一点，则向量 $\overrightarrow{M_0M}$ 与直线 L 的方向向量平行（图 5.24），即

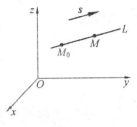

$$\overrightarrow{M_0M} \text{ // } \boldsymbol{s}.$$

设 λ 是参数，由两向量平行的充要条件，则有

$$\overrightarrow{M_0M}=\lambda\boldsymbol{s}. \qquad ①$$

图 5.24

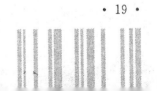

由式 ①,可以看出 $\overrightarrow{M_0M}$ 与 s 的对应坐标成比例,因

$$\overrightarrow{M_0M}=(x-x_0,y-y_0,z-z_0),s=(m,n,p),$$

则有

$$\frac{x-x_0}{m}=\frac{y-y_0}{n}=\frac{z-z_0}{p}. \qquad ②$$

称方程 ② 为空间直线的点向式(或对称式)方程.

由于空间直线的点向式方程 ② 是分式的形式,若空间直线的方向向量 $s=(m,n,p)$ 的坐标不全为零,则一些特殊的方程表示一些特殊位置平面相交的直线:

(1) 当 m、n、p 中有一个为零,例如 $m=0$,而 n、$p\neq0$ 时,方程组应理解为

$$\begin{cases} x-x_0=0 \\ \dfrac{y-y_0}{n}=\dfrac{z-z_0}{p}; \end{cases}$$

(2) 当 m、n、p 中有两个为零,例如 $m=n=0$,而 $p\neq0$ 时,方程组应理解为

$$\begin{cases} x-x_0=0 \\ y-y_0=0 \end{cases}.$$

二、空间直线的参数方程

由直线的点向式方程 ②,令 $\dfrac{x-x_0}{m}=\dfrac{y-y_0}{n}=\dfrac{z-z_0}{p}=\lambda$,容易导出如下的方程:

$$\begin{cases} x=x_0+m\lambda \\ y=y_0+n\lambda \\ z=z_0+p\lambda \end{cases},其中 \lambda 是参数 \qquad ③$$

称方程 ③ 为空间直线的参数方程.

【例 5.18】 求过点 $(4,-1,3)$ 且平行于直线 $\dfrac{x-3}{2}=\dfrac{y}{1}=\dfrac{z-1}{5}$ 的直线的点向式方程及参数方程.

解 由题设条件可知,所求直线的方向向量为 $s=(2,1,5)$,又因直线过点 $(4,-1,3)$,所以点向式方程为

$$\frac{x-4}{2}=\frac{y+1}{1}=\frac{z-3}{5};$$

参数方程为

$$\begin{cases} x=4+2\lambda \\ y=-1+\lambda \\ z=3+5\lambda \end{cases}, \quad 其中 \lambda 为参数.$$

三、空间直线的一般方程

因为空间直线 L 可以看作两个不平行平面 Π_1 和 Π_2 的交线(图 5.25),所以直线 L 上任一点的坐标应同时满足两个平面方程,即满足方程组

$$\begin{cases} A_1x + B_1y + C_1z + D_1 = 0 \\ A_2x + B_2y + C_2z + D_2 = 0 \end{cases} \qquad ④$$

称方程组 ④ 为空间直线的一般方程.

因通过空间直线 L 的平面有无限多个,所以只要在这无限多个平面中任意选取两个联立在一起,所得的方程组即为空间直线 L.

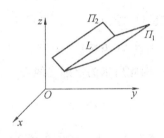

图 5.25

我们称通过定直线 L 的所有平面的全体为平面束,其方程为

$$A_1x + B_1y + C_1z + D_1 + \lambda(A_2x + B_2y + C_2z + D_2) = 0, \qquad ⑤$$

其中系数 A_1、B_1、C_1 与 A_2、B_2、C_2 不成比例,λ 为任意常数.

【例 5.19】　求经过点 $(3,1,0)$ 且与平面 $3x-2y+z=2$ 的法向量平行的直线 L 的点向式方程、参数方程及一般方程.

解　因为已知平面 $3x-2y+z=2$ 的法向量为 $n=(3,-2,1)$,所以由直线 L 经过点 $(3,1,0)$,并且与 n 平行可知,直线 L 的对称式方程可写为

$$\frac{x-3}{3} = \frac{y-1}{-2} = \frac{z}{1};$$

参数方程可写为

$$\begin{cases} x = 3 + 3\lambda \\ y = 1 - 2\lambda, \\ z = \lambda \end{cases} \quad \text{其中 } \lambda \text{ 为参数};$$

一般方程可写为

$$\begin{cases} \dfrac{x-3}{3} = z \\ \dfrac{y-1}{-2} = z, \end{cases}$$

即

$$\begin{cases} x - 3z - 3 = 0 \\ y + 2z - 1 = 0 \end{cases}.$$

【例 5.20】　求光线 $L_0: \dfrac{x+1}{2} = \dfrac{y-2}{1} = \dfrac{z+1}{2}$ 照在镜面 $\pi: x+y=4$ 上所产生的反射光线 L 的直线方程.

解　显然点 $P(-1,2,-1)$ 是直线 L_0 上的一点,将直线 L_0 的参数方程

$$\begin{cases} x = -1 + 2t \\ y = 2 + t \\ z = -1 + 2t \end{cases}$$

代入平面 π 的方程,解得 $t=1$,因此直线 L_0 与平面 π 的交点为 $Q(1,3,1)$,又过点 P 与平面 π 垂直的直线为

$$L_1: \frac{x+1}{1} = \frac{y-2}{1} = \frac{z+1}{0}$$

同理可以求出直线 L_1 与平面 π 的交点为 $M\left(\dfrac{1}{2},\dfrac{7}{2},-1\right)$. 设点 P 关于平面 π 的对称点为 P',则点 M 为线段 PP' 的中点,根据中点坐标公式可求出 $P'(2,5,-1)$.

因此所求的反射光线即为过 $Q(1,3,1)$ 和 $P'(2,5,-1)$ 两点的直线

$$L:\frac{x-1}{1}=\frac{y-3}{2}=\frac{z-1}{-2}.$$

【例 5.21】 用对称式方程及参数方程表示直线 $\begin{cases}x+y+z+1=0\\2x-y+3z+4=0\end{cases}$.

解 先找出这直线上的点 (x_0,y_0,z_0). 例如,可取 $x_0=1$,代入直线方程组中,得

$$\begin{cases}y+z=-2\\y-3z=6\end{cases},$$

解这个二元一次方程组,得

$$y_0=0,z_0=-2,$$

即 $(1,0,-2)$ 是这直线上的一点.

下面再找出这直线的方向向量 s. 由于两平面的交线与这两平面的法线向量 $n_1=(1,1,1)$、$n_2=(2,-1,3)$ 都垂直,所以可取

$$s=n_1\times n_2=\begin{vmatrix}i&j&k\\1&1&1\\2&-1&3\end{vmatrix}=4i-j-3k.$$

因此,所给直线的对称式方程为

$$\frac{x-1}{4}=\frac{y}{-1}=\frac{z+2}{-3}.$$

令 $\dfrac{x-1}{4}=\dfrac{y}{-1}=\dfrac{z+2}{-3}=\lambda$,得所给直线的参数方程为

$$\begin{cases}x=1+4\lambda\\y=-\lambda\\z=-2-3\lambda\end{cases}.$$

【例 5.22】 求直线 $\begin{cases}2x-4y+z=0\\3x-y-2z-9=0\end{cases}$ 在平面 $4x-y+z=1$ 上的投影直线的方程.

解 过直线的平面束的方程为

$$(2x-4y+z)+\lambda(3x-y-2z-9)=0,$$

即

$$(2+3\lambda)x+(-4-\lambda)y+(1-2\lambda)z-9\lambda=0,$$

其中 λ 为待定常数. 这平面与平面 $4x-y+z=1$ 垂直的充要条件是

$$(2+3\lambda)\cdot4+(-4-\lambda)\cdot(-1)+(1-2\lambda)\cdot1=0,$$

即

$$11\lambda+13=0,$$

由此得

⑥

$$\lambda = -\frac{13}{11},$$

代入式 ⑥, 得投影平面的方程为

$$17x + 31y - 37z - 117 = 0,$$

所以投影直线的方程为

$$\begin{cases} 17x + 31y - 37z - 117 = 0 \\ 4x - y + z - 1 = 0 \end{cases}.$$

四、线线夹角与线面夹角

首先我们来定义线线夹角.

一般地, 对于给定的两条直线 L_1 和 L_2, 设方向向量依次为 $s_1 = (m_1, n_1, p_1)$、$s_2 = (m_2, n_2, p_2)$, 我们称该方向向量的夹角 $\langle s_1, s_2 \rangle$ 和 $\langle -s_1, s_2 \rangle = \pi - \langle s_1, s_2 \rangle$ 两者中的锐角为给定的两条直线的夹角 φ.

按照两个向量夹角余弦的坐标表示, 对于给定的两条直线的夹角 φ 可由

$$\cos \varphi = \frac{|m_1 m_2 + n_1 n_2 + p_1 p_2|}{\sqrt{m_1^2 + n_1^2 + p_1^2} \sqrt{m_2^2 + n_2^2 + p_2^2}} \qquad ⑦$$

来确定.

从而由两个向量平行、垂直的充分必要条件可得如下结论:

L_1、L_2 互相平行或重合相当于 $\dfrac{m_1}{m_2} = \dfrac{n_1}{n_2} = \dfrac{p_1}{p_2}$.

L_1、L_2 互相垂直相当于 $m_1 m_2 + n_1 n_2 + p_1 p_2 = 0$.

【例 5.23】　求两直线 $\dfrac{x-1}{2} = \dfrac{y-2}{0} = \dfrac{z+1}{2}$ 与 $\begin{cases} x = 2\lambda - 4 \\ y = -2\lambda + 1 \\ z = 2 \end{cases}$ 的夹角.

解　由条件可知, 两直线的方向向量分别为 $s_1 = (2, 0, 2)$、$s_2 = (2, -2, 0)$, 设两直线的夹角为 φ, 那么由公式 ⑦ 有

$$\cos \varphi = \frac{|2 \times 2 + 0 \times (-2) + 2 \times 0|}{\sqrt{2^2 + 0 + 2^2} \cdot \sqrt{2^2 + (-2)^2 + 0}} = \frac{1}{2},$$

所以

$$\varphi = \frac{\pi}{3}.$$

类似地, 我们来定义线面夹角.

对于给定的直线 L, 其方向向量为 $s = (m, n, p)$, 对于给定的平面 $\Pi: Ax + By + Cz + D = 0$, 其法向量为 $n = (A, B, C)$, 称直线 L 的方向向量 s 与平面 Π 的法向量 n 夹角 θ 的余角 $\varphi = \left| \dfrac{\pi}{2} - \theta \right|$ 为直线 L 与平面 Π 的夹角 $\left(0 \leqslant \varphi < \dfrac{\pi}{2} \right)$ (图 5.26).

按两向量夹角余弦的坐标表示, 有

$$\sin \varphi = |\cos \theta| = |\cos \langle s, n \rangle| = \frac{|Am + Bn + Cp|}{\sqrt{A^2 + B^2 + C^2} \cdot \sqrt{m^2 + n^2 + p^2}}, \qquad ⑧$$

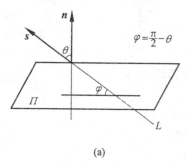 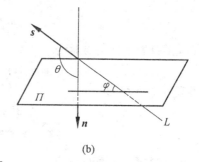

$$\varphi = \frac{\pi}{2} - \theta$$

(a)　　　　　　　　　　　(b)

图 5.26

由两个向量平行、垂直的充分必要条件可得如下结论：

$L \ // \ \Pi$ 或 $L \in \Pi$ 相当于 $s \perp n$，即 $Am + Bn + Cp = 0$；

$L \perp \Pi$ 相当于 $s \ // \ n$，即 $\dfrac{A}{m} = \dfrac{B}{n} = \dfrac{C}{p}$.

【例 5.24】 判定直线 $\dfrac{x+3}{-2} = \dfrac{y+4}{-7} = \dfrac{z}{3}$ 和平面 $4x - 2y - 2z = 3$ 的位置关系.

解　由条件可知，直线的方向向量为 $s = (-2, -7, 3)$，平面的法向量为 $n = (4, -2, -2)$. 因

$$s \cdot n = (-2) \times 4 + (-7) \times (-2) + 3 \times (-2) = 0,$$

则所给直线与平面平行或直线含于平面内；又因所给直线过点 $(-3, -4, 0)$，但

$$4 \times (-3) - 2 \times (-4) - 2 \times 0 = -4 \neq 3,$$

即点 $(-3, -4, 0)$ 不在平面 $4x - 2y - 2z = 3$ 上，故所给直线与平面的位置关系为平行.

【例 5.25】 设过点 $P_0(x_0, y_0, z_0)$ 的直线 L 的方程为

$$\frac{x - x_0}{m} = \frac{y - y_0}{n} = \frac{z - z_0}{p},$$

点 $P(x, y, z)$ 不在直线 L 上，求点到直线的距离.

解　设点 P 到直线 L 的距离为 d，直线的方向向量记为 $s = (m, n, p)$. 过点 P_0 和点 P 作直线 L_1，直线 L 与 L_1 夹角记为 θ，则 $\overrightarrow{P_0 P}$ 为直线 L_1 的一个方向向量，且由向量积的几何意义可知，点 P 到直线 L 的距离 d 就是以 $|s|$ 为底边，$|\overrightarrow{P_0 P}|$ 为邻边，夹角为 θ 的平行四边形的高，即

$$d = |\overrightarrow{P_0 P}| \sin \theta = \frac{|\overrightarrow{P_0 P} \times s|}{|s|} = \frac{|(x - x_0, y - y_0, z - z_0) \times (m, n, p)|}{\sqrt{m^2 + n^2 + p^2}} \qquad ⑨$$

称式 ⑨ 为点 P 到直线 L 的距离公式，过点 P 且垂直于 L 的直线与直线 L 的交点称为点 P 在直线 L 上的投影.

【例 5.26】 设平面 Π 的方程为 $Ax + By + Cz + D = 0$，点 $P_0(x_0, y_0, z_0)$ 不在平面 Π 上，求点 P_0 到平面 Π 的距离.

解　设点 P_0 到平面 Π 的距离为 d，平面 Π 的法向量为 $n = (A, B, C)$.

在平面 Π 上任取一点 $P(x, y, z)$，连接点 P_0 与 P 的直线 $P_0 P$ 与平面 Π 的法线的夹角记为 θ，则

$$\cos \theta = \frac{|\overrightarrow{P_0 P} \cdot n|}{|\overrightarrow{P_0 P}| |n|} = \frac{|A(x - x_0) + B(y - y_0) + C(z - z_0)|}{\sqrt{(x - x_0)^2 + (y - y_0)^2 + (z - z_0)^2} \sqrt{A^2 + B^2 + C^2}},$$

于是可得

$$d = |\overrightarrow{P_0 P}| \cos \theta = \frac{|A(x - x_0) + B(y - y_0) + C(z - z_0)|}{\sqrt{A^2 + B^2 + C^2}};$$

另一方面,由点 $P(x, y, z)$ 在平面 Π 上可得

$$Ax + By + Cz = -D,$$

从而

$$d = \frac{|Ax_0 + By_0 + Cz_0 + D|}{\sqrt{A^2 + B^2 + C^2}}. \qquad ⑩$$

称式 ⑩ 为点 P_0 到平面 Π 的距离公式,过点 P_0 的法线与平面 Π 的交点称为点 P_0 在平面 Π 上的投影.

【**例 5.27**】　设平面 Π 通过点 $(2, 3, -5)$,且与已知平面 $\Pi_1 : x - y + z = 1$ 垂直,又与直线 $L : \dfrac{x+1}{1} = \dfrac{y-2}{5} = \dfrac{z+7}{-3}$ 平行,求平面 Π 的方程.

解　由平面 $\Pi \perp \Pi_1$,知法向量 $\boldsymbol{n} \perp \boldsymbol{n}_1 = (1, -1, 1)$,又平面 $\Pi /\!/ L$,知法向量 $\boldsymbol{n} \perp \boldsymbol{s} = (1, 5, -3)$. 因此,取法向量

$$\boldsymbol{n} = \boldsymbol{n}_1 \times \boldsymbol{s} = \begin{vmatrix} \boldsymbol{i} & \boldsymbol{j} & \boldsymbol{k} \\ 1 & -1 & 1 \\ 1 & 5 & -3 \end{vmatrix} = -2(1, -2, -3).$$

于是平面 Π 的方程为

$$(x - 2) - 2(y - 3) - 3(z + 5) = 0,$$

即

$$x - 2y - 3z - 11 = 0.$$

【**例 5.28**】　一直线 L 过点 $M(2, -1, 3)$ 且与直线 $L_1 : \dfrac{x-1}{2} = \dfrac{y}{-1} = \dfrac{z+2}{1}$ 相交,又平行于平面 $\Pi : 3x - 2y + z + 5 = 0$,求它的方程.

解　所求直线 L 必在平行于平面 Π 且过点 $M(2, -1, 3)$ 的平面 Π_1 上,为了写出平面 Π_1 的方程,设其是 $\Pi_1 : 3x - 2y + z + D = 0$,其中 D 待定. 代入点 $M(2, -1, 3)$ 的坐标,得到

$$3 \times 2 - 2 \times (-1) + 3 + D = 0,$$

从而

$$D = -11,$$

故平面 Π_1 的方程是

$$3x - 2y + z - 11 = 0.$$

又因为所求直线 L 与已知直线 L_1 相交,所以 Π_1 必与 L_1 相交,设交点为 M_1,过 M、M_1 的直线便是所求直线. 为了求 M_1,将 L_1 改写为参数方程

$$\begin{cases} x = 1 + 2\lambda \\ y = -\lambda \\ z = -2 + \lambda \end{cases},$$

并代入 Π_1 方程,得到

$$3(1+2\lambda)-2(-\lambda)+(-2+\lambda)-11=0,$$

于是

$$\lambda=\frac{10}{9},$$

将此 λ 值代入 L_1 的参数方程,得到 M_1 的坐标: $M_1\left(\frac{29}{9},-\frac{10}{9},-\frac{8}{9}\right)$. 过 M、M_1 的直线方程为

$$\frac{x-2}{11}=\frac{y+1}{-1}=\frac{z-3}{-35}.$$

故所求直线 L 的点向式方程为

$$\frac{x-2}{11}=\frac{y+1}{-1}=\frac{z-3}{-35}.$$

习题 5.4

1.(1) 将 $\dfrac{x-2}{1}=\dfrac{y-3}{1}=\dfrac{z-4}{2}$ 变为参数式和一般式方程;

(2) 将 $\begin{cases}x=2-2t\\y=3-4t\\z=1+2t\end{cases}$ 变为对称式和一般式方程;

(3) 将 $\begin{cases}3x+2y+z-2=0\\x+2y+3z+2=0\end{cases}$ 变为参数式和对称式方程.

2.求下列直线与平面及直线与直线的夹角:

(1) $\dfrac{x-1}{2}=\dfrac{y}{3}=\dfrac{z-2}{6}$ 与 $x-2y+z-1=0$;

(2) $\begin{cases}2x-2y+3z-21=0\\2x-3z+13=0\end{cases}$ 与 $\begin{cases}3x+2y-4z-10=0\\3x-2y+2z+8=0\end{cases}$.

3.求过点 $(1,-2,3)$ 和 $(3,2,1)$ 的直线方程.

4.求过点 $(3,-1,4)$ 且平行于直线 $\dfrac{x-1}{2}=\dfrac{y}{3}=\dfrac{z-2}{6}$ 的直线方程.

5.求过点 $(2,-3,1)$ 且垂直于平面 $3x+y+5z+6=0$ 的直线方程.

6.求过点 $(2,-3,1)$ 且与直线 $\dfrac{x-1}{3}=\dfrac{y}{4}=\dfrac{z+2}{5}$ 垂直相交的直线方程.

7.求经过点 $(-1,0,4)$,与直线 $\dfrac{x}{1}=\dfrac{y}{2}=\dfrac{z}{3}$ 及 $\dfrac{x-1}{2}=\dfrac{y-2}{1}=\dfrac{z-3}{4}$ 都相交的直线方程.

8.求经过点 $(-1,2,3)$,垂直于直线 $\dfrac{x}{4}=\dfrac{y}{5}=\dfrac{z}{6}$ 且与平面 $7x+8y+9z+10=0$ 平行的直线方程.

9.求直线 $\dfrac{x-1}{1}=\dfrac{y-5}{-2}=\dfrac{z+8}{1}$ 与直线 $\begin{cases}x-y=6\\2y+z=3\end{cases}$ 的夹角.

10. 判断下列直线与平面的位置关系.

(1) $\dfrac{x}{3} = \dfrac{y}{-2} = \dfrac{z}{7}$ 和 $3x - 2y + 7z = 8$;

(2) $\dfrac{x-2}{3} = \dfrac{y+2}{1} = \dfrac{z-3}{-4}$ 和 $x + y + z = 3$.

11. 已知直线 $L: \dfrac{x-1}{1} = \dfrac{y}{-2} = \dfrac{z+1}{1}$ 和点 $A(0,1,-1)$,求点 A 到直线 L 的距离.

12. 求点 $(4,-3,1)$ 在平面 $x + 2y - z - 3 = 0$ 上的投影.

13. 求直线 $\dfrac{x-5}{3} = y = z - 4$ 在平面 $x + 2y + z - 3 = 0$ 上的投影.

5.5　曲面及其方程

在 5.3 及 5.4 中我们分别介绍并讨论了用三元一次方程和三元一次方程组表示的几何图形 —— 平面和空间直线. 本节与下一节将分别讨论用三元二次方程和三元二次方程组表示的几何图形 —— 曲面和空间曲线.

一、曲面

定义 5.3　如果曲面 S 与三元方程

$$F(x,y,z) = 0 \qquad\qquad ①$$

有下述关系:

(1) 曲面 S 上任一点的坐标满足方程①;

(2) 不在曲面 S 上的点的坐标都不满足方程①.

那么,方程①就叫作曲面 S 的方程,而曲面 S 就叫作方程①的图形(图5.27).通常曲面记为 S、Σ 等.

下面用例子来说明建立曲面方程的方法.

【例 5.29】　在空间直角坐标系中,已知动点 M 到定点 $M_0(x_0,y_0,z_0)$ 的距离等于常数 R,求动点 M 的轨迹所满足的方程.

解　设动点 M 的坐标为 (x,y,z)(图5.28),则由两点间的距离公式可知,$|\overrightarrow{M_0M}| = R$,从而动点的轨迹所满足的方程为

$$(x - x_0)^2 + (y - y_0)^2 + (z - z_0)^2 = R^2. \qquad\qquad ②$$

对于式②,当 $M_0(x_0,y_0,z_0)$ 为坐标原点时,球面方程为 $x^2 + y^2 + z^2 = R^2$.

一般地,给定的三元二次方程

$$Ax^2 + Ay^2 + Az^2 + Dx + Ey + Fz + G = 0, \qquad\qquad ③$$

其特点是缺 xy、yz、zx 各项,而且平方项系数相同,只要将方程③经过配方改写为式②的形式,那么它的图形就是一个球面.

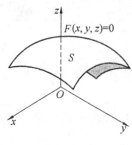

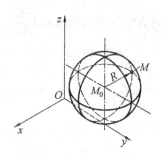

图 5.27   图 5.28

定义 5.4   在方程 ① 中适当引入参数 (u,v),可将曲面 S 的方程写为

$$\begin{cases} x = x(u,v) \\ y = y(u,v), (u,v) \in D, \\ z = z(u,v) \end{cases} \quad ④$$

式 ④ 形式的曲面方程称为曲面 S 的参数方程.

下面给出球面的参数方程.

设 Σ 是以原点 O 为心,R 为半径的球面,$M(x,y,z)$ 为球面 Σ 上的任意一点,过点 M 作 xOy 面的垂线并交 xOy 面于点 $P(x,y,0)$,连接 OM、OP,并把向量 $\overrightarrow{OP}$ 与 x 轴正向的夹角记为 θ,把向量 $\overrightarrow{OM}$ 与 z 轴正向的夹角记为 φ (图 5.29),则球面 Σ 的参数方程可写为

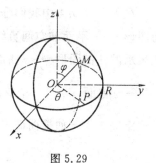

图 5.29

$$\begin{cases} x = R\cos\theta\sin\varphi \\ y = R\sin\theta\sin\varphi, \\ z = R\cos\varphi \end{cases}$$

其中 $0 \leqslant \theta \leqslant 2\pi, 0 \leqslant \varphi \leqslant \pi$.

【**例 5.30**】 求空间中到 z 轴的距离等于常数 R 的动点的轨迹.

解   设动点 M 的坐标为 (x,y,z),z 轴的方向向量为 $s=(0,0,1)$,则由原点在 z 轴上,并利用 5.4 节中的式 ⑨ 可知,动点 M 的坐标 (x,y,z) 满足方程

$$R = \frac{|\overrightarrow{OM} \times s|}{|s|} = \sqrt{x^2 + y^2}.$$

由此可知,动点 M 的轨迹所满足的方程为

$$x^2 + y^2 = R^2.$$

此方程表示的曲面称为圆柱面,z 轴称为该圆柱面的轴,R 称为半径.

关于曲面的研究,我们不仅要做到已知一曲面作为点的几何轨迹,可以建立这个曲面的方程,而且也要做到已知坐标 x、y 和 z 之间的一个方程时,研究这个方程所表示的曲面的形式.下面,我们展开讨论.

二、柱面

定义 5.5   直线 L 沿定曲线 C 平行移动形成的轨迹称为柱面.其中定曲线 C 称为柱面的准线,动直线 L 叫作柱面的母线(图 5.30).

由例 5.30 所得到的曲面方程我们可以看到,不含 z 的方程 $x^2+y^2=R^2$ 在空间直角坐标系中表示母线平行于 z 轴的圆柱面,它的准线是 xOy 面上的圆 $x^2+y^2=R^2$.

类似地,不含 y 的方程 $z^2=5x$ 表示母线平行于 y 轴的柱面,它的准线是 xOz 面上的抛物线,该柱面称为抛物柱面;不含 z 的方程 $x-y=0$ 表示母线平行于 z 轴的柱面,它的准线是 xOy 面上的直线.

一般来说,如果柱面的准线是 xOy 面上的曲线 C,它在直角坐标系中的方程为 $F(x,y)=0$,那么,以 C 为准线、母线平行于 z 轴的柱面方程就是 $F(x,y)=0$.

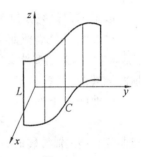

图 5.30

类似地,方程 $G(y,z)=0$ 表示以 yOz 面上的曲线 $G(y,z)=0$ 为准线,母线平行于 x 轴的柱面;方程 $H(x,z)=0$ 表示以 zOx 面上的曲线 $H(x,z)=0$ 为准线,母线平行于 y 轴的柱面.

【例 5.31】　在空间直角坐标系 $O\text{-}xyz$ 中,由方程

$$\frac{x^2}{a^2}+\frac{y^2}{b^2}=1,\frac{y^2}{b^2}+\frac{z^2}{c^2}=1,\frac{z^2}{c^2}+\frac{x^2}{a^2}=1$$

表示的柱面称为椭圆柱面;由方程

$$x^2=2b_1y,x^2=2c_1z,y^2=2a_1x,y^2=2c_1z,z^2=2b_1y,z^2=2a_1x$$

表示的柱面称为抛物柱面;由方程

$$\frac{x^2}{a^2}-\frac{y^2}{b^2}=\pm1,\frac{y^2}{b^2}-\frac{z^2}{c^2}=\pm1,\frac{z^2}{c^2}-\frac{x^2}{a^2}=\pm1$$

表示的柱面称为双曲柱面.这里 a、b、c 都是正数,a_1、b_1、c_1 都是非零常数.

上述三种柱面中,母线平行于 z 轴的三种柱面形状如图 5.31 所示.

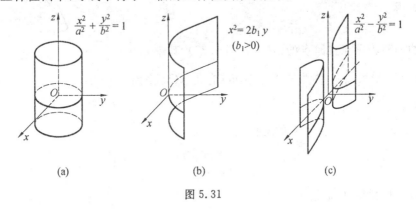

(a)　　　　　　　　(b)　　　　　　　　(c)

图 5.31

三、旋转曲面

定义 5.6　一平面曲线 C 绕着它所在平面的一条直线 L 旋转一周所生成的曲面称为旋转曲面(简称旋转面),其中曲线 C 称为旋转曲面的母线,直线 L 称为旋转曲面的旋转轴.

我们这里只研究母线在坐标面上,且以坐标轴为旋转轴的旋转曲面的方程.

以下我们研究如何建立曲线绕旋转轴一周所生成的旋转曲面的方程.

设曲线 C 是坐标面 yOz 上的一条曲线,它的方程为 $f(y,z)=0$,该曲线绕 z 轴旋转一周可得到一个以 z 轴为轴的旋转曲面(图 5.32).它的方程求得如下:

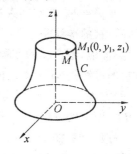

设曲线 C 上的任一点 $M_1(0,y_1,z_1)$,则有

$$f(y_1,z_1)=0. \qquad ⑤$$

当曲线 C 绕 z 轴旋转时,点 M_1 绕 z 轴转到另一点 $M(x,y,z)$,这时 $z=z_1$ 保持不变,且点 M 到 z 轴的距离 $d=\sqrt{x^2+y^2}=|y_1|$.将 $z_1=z$,$y_1=\pm\sqrt{x^2+y^2}$ 代入式 ⑤,则有

图 5.32

$$f(\pm\sqrt{x^2+y^2},z)=0. \qquad ⑥$$

式 ⑥ 即为所求旋转曲面方程.

由此可知,在曲线 C 的方程 $f(y,z)=0$ 中将 y 改成 $\pm\sqrt{x^2+y^2}$,便得曲线 C 绕 z 轴旋转所成的旋转曲面的方程.

同理,曲线 C 绕 y 轴旋转所成的旋转曲面的方程为

$$f(y,\pm\sqrt{x^2+z^2})=0. \qquad ⑦$$

【例 5.32】　求平面 yOz 上的直线 $z=ay(a>0)$ 绕 z 轴旋转的旋转曲面的方程.

解　根据式 ⑥,此时 z 保持不变,而将 y 换成 $\pm\sqrt{x^2+y^2}$,得

$$z=\pm a\sqrt{x^2+y^2},$$

两端平方得

$$z^2=a^2(x^2+y^2).$$

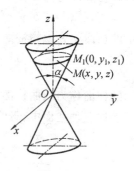

该曲面称为顶点在原点的圆锥面(图 5.33),其中 $\alpha=\operatorname{arccot} a\left(0<\alpha<\dfrac{\pi}{2}\right)$,称为它的半顶角,它是 yOz 平面上直线 $z=ay$ 与 z 轴的夹角.

图 5.33

【例 5.33】　平面 yOz 上的抛物线

$$\begin{cases} y^2=2c_1z \\ x=0 \end{cases}$$

绕 z 轴旋转所得旋转曲面的方程为

$$x^2+y^2=2c_1z,$$

称为旋转抛物面(图 5.34).一般地,由方程

$$\frac{x^2}{a^2}+\frac{y^2}{b^2}=2c_1z,\frac{y^2}{b^2}+\frac{z^2}{c^2}=2a_1x,\frac{x^2}{a^2}+\frac{z^2}{c^2}=2b_1y$$

所表示的曲面称为椭圆抛物面(第一个方程的图形如图 5.35 所示),其中 a、b、c 都是正常数,a_1、b_1、c_1 都是任意非零常数.

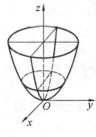

图 5.34

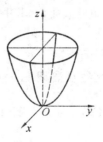

图 5.35

四、二次曲面

对于给定的三元二次方程,利用配方法和变量替换,总可以将其写为

$$Ax^2 + By^2 + Cz^2 - 2ax - 2by - 2cz + d = 0. \qquad ⑧$$

由方程 ⑧ 表示的曲面称为二次曲面,其中 A,B,C 不同时为零.

由于 $A、B、C$ 的情形不同,方程 ⑧ 表示的二次曲面的几何特性也不同.下面简单介绍一些常见的二次曲面.

1. 椭球面 $\dfrac{x^2}{a^2} + \dfrac{y^2}{b^2} + \dfrac{z^2}{c^2} = 1$

以平面 xOz 上的椭圆 $\dfrac{x^2}{a^2} + \dfrac{z^2}{c^2} = 1$ 绕 z 轴旋转所得旋转曲面的方程为

$$\frac{x^2 + y^2}{a^2} + \frac{z^2}{c^2} = 1,$$

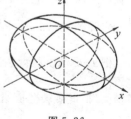

称为旋转椭球面.再将旋转椭球面沿 y 轴方向伸缩 $\dfrac{b}{a}$ 倍,便得椭球面的形状(图 5.36).

当 $a = b = c$ 时,椭球面称为球心在原点、半径为 a 的球面 $x^2 + y^2 + z^2 = a^2$. 显然,球面是旋转椭球面的特殊情形,旋转椭球面是椭球面的特殊情形.把球面 $x^2 + y^2 + z^2 = a^2$ 沿 z 轴的方向

图 5.36

伸缩 $\dfrac{c}{a}$ 倍,即得旋转椭球面 $\dfrac{x^2 + y^2}{a^2} + \dfrac{z^2}{c^2} = 1$;再沿 y 轴方向伸缩 $\dfrac{b}{a}$ 倍,即得椭球面.以上替换旋转椭球面方程的方法称为伸缩变形法.类似地,可以沿着 x 轴、z 轴的方向将曲面变形.下面几类曲面都可以由旋转曲面利用伸缩变形法得到.

2. 单叶双曲面 $\dfrac{x^2}{a^2} + \dfrac{y^2}{b^2} - \dfrac{z^2}{c^2} = 1$

以 xOz 平面上的双曲线 $\dfrac{x^2}{a^2} - \dfrac{z^2}{c^2} = 1$ 绕 z 轴旋转所得旋转曲面的方程为 $\dfrac{x^2 + y^2}{a^2} - \dfrac{z^2}{c^2} = 1$,称为旋转单叶双曲面.再把旋转曲面沿 y 轴方向伸缩 $\dfrac{b}{a}$ 倍,即得单叶双曲面(图 5.37).

一般地,由方程

$$\frac{x^2}{a^2} + \frac{y^2}{b^2} - \frac{z^2}{c^2} = 1, \frac{x^2}{a^2} - \frac{y^2}{b^2} + \frac{z^2}{c^2} = 1, -\frac{x^2}{a^2} + \frac{y^2}{b^2} + \frac{z^2}{c^2} = 1$$

所表示的曲面称为单叶双曲面,其中 a、b、c 为正常数.

3. 双叶双曲面 $\dfrac{x^2}{a^2} - \dfrac{y^2}{b^2} - \dfrac{z^2}{c^2} = 1$

以 xOz 平面上的双曲线 $\dfrac{x^2}{a^2} - \dfrac{z^2}{c^2} = 1$ 绕 x 轴旋转所得旋转曲面的方程为 $\dfrac{x^2}{a^2} - \dfrac{y^2 + z^2}{c^2} = 1$,称为旋转双叶双曲面.把此旋转曲面沿 y 轴方向伸缩 $\dfrac{b}{c}$ 倍,即得双叶双曲面 (图 5.38).

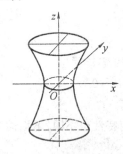

图 5.37

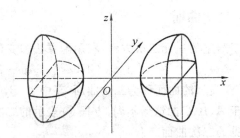

图 5.38

一般地,由下列方程

$$\frac{x^2}{a^2} + \frac{y^2}{b^2} - \frac{z^2}{c^2} = -1,\ \frac{x^2}{a^2} - \frac{y^2}{b^2} + \frac{z^2}{c^2} = -1,\ -\frac{x^2}{a^2} + \frac{y^2}{b^2} + \frac{z^2}{c^2} = -1$$

所表示的曲面称为双叶双曲面,其中 a、b、c 为正常数.

4. 椭圆抛物面 $\dfrac{x^2}{a^2} + \dfrac{y^2}{b^2} = z$

把 xOz 面上的抛物线 $\dfrac{x^2}{a^2} = z$ 绕 z 轴旋转所得旋转曲面的方程为 $\dfrac{x^2 + y^2}{a^2} = z$,称为旋转抛物面.把此旋转曲面沿 y 轴方向伸缩 $\dfrac{b}{a}$ 倍,即得椭圆抛物面(图 5.39).

一般地,由下列方程

$$\frac{x^2}{a^2} + \frac{y^2}{b^2} = z,\ \frac{y^2}{b^2} + \frac{z^2}{c^2} = x,\ \frac{z^2}{c^2} + \frac{x^2}{a^2} = y$$

所表示的曲面称为椭圆抛物面,其中 a、b、c 为正常数.

以上四种二次曲面的几何形状都可以通过旋转曲面的伸缩变形得到,下面利用截痕法来讨论由方程 $\dfrac{x^2}{a^2} + \dfrac{y^2}{b^2} = z^2$ 及 $\dfrac{x^2}{a^2} - \dfrac{y^2}{b^2} = z$ 所表示的椭圆锥面及双曲抛物面的几何形状.这里我们将平行于坐标面的平面与二次曲面的交线称为截口,通过综合截口的变化来了解曲面形状的方法称为截痕法.

5. 椭圆锥面 $\dfrac{x^2}{a^2} + \dfrac{y^2}{b^2} = z^2$

以垂直于 z 轴的平面 $z = t$ 截此曲面,当 $t = 0$ 时得一点 $(0,0,0)$;当 $t \neq 0$ 时,得平面 $z = t$ 上的椭圆

$$\frac{x^2}{(at)^2} + \frac{y^2}{(bt)^2} = 1.$$

当 t 变化时,上式表示一族长短轴比例不变的椭圆,当 $|t|$ 从大到小并变为 0 时,这族椭圆从大到小并缩为一点.综上所述,可得椭圆锥面的形状(图 5.40).

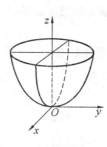
图 5.39

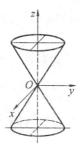
图 5.40

6.双曲抛物面 $\dfrac{x^2}{a^2} - \dfrac{y^2}{b^2} = z$

双曲抛物面又称马鞍面,我们用截痕法来讨论它的形状.

双曲抛物面是无界曲面,它关于 zOx 坐标面、yOz 坐标面、z 轴是对称的.

用平面 $x = t$ 截此曲面,所得截痕 l 为平面 $x = t$ 上的抛物线

$$-\frac{y^2}{b^2} = z - \frac{t^2}{a^2},$$

此抛物线开口朝下,其顶点坐标为

$$x = t, y = 0, z = \frac{t^2}{a^2}.$$

当 t 变化时,l 的形状不变,位置只作平移,而 l 的顶点的轨迹 L 为平面 $y = 0$ 上的抛物线

$$z = \frac{x^2}{a^2}.$$

因此,以 l 为母线,L 为准线,母线 l 的顶点在准线 L 上滑动,且母线作平行移动,这样得到的曲面便是双曲抛物面(图 5.41).

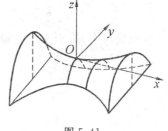
图 5.41

一般地,由下列方程

$$\frac{x^2}{a^2} - \frac{y^2}{b^2} = z, \frac{y^2}{b^2} - \frac{z^2}{c^2} = x, \frac{x^2}{a^2} - \frac{z^2}{c^2} = y$$

所表示的曲面称为双曲抛物面,其中 a、b、c 都是正常数.

还有三种二次曲面分别是椭圆柱面、双曲柱面、抛物柱面.我们在例 5.31 中已经介绍了,在这里不再赘述.

习题 5.5

1.设有点 $A(1,2,3)$ 和 $B(2,-1,4)$,求线段 AB 的垂直平分面的方程.

2.设有三元二次方程

$$x^2 + y^2 + z^2 - 2x + 4y + 1 = 0$$

(1)求证:这是球面方程并求球心坐标与球的半径;

(2) 写出通过点 $M_0(0,-1,\sqrt{2})$ 的球面的切平面方程.

3. 将 yOz 坐标面上的抛物线 $z^2=3y$ 绕 y 轴旋转一周,求所生成的旋转曲面的方程.

4. 将 yOz 坐标面上的双曲线 $4x^2-16y^2=32$ 分别绕 x 轴及 y 轴旋转一周,求所生成的旋转曲面的方程.

5. 指出下列方程在平面几何和在空间几何中分别是什么图形:

(1) $y=1$;   (2) $y=x-1$;

(3) $x^2+y^2=1$;   (4) $z=2-x^2$.

6. 指出下列曲面是怎样旋转而成的:

(1) $\dfrac{x^2}{4}+\dfrac{y^2}{9}+\dfrac{z^2}{9}=1$;   (2) $x^2-\dfrac{y^2}{4}+z^2=1$;

(3) $x^2-y^2-z^2=1$;   (4) $(z-a)^2=x^2+y^2$.

7. 说明下列曲面是什么类型的曲面:

(1) $x^2-3z=0$;   (2) $y^2+z^2=(ax^2+bx+c)^2$.

5.6 空间曲线及其方程

一、空间曲线的一般方程

在 5.4 节中我们已经知道,空间直线可看成两个相交平面的交线.类似地,空间曲线可看成两个相交空间曲面的交线,所以空间曲线 Γ 的一般方程为

$$\begin{cases} F(x,y,z)=0 \\ G(x,y,z)=0 \end{cases} \qquad\qquad ①$$

一般情况下,用来表示空间曲线的方程组不是唯一的.例如,方程组

$$\begin{cases} x^2+y^2+z^2=1 \\ x+y-z=0 \end{cases}$$

与方程组

$$\begin{cases} (x-1)^2+(y-1)^2+(z+1)^2=4 \\ x+y-z=0 \end{cases}$$

都表示平面 $x+y-z=0$ 上以原点 O 为圆心,1 为半径的圆.

【例 5.34】 判断下列曲线的形状:

$$(1) \begin{cases} x^2+y^2=1 \\ 2x+3z=6 \end{cases}; \quad (2) \begin{cases} z=\sqrt{a^2-x^2-y^2} \\ \left(x-\dfrac{a}{2}\right)^2+y^2=\left(\dfrac{a}{2}\right)^2 \end{cases}.$$

解 (1) 方程组中第一个方程表示母线平行于 z 轴的柱面,其准线是 xOy 面上的以原点 O 为圆心,1 为半径的圆周.方程组中第二个方程表示母线平行于 y 轴,准线是 xOz 面上的直线的平面.方程组表示平面与圆柱面的交线,如图 5.42 所示.

(2) 方程组中第一个方程表示球心在坐标原点 O、半径为 a 的上半球面,方程组中第二个方程表示母线平行于 z 轴的圆柱面,它的准线是 xOy 面上的圆,这圆的圆心在点

$\left(\dfrac{a}{2},0\right)$,半径为 $\dfrac{a}{2}$.方程组表示上述半球面与圆柱面的交线,如图 5.43 所示.

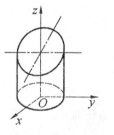

图 5.42

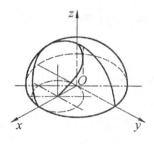

图 5.43

二、空间曲线的参数方程

在方程 ① 中适当引入参数 t,可将曲线 Γ 的方程组写为

$$\begin{cases} x = \varphi(t) \\ y = \psi(t), \\ z = \omega(t) \end{cases} \qquad ②$$

称方程组 ② 为曲线 Γ 的参数方程.

【例 5.35】 已知动点 M 沿着圆柱面 $x^2 + y^2 = R^2$ 以角速度 ω 绕 z 轴匀速旋转,同时又以线速度 v 沿平行于 z 轴的正方向匀速上升(其中 ω、v 都是常数),求动点 M 的轨迹方程.

解　设时间变量为 t,动点 M 的坐标为 $M_0(x,y,z)$,且在初始时刻 $t = 0$ 的坐标为 $M_0(R,0,0)$,则当动点 M 沿半径为 R 的圆柱面 $x^2 + y^2 = R^2$ 上以等角速度 ω 绕 z 轴旋转,同时又以等线速度 v 沿平行于 z 轴的正向向上移动时,在时刻 t 动点 M 的坐标满足

$$\begin{cases} x = R\cos \omega t \\ y = R\sin \omega t, \quad 0 \leqslant t < +\infty \\ z = vt \end{cases}$$

如果令 $\theta = \omega t$,则此参数方程可写为

$$\begin{cases} x = R\cos \theta \\ y = R\sin \theta, \quad 0 \leqslant \theta < +\infty \\ z = b\theta \end{cases}$$

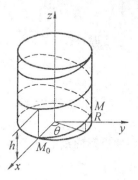

这里 $b = \dfrac{v}{\omega}$ 为常数,θ 为参数.称此参数方程表示的曲线为圆柱螺线,如图 5.44 所示.

图 5.44

由圆柱螺线的参数方程可知,当 θ 从 θ_0 变到 $\theta_0 + \alpha$ 时,z 由 $b\theta_0$ 变到 $b\theta_0 + b\alpha$.这说明当动点 M 转过角 α 时,动点 M 也沿螺旋线上升了高度 $b\alpha$,即动点上升的高度与动点转过的角度成正比.特别是当动点 M 转过一周,即 $\alpha = 2\pi$ 时,点 M 就上升固定的高度 $h = 2\pi b$,这一高度在工程技术上称为螺距.螺旋线的这一重要性质在实际问题中有着广泛的应用.

三、空间曲线在坐标面上的投影

设空间曲线 Γ 的方程为

$$\begin{cases} F(x,y,z)=0 \\ G(x,y,z)=0 \end{cases}, \qquad ③$$

在方程组 ③ 中消去变量 z 得方程

$$H(x,y)=0. \qquad ④$$

上述方程中缺少变量 z，所以它是母线平行于 z 轴的柱面，又因为 Γ 上的点的坐标都满足式③，也满足式④，所以 Γ 上的点都在此柱面上，从而 Γ 关于 xOy 面的投影柱面的点都在柱面 $H(x,y)=0$ 上，由方程组 ③ 经消去 z 所得的柱面 $H(x,y)=0$ 就是 Γ 关于 xOy 面的投影柱面，于是联立式

$$\begin{cases} H(x,y)=0 \\ z=0 \end{cases}$$

是 Γ 关于 xOy 面的投影曲线的方程，简称为投影.

同样，可以类似地由曲线 Γ 的方程 ③ 通过消去 x（或 y）的方法依次求 Γ 在 yOz（或 zOx）面上的投影.

【例 5.36】 求空间曲线在 xOy 平面上的投影：

(1) 直线 L: $\begin{cases} x=1-2t \\ y=3+t \\ z=2-t \end{cases}$； (2) 曲线 Γ: $\begin{cases} x^2+y^2+z^2=1 \\ z^2=2x \end{cases}$.

解 (1)L 是由参数方程给出的，令 $z=0$，直接得 L 在 xOy 平面上的投影：

$$\begin{cases} x=1-2t \\ y=3+t \\ z=0 \end{cases},$$

消去 t 得

$$\begin{cases} x+2y=7 \\ z=0 \end{cases}.$$

(2) 由方程 $z^2=2x$ 知 $x\geq 0$. 将 $z^2=2x$ 代入第一个方程，得

$$x^2+y^2+2x=1,\ x\geq 0,$$

因此投影曲线的方程为

$$\begin{cases} (x+1)^2+y^2=2,\ x\geq 0 \\ z=0 \end{cases},$$

它是一段圆弧.

【例 5.37】 设一个立体由上半球面 $z=\sqrt{4-x^2-y^2}$ 和锥面 $z=\sqrt{3(x^2+y^2)}$ 所围成(图 5.45)，求它在 xOy 面上的投影.

解 上半球面和锥面的交线为

$$\Gamma: \begin{cases} z=\sqrt{4-x^2-y^2} \\ z=\sqrt{3(x^2+y^2)} \end{cases},$$

消去方程组中的变量 z，得到 $x^2+y^2=1$．这是一个母线平行于 z 轴的圆柱面，容易看出，这恰好是交线 Γ 关于 xOy 面的投影柱面，因此交线 Γ 在 xOy 面上的投影曲线为

$$\begin{cases} x^2+y^2=1 \\ z=0 \end{cases}.$$

这是 xOy 面上的一个圆，于是所求立体在 xOy 面上的投影就是该圆在 xOy 面上所围的部分：$x^2+y^2 \leqslant 1$．

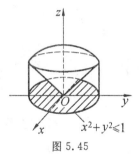

图 5.45

习题 5.6

1. 分别求母线平行于 x 轴及 y 轴而且通过曲线 $\begin{cases} 2x^2+y^2+z^2=16 \\ x^2+z^2-y^2=0 \end{cases}$ 的柱面方程．

2. 求下列各曲线的参数方程，并指出它们是什么曲线？是什么曲面的交线？

   (1) $\begin{cases} x^2+y^2+z^2=a^2 \\ x^2+y^2=b^2 \end{cases}, a \geqslant b>0$；　(2) $\begin{cases} (x-1)^2+y^2+(z+1)^2=4 \\ z=0 \end{cases}$．

3. 求球面 $x^2+y^2+z^2=9$ 与平面 $x+z=1$ 的交线在 xOy 面上的投影方程．

4. 画出旋转抛物面 $z=x^2+y^2$ 与平面 $z=4$ 所围成的立体图形，求出它在 xOy 平面上的投影区域．

5. 设曲线 Γ 的方程为 $\begin{cases} x^2+y^2+z^2=4 \\ x^2+y^2-2x=0 \end{cases}$，求曲线在各坐标面上的投影曲线的方程．

6. 画出曲线 Γ 在第一卦限内的图形，其中曲线 Γ 的方程为 $\begin{cases} x^2+y^2=a^2 \\ z^2+y^2=a^2 \end{cases}$．

总习题五

1. 填空题

   (1) 设 $\boldsymbol{a}=(2,-1,1),\boldsymbol{b}=(0,3,-2)$，则 $\boldsymbol{a}\times\boldsymbol{b}=$ _____．

   (2) 直线 $\begin{cases} x-2y+z=0 \\ x+y-2z=0 \end{cases}$ 与平面 $2x+y+z=1$ 的位置关系是 _____．

   (3) $x^2-z^2=1$ 绕 x 轴旋转一周所得的旋转曲面的方程是 _____．

   (4) 过点 $(-1,1,2)$ 与 $(2,3,1)$ 的直线方程是 _____．

   (5) 过点 $(2,3,7)$ 且与平面 $3x-2y-5z=7$ 平行的平面方程为 _____．

2. 选择题

   (1) 设 $\boldsymbol{a}=(2,1,2),\boldsymbol{b}=(4,-1,10),\boldsymbol{c}=\boldsymbol{b}-\lambda\boldsymbol{a}$，若 $\boldsymbol{a}\perp\boldsymbol{c}$，则 $\lambda=$（　　）．

   A. 3　　　　　　　B. -3　　　　　　　C. 9　　　　　　　D. -9

   (2) 直线 $\dfrac{x-1}{-1}=\dfrac{y+1}{2}=\dfrac{z}{2}$ 与平面 $x+y+z+1=0$ 的夹角余弦为（　　）．

A. $\dfrac{1}{\sqrt{3}}$ B. $\sqrt{\dfrac{2}{3}}$ C. $\dfrac{1}{3}$ D. $\dfrac{2\sqrt{2}}{3}$

(3) 曲线 $\begin{cases} \dfrac{y^2}{4}+x^2=1 \\ z=0 \end{cases}$ 绕 x 轴旋转一周,所得的旋转曲面的方程为( ).

A. $\dfrac{y^2}{4}+x^2+z^2=1$ B. $\dfrac{y^2+z^2}{4}+x^2=1$

C. $\dfrac{(y+z)^2}{4}+x^2=1$ D. $\dfrac{y^2}{4}+(x+z)^2=1$

(4) 通过点 $(-5,2,-1)$ 且平行于 yOz 平面的方程为( ).

A. $x+5=0$ B. $z+1=0$ C. $x-1=0$ D. $y-2=0$

(5) 过点 $(1,-3,2)$ 且垂直于直线 $\dfrac{x+3}{3}=\dfrac{y+2}{4}=\dfrac{z-5}{-1}$ 的平面为( ).

A. $3x-4y-z+11=0$ B. $3x+4y+z+11=0$

C. $3x+4y-z-11=0$ D. $3x+4y-z+11=0$

3. 计算题

(1) 设 $a=(1,0,-2)$,$b=(3,1,-4)$,求:(1)$a \cdot (2a-b)$;(2)$3a \times b$.

(2) 写出直线 $\begin{cases} x+y-z+1=0 \\ 2x-y+z-4=0 \end{cases}$ 的对称式方程及参数方程.

(3) 已知向量 b 与 $a=(2,-1,3)$ 平行,且 $|b|=3\sqrt{14}$,求 b.

(4) $|a|=\sqrt{3}$,$|b|=1$,a 与 b 的夹角是 $\dfrac{\pi}{6}$,求向量 $a+b$ 与 $a-b$ 的夹角.

(5) 设 $a=(2,-3,1)$,$b=(1,-2,3)$,$c=(2,1,2)$,向量 r 满足 $r \perp a$,$r \perp b$,$\text{Prj}_c r=14$,求 r.

(6) 求通过点 $A(3,0,0)$ 和 $B(0,0,1)$ 且与 xOy 面成 $\dfrac{\pi}{3}$ 角的平面的方程.

(7) 求过直线 $\begin{cases} x-z+2=0 \\ y-2z+4=0 \end{cases}$ 与平面 $x+y-z=0$ 垂直的平面方程.

(8) 求过点 $(-1,0,4)$,且平行于平面 $3x-4y+z-10=0$,又与直线 $\dfrac{x+1}{1}=\dfrac{y-3}{1}=\dfrac{z}{2}$ 相交的直线的方程.

(9) 确定方程组 $\begin{cases} z=\sqrt{a^2-x^2-y^2} \\ \left(x-\dfrac{a}{2}\right)^2+y^2=\left(\dfrac{a}{2}\right)^2 \end{cases}$ 所表示的曲线.

(10) 求旋转抛物面 $z=x^2+y^2$,$z=4$ 在三坐标面上的投影.

第 **6** 章

多元函数微分学

前几章中我们讨论的函数都只含有一个自变量,这种函数称为一元函数.但在实际问题中,涉及的函数常含有两个或更多个自变量,即多元函数.一元函数微分学与多元函数微分学有很多共同点,但也存在一些差异.因此本章将在一元函数微分学的基础上,主要讨论二元函数的极限、连续性、偏导数、全微分及其应用等内容,并推广到 n 元函数中.

6.1 多元函数的基本概念

在学习二元函数的概念之前,我们先介绍平面中的点集、两点间的距离、邻域等基本概念.

一、平面点集

1.二维空间

我们将二元有序实数组 (x,y) 的全体称为二维空间,记作 $\mathbf{R}^2 = \{(x,y) \mid x \in \mathbf{R}, y \in \mathbf{R}\}$.我们知道,数轴上的点与实数之间是一一对应的,并把数轴上的全体点与实数集合 $\mathbf{R}$ 相等同.如今类似地,在平面上引入了直角坐标系后,坐标平面上的点与二元有序实数组 (x,y) 之间就建立起了一一对应的关系.于是,常把坐标平面上的全体点与二维空间 $\mathbf{R}^2$ 视作是等同的.

二维空间 $\mathbf{R}^2$ 的子集合称为平面点集.例如, $C = \{(x,y) \mid x+y < 4\}$ 是指平面上直线 $x+y=4$ 左下方所有点的集合(图 6.1).

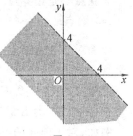

图 6.1

2.邻域

设 $P_0(x_0,y_0)$ 是 xOy 平面上的一个点,以 $P_0(x_0,y_0)$ 为圆心,任意 $\delta > 0$ 为半径的圆内所有点 $P(x,y)$ 的全体,称为点 P_0 的 δ 邻域,记作 $U(P_0,\delta)$,即

$$U(P_0,\delta) = \{P \mid |PP_0| < \delta\} = \{(x,y) \mid \sqrt{(x-x_0)^2 + (y-y_0)^2} < \delta\}.$$

点 P_0 的去心 δ 邻域,记作 $\overset{\circ}{U}(P_0,\delta)$,即

$$\overset{\circ}{U}(P_0,\delta)=\{P\mid 0<\mid PP_0\mid<\delta\}=\{(x,y)\mid 0<\sqrt{(x-x_0)^2+(y-y_0)^2}<\delta\}.$$

当不需要注明邻域半径 δ 时，$U(P_0,\delta)$ 简记作 $U(P_0)$，称为点 P_0 的邻域，$\overset{\circ}{U}(P_0,\delta)$ 简记作 $\overset{\circ}{U}(P_0)$，并称为点 P_0 的去心邻域.

3. 点和点集之间的关系

设 E 为一平面点集.

（1）内点与外点.

如果存在点 P 的某个邻域 $U(P)$ 使得 $U(P)\subset E$，则称 P 是点集 E 的内点；如果存在点 P 的某个邻域 $U(P)$ 使得 $U(P)\bigcap E=\varnothing$，则称 P 是点集 E 的外点.

例如，设平面点集 $E=\{(x,y)\mid 4<x^2+y^2\leqslant 9\}$（图 6.2），满足 $4<x^2+y^2<9$ 的一切点 (x,y) 是 E 的内点.

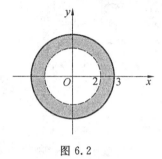

图 6.2

（2）边界点.

如果点 P 的任一邻域内既含有属于 E 的点，又含有不属于 E 的点，则称 P 是点集 E 的边界点. E 的边界点的全体称为 E 的边界，记作 ∂E.

由以上定义可知，E 的内点必属于 E；E 的外点必不属于 E；E 的边界点可能属于 E，也可能不属于 E.

例如，对于前述的点集 $E=\{(x,y)\mid 4<x^2+y^2\leqslant 9\}$（图 6.2）.满足 $x^2+y^2=9$ 的一切点 (x,y) 是 E 的边界点且它们属于 E；满足 $x^2+y^2=4$ 的一切点 (x,y) 也是 E 的边界点但它们不属于 E，即 $\partial E=\{(x,y)\mid x^2+y^2=4$ 或 $x^2+y^2=9\}$.

（3）孤立点.

如果存在点 P 的某个邻域 $U(P)$，使得 $U(P)$ 中只有点 P 属于点集 E，则称 P 是点集 E 的孤立点.

孤立点必是边界点.

（4）聚点.

如果对于任意给定的 $\delta>0$，点 P 的去心邻域 $\overset{\circ}{U}(P,\delta)$ 内总有 E 中的点，则称 P 是 E 的聚点.

由定义可知，点集 E 的内点必是 E 的聚点；点集 E 的边界点只要不是孤立点也必是 E 的聚点.所以，点集 E 的聚点 P 可以属于 E，也可以不属于 E.

例如，对于前述的点集 $E=\{(x,y)\mid 4<x^2+y^2\leqslant 9\}$（图 6.2），点集 E 以及它的边界 ∂E 上的一切点都是 E 的聚点.

4. 一些重要的平面点集

设 E 为一平面点集.

（1）开集与闭集.

如果点集 E 的点都是 E 的内点，则称 E 为开集；如果点集 E 的边界 $\partial E\subset E$，则称 E 为闭集.

例如，集合 $\{(x,y)\mid 4<x^2+y^2<9\}$ 是开集（图 6.3）；$\{(x,y)\mid 4<x^2+y^2\leqslant 9\}$ 既不是开集也不是闭集（图 6.2）；$\{(x,y)\mid 4\leqslant x^2+y^2\leqslant 9\}$ 是闭集（图 6.4）.

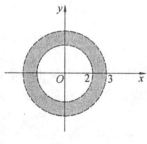

图 6.3

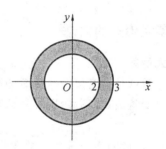

图 6.4

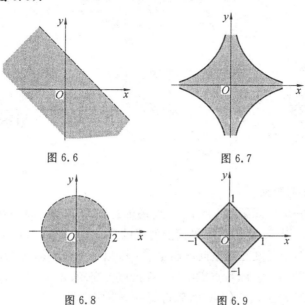

图 6.5

（2）连通集.

如果点集 E 内任何两点,都可用折线连接起来,且该折线上的点都属于 E,则称 E 为连通集.

（3）区域（开区域）与闭区域.

类似于研究一元函数时引入区间,在研究多元函数时还要引入区域.

连通的开集称为区域或开区域;开区域连同它的边界一起构成的点集称为闭区域.

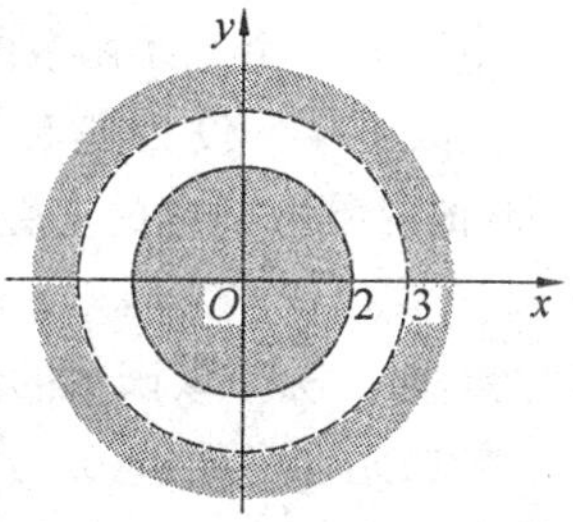

例如,集合 $\{(x,y)\mid x^2+y^2<4$ 或 $x^2+y^2>9\}$ 虽然是开集但不是连通的,因而不是区域(图 6.5).

（4）有界区域与无界区域.

对于区域 E,如果存在某一 $\delta>0$,使得 $E\subset U(O,\delta)$,其中 O 是坐标原点,则称 E 为有界区域;否则称这集合为无界区域.

例如,$\{(x,y)\mid x+y<1\}$ 是无界开区域(图 6.6);$\{(x,y)\mid\mid xy\mid\leqslant1\}$ 是无界闭区域(图 6.7);$\{(x,y)\mid 0<x^2+y^2<4\}$ 是有界开区域(图 6.8);$\{(x,y)\mid\mid x\mid+\mid y\mid\leqslant1\}$ 是有界闭区域(图 6.9).

图 6.6

图 6.7

图 6.8

图 6.9

二、多元函数的概念

1. 二元函数的定义

多元函数就是含有多个自变量的函数,即因变量的变化,不只由一个自变量决定,而是由多个自变量决定.例如,圆柱体体积 V 由它的底面半径 r 和高 h 所决定,有

$$V = \pi r^2 h.$$

又如,平行四边形的面积 S 由它的相邻两边的长 x 和 y 及夹角 θ 所决定,有

$$S = xy \sin \theta.$$

本节只给出二元函数的定义,读者不难由二元函数的定义推广为 n 元函数的定义.

定义 6.1 设 D 是 $\mathbf{R}^2$ 的一个非空子集,如果存在一个对应法则 f,使对每个 $P(x,y) \in D$,都有唯一确定的实数 z 与之对应,则称 f 是定义在 D 上的二元函数,记作

$$z = f(x,y), (x,y) \in D(\text{或} z = f(P)),$$

其中点集 D 称为该函数的定义域,x、y 称为自变量,z 称为因变量.

与二元有序数组 (x,y) 所对应的因变量 z 的值,称为函数 f 在点 (x,y) 处的函数值,常记作 $f(x,y)$,全体函数值 $f(x,y)$ 的集合称为函数 f 的值域,记作 $f(D)$,即

$$f(D) = \{z \mid z = f(x,y),(x,y) \in D\},$$

注 与一元函数的情形类似,凡未标明实际意义的二元函数 $z = f(P)$,其定义域是使该函数有意义的所有点的全体,且这种定义域称为自然定义域.

【例 6.1】 函数 $z = \arcsin(x^2 + y^2 - 3)$ 的定义域为 $\{(x,y) \mid 2 \leqslant x^2 + y^2 \leqslant 4\}$,该定义域为有界闭区域(图 6.10).

【例 6.2】 函数 $z = \sqrt{x - \sqrt{y}}$ 的定义域为 $\{(x,y) \mid x \geqslant 0, y \geqslant 0, y \leqslant x^2\}$,该定义域为无界闭区域(图 6.11).

【例 6.3】 函数 $z = \ln(x + y)$ 的定义域为 $\{(x,y) \mid x + y > 0\}$,该定义域为无界开区域(图 6.12).

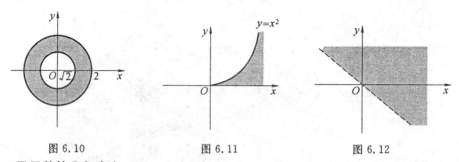

图 6.10　　　　　　　图 6.11　　　　　　　图 6.12

2. 二元函数的几何意义

我们已经熟悉,一个一元函数 $y = f(x)$ 的图形是 xOy 平面上的一条曲线.对于二元函数 $z = f(x,y)$,设其定义域为 xOy 平面上的区域 D,任取点 $P(x,y) \in D$,且其对应的函数值为 $z = f(x,y)$,于是在三维空间就确定了一个以 x 为横坐标、y 为纵坐标、$z = f(x,y)$ 为竖坐标的点 $M(x,y,z)$.随着点 $P(x,y)$ 在区域内变动,点 $M(x,y,z)$ 也在空间相应地变动,当 (x,y) 取遍 D 上的一切点时,就得到一个空间点集

$\{(x,y,z) \mid z = f(x,y),(x,y) \in D\}.$

这个空间点集所组成的图形就是一张曲面,也就是说二元函数的图形是一张曲面(图 6.13).

例如,由空间解析几何知:

函数 $z = ax + by + c(a、b、c$ 是常数) 的图形是一张平面.

函数 $z = \sqrt{1-x^2-y^2}$ 的图形是以原点为圆心,以 1 为半径的球面的上半球面.

函数 $z = x^2 + y^2$ 的图形是旋转抛物面.

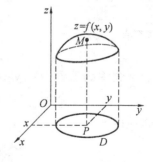

图 6.13

习题 6.1

1. 指出下列平面点集中哪些在 $\mathbf{R}^2$ 中是开集、区域、有界集、无界集?

(1) $E_1 = \{(x,y) \mid x \neq 0, y \neq 0\}$;

(2) $E_2 = \{(x,y) \mid |x| < 1, |y-1| < 2\}$;

(3) $E_3 = \{(x,y) \mid y < x^2\}$;

(4) $E_4 = \{(x,y) \mid y \neq \sin\dfrac{1}{x}$ 且 $x \neq 0\}$.

2. 已知函数 $f(x,y) = \dfrac{x^2 + y^2}{xy}$,试求 $f(2,1)$,$f\left(1,\dfrac{x}{y}\right)$.

3. 求下列函数的定义域,并画出定义域的图形.

(1) $z = \ln 4x + \tan y$;

(2) $z = \dfrac{1}{\sqrt{x-y}} + \dfrac{1}{\sqrt{x+y}}$;

(3) $z = \arcsin\dfrac{x}{a} + \arccos\dfrac{y}{b}(a > 0, b > 0)$;

(4) $z = \dfrac{x^2 - y^2}{x^2 + y^2}$.

6.2　二元函数的极限与连续性

一、二元函数的极限

现在我们讨论二元函数在一点处的极限.

如果当点 $P(x,y)$ 以任何方式趋于点 $P_0(x_0,y_0)$ 时,对应的函数值 $f(x,y)$ 都无限地接近于一个确定的常数 A,则称 A 是函数 $f(x,y)$ 当 $(x,y) \to (x_0,y_0)$ 时的极限.用 ε-δ 语言精确地说,就是

定义 6.2　设二元函数 $f(x,y)$ 的定义域为 D,$P_0(x_0,y_0)$ 是 D 的聚点.如果存在常数 A,对于任意给定的正数 ε,总存在正数 δ,使得当点 $P(x,y) \in D$ 且

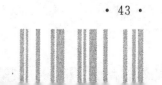

$$0 < \sqrt{(x-x_0)^2+(y-y_0)^2} < \delta$$

时,都有

$$\mid f(P)-A \mid = \mid f(x,y)-A \mid < \varepsilon,$$

则称常数 A 为函数 $f(x,y)$ 当 $(x,y) \rightarrow (x_0,y_0)$ 时的二重极限,简称为极限,记作

$$\lim_{(x,y) \rightarrow (x_0,y_0)} f(x,y) = A \text{ 或 } f(x,y) \rightarrow A((x,y) \rightarrow (x_0,y_0)),$$

也可记作

$$\lim_{P \rightarrow P_0} f(P) = A \text{ 或 } f(P) \rightarrow A(P \rightarrow P_0).$$

定义 6.2 中的 "$0 < \sqrt{(x-x_0)^2+(y-y_0)^2} < \delta$" 也可用下面的等价条件

$$\mid x-x_0 \mid < \delta, \mid y-y_0 \mid < \delta, \text{且}(x,y) \neq (x_0,y_0)$$

来替代.

【例 6.4】 设 $f(x,y)=xy\sin\dfrac{1}{x^2+y^2}$,证明 $\lim\limits_{(x,y) \rightarrow (0,0)} f(x,y)=0$.

证 由于

$$\mid f(x,y)-0 \mid = \left| xy\sin\frac{1}{x^2+y^2} \right| \leqslant \mid xy \mid \leqslant x^2+y^2,$$

所以,$\forall \varepsilon > 0$,取 $\delta=\sqrt{\varepsilon}$,则当 $0 < \sqrt{(x-0)^2+(y-0)^2} < \delta$ 时,总有

$$\mid f(x,y)-0 \mid < \varepsilon$$

成立,故

$$\lim_{(x,y) \rightarrow (0,0)} f(x,y)=0.$$

关于二元函数极限的定义,可相应地推广到 n 元函数 $u=f(x_1,x_2,\cdots,x_n)$ 上去.

虽然二重极限与一元函数的极限相类似,但却复杂得多.因为动点 $P(x,y)$ 可以从四面八方趋近于点 $P_0(x_0,y_0)$,即 $P(x,y) \rightarrow P_0(x_0,y_0)$ 的方式及路径可以任意多,所以 $\lim\limits_{P \rightarrow P_0} f(P)=A$ 是意味着动点 $P(x,y)$ 无论以什么方式、什么路径趋于点 $P_0(x_0,y_0)$,$f(x,y)$ 都无限地接近 A.

基于以上可知,当动点 $P(x,y)$ 沿着两条不同的路径趋于点 $P_0(x_0,y_0)$ 时,二元函数 $f(x,y)$ 趋于不同的常数,就可断定当 $P(x,y) \rightarrow P_0(x_0,y_0)$ 时二元函数 $f(x,y)$ 的极限不存在.

【例 6.5】 设函数 $f(x,y)=\dfrac{xy}{x^2+y^2}((x,y) \neq (0,0))$,试讨论 $(x,y) \rightarrow (0,0)$ 时,函数 $f(x,y)$ 的极限.

证 当点 $P(x,y)$ 沿 x 轴趋于点 $(0,0)$ 时

$$\lim_{\substack{(x,y) \rightarrow (0,0) \\ y=0}} f(x,y) = \lim_{x \rightarrow 0} f(x,0) = \lim_{x \rightarrow 0} 0 = 0,$$

当点 $P(x,y)$ 沿直线 $y=x$ 趋于点 $(0,0)$ 时

$$\lim_{\substack{(x,y) \rightarrow (0,0) \\ y=x}} f(x,y) = \lim_{x \rightarrow 0} f(x,x) = \lim_{x \rightarrow 0} \frac{1}{2} = \frac{1}{2},$$

由此说明点 $P(x,y)$ 沿着两条不同的路径趋于点 $(0,0)$ 时,函数 $f(x,y)$ 趋于不同的常数,

所以函数 $f(x,y)$ 在点 $(0,0)$ 处的极限不存在.

多元函数的极限运算,有着与一元函数极限相类似的运算法则.

【例 6.6】　求 $\lim\limits_{(x,y)\to(0,0)}\dfrac{xy}{\sqrt{2-\mathrm{e}^{xy}}-1}$.

解

$$\lim_{(x,y)\to(0,0)}\frac{xy}{\sqrt{2-\mathrm{e}^{xy}}-1}=\lim_{(x,y)\to(0,0)}\frac{xy(\sqrt{2-\mathrm{e}^{xy}}+1)}{1-\mathrm{e}^{xy}}=\lim_{(x,y)\to(0,0)}\frac{xy(\sqrt{2-\mathrm{e}^{xy}}+1)}{1-\mathrm{e}^{xy}}$$

$$=\lim_{(x,y)\to(0,0)}\frac{xy}{1-\mathrm{e}^{xy}}\cdot\lim_{(x,y)\to(0,0)}(\sqrt{2-\mathrm{e}^{xy}}+1)$$

$$=(-1)\cdot 2=-2.$$

【例 6.7】　求 $\lim\limits_{(x,y)\to(0,0)}\dfrac{1-\cos(x^2+y^2)}{(x^2+y^2)\mathrm{e}^{x^2y^2}}$.

解

$$\lim_{(x,y)\to(0,0)}\frac{1-\cos(x^2+y^2)}{(x^2+y^2)\mathrm{e}^{x^2y^2}}=\lim_{(x,y)\to(0,0)}\frac{\dfrac{1}{2}(x^2+y^2)^2}{(x^2+y^2)\mathrm{e}^{x^2y^2}}$$

$$=\lim_{(x,y)\to(0,0)}\frac{1}{2}\frac{(x^2+y^2)}{\mathrm{e}^{x^2y^2}}=0.$$

二、二元函数的连续性

定义 6.3　设二元函数 $f(x,y)$ 的定义域为 D,$P_0(x_0,y_0)$ 是 D 的聚点,且 $P_0\in D$,如果

$$\lim_{(x,y)\to(x_0,y_0)}f(x,y)=f(x_0,y_0),$$

则称函数 $f(x,y)$ 在点 $P_0(x_0,y_0)$ 连续.

设二元函数 $f(x,y)$ 的定义域为 D,且 D 上每一点都是 D 的聚点,如果函数 $f(x,y)$ 在 D 上每一点都连续,那么就称函数 $f(x,y)$ 在 D 上连续,或者称 $f(x,y)$ 是 D 上的连续函数.

【例 6.8】　证明函数 $f(x,y)=\sin\sqrt{x^2+y^2}$ 在 $\mathbf{R}^2$ 上连续.

证　设 (x_0,y_0) 为 $\mathbf{R}^2$ 上的任意一点,因为

$$|f(x,y)-f(x_0,y_0)|=\left|\sin\sqrt{x^2+y^2}-\sin\sqrt{x_0^2+y_0^2}\right|$$

$$=2\left|\cos\frac{\sqrt{x^2+y^2}+\sqrt{x_0^2+y_0^2}}{2}\right|\left|\sin\frac{\sqrt{x^2+y^2}-\sqrt{x_0^2+y_0^2}}{2}\right|$$

$$\leqslant 2\left|\sin\frac{\sqrt{x^2+y^2}-\sqrt{x_0^2+y_0^2}}{2}\right|$$

$$\leqslant\left|\sqrt{x^2+y^2}-\sqrt{x_0^2+y_0^2}\right|$$

$$\leqslant\sqrt{(x-x_0)^2+(y-y_0)^2}.$$

于是,对于任意给定的 $\varepsilon>0$,取 $\delta=\varepsilon$,当 $\sqrt{(x-x_0)^2+(y-y_0)^2}<\delta$ 时,恒有

$$|f(x,y)-f(x_0,y_0)|<\varepsilon,$$

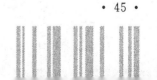

因此, $f(x,y)$ 在点 (x_0,y_0) 处连续. 又由于 (x_0,y_0) 为 $\mathbf{R}^2$ 上的任意一点, 所以 $f(x,y)$ 在 $\mathbf{R}^2$ 上连续.

定义 6.4　设二元函数 $f(x,y)$ 的定义域为 D, $P_0(x_0,y_0)$ 是 D 的一个聚点, 如果函数 $f(x,y)$ 在点 $P_0(x_0,y_0)$ 不连续, 则称 $P_0(x_0,y_0)$ 为函数 $f(x,y)$ 的间断点.

例如, 函数 $f(x,y)=\begin{cases}\dfrac{xy}{x^2+y^2}, & (x,y)\neq(0,0)\\[2mm] 0, & (x,y)=(0,0)\end{cases}$, 虽然它在点 $(0,0)$ 处有定义且 $f(0,0)=0$, 但由例 6.5 知 $\lim\limits_{(x,y)\to(0,0)}\dfrac{xy}{x^2+y^2}$ 不存在, 故点 $(0,0)$ 为 $f(x,y)$ 的间断点.

关于二元函数连续的相关定义, 也可推广到 n 元函数上去.

与一元函数相同, 利用多元函数的极限运算法则可得出: 多元连续函数的和、差、积、商(分母为 0 的点除外)仍是连续函数; 多元连续函数的复合函数也是连续函数.

与一元初等函数相类似, 多元初等函数是指: 由常量及具有不同自变量的一元基本初等函数经过有限次的四则运算和复合运算而得到的用一个式子表示的函数. 例如, $\sin(x+y+z)$、$xy\mathrm{e}^{xy}$、$\dfrac{x^2-y^2}{1+y^2}$ 等都是多元初等函数.

由以上分析可知: 多元初等函数在其定义区域内都是连续函数. 其中定义区域是指包含在多元函数定义域内的区域或闭区域. 这意味着若欲求某多元初等函数在点 P 处的极限, 且点 P 又在该函数的定义区域内, 则此时极限值就是该函数在点 P 处的函数值.

在有界闭区域上的多元连续函数与在闭区间上的一元连续函数相类似, 有如下性质:

(1) **有界性定理**: 在有界闭区域 D 上连续的多元函数, 在 D 上必有界.

(2) **最值定理**: 在有界闭区域 D 上连续的多元函数, 在 D 上必能取得它的最大值和最小值.

(3) **介值定理**: 在有界闭区域 D 上连续的多元函数必取得介于最大值和最小值之间的任何值.

【例 6.9】　求 $\lim\limits_{(x,y)\to(0,0)}\dfrac{\mathrm{e}^x\cos xy}{1-x+y}$.

解　函数 $f(x,y)=\dfrac{\mathrm{e}^x\cos xy}{1-x+y}$ 是初等函数, 它的定义域为
$$D=\{(x,y)\mid 1-x+y\neq 0\},$$
又因为 $(0,0)$ 为 D 的内点, 故
$$\lim\limits_{(x,y)\to(0,0)}f(x,y)=\lim\limits_{(x,y)\to(0,0)}\dfrac{\mathrm{e}^x\cos xy}{1-x+y}=f(0,0)=1.$$

【例 6.10】　求 $\lim\limits_{(x,y)\to(1,0)}\dfrac{4-\sqrt{xy+16}}{3xy}$.

解　$\lim\limits_{(x,y)\to(1,0)}\dfrac{4-\sqrt{xy+16}}{3xy}=\lim\limits_{(x,y)\to(1,0)}\dfrac{-xy}{3xy(4+\sqrt{xy+16})}=-\dfrac{1}{24}.$

习题 6.2

1. 求下列各极限.

(1) $\lim\limits_{(x,y)\to\left(0,\frac{1}{2}\right)} \arcsin\sqrt{x+y}$；

(2) $\lim\limits_{(x,y)\to(0,0)} \dfrac{3x^2-y^2+7}{x^2+y^2+3}$；

(3) $\lim\limits_{(x,y)\to(2,0)} \dfrac{\tan xy}{y}$；

(4) $\lim\limits_{(x,y)\to(0,0)} \dfrac{x^2+y^2}{\sqrt{1+x^2+y^2}-1}$；

(5) $\lim\limits_{(x,y)\to(0,0)} \dfrac{\ln(x^2+\mathrm{e}^{y^2})}{x^2+y^2}$；

(6) $\lim\limits_{(x,y)\to(0,0)} \dfrac{\sin(x^3+y^3)}{x^2+y^2}$.

2. 证明下列极限不存在.

(1) $\lim\limits_{(x,y)\to(0,0)} \dfrac{x+y}{x-y}$；

(2) $\lim\limits_{(x,y)\to(0,0)} \dfrac{x^4-y^2}{x^4+y^2}$.

3. 函数 $z=\dfrac{y^2+2x}{y^2-2x}$ 在何处是间断的?

6.3　偏导数与全微分

一、偏导数

1. 一阶偏导数

我们现在研究多元函数关于其中一个自变量的变化率. 例如,将二元函数 $z=f(x,y)$ 的自变量 y 固定,即将 y 看成常量,而只有自变量 x 变化,这时二元函数 $z=f(x,y)$ 就变成了关于 x 的一元函数,此函数对 x 的导数,就称为二元函数 $z=f(x,y)$ 对 x 的偏导数,精确定义如下:

定义 6.5　设二元函数 $z=f(x,y)$ 在点 (x_0,y_0) 的某一邻域内有定义,当 y 固定在 y_0,而 x 在 x_0 处有增量 Δx 时,相应的函数有增量

$$f(x_0+\Delta x,y_0)-f(x_0,y_0).$$

如果

$$\lim_{\Delta x\to 0} \frac{f(x_0+\Delta x,y_0)-f(x_0,y_0)}{\Delta x}$$

存在,则称此极限为函数 $z=f(x,y)$ 在点 (x_0,y_0) 处对 x 的偏导数,记作

$$\frac{\partial z}{\partial x}\bigg|_{\substack{x=x_0\\y=y_0}},\ \frac{\partial f}{\partial x}\bigg|_{\substack{x=x_0\\y=y_0}},\ z_x\bigg|_{\substack{x=x_0\\y=y_0}}\ 或\ f_x(x_0,y_0).$$

类似地,可定义二元函数 $z=f(x,y)$ 在点 (x_0,y_0) 处对 y 的偏导数为

$$\lim_{\Delta y\to 0} \frac{f(x_0,y_0+\Delta y)-f(x_0,y_0)}{\Delta x},$$

记作

$$\frac{\partial f}{\partial y}\bigg|_{\substack{x=x_0\\y=y_0}},\ \frac{\partial z}{\partial y}\bigg|_{\substack{x=x_0\\y=y_0}},\ z_y\bigg|_{\substack{x=x_0\\y=y_0}}\ 或\ f_y(x_0,y_0).$$

如果二元函数 $z=f(x,y)$ 在区域 D 的任意点 (x,y) 都存在关于 x 的偏导数,则称函数 $z=f(x,y)$ 在区域 D 存在关于 x 的偏导函数,记作

$$\frac{\partial z}{\partial x},\frac{\partial f}{\partial x},z_x \text{ 或 } f_x(x,y).$$

类似地,可定义二元函数 $z=f(x,y)$ 对自变量 y 的偏导函数,记作

$$\frac{\partial z}{\partial y},\frac{\partial f}{\partial y},z_y \text{ 或 } f_y(x,y).$$

另外,$f(x_0+\Delta x,y_0)-f(x_0,y_0)$ 与 $f(x_0,y_0+\Delta y)-f(x_0,y_0)$ 分别称作二元函数在点 (x_0,y_0) 处对 x 和对 y 的偏增量;而当两个自变量都取得增量时,因变量所获得的增量 $f(x_0+\Delta x,y_0+\Delta y)-f(x_0,y_0)$ 称作二元函数在点 (x_0,y_0) 处的全增量,记作 Δz.

通过分析定义我们知道,求二元函数 $z=f(x,y)$ 的偏导数的实质就是求一元函数的导数.

【例 6.11】　求 $z=2x^2+3xy+y^2$ 在点 $(-1,3)$ 处的偏导数.

解法 1　把 y 视作常数,得

$$\frac{\partial z}{\partial x}=4x+3y,$$

把 x 视作常数,得

$$\frac{\partial z}{\partial y}=3x+2y,$$

再将 $x=-1,y=3$ 代入上面的结果,就得

$$\frac{\partial z}{\partial x}\Big|_{\substack{x=-1\\y=3}}=5,\frac{\partial z}{\partial y}\Big|_{\substack{x=-1\\y=3}}=3.$$

解法 2　先将 $y=3$ 代入 $z=2x^2+3xy+y^2$ 中得 $z=2x^2+9x+9$,于是

$$\frac{\partial z}{\partial x}\Big|_{\substack{x=-1\\y=3}}=\frac{\mathrm{d}(2x^2+9x+9)}{\mathrm{d}x}\Big|_{x=-1}=(4x+9)\,|_{x=-1}=5,$$

再将 $x=-1$ 代入 $z=2x^2+3xy+y^2$ 中得 $z=y^2-3y+2$,于是

$$\frac{\partial z}{\partial y}\Big|_{\substack{x=-1\\y=3}}=\frac{\mathrm{d}(y^2-3y+2)}{\mathrm{d}y}\Big|_{y=3}=(2y-3)\,|_{y=3}=3.$$

【例 6.12】　求 $z=\arcsin(x\sqrt{y})$ 的偏导数.

解　$\dfrac{\partial z}{\partial x}=\dfrac{\sqrt{y}}{\sqrt{1-x^2y}},\dfrac{\partial z}{\partial y}=\dfrac{1}{2}\dfrac{x}{\sqrt{y-x^2y^2}}.$

偏导数的定义还可以推广到二元以上的函数上去.

【例 6.13】　求 $u=(xy)^z$ 的偏导数.

解　$\dfrac{\partial u}{\partial x}=zy\,(xy)^{z-1},\dfrac{\partial u}{\partial y}=zx\,(xy)^{z-1},\dfrac{\partial u}{\partial z}=(xy)^z\ln(xy).$

【例 6.14】　已知理想气体方程是 $PV=RT$(R 是不为 0 的常数),证明

$$\frac{\partial P}{\partial V}\cdot\frac{\partial V}{\partial T}\cdot\frac{\partial T}{\partial P}=-1.$$

证　因为 $P=\dfrac{RT}{V}$,有

$$\frac{\partial P}{\partial V} = -\frac{RT}{V^2},$$

因为 $V = \dfrac{RT}{P}$，有

$$\frac{\partial V}{\partial T} = \frac{R}{P}.$$

因为 $T = \dfrac{PV}{R}$，有

$$\frac{\partial T}{\partial P} = \frac{V}{R},$$

于是

$$\frac{\partial P}{\partial V} \cdot \frac{\partial V}{\partial T} \cdot \frac{\partial T}{\partial P} = -\frac{RT}{V^2} \cdot \frac{R}{P} \cdot \frac{V}{R} = -\frac{RT}{PV} = -1.$$

一元函数的导数 $\dfrac{\mathrm{d}y}{\mathrm{d}x}$ 可看作是两个微分之商，而二元函数的偏导数 $\dfrac{\partial z}{\partial x}$、$\dfrac{\partial z}{\partial y}$ 却是一个整体记号，不能看作分子与分母之商. 所以，不要误以为例 6.14 中的 $\dfrac{\partial P}{\partial V} \cdot \dfrac{\partial V}{\partial T} \cdot \dfrac{\partial T}{\partial P}$ 等于 1.

二元函数 $z = f(x, y)$ 在点 (x_0, y_0) 处的偏导数的几何意义为：

设 $M_0(x_0, y_0, f(x_0, y_0))$ 为曲面 $z = f(x, y)$ 上的一点，过点 M_0 作平面 $y = y_0$，截曲面 $z = f(x, y)$ 得一曲线 $z = f(x, y_0)$，则该曲线在点 x_0 处的导数 $\dfrac{\mathrm{d}}{\mathrm{d}x} f(x, y_0) \Big|_{x = x_0}$，即为偏导数 $f_x(x_0, y_0)$. 同样，过点 M_0 作平面 $x = x_0$，截曲面 $z = f(x, y)$ 得一曲线 $z = f(x_0, y)$，则该曲线在点 y_0 处的导数 $\dfrac{\mathrm{d}}{\mathrm{d}y} f(x_0, y) \Big|_{y = y_0}$ 即为偏导数 $f_y(x_0, y_0)$. 由此可见，两个偏导数 $f_x(x_0, y_0)$、$f_y(x_0, y_0)$ 其实就是过点 M_0 的两条特殊曲线在 (x_0, y_0) 处的切线斜率(图 6.14).

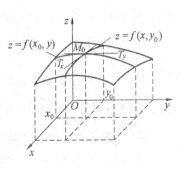

图 6.14

【例 6.15】　讨论函数

$$z = f(x, y) = \begin{cases} \dfrac{xy}{x^2 + y^2}, & x^2 + y^2 \neq 0 \\ 0, & x^2 + y^2 = 0 \end{cases}$$

在点 $(0, 0)$ 处的偏导数.

解

$$f_x(0, 0) = \lim_{\Delta x \to 0} \frac{f(0 + \Delta x, 0) - f(0, 0)}{\Delta x} = \lim_{\Delta x \to 0} 0 = 0,$$

同样有

$$f_y(0, 0) = \lim_{\Delta y \to 0} \frac{f(0, 0 + \Delta y) - f(0, 0)}{\Delta y} = \lim_{\Delta y \to 0} 0 = 0.$$

另外，我们由例 6.5 知函数 $z = f(x, y) = \begin{cases} \dfrac{xy}{x^2 + y^2}, & x^2 + y^2 \neq 0 \\ 0, & x^2 + y^2 = 0 \end{cases}$ 在点 $(0,0)$ 处不连续.

我们知道，如果一元函数在某点导数存在，则该函数在此点必连续，然而从例 6.15 可以看出，即使二元函数在某点的偏导数存在，也不能说明该函数在此点一定连续.

2. 高阶偏导数

设二元函数 $z = f(x, y)$ 在区域 D 内具有偏导数 $f_x(x, y)$、$f_y(x, y)$，那么在 D 内 $f_x(x, y)$、$f_y(x, y)$ 仍是关于 x、y 的二元函数. 若这两个函数对 x 和 y 的偏导数也存在，则称它们是 $f(x, y)$ 的二阶偏导数.

按照对自变量求导次序的不同，二阶偏导数有以下四个：

$$\frac{\partial}{\partial x}\left(\frac{\partial z}{\partial x}\right) = \frac{\partial^2 z}{\partial x^2} = f_{xx}(x, y),$$

$$\frac{\partial}{\partial y}\left(\frac{\partial z}{\partial x}\right) = \frac{\partial^2 z}{\partial x \partial y} = f_{xy}(x, y),$$

$$\frac{\partial}{\partial x}\left(\frac{\partial z}{\partial y}\right) = \frac{\partial^2 z}{\partial y \partial x} = f_{yx}(x, y),$$

$$\frac{\partial}{\partial y}\left(\frac{\partial z}{\partial y}\right) = \frac{\partial^2 z}{\partial y^2} = f_{yy}(x, y).$$

其中 $f_{xy}(x, y)$、$f_{yx}(x, y)$ 称为混合偏导数.

类似可得三阶、四阶甚至更高阶偏导数. 二阶及二阶以上的偏导数统称为高阶偏导数.

对于二元以上的函数，也可类似地定义高阶偏导数.

【例 6.16】 $z = \sin(xy)$，求 $\dfrac{\partial^2 z}{\partial x^2}$、$\dfrac{\partial^2 z}{\partial x \partial y}$、$\dfrac{\partial^2 z}{\partial y \partial x}$、$\dfrac{\partial^2 z}{\partial y^2}$、$\dfrac{\partial^3 z}{\partial x \partial y^2}$ 及 $\dfrac{\partial^3 z}{\partial y^2 \partial x}$.

解 先求函数的一阶偏导数得

$$\frac{\partial z}{\partial x} = y\cos(xy), \quad \frac{\partial z}{\partial y} = x\cos(xy),$$

于是

$$\frac{\partial^2 z}{\partial x^2} = -y^2\sin(xy), \quad \frac{\partial^2 z}{\partial y^2} = -x^2\sin(xy),$$

$$\frac{\partial^2 z}{\partial x \partial y} = \cos(xy) - xy\sin(xy), \quad \frac{\partial^2 z}{\partial y \partial x} = \cos(xy) - xy\sin(xy),$$

$$\frac{\partial^3 z}{\partial x \partial y^2} = -2x\sin(xy) - x^2 y\cos(xy), \quad \frac{\partial^3 z}{\partial y^2 \partial x} = -2x\sin(xy) - x^2 y\cos(xy).$$

由例 6.16 可看出，两个二阶混合偏导相等（即 $\dfrac{\partial^2 z}{\partial x \partial y} = \dfrac{\partial^2 z}{\partial y \partial x}$），两个三阶混合偏导相等（即 $\dfrac{\partial^3 z}{\partial y^2 \partial x} = \dfrac{\partial^3 z}{\partial x \partial y^2}$）. 这并非偶然，关于混合偏导数相等的条件有如下定理.

定理 6.1 如果函数 $z = f(x, y)$ 的两个二阶混合偏导数 $\dfrac{\partial^2 z}{\partial x \partial y}$ 和 $\dfrac{\partial^2 z}{\partial y \partial x}$ 在区域 D 内连

续,那么在区域 D 内这两个二阶混合偏导数必相等,即

$$\frac{\partial^2 z}{\partial x \partial y} = \frac{\partial^2 z}{\partial y \partial x}, \quad \forall (x,y) \in D.$$

定理证明从略.

由定理 6.1 知二阶混合偏导数在连续的条件下与求导的次序无关.事实上,二阶以上的高阶混合偏导数在偏导数连续的条件下也与求导次序无关(如例 6.16 中的 $\frac{\partial^3 z}{\partial y^2 \partial x} = \frac{\partial^3 z}{\partial x \partial y^2}$).

【**例 6.17**】　证明 $z = \ln(\sqrt{x^2+y^2})$ 满足平面拉普拉斯(Laplace)方程 $\frac{\partial^2 z}{\partial x^2} + \frac{\partial^2 z}{\partial y^2} = 0$.

证　因为

$$\frac{\partial z}{\partial x} = \frac{x}{x^2+y^2}, \frac{\partial z}{\partial y} = \frac{y}{x^2+y^2},$$

$$\frac{\partial^2 z}{\partial x^2} = \frac{(x^2+y^2) - x \cdot 2x}{(x^2+y^2)^2} = \frac{y^2-x^2}{(x^2+y^2)^2},$$

$$\frac{\partial^2 z}{\partial y^2} = \frac{(x^2+y^2) - y \cdot 2y}{(x^2+y^2)^2} = \frac{x^2-y^2}{(x^2+y^2)^2},$$

故

$$\frac{\partial^2 z}{\partial x^2} + \frac{\partial^2 z}{\partial y^2} = \frac{y^2-x^2}{(x^2+y^2)^2} + \frac{x^2-y^2}{(x^2+y^2)^2} = 0.$$

上述拉普拉斯方程是数学物理方程中一个很重要的方程,很多的物理现象都可以通过拉普拉斯方程描述.

【**例 6.18**】　验证函数 $r = \sqrt{x^2+y^2+z^2}$ 满足方程

$$\frac{\partial^2 r}{\partial x^2} + \frac{\partial^2 r}{\partial y^2} + \frac{\partial^2 r}{\partial z^2} = \frac{2}{r}.$$

证　因为

$$\frac{\partial r}{\partial x} = \frac{x}{\sqrt{x^2+y^2+z^2}} = \frac{x}{r},$$

由函数关于自变量的对称性,得

$$\frac{\partial^2 r}{\partial x^2} = \frac{\partial}{\partial x}\left(\frac{x}{r}\right) = \frac{1}{r} - \frac{x}{r^2} \cdot \frac{x}{r} = \frac{r^2-x^2}{r^3},$$

$$\frac{\partial^2 r}{\partial y^2} = \frac{r^2-y^2}{r^3}, \frac{\partial^2 r}{\partial z^2} = \frac{r^2-z^2}{r^3},$$

所以

$$\frac{\partial^2 r}{\partial x^2} + \frac{\partial^2 r}{\partial y^2} + \frac{\partial^2 r}{\partial z^2} = \frac{r^2-x^2}{r^3} + \frac{r^2-y^2}{r^3} + \frac{r^2-z^2}{r^3} = \frac{2}{r}.$$

二、全微分

我们知道,若一元函数 $y = f(x)$ 在点 x 处可微,则函数在点 x 处的增量 Δy 可用自变量的增量 Δx 的线性函数近似求得.在实际问题中,我们会遇到求二元函数 $z = f(x,y)$ 的

全增量的问题,一般说来,计算二元函数的全增量 Δz 更为复杂,为了能像一元函数一样,用关于自变量的增量 Δx 与 Δy 的线性函数近似代替全增量,我们引入二元函数的全微分的概念.

1. 全微分的定义

定义 6.6 设函数 $z = f(x, y)$ 在点 (x, y) 的某邻域内有定义,如果函数在点 (x, y) 处的全增量 $\Delta z = f(x + \Delta x, y + \Delta y) - f(x, y)$ 可表示为

$$\Delta z = A \Delta x + B \Delta y + o(\rho),$$

其中 A、B 不依赖于 Δx、Δy 而仅与 x、y 有关,$\rho = \sqrt{(\Delta x)^2 + (\Delta y)^2}$,则称函数 $z = f(x, y)$ 在点 (x, y) 可微,并称 $A \Delta x + B \Delta y$ 为函数 $z = f(x, y)$ 在点 (x, y) 的全微分,记作 dz,即

$$dz = A \Delta x + B \Delta y.$$

如果二元函数 $z = f(x, y)$ 在区域 D 内各点处都可微,则称该函数在 D 内可微.

定理 6.2 如果函数 $z = f(x, y)$ 在点 (x, y) 可微,则 $f(x, y)$ 在此点必定连续.

证 因为 $z = f(x, y)$ 在点 (x, y) 可微,则有

$$f(x + \Delta x, y + \Delta y) - f(x, y) = A \Delta x + B \Delta y + o(\rho) = \Delta z,$$

于是

$$\lim_{(\Delta x, \Delta y) \to (0,0)} f(x + \Delta x, y + \Delta y) = \lim_{\rho \to 0} [f(x, y) + \Delta z] = f(x, y).$$

因此函数 $z = f(x, y)$ 在点 (x, y) 处连续.

定理 6.3(可微的必要条件) 如果函数 $z = f(x, y)$ 在点 (x, y) 可微,则该函数在点 (x, y) 的偏导数 $\dfrac{\partial z}{\partial x}$、$\dfrac{\partial z}{\partial y}$ 必定存在,且函数 $z = f(x, y)$ 在点 (x, y) 的全微分为

$$dz = \frac{\partial z}{\partial x} \Delta x + \frac{\partial z}{\partial y} \Delta y.$$

证 因为函数 $z = f(x, y)$ 在点 (x, y) 可微,故

$$\Delta z = A \Delta x + B \Delta y + o(\rho),\ 且\ \rho = \sqrt{(\Delta x)^2 + (\Delta y)^2},$$

当 $\Delta y = 0$ 时,有

$$f(x + \Delta x, y + \Delta y) - f(x, y) = A \Delta x + o(|\Delta x|),$$

上式等号两端同除以 Δx,再令 $\Delta x \to 0$ 而取极限,则有

$$\lim_{\Delta x \to 0} \frac{f(x + \Delta x, y) - f(x, y)}{\Delta x} = \lim_{\Delta x \to 0} A + \lim_{\Delta x \to 0} \frac{o(|\Delta x|)}{\Delta x},$$

于是

$$\lim_{\Delta x \to 0} \frac{f(x + \Delta x, y + \Delta y) - f(x, y)}{\Delta x} = A.$$

从而偏导数 $\dfrac{\partial z}{\partial x}$ 存在且等于 A.同样可证 $\dfrac{\partial z}{\partial y}$ 存在且等于 B.

由定理 6.3 知,若函数 $z = f(x, y)$ 在点 (x, y) 可微,则有 $dz = \dfrac{\partial z}{\partial x} \Delta x + \dfrac{\partial z}{\partial y} \Delta y$,与一元函数一样,习惯上将 Δx、Δy 分别记为 dx、dy,并分别称为自变量 x、y 的微分,从而函数 $z = f(x, y)$ 的全微分就可写为

$$dz = \frac{\partial z}{\partial x}dx + \frac{\partial z}{\partial y}dy.$$

注　我们曾知,一元函数在某点可导是可微的充分必要条件.但对于二元函数来说,虽然在某点可微必定偏导数存在,但偏导数存在却不一定可微.

【**例 6.19**】　讨论函数

$$f(x,y) = \begin{cases} \dfrac{xy}{\sqrt{x^2+y^2}}, & x^2+y^2 \neq 0 \\ 0, & x^2+y^2 = 0 \end{cases}$$

在点$(0,0)$处的偏导数是否存在? 以及是否可微?

解　因为

$$f_x(0,0) = \lim_{\Delta x \to 0} \frac{f(0+\Delta x,0)-f(0,0)}{\Delta x} = \lim_{\Delta x \to 0} 0 = 0,$$

$$f_y(0,0) = \lim_{\Delta y \to 0} \frac{f(0,0+\Delta y)-f(0,0)}{\Delta y} = \lim_{\Delta y \to 0} 0 = 0.$$

所以该函数在点$(0,0)$处的两个偏导数存在.

考虑

$$\Delta z - [f_x(0,0)\cdot\Delta x + f_y(0,0)\cdot\Delta y] = \frac{\Delta x \cdot \Delta y}{\sqrt{(\Delta x)^2+(\Delta y)^2}},$$

将上式除以ρ得

$$\frac{\Delta x \cdot \Delta y}{\sqrt{(\Delta x)^2+(\Delta y)^2}\,\rho} = \frac{\Delta x \cdot \Delta y}{(\Delta x)^2+(\Delta y)^2},$$

当$(\Delta x, \Delta y)$沿着直线$y = x$趋于$(0,0)$时,

$$\frac{\Delta x \cdot \Delta y}{(\Delta x)^2+(\Delta y)^2} \to \frac{1}{2},$$

即$\rho \to 0$时

$$\Delta z - [f_x(0,0)\cdot\Delta x + f_y(0,0)\cdot\Delta y],$$

并不是ρ的高阶无穷小,因此函数在点$(0,0)$处不可微.

虽然偏导数存在不一定可微,但如果再假定偏导数连续则可推得函数一定可微,对此有如下定理:

定理 6.4(可微的充分条件)　如果二元函数$z = f(x,y)$的偏导数$\dfrac{\partial z}{\partial x}$、$\dfrac{\partial z}{\partial y}$在点$(x,y)$处连续,则函数在该点处可微.

定理证明从略.

【**例 6.20**】　计算函数$z = x^4 + x^3 y$的全微分.

解　因为

$$\frac{\partial z}{\partial x} = 4x^3 + 3x^2 y, \quad \frac{\partial z}{\partial y} = x^3,$$

$$dz = (4x^3 + 3x^2 y)dx + x^3 dy.$$

【**例 6.21**】　计算函数$z = e^{\frac{x}{y}}$在点$(1,2)$处的全微分.

解
$$\frac{\partial z}{\partial x} = e^{\frac{y}{x}} \cdot \left(-\frac{y}{x^2}\right), \frac{\partial z}{\partial y} = e^{\frac{y}{x}} \cdot \frac{1}{x},$$

$$\frac{\partial z}{\partial x}\bigg|_{\substack{x=1\\y=2}} = -2e^2, \frac{\partial z}{\partial y}\bigg|_{\substack{x=1\\y=2}} = e^2,$$

$$dz\big|_{\substack{x=1\\y=2}} = -2e^2 dx + e^2 dy.$$

注　全微分的定义、定理及相关结论还可以推广到二元以上的函数上去.

【例 6.22】　计算函数 $u = z^2 + \ln xy + \sin\frac{x}{3}$ 的全微分.

解　因为

$$\frac{\partial u}{\partial x} = \frac{1}{3}\cos\frac{x}{3} + \frac{1}{xy} \cdot y = \frac{1}{3}\cos\frac{x}{3} + \frac{1}{x},$$

$$\frac{\partial u}{\partial y} = \frac{1}{xy} \cdot x = \frac{1}{y},$$

$$\frac{\partial u}{\partial z} = 2z,$$

$$du = \left(\frac{1}{3}\cos\frac{x}{3} + \frac{1}{x}\right)dx + \frac{1}{y}dy + 2zdz.$$

2. 全微分在近似问题中的应用

在实际应用中,可以将全微分的理论应用在对多元函数的全增量或在某点的函数值作近似计算.

由定义 6.6 和定理 6.3 知,若二元函数 $z = f(x,y)$ 在点 (x_0, y_0) 处可微,且 $|\Delta x|$、$|\Delta y|$ 都很小时,有

$$\Delta z \approx dz,$$

即有

$$\Delta z \approx f_x(x_0, y_0)\Delta x + f_y(x_0, y_0)\Delta y. \qquad\qquad ①$$

上式也可写成

$$f(x_0 + \Delta x, y_0 + \Delta y) \approx f(x_0, y_0) + f_x(x_0, y_0)\Delta x + f_y(x_0, y_0)\Delta y. \qquad ②$$

【例 6.23】　计算 $1.97^{1.05}$ 的近似值 ($\ln 2 = 0.693$).

解　设 $f(x,y) = x^y$,取 $x_0 = 2, y_0 = 1$,则 $\Delta x = -0.03, \Delta y = 0.05$,且 $f_x(x,y) = yx^{y-1}, f_y(x,y) = x^y\ln x, f_x(2,1) = 1, f_y(2,1) = 2\ln 2 = 1.386$,于是由近似计算公式 ② 知

$1.97^{1.05} \approx 2^1 + 1 \cdot (-0.03) + 1.386 \cdot 0.05 = 2 - 0.03 + 0.069\ 3 = 2.039\ 3.$

【例 6.24】　已知边长为 $x = 6$ m 与 $y = 8$ m 的矩形,如果 x 边增加 5 cm,而 y 边减少 10 cm,问这个矩形的对角线的近似变化怎样?

解　设 $z = f(x,y) = \sqrt{x^2 + y^2}$,取 $x_0 = 6, y_0 = 8$,则 $\Delta x = 0.05, \Delta y = -0.1$,且 $f(x,y) = \dfrac{x}{\sqrt{x^2 + y^2}}, f_y(x,y) = \dfrac{y}{\sqrt{x^2 + y^2}}, f_x(6,8) = \dfrac{3}{5}, f_y(6,8) = \dfrac{4}{5}$,于是由近似计算公式 ① 知

$$\Delta z \approx 0.6 \cdot 0.05 + 0.8 \cdot (-0.1) = 0.03 - 0.08 = -0.05,$$

即矩形的对角线的近似缩短 5 cm.

习题 6.3

1. 求下列函数的偏导数.

(1)$z = x^3 y - y^3 x$；

(2)$z = \ln(x - 2y)$；

(3)$z = \dfrac{xy}{x - y}$；

(4)$z = (1 + xy)^y$；

(5)$z = \arctan \dfrac{y}{x}$；

(6)$u = \dfrac{y}{x} + \dfrac{z}{y} - \dfrac{x}{z}$；

(7)$u = \dfrac{1}{\sqrt{x^2 + y^2 + z^2}}$；

(8)$u = x^{y^z}$.

2. 设函数 $f(x, y) = e^{-x} \sin(x + 2y)$，求 $f_x\left(0, \dfrac{\pi}{4}\right)$、$f_y\left(0, \dfrac{\pi}{4}\right)$.

3. 设函数 $f(x, y) = x + y - \sqrt{x^2 + y^2}$，求 $f_x(3, 4)$、$f_y(3, 4)$.

4. 求下列函数的二阶混合偏导数 $\dfrac{\partial^2 z}{\partial x \partial y}$.

(1)$z = x \ln(xy)$；

(2)$z = x \sin(x + y) + y \cos(x + y)$；

(3)$z = x^4 + y^4 - 4x^2 y^2$；

(4)$z = \cos \dfrac{x + y}{x - y}$.

5. 求下列函数的全微分.

(1)$z = y^{\sin x}$；

(2)$z = xy + \dfrac{x}{y}$；

(3)$u = x e^{yz} + e^{-z} + y$；

(4)$u = \sqrt{x^2 + y^2 + z^2}$.

6. 求下列函数在指定点处的全微分.

(1)$z = \ln(1 + x^2 + y^2)$ 在点 $(2, 4)$ 处；

(2)$z = \sqrt{x + y}(\ln x + \ln y)$ 在点 (e, e) 处；

(3)$z = \dfrac{\sin x}{y^2}$ 在点 $(0, 1)$ 处.

7. 求函数 $z = \dfrac{y}{x}$ 当 $x = 2, y = 1, \Delta x = 0.1, \Delta y = -0.2$ 时的全增量和全微分.

8. 证明函数 $z = \sqrt{x^2 + y^2}$ 在点 $(0, 0)$ 处连续但偏导数不存在.

9. 证明函数 $z = \sqrt{|xy|}$ 在点 $(0, 0)$ 处连续且偏导数存在,但在此点不可微.

10. 验证：

(1)$z = e^{-kn^2 x} \sin(ny)$ 满足热传导方程 $\dfrac{\partial z}{\partial x} = k \dfrac{\partial^2 z}{\partial y^2}$；

(2)$z = e^{x+cy} + 4\cos(3x + 3cy)$ 满足波动方程 $\dfrac{\partial^2 z}{\partial y^2} = c^2 \dfrac{\partial^2 z}{\partial x^2}$.

11. 计算近似值.

(1)$(1.04)^{2.02}$；

(2)$\sqrt{(1.02)^3 + (1.97)^3}$.

12.已知函数 $z=f(x,y)$ 的全微分为
$$dz=(4x^3+10xy^3-3y^4)dx+(15x^2y^2-12xy^3+5y^4)dy$$
求 $f(x,y)$ 的表达式.

13.有一圆柱体,受压后发生形变,它的半径由 20 cm 增大到 20.05 cm,高度 100 cm 减少到 99 cm.求此圆柱体体积变化的近似值.

6.4　方向导数与梯度

一、方向导数

偏导数 $\dfrac{\partial f}{\partial x}$ 与 $\dfrac{\partial f}{\partial y}$ 反映的是函数沿坐标轴方向的变化率,但在很多实际问题中还需考虑函数沿其他方向(即非平行于坐标轴方向)的变化率.

在 xOy 平面上过点 $P_0(x_0,y_0)$ 沿方向 l 作一条射线 L(图 6.15),设与方向 l 同方向的单位向量为 $e_l=(\cos\alpha,\cos\beta)$,则射线 L 的参数方程为

$$\begin{cases}x=x_0+t\cos\alpha\\y=y_0+t\cos\beta\end{cases},t\geqslant 0$$

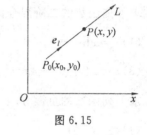

图 6.15

其中 t 为参数.在射线 L 上另任取一点 $P(x,y)$(即 $P(x_0+t\cos\alpha,y_0+t\cos\beta)$),于是点 P 与 P_0 的距离 $|\overrightarrow{PP_0}|=t$.

定义 6.7　设 $z=f(x,y)$ 在一点 $P_0(x_0,y_0)$ 的某个邻域内有定义,又设与给定的某个方向 l 同方向的单位向量为 $e_l=(\cos\alpha,\cos\beta)$,如果极限

$$\lim_{t\to 0^+}\frac{f(x_0+t\cos\alpha,y_0+t\cos\beta)-f(x_0,y_0)}{t}$$

存在,则称此极限为函数 $f(x,y)$ 在点 P_0 沿方向 l 的方向导数,记为 $\dfrac{\partial f}{\partial l}\Big|_{(x_0,y_0)}$ 或 $\dfrac{\partial f}{\partial l}\Big|_{P_0}$.

从定义可以得出方向导数与偏导数之间的关系:由于与 x 轴和 y 轴的正方向同方向的单位向量分别为 $e_1=(1,0)$ 和 $e_2=(0,1)$.那么显然,函数 $f(x,y)$ 在点 $P_0(x_0,y_0)$ 处关于 x(或 y)的偏导数存在的充要条件为 $f(x,y)$ 沿方向 e_1 和 $-e_1$(或方向 e_2 和 $-e_2$)的方向导数都存在且互为相反数,且此时有

$$\frac{\partial f}{\partial x}\Big|_{P_0}=\frac{\partial f}{\partial e_1}\Big|_{P_0}\left(\text{或}\frac{\partial f}{\partial y}\Big|_{P_0}=\frac{\partial f}{\partial e_2}\Big|_{P_0}\right).$$

关于方向导数的存在及计算,由下述定理给出.

定理 6.5　如果函数 $f(x,y)$ 在点 $P_0(x_0,y_0)$ 可微,那么函数在该点沿任一方向 l 的方向导数存在,且有

$$\frac{\partial f}{\partial l}\Big|_{(x_0,y_0)}=f_x(x_0,y_0)\cos\alpha+f_y(x_0,y_0)\cos\beta,$$

其中 $(\cos\alpha,\cos\beta)$ 是与方向 l 同方向的单位向量.

证　由于函数 $f(x,y)$ 在点 $P_0(x_0,y_0)$ 可微,故有

$$f(x_0 + \Delta x, y_0 + \Delta y) - f(x_0, y_0)$$
$$= f_x(x_0, y_0)\Delta x + f_y(x_0, y_0)\Delta y + o(\sqrt{(\Delta x)^2 + (\Delta y)^2}).$$

若点 $(x_0 + \Delta x, y_0 + \Delta y)$ 在以 (x_0, y_0) 为始点的射线 l 上时,则有

$$\Delta x = t\cos \alpha, \Delta y = t\cos \beta, \sqrt{(\Delta x)^2 + (\Delta y)^2} = t,$$

所以

$$\lim_{t \to 0^+} \frac{f(x_0 + t\cos \alpha, y_0 + t\cos \beta) - f(x_0, y_0)}{t}$$
$$= f_x(x_0, y_0)\cos \alpha + f_y(x_0, y_0)\cos \beta.$$

于是方向导数 $\left.\dfrac{\partial f}{\partial l}\right|_{(x_0,y_0)}$ 存在,且

$$\left.\frac{\partial f}{\partial l}\right|_{(x_0,y_0)} = f_x(x_0, y_0)\cos \alpha + f_y(x_0, y_0)\cos \beta.$$

【例 6.25】　求函数 $z = ye^{3x}$ 在点 $P(0,1)$ 处沿从点 $P(0,1)$ 到点 $Q(-1,2)$ 的方向的方向导数.

解　方向 l 即向量 $\overrightarrow{PQ} = (-1,1)$ 的方向,与 l 同向的单位向量为

$$e_l = \left(-\frac{1}{\sqrt{2}}, \frac{1}{\sqrt{2}}\right),$$

由于函数可微,且

$$\left.\frac{\partial z}{\partial x}\right|_{(0,1)} = 3ye^{3x}\,|_{(0,1)} = 3, \left.\frac{\partial z}{\partial y}\right|_{(0,1)} = e^{3x}\,|_{(0,1)} = 1,$$

故所求方向导数为

$$\left.\frac{\partial z}{\partial l}\right|_{(0,1)} = 3 \cdot \left(-\frac{1}{\sqrt{2}}\right) + 1 \cdot \frac{1}{\sqrt{2}} = -\sqrt{2}.$$

【例 6.26】　如果可微函数 $f(x,y)$ 在点 $(1,2)$ 处的从点 $(1,2)$ 到点 $(2,2)$ 方向的方向导数为 2,从点 $(1,2)$ 到点 $(1,1)$ 方向的方向导数为 -2,求在点 $(1,2)$ 处的从点 $(1,2)$ 到点 $(4,6)$ 方向的方向导数.

解　与从点 $(1,2)$ 到点 $(2,2)$ 方向 l_1 同方向的单位向量为 $(1,0)$,于是有

$$\left.\frac{\partial f}{\partial l_1}\right|_{(1,2)} = \left.\frac{\partial f}{\partial x}\right|_{(1,2)} \cdot 1 + \left.\frac{\partial f}{\partial y}\right|_{(1,2)} \cdot 0 = 2,$$

与从点 $(1,2)$ 到点 $(1,1)$ 方向 l_2 同方向的单位向量为 $(0,-1)$,于是有

$$\left.\frac{\partial f}{\partial l_2}\right|_{(1,2)} = \left.\frac{\partial f}{\partial x}\right|_{(1,2)} \cdot 0 + \left.\frac{\partial f}{\partial y}\right|_{(1,2)} \cdot (-1) = -2,$$

故得

$$\left.\frac{\partial f}{\partial x}\right|_{(1,2)} = 2, \left.\frac{\partial f}{\partial y}\right|_{(1,2)} = 2,$$

又因为从点 $(1,2)$ 到点 $(4,6)$ 方向 l_3 同方向的单位向量为 $\left(\dfrac{3}{5}, \dfrac{4}{5}\right)$,于是有

$$\left.\frac{\partial f}{\partial l_3}\right|_{(1,2)} = \left.\frac{\partial f}{\partial x}\right|_{(1,2)} \cdot \frac{3}{5} + \left.\frac{\partial f}{\partial y}\right|_{(1,2)} \cdot \frac{4}{5} = 2 \cdot \frac{3}{5} + 2 \cdot \frac{4}{5} = \frac{14}{5}.$$

类似二元函数的情形,对于三元函数 $f(x,y,z)$ 来说,它在空间一点 $P_0(x_0,y_0,z_0)$ 沿

方向 $l(e_l = (\cos \alpha, \cos \beta, \cos \gamma))$ 的方向导数为

$$\left.\frac{\partial f}{\partial l}\right|_{P_0} = \lim_{t \to 0^+} \frac{f(x_0 + t\cos \alpha, y_0 + t\cos \beta, z_0 + t\cos \gamma) - f(x_0, y_0, z_0)}{t}.$$

同样可以证明,如果函数 $f(x, y, z)$ 在点 $P_0(x_0, y_0, z_0)$ 处可微,那么函数在该点沿着方向 $e_l = (\cos \alpha, \cos \beta, \cos \gamma)$ 的方向导数为

$$\left.\frac{\partial f}{\partial l}\right|_{P_0} = f_x(x_0, y_0, z_0)\cos \alpha + f_y(x_0, y_0, z_0)\cos \beta + f_z(x_0, y_0, z_0)\cos \gamma.$$

二、梯度

函数在一点处沿某一方向的方向导数,反映了函数沿该方向的变化率. 一般来说,方向不同,变化率也不同. 那此时,我们不禁要问:在同一点处的所有方向导数中,是否有最大值? 若有,沿什么方向的方向导数取得最大值呢? 这就是下面要讨论的内容 —— 梯度.

设函数 $f(x, y)$ 在点 $P_0(x_0, y_0)$ 处可微,由定理知函数在点 $P_0(x_0, y_0)$ 处沿任一方向 l 的方向导数存在,且有

$$\left.\frac{\partial f}{\partial l}\right|_{(x_0, y_0)} = f_x(x_0, y_0)\cos \alpha + f_y(x_0, y_0)\cos \beta.$$

其中 $e_l = (\cos \alpha, \cos \beta)$ 是与方向 l 同方向的单位向量. 若引入向量

$$\boldsymbol{g} = (f_x(x_0, y_0), f_y(x_0, y_0)),$$

则 $\left.\dfrac{\partial f}{\partial l}\right|_{(x_0, y_0)}$ 又可以表示成

$$\left.\frac{\partial f}{\partial l}\right|_{(x_0, y_0)} = \boldsymbol{g} \cdot \boldsymbol{e}_l = |\boldsymbol{g}||\boldsymbol{e}_l|\cos \langle \boldsymbol{g}, \boldsymbol{e}_l \rangle = |\boldsymbol{g}|\cos \langle \boldsymbol{g}, \boldsymbol{e}_l \rangle.$$

其中 $\langle \boldsymbol{g}, \boldsymbol{e}_l \rangle$ 表示向量 $\boldsymbol{g}$ 与向量 $\boldsymbol{e}_l$ 的夹角. 显然,当点 (x_0, y_0) 给定后向量 $\boldsymbol{g}$ 为一固定向量,而向量 $\boldsymbol{e}_l$ 是随方向 l 变化而变化,即 $\langle \boldsymbol{g}, \boldsymbol{e}_l \rangle$ 是随方向 l 变化而变化,故

当 $\langle \boldsymbol{g}, \boldsymbol{e}_l \rangle = 0$ 时,$\left.\dfrac{\partial f}{\partial l}\right|_{(x_0, y_0)}$ 达到最大值 $|\boldsymbol{g}|$,这就意味着,当方向 l 与向量 $\boldsymbol{g}$ 方向一致时,函数值增加最快.

当 $\langle \boldsymbol{g}, \boldsymbol{e}_l \rangle = \pi$ 时,$\left.\dfrac{\partial f}{\partial l}\right|_{(x_0, y_0)}$ 达到最小值 $-|\boldsymbol{g}|$,这就意味着,当方向 l 与向量 $\boldsymbol{g}$ 方向相反时,函数值减少最快.

当 $\langle \boldsymbol{g}, \boldsymbol{e}_l \rangle = \dfrac{\pi}{2}$ 时,$\left.\dfrac{\partial f}{\partial l}\right|_{(x_0, y_0)} = 0$,这就意味着,当方向 l 与向量 $\boldsymbol{g}$ 方向正交时,函数值没有变化.

由此可见,向量 $\boldsymbol{g} = (f_x(x_0, y_0), f_y(x_0, y_0))$ 表明:沿着它的方向,方向导数达到最大,即函数值增加最快. 我们称它为函数 $f(x, y)$ 在点 $P_0(x_0, y_0)$ 的梯度. 具体定义如下.

定义 6.8 设函数 $z = f(x, y)$ 在平面区域 D 内可微,则对于点 $P_0(x_0, y_0) \in D$,称向量

$$(f_x(x_0, y_0), f_y(x_0, y_0))$$

为函数 $f(x, y)$ 在点 $P_0(x_0, y_0)$ 的梯度. 记作 **grad** $f(x_0, y_0)$.

通过以上分析知,函数沿着梯度的方向,函数值增加最快.

二元函数 $z = f(x, y)$ 在几何上表示一个曲面,这曲面被平面 $z = c$(常数)所截得的曲线 L 的方程为

$$\begin{cases} z = f(x, y) \\ z = c \end{cases}.$$

该曲线在 xOy 面上的投影是一条平面曲线 L^*(即 $f(x, y) = c$),称平面曲线 L^* 为函数 $z = f(x, y)$ 的等值线(图 6.16).

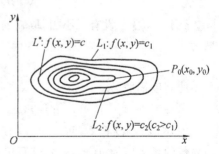

图 6.16

若 $f_x(x, y)$ 及 $f_y(x, y)$ 不同时为 0,则等值线 $f(x, y) = c$ 上任意一点 $P_0(x_0, y_0)$ 处的一个单位法向量为

$$\boldsymbol{n} = \frac{1}{\sqrt{f_x^2(x_0, y_0) + f_y^2(x_0, y_0)}}(f_x(x_0, y_0), f_y(x_0, y_0)),$$

由此可见,二元函数 $z = f(x, y)$ 在点 $P_0(x_0, y_0)$ 的梯度方向就是等值线 $f(x, y) = c$ 在点 $P_0(x_0, y_0)$ 的法线方向 $\boldsymbol{n}$.

【例 6.27】　设函数 $z = x^2 + 2xy + y^2$,点为 $P_0(1, 2)$,求

(1)求函数在点 P_0 处的梯度;

(2)求函数在点 P_0 处增加最快的方向的方向余弦以及沿该方向的方向导数;

(3)求函数在点 P_0 处减少最快的方向以及沿该方向的方向导数;

(4)求函数在点 P_0 处变化率为 0 的方向.

解　(1)由于

$$\frac{\partial f}{\partial x} = 2x + 2y, \frac{\partial f}{\partial y} = 2x + 2y,$$

则

$$\left.\frac{\partial f}{\partial x}\right|_{(1,2)} = 6, \left.\frac{\partial f}{\partial y}\right|_{(1,2)} = 6,$$

故

$$\mathbf{grad}\, f(1, 2) = (6, 6).$$

(2)由于函数沿着 $\mathbf{grad}\, f(1, 2) = (6, 6)$ 的方向函数值增加最快,并记 $\boldsymbol{l} = (6, 6)$,将 $\boldsymbol{l}$ 单位化得 $\boldsymbol{e}_l = \dfrac{\boldsymbol{l}}{|\boldsymbol{l}|} = \left(\dfrac{1}{\sqrt{2}}, \dfrac{1}{\sqrt{2}}\right)$,于是方向余弦为

$$\cos \alpha = \frac{1}{\sqrt{2}}, \cos \beta = \frac{1}{\sqrt{2}}.$$

沿方向 $\boldsymbol{l}$ 的方向导数为

$$\left.\frac{\partial f}{\partial l}\right|_{(1,2)} = |\,\mathbf{grad}\, f(1, 2)\,| = 6\sqrt{2}.$$

(3)由于函数沿着 $\mathbf{grad}\, f(1, 2) = (6, 6)$ 的反方向函数值减少最快,并记 $\mathbf{grad}\, f(1, 2)$ 的反方向为 $\boldsymbol{l}_1$,沿方向 $\boldsymbol{l}_1$ 的方向导数为 $\left.\dfrac{\partial f}{\partial l_1}\right|_{(1,2)} = -|\,\mathbf{grad}\, f(1, 2)\,| = -6\sqrt{2}$.

(4)函数在点 P_0 处沿垂直于 $\mathbf{grad}\, f(1, 2)$ 的方向变化率为零,则该方向为

$$l_2 = \left(-\frac{1}{\sqrt{2}}, \frac{1}{\sqrt{2}}\right), l_3 = \left(\frac{1}{\sqrt{2}}, -\frac{1}{\sqrt{2}}\right).$$

【例 6.28】　设有一小山,取它的底面所在的平面为 xOy 坐标面,其底部所占的闭区域为

$$D = \{(x,y) \mid x^2 + y^2 - xy \leqslant 75\},$$

小山的高度函数为

$$h = f(x,y) = 75 - x^2 - y^2 + xy.$$

设 $M(x_0, y_0) \in D$,问 $f(x,y)$ 在该点沿平面上什么方向的方向导数最大? 若记此方向导数的最大值为 $g(x_0, y_0)$,试写出 $g(x_0, y_0)$ 的表达式.

解　$h = f(x,y)$ 在点 $M(x_0, y_0)$ 处的梯度为

$$\textbf{grad } f(x_0, y_0) = (y_0 - 2x_0, x_0 - 2y_0),$$

由梯度与方向导数的关系知,$h = f(x,y)$ 在点 $M(x_0, y_0)$ 处沿梯度方向的方向导数最大且最大值为该梯度的模,即

$$g(x_0, y_0) = \sqrt{((y_0 - 2x_0)^2 + (x_0 - 2y_0)^2)} = \sqrt{5x_0^2 + 5y_0^2 - 8x_0 y_0}.$$

注　梯度的概念可以推广到三元函数上去.

习题 6.4

1. 求函数 $z = x^3 - 3x^2 y + 3xy^2 + 2$ 在点 $(3,1)$ 处沿从点 $(3,1)$ 到点 $(6,5)$ 的方向的方向导数.

2. 求函数 $z = x^2 - y^2$ 在点 $(1,1)$ 处沿与 x 轴正向成 $60°$ 角的方向的方向导数.

3. 求函数 $z = \ln(x + y)$ 在点 $(1,2)$ 处沿抛物线 $y = 2x^2$ 在该点的切线方向的方向导数.

4. 已知 $r = \sqrt{x^2 + y^2 + z^2}$,试求:(1)$\textbf{grad } r$;(2)$\textbf{grad } \dfrac{1}{r}$.

5. 设函数 $z = x^2 - xy + y^2$,求它在点 $(1,1)$ 处的沿方向 $v = (\cos \alpha, \sin \alpha)$ 的方向导数,并指出:

   (1) 沿哪个方向的方向导数最大?

   (2) 沿哪个方向的方向导数最小?

   (3) 沿哪个方向的方向导数为零?

6. 求函数 $u = xy^2 z$ 在点 $(1, -1, 2)$ 处变化最快的方向,并求沿这个方向的方向导数.

7. 设函数 $u = \dfrac{z^2}{c^2} - \dfrac{x^2}{a^2} - \dfrac{y^2}{b^2}$,求它在点 (a,b,c) 处的梯度.

8. 证明:

   (1)$\textbf{grad}(cu) = c \textbf{ grad } u$($c$ 为常数);

   (2)$\textbf{grad}(u \pm v) = \textbf{grad } u \pm \textbf{grad } v$;

   (3)$\textbf{grad}(u \cdot v) = v \textbf{ grad } u + u \textbf{ grad } v$;

   (4)$\textbf{grad}\left(\dfrac{u}{v}\right) = \dfrac{1}{v^2}(v \textbf{ grad } u - u \textbf{ grad } v).$

6.5　多元复合函数与隐函数的求导法则

一、多元复合函数的求导法则

多元函数的复合关系的形式多样,本节就三种多元复合函数的复合情形进行讨论,从中归纳出复合函数求偏导数的法则.

1. 复合函数的中间变量均为一元函数的情形

定理 6.6　如果函数 $u=\varphi(x)$ 及 $v=\psi(x)$ 都在点 x 可导,函数 $z=f(u,v)$ 在对应点 (u,v) 具有连续偏导数,则复合函数 $z=f[\varphi(x),\psi(x)]$ 在点 x 可导,且有

$$\frac{\mathrm{d}z}{\mathrm{d}x}=\frac{\partial z}{\partial u}\frac{\mathrm{d}u}{\mathrm{d}x}+\frac{\partial z}{\partial v}\frac{\mathrm{d}v}{\mathrm{d}x}.$$

证　由于 $f(u,v)$ 在点 (u,v) 具有连续偏导数(即在点 (u,v) 可微),则

$$\Delta z=\frac{\partial z}{\partial u}\Delta u+\frac{\partial z}{\partial v}\Delta v+o(\sqrt{(\Delta u)^2+(\Delta v)^2}),$$

将上式两边同除以 Δx,得

$$\frac{\Delta z}{\Delta x}=\frac{\partial z}{\partial u}\frac{\Delta u}{\Delta x}+\frac{\partial z}{\partial v}\frac{\Delta v}{\Delta x}+\frac{o(\sqrt{(\Delta u)^2+(\Delta v)^2})}{\Delta x}.$$

又由于 $\varphi(x)$、$\psi(x)$ 都在点 x 可导,则 $\varphi(x)$、$\psi(x)$ 都在点 x 连续,即当 $\Delta x\to 0$ 时,有 $\Delta u\to 0$ 及 $\Delta v\to 0$,从而

$$\lim_{\Delta x\to 0}\frac{o(\sqrt{(\Delta u)^2+(\Delta v)^2})}{\Delta x}=\lim_{\Delta x\to 0}\frac{o(\sqrt{(\Delta u)^2+(\Delta v)^2})}{\sqrt{(\Delta u)^2+(\Delta v)^2}}\sqrt{\left(\frac{\Delta u}{\Delta x}\right)^2+\left(\frac{\Delta v}{\Delta x}\right)^2}=0,$$

于是

$$\frac{\mathrm{d}z}{\mathrm{d}x}=\lim_{\Delta x\to 0}\frac{\Delta z}{\Delta x}=\frac{\partial z}{\partial u}\frac{\mathrm{d}u}{\mathrm{d}x}+\frac{\partial z}{\partial v}\frac{\mathrm{d}v}{\mathrm{d}x}. \qquad ①$$

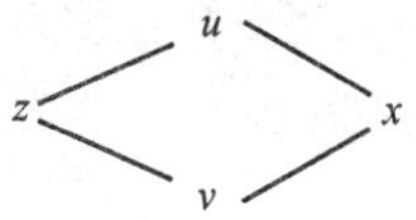

公式 ① 可借助图 6.17 来记忆.

图 6.17

【例 6.29】　设 $z=uv$,其中 $u=\mathrm{e}^x$,$v=\sin x$,求 $\dfrac{\mathrm{d}z}{\mathrm{d}x}$.

解　因为

$$\frac{\mathrm{d}z}{\mathrm{d}x}=\frac{\partial z}{\partial u}\frac{\mathrm{d}u}{\mathrm{d}x}+\frac{\partial z}{\partial v}\frac{\mathrm{d}v}{\mathrm{d}x},$$

及

$$\frac{\partial z}{\partial u}=v,\frac{\mathrm{d}u}{\mathrm{d}x}=\mathrm{e}^x,\frac{\partial z}{\partial v}=u,\frac{\mathrm{d}v}{\mathrm{d}x}=\cos x,$$

于是

$$\frac{\mathrm{d}z}{\mathrm{d}x}=v\mathrm{e}^x+u\cos x=\sin x\mathrm{e}^x+\mathrm{e}^x\cos x.$$

【例 6.30】　设 $z=\arcsin(u-v)$,其中 $u=3x$,$v=4x^3$,求 $\dfrac{\mathrm{d}z}{\mathrm{d}x}$.

解　因为

$$\frac{\mathrm{d}z}{\mathrm{d}x} = \frac{\partial z}{\partial u}\frac{\mathrm{d}u}{\mathrm{d}x} + \frac{\partial z}{\partial v}\frac{\mathrm{d}v}{\mathrm{d}x},$$

及

$$\frac{\partial z}{\partial u} = \frac{1}{\sqrt{1-(u-v)^2}}, \frac{\partial z}{\partial v} = -\frac{1}{\sqrt{1-(u-v)^2}}, \frac{\mathrm{d}u}{\mathrm{d}x} = 3, \frac{\mathrm{d}v}{\mathrm{d}x} = 12x^2,$$

于是

$$\frac{\mathrm{d}z}{\mathrm{d}x} = \frac{3}{\sqrt{1-(u-v)^2}} - \frac{12x^2}{\sqrt{1-(u-v)^2}} = \frac{3-12x^2}{\sqrt{1-(3x-4x^3)^2}}.$$

2.复合函数的中间变量均为多元函数的情形

定理 6.7 如果函数 $u = \varphi(x,y)$ 及 $v = \psi(x,y)$ 都在点 (x,y) 具有对 x 及对 y 的偏导数,函数 $z = f(u,v)$ 在对应点 (u,v) 具有连续偏导数,则复合函数 $z = f[\varphi(x,y),\psi(x,y)]$ 在点 (x,y) 的两个偏导数都存在,且有

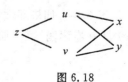

图 6.18

$$\frac{\partial z}{\partial x} = \frac{\partial z}{\partial u}\frac{\partial u}{\partial x} + \frac{\partial z}{\partial v}\frac{\partial v}{\partial x}, \qquad\qquad ②$$

$$\frac{\partial z}{\partial y} = \frac{\partial z}{\partial u}\frac{\partial u}{\partial y} + \frac{\partial z}{\partial v}\frac{\partial v}{\partial y}. \qquad\qquad ③$$

定理证明从略.

公式 ② 与 ③ 可借助图 6.18 来记忆.

【例 6.31】 设 $z = u^2 + v^2$,其中 $u = x+y, v = x-y$,求 $\dfrac{\partial z}{\partial x}$ 及 $\dfrac{\partial z}{\partial y}$.

解 因为

$$\frac{\partial z}{\partial x} = \frac{\partial z}{\partial u}\frac{\partial u}{\partial x} + \frac{\partial z}{\partial v}\frac{\partial v}{\partial x},$$

$$\frac{\partial z}{\partial u} = 2u, \frac{\partial z}{\partial v} = 2v, \frac{\partial u}{\partial x} = 1, \frac{\partial v}{\partial x} = 1,$$

于是

$$\frac{\partial z}{\partial x} = 2u + 2v = 2(x+y) + 2(x-y) = 4x,$$

又因为

$$\frac{\partial z}{\partial y} = \frac{\partial z}{\partial u}\frac{\partial u}{\partial y} + \frac{\partial z}{\partial v}\frac{\partial v}{\partial y},$$

$$\frac{\partial z}{\partial u} = 2u, \frac{\partial z}{\partial v} = 2v, \frac{\partial u}{\partial y} = 1, \frac{\partial v}{\partial y} = -1,$$

于是

$$\frac{\partial z}{\partial y} = 2u - 2v = 2(x+y) - 2(x-y) = 4y.$$

【例 6.32】 设 $z = u^2 \ln v$,其中 $u = 2x-3y, v = \dfrac{y}{x}$,求 $\dfrac{\partial z}{\partial x}$ 及 $\dfrac{\partial z}{\partial y}$.

解 因为

$$\frac{\partial z}{\partial x}=\frac{\partial z}{\partial u}\frac{\partial u}{\partial x}+\frac{\partial z}{\partial v}\frac{\partial v}{\partial x},$$

及

$$\frac{\partial z}{\partial u}=2u\ln v,\frac{\partial z}{\partial v}=\frac{u^2}{v},\frac{\partial u}{\partial x}=2,\frac{\partial v}{\partial x}=-\frac{y}{x^2},$$

于是

$$\frac{\partial z}{\partial x}=4u\ln v-\frac{u^2}{v}\frac{y}{x^2}=4(2x-3y)\ln\frac{y}{x}-\frac{(2x-3y)^2}{x},$$

又因为

$$\frac{\partial z}{\partial x}=\frac{\partial z}{\partial u}\frac{\partial u}{\partial x}+\frac{\partial z}{\partial v}\frac{\partial v}{\partial x},$$

及

$$\frac{\partial z}{\partial u}=2u\ln v,\frac{\partial z}{\partial v}=\frac{u^2}{v},\frac{\partial u}{\partial y}=-3,\frac{\partial v}{\partial y}=\frac{1}{x},$$

于是

$$\frac{\partial z}{\partial y}=-6u\ln v+\frac{u^2}{v}\frac{1}{x}=-6(2x-3y)\ln\frac{y}{x}+\frac{(2x-3y)^2}{y}.$$

3. 复合函数的中间变量既有一元函数又有多元函数的情形

定理 6.8　如果函数 $u=\varphi(x,y)$ 在点 (x,y) 具有对 x 及对 y 的偏导数,函数 $v=\psi(y)$ 在点 y 可导,函数 $z=f(u,v)$ 在对应点 (u,v) 具有连续偏导数,则复合函数 $z=f[\varphi(x,y),\psi(y)]$ 在点 (x,y) 的两个偏导数都存在,且有

$$\frac{\partial z}{\partial x}=\frac{\partial z}{\partial u}\frac{\partial u}{\partial x},\qquad\qquad ④$$

$$\frac{\partial z}{\partial y}=\frac{\partial z}{\partial u}\frac{\partial u}{\partial y}+\frac{\partial z}{\partial v}\frac{\mathrm{d}v}{\mathrm{d}y}.\qquad ⑤$$

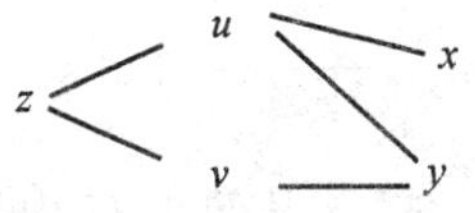

公式 ④ 与 ⑤ 可借助图 6.19 来记忆.

图 6.19

【例 6.33】　设 $z=\mathrm{e}^u\sin v$,其中 $u=xy,v=2y$,求 $\dfrac{\partial z}{\partial x}$ 及 $\dfrac{\partial z}{\partial y}$.

解

$$\frac{\partial z}{\partial x}=\frac{\partial z}{\partial u}\frac{\partial u}{\partial x}=\mathrm{e}^u y\sin v=y\mathrm{e}^{xy}\sin 2y,$$

$$\frac{\partial z}{\partial y}=\frac{\partial z}{\partial u}\frac{\partial u}{\partial y}+\frac{\partial z}{\partial v}\frac{\mathrm{d}v}{\mathrm{d}y}=\mathrm{e}^u x\sin v+2\mathrm{e}^u\cos v=$$
$$x\mathrm{e}^{xy}\sin 2y+2\mathrm{e}^{xy}\cos 2y.$$

4. 复合函数的某些中间变量同时又是复合函数的自变量的情形

推论　如果函数 $u=\varphi(x,y)$ 在点 (x,y) 具有对 x 及对 y 的偏导数,$z=f(u,x,y)$ 具有连续偏导数,则复合函数 $z=f[\varphi(x,y),x,y]$ 在点 (x,y) 的两个偏导数都存在,且有

$$\frac{\partial z}{\partial x}=\frac{\partial f}{\partial u}\frac{\partial u}{\partial x}+\frac{\partial f}{\partial x},\qquad\qquad ⑥$$

$$\frac{\partial z}{\partial y}=\frac{\partial f}{\partial u}\frac{\partial u}{\partial y}+\frac{\partial f}{\partial y}.\qquad\qquad ⑦$$

公式 ⑥ 与 ⑦ 可借助图 6.20 来记忆.

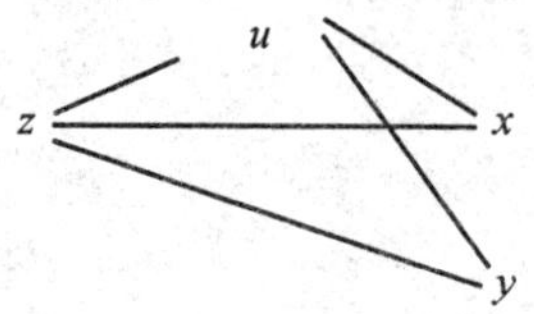

注　这里 $\dfrac{\partial z}{\partial x}$ 与 $\dfrac{\partial f}{\partial x}$ 是不同的，$\dfrac{\partial z}{\partial x}$ 是把复合函数 $z=$

$f[\varphi(x,y),x,y]$ 中的 y 看作常数而对 x 的偏导数，$\dfrac{\partial f}{\partial x}$ 是把

$z=f(u,x,y)$ 中的 u 及 y 看作常数而对 x 的偏导数. $\dfrac{\partial z}{\partial y}$ 与 $\dfrac{\partial f}{\partial y}$

也有类似的区别.

图 6.20

以上公式可推广到含有任意多个中间变量以及任意多个自变量的多元函数.

【**例 6.34**】　设 $z=f(u,x,y)=\mathrm{e}^{u^2+x^2+y^2}$，而 $u=x^2\sin y$，求 $\dfrac{\partial z}{\partial x}$ 和 $\dfrac{\partial z}{\partial y}$.

解
$$\frac{\partial z}{\partial x}=\frac{\partial f}{\partial u}\frac{\partial u}{\partial x}+\frac{\partial f}{\partial x}=2u\mathrm{e}^{u^2+x^2+y^2}\cdot 2x\sin y+2x\mathrm{e}^{u^2+x^2+y^2}$$
$$=2x(1+2x^2\sin^2 y)\mathrm{e}^{x^4\sin^2 y+x^2+y^2},$$
$$\frac{\partial z}{\partial y}=\frac{\partial f}{\partial u}\frac{\partial u}{\partial y}+\frac{\partial f}{\partial y}=2u\mathrm{e}^{u^2+x^2+y^2}\cdot x^2\cos y+2y\mathrm{e}^{u^2+x^2+y^2}$$
$$=2(y+x^4\sin y\cos y)\mathrm{e}^{x^4\sin^2 y+x^2+y^2}.$$

若需计算复合函数的高阶偏导数，只要重复运用前面的运算法则即可.

【**例 6.35**】　设 $w=\mathrm{e}^{u^2+v}$，而 $u=x+y+z,v=xyz$，求 $\dfrac{\partial w}{\partial x}$ 及 $\dfrac{\partial^2 w}{\partial x\partial z}$.

证
$$\frac{\partial w}{\partial x}=\frac{\partial w}{\partial u}\frac{\partial u}{\partial x}+\frac{\partial w}{\partial v}\frac{\partial v}{\partial x}=2u\mathrm{e}^{u^2+v}\cdot 1+\mathrm{e}^{u^2+v}\cdot yz,$$

$$\frac{\partial^2 w}{\partial x\partial z}=(2\mathrm{e}^{u^2+v}+4u^2\mathrm{e}^{u^2+v})+2u\mathrm{e}^{u^2+v}xy+\mathrm{e}^{u^2+v}y+(2u\mathrm{e}^{u^2+v}+\mathrm{e}^{u^2+v}xy)yz.$$

注　从例 6.35 中可以看出在求 $\dfrac{\partial^2 w}{\partial x\partial z}$ 时，需注意 $\dfrac{\partial w}{\partial u}$、$\dfrac{\partial w}{\partial v}$ 都是以 u、v 为中间变量，x、y 为自变量的复合函数.

【**例 6.36**】　设 $z=f(u,v)$，而 $u=xy^2,v=x^2y$，求 $\dfrac{\partial^2 z}{\partial x^2}$、$\dfrac{\partial^2 z}{\partial x\partial y}$.

解　为表达方便，我们引入以下记号
$$f'_1=\frac{\partial f}{\partial u},f''_{12}=\frac{\partial^2 f}{\partial u\partial v}.$$

这里的下标 1、2 分别表示对第一个变量、第二个变量求编导，类似地有 f'_2、f''_{11}、f''_{22} 等，于是有
$$\frac{\partial z}{\partial x}=\frac{\partial z}{\partial u}\frac{\partial u}{\partial x}+\frac{\partial z}{\partial v}\frac{\partial v}{\partial x}=f'_1 y^2+f'_2 2xy,$$
$$\frac{\partial z}{\partial y}=\frac{\partial z}{\partial u}\frac{\partial u}{\partial y}+\frac{\partial z}{\partial v}\frac{\partial v}{\partial y}=f'_1 2xy+f'_2 x^2,$$

$$\frac{\partial^2 z}{\partial x^2}=\left(\frac{\partial^2 z}{\partial u^2}\frac{\partial u}{\partial x}+\frac{\partial^2 z}{\partial u\partial v}\frac{\partial v}{\partial x}\right)y^2+2\left(\frac{\partial^2 z}{\partial v\partial u}\frac{\partial u}{\partial x}+\frac{\partial^2 z}{\partial v^2}\frac{\partial v}{\partial x}\right)xy+2\frac{\partial z}{\partial v}y$$
$$=(f''_{11}y^2+f''_{12}2xy)y^2+2(f''_{21}y^2+f''_{22}2xy)xy+2f'_2 y$$
$$=2f'_2 y+f''_{11}y^4+4f''_{12}xy^3+4f''_{22}x^2y^2,$$

$$\frac{\partial^2 z}{\partial x \partial y} = \left(\frac{\partial^2 z}{\partial u^2} \frac{\partial u}{\partial y} + \frac{\partial^2 z}{\partial u \partial v} \frac{\partial v}{\partial y} \right) y^2 + 2 \frac{\partial z}{\partial u} y + 2 \left(\frac{\partial^2 z}{\partial v \partial u} \frac{\partial u}{\partial y} + \frac{\partial^2 z}{\partial v^2} \frac{\partial v}{\partial y} \right) xy + 2 \frac{\partial z}{\partial v} x$$

$$= (f''_{11} 2xy + f''_{12} x^2) y^2 + 2 f'_1 y + 2 (f''_{21} 2xy + f''_{22} x^2) xy + 2 f'_2 x$$

$$= 2 f'_1 y + 2 xy^3 f''_{11} + 2 f'_2 x + 5 f''_{12} x^2 y^2 + 2 x^3 y f''_{22}.$$

5. 全微分形式的不变性

设 $z = f(u, v)$,当 u、v 为自变量,则有

$$dz = \frac{\partial z}{\partial u} \cdot du + \frac{\partial z}{\partial v} \cdot dv.$$

如果 u, v 为中间变量,即 $u = \varphi(x, y)$,$v = \psi(x, y)$,则复合函数 $z = f(\varphi(x, y)$、$\psi(x, y))$ 的全微分为

$$dz = \frac{\partial z}{\partial x} \cdot dx + \frac{\partial z}{\partial y} \cdot dy.$$

又因为

$$\frac{\partial z}{\partial x} = \frac{\partial z}{\partial u} \frac{\partial u}{\partial x} + \frac{\partial z}{\partial v} \frac{\partial v}{\partial x}, \quad \frac{\partial z}{\partial y} = \frac{\partial z}{\partial u} \frac{\partial u}{\partial y} + \frac{\partial z}{\partial v} \frac{\partial v}{\partial y},$$

于是

$$dz = \frac{\partial z}{\partial u} \left(\frac{\partial u}{\partial x} dx + \frac{\partial u}{\partial y} dy \right) + \frac{\partial z}{\partial v} \left(\frac{\partial v}{\partial x} dx + \frac{\partial v}{\partial y} dy \right) = \frac{\partial z}{\partial u} du + \frac{\partial z}{\partial v} dv.$$

可见,无论 z 是自变量 u、v 的函数还是中间变量 u、v 的函数,它的全微分形式都是一样的,这种性质叫作多元函数的全微分形式的不变性.

【**例 6.37**】　利用全微分形式的不变性求函数 $z = f(xy^2, x^2 y)$ 的偏导数与全微分.

解　令 $u = xy^2$,$v = x^2 y$,则

$$z = f(u, v),$$

$$dz = \frac{\partial f}{\partial u} \cdot du + \frac{\partial f}{\partial v} \cdot dv = \frac{\partial f}{\partial u} d(xy^2) + \frac{\partial f}{\partial v} d(x^2 y) =$$

$$\frac{\partial f}{\partial u} (y^2 dx + 2xy dy) + \frac{\partial f}{\partial v} (2xy dx + x^2 dy) =$$

$$\left(y^2 \frac{\partial f}{\partial u} + 2xy \frac{\partial f}{\partial v} \right) dx + \left(2xy \frac{\partial f}{\partial u} + x^2 \frac{\partial f}{\partial v} \right) dy,$$

因此

$$\frac{\partial z}{\partial x} = y^2 \frac{\partial f}{\partial u} + 2xy \frac{\partial f}{\partial v}, \quad \frac{\partial z}{\partial y} = 2xy \frac{\partial f}{\partial u} + x^2 \frac{\partial f}{\partial v}.$$

二、隐函数的求导公式

在第 3 章,我们曾讨论过如何不经过显化直接求一个二元方程 $F(x, y) = 0$ 所确定隐函数的导数. 现在,我们介绍隐函数的存在性以及如何保证隐函数具有连续和可导等性质,并用多元复合函数的求导法来计算隐函数的导数.

单个方程的情形

定理 6.9(隐函数存在定理 1)　若二元函数 $F(x, y)$ 满足:

(1) 在点 (x_0, y_0) 的某一邻域内具有连续偏导数；

(2) $F(x_0, y_0) = 0$；

(3) $F_y(x_0, y_0) \neq 0$，

则方程 $F(x, y) = 0$ 在点 (x_0, y_0) 的某一邻域内恒能唯一确定一个连续且具有连续导数的函数 $y = f(x)$，它满足 $y_0 = f(x_0)$，并有

$$\frac{\mathrm{d}y}{\mathrm{d}x} = -\frac{F_x}{F_y}. \tag{⑧}$$

定理证明从略，公式 ⑧ 的推导如下：

因为二元方程 $F(x, y) = 0$ 能唯一确定隐函数 $y = f(x)$，则将函数 $y = f(x)$ 代入二元方程 $F(x, y) = 0$ 中，得

$$F[x, f(x)] = 0,$$

将上式两边同时对 x 的偏导数，则

$$\frac{\partial F}{\partial x} + \frac{\partial F}{\partial y}\frac{\mathrm{d}y}{\mathrm{d}x} = 0.$$

由于 F_y 连续，且 $F_y(x_0, y_0) \neq 0$，所以存在 (x_0, y_0) 的一个邻域，使得在这个邻域内 $F_y(x, y) \neq 0$，于是有

$$\frac{\mathrm{d}y}{\mathrm{d}x} = -\frac{F_x}{F_y}.$$

【例 6.38】 证明方程 $x^2 + y^2 - 1 = 0$ 在点 $(0, 1)$ 的某一邻域内能唯一确定一个有连续导数且当 $x = 0$ 时 $y = 1$ 的隐函数 $y = f(x)$，并求 $f'(0)$.

证 设 $F(x, y) = x^2 + y^2 - 1$，由于 $F_x = 2x, F_y = 2y$，则显然在点 $(0, 1)$ 的某一邻域内具有连续的偏导数且 $F(0, 1) = 0$，$F_y(0, 1) = 2 \neq 0$，于是方程 $x^2 + y^2 - 1 = 0$ 在点 $(0, 1)$ 的某一邻域内能唯一确定一个有连续导数且当 $x = 0$ 时 $y = 1$ 的隐函数 $y = f(x)$.

由公式 ⑧ 得 $\dfrac{\mathrm{d}y}{\mathrm{d}x} = -\dfrac{F_x}{F_y} = -\dfrac{x}{y}$，于是 $\dfrac{\mathrm{d}y}{\mathrm{d}x}\Big|_{\substack{x=0\\y=1}} = -\dfrac{0}{1} = 0$.

注 定理 6.9 可以直接推广到 $n(n > 2)$ 元函数方程的情形，例如一个三元方程 $F(x, y, z) = 0$ 就有可能确定一个二元隐函数 $z = f(x, y)$.

定理 6.10(隐函数存在定理 2) 若三元函数 $F(x, y, z)$ 满足：

(1) 在 (x_0, y_0, z_0) 的某一邻域内具有连续偏导数；

(2) $F(x_0, y_0, z_0) = 0$；

(3) $F_z(x_0, y_0, z_0) \neq 0$；

则方程 $F(x, y, z) = 0$ 在点 (x_0, y_0, z_0) 的某一邻域内恒能唯一确定一个连续且具有连续偏导数的函数 $z = f(x, y)$，它满足 $z_0 = f(x_0, y_0)$，并有

$$\frac{\partial z}{\partial x} = -\frac{F_x}{F_z}, \frac{\partial z}{\partial y} = -\frac{F_y}{F_z}. \tag{⑨}$$

定理证明从略，公式 ⑨ 的推导如下：

因为方程 $F(x, y, z) = 0$ 在能唯一确定一个隐函数 $z = f(x, y)$，则将函数 $z = f(x, y)$ 代入方程 $F(x, y, z) = 0$ 中，得

$$F[x, y, f(x, y)] = 0.$$

将上式两端同时对 x 及 y 求偏导,得

$$F_x + F_z \frac{\partial z}{\partial x} = 0, F_y + F_z \frac{\partial z}{\partial y} = 0.$$

由于 F_z 连续,且 $F_z(x_0, y_0, z_0) \neq 0$,所以存在 (x_0, y_0, z_0) 的一个邻域,使得在这个邻域内 $F_z(x, y, z) \neq 0$,于是有

$$\frac{\partial z}{\partial x} = -\frac{F_x}{F_z}, \frac{\partial z}{\partial y} = -\frac{F_y}{F_z}.$$

【**例 6.39**】　求方程 $xy + yz + \mathrm{e}^{xz} = 3$ 确定的隐函数 $z = f(x, y)$ 的偏导数 $\dfrac{\partial z}{\partial x}$ 及 $\dfrac{\partial z}{\partial y}$.

解　设 $F(x, y, z) = xy + yz + \mathrm{e}^{xz} - 3 = 0$,则 $F_x = y + z\mathrm{e}^{xz}$,$F_y = x + z$,$F_z = y + x\mathrm{e}^{xz}$,当 $y + x\mathrm{e}^{xz} \neq 0$ 时,应用公式 ⑨ 得

$$\frac{\partial z}{\partial x} = -\frac{F_x}{F_z} = -\frac{y + z\mathrm{e}^{xz}}{y + x\mathrm{e}^{xz}}, \frac{\partial z}{\partial y} = -\frac{F_y}{F_z} = -\frac{x + z}{y + x\mathrm{e}^{xz}}.$$

下面我们换个角度,讨论由方程组所确定的隐函数的问题.

方程组的情形

定理 6.11　设函数 $F(x, u, v)$、$G(x, u, v)$ 在点 (x_0, u_0, v_0) 满足:

(1) 在点 (x_0, u_0, v_0) 的某邻域内具有对各个变量的连续一阶偏导数;

(2) $F(x_0, u_0, v_0) = 0$,$G(x_0, u_0, v_0) = 0$;

(3) $\begin{vmatrix} F_u & F_v \\ G_u & G_v \end{vmatrix}$ 在点 (x_0, u_0, v_0) 不等于零(称 $\begin{vmatrix} F_u & F_v \\ G_u & G_v \end{vmatrix}$ 为雅可比行列式,记为 J),则方程组 $\begin{cases} F(x, u, v) = 0 \\ G(x, u, v) = 0 \end{cases}$ 在点 (x_0, u_0, v_0) 的某邻域内恒能唯一确定一组连续且具有连续导数的函数 $u = f(x)$,$v = g(x)$,它们满足 $u_0 = f(x_0)$,$v_0 = g(x_0)$,并有

$$\frac{\mathrm{d}u}{\mathrm{d}x} = -\frac{\begin{vmatrix} F_x & F_v \\ G_x & G_v \end{vmatrix}}{\begin{vmatrix} F_u & F_v \\ G_u & G_v \end{vmatrix}}, \frac{\mathrm{d}v}{\mathrm{d}x} = -\frac{\begin{vmatrix} F_u & F_x \\ G_u & G_x \end{vmatrix}}{\begin{vmatrix} F_u & F_v \\ G_u & G_v \end{vmatrix}}, \qquad ⑩$$

定理证明从略,公式 ⑩ 的推导如下:

由于

$$F(x, u(x), v(x)) \equiv 0,$$
$$G(x, u(x), v(x)) \equiv 0,$$

将恒等式两边分别对 x 求导,得方程组

$$\begin{cases} F_x + F_u \dfrac{\mathrm{d}u}{\mathrm{d}x} + F_v \dfrac{\mathrm{d}v}{\mathrm{d}x} = 0 \\ G_x + G_u \dfrac{\mathrm{d}u}{\mathrm{d}x} + G_v \dfrac{\mathrm{d}v}{\mathrm{d}x} = 0 \end{cases}, \qquad ⑪$$

其中,显然方程组 ⑪ 是关于 $\dfrac{\mathrm{d}u}{\mathrm{d}x}$、$\dfrac{\mathrm{d}v}{\mathrm{d}x}$ 的线性方程组,由克莱姆法则知,在点 (x_0, u_0, v_0) 处系数行列式(雅可比行列式) $\begin{vmatrix} F_u & F_v \\ G_u & G_v \end{vmatrix} \neq 0$ 时,可解出

$$\frac{\mathrm{d}u}{\mathrm{d}x} = -\frac{\begin{vmatrix} F_x & F_v \\ G_x & G_v \end{vmatrix}}{\begin{vmatrix} F_u & F_v \\ G_u & G_v \end{vmatrix}}, \frac{\mathrm{d}v}{\mathrm{d}x} = -\frac{\begin{vmatrix} F_u & F_x \\ G_u & G_x \end{vmatrix}}{\begin{vmatrix} F_u & F_v \\ G_u & G_v \end{vmatrix}}.$$

【例 6.40】 设 $-x^2 - u^2 + v = 0, x^2 + 2u^2 + 3v^2 = 4a^2$，求 $\frac{\mathrm{d}u}{\mathrm{d}x}$、$\frac{\mathrm{d}v}{\mathrm{d}x}$.

解 设函数

$$F(x,u,v) = -x^2 - u^2 + v,$$

$$G(x,u,v) = x^2 + 2u^2 + 3v^2 - 4a^2,$$

则 $F_u = -2u, F_v = 1, G_u = 4u, G_v = 6v, F_x = -2x, G_x = 2x$，于是由定理 6.11 知，当雅可比

行列式 $\begin{vmatrix} -2u & 1 \\ 4u & 6v \end{vmatrix} \neq 0$ 时，有

$$\frac{\mathrm{d}u}{\mathrm{d}x} = -\frac{\begin{vmatrix} -2x & 1 \\ 2x & 6v \end{vmatrix}}{\begin{vmatrix} -2u & 1 \\ 4u & 6v \end{vmatrix}} = -\frac{-12xv - 2x}{-12uv - 4u} = -\frac{6xv + x}{6uv + 2u},$$

$$\frac{\mathrm{d}v}{\mathrm{d}x} = -\frac{\begin{vmatrix} -2u & -2x \\ 4u & 2x \end{vmatrix}}{\begin{vmatrix} -2u & 1 \\ 4u & 6v \end{vmatrix}} = -\frac{-4ux + 8ux}{-12uv - 4u} = \frac{x}{3v + 1}.$$

注 比定理 6.11 更一般的情形是增加自变量的个数，而这样解出的 u 和 v 都是多元函数，但定理的条件与结论完全类似.

例如，设函数 $F(x,y,u,v)$、$G(x,y,u,v)$ 在点 (x_0, y_0, u_0, v_0) 满足：

(1) 在点 (x_0, y_0, u_0, v_0) 的某邻域内具有对各个变量的连续一阶偏导数；

(2) $F(x_0, y_0, u_0, v_0) = 0, G(x_0, y_0, u_0, v_0) = 0$；

(3) 雅可比行列式 $\begin{vmatrix} F_u & F_v \\ G_u & G_v \end{vmatrix}$ 在点 (x_0, y_0, u_0, v_0) 不等于零，

则方程组 $\begin{cases} F(x,y,u,v) = 0 \\ G(x,y,u,v) = 0 \end{cases}$ 在点 (x_0, y_0, u_0, v_0) 的某邻域内恒能唯一确定一组连续且具有连续导数的函数 $u = u(x,y), v = v(x,y)$，它们满足 $u_0 = u(x_0, y_0), v_0 = v(x_0, y_0)$，并有

$$\frac{\partial u}{\partial x} = -\frac{\begin{vmatrix} F_x & F_v \\ G_x & G_v \end{vmatrix}}{\begin{vmatrix} F_u & F_v \\ G_u & G_v \end{vmatrix}}, \frac{\partial v}{\partial x} = -\frac{\begin{vmatrix} F_u & F_x \\ G_u & G_x \end{vmatrix}}{\begin{vmatrix} F_u & F_v \\ G_u & G_v \end{vmatrix}}, \qquad ⑫$$

$$\frac{\partial u}{\partial y} = -\frac{\begin{vmatrix} F_y & F_v \\ G_y & G_v \end{vmatrix}}{\begin{vmatrix} F_u & F_v \\ G_u & G_v \end{vmatrix}}, \frac{\partial v}{\partial y} = -\frac{\begin{vmatrix} F_u & F_y \\ G_u & G_y \end{vmatrix}}{\begin{vmatrix} F_u & F_v \\ G_u & G_v \end{vmatrix}}. \qquad ⑬$$

公式 ⑫ 和 ⑬ 的推导过程与定理 6.11 类似，故从略.

【**例 6.41**】　设 $xu + yv = 0, uv - xy = 5$，求当 $x = 1, y = -1, u = 2, v = 2$ 时，求 $\dfrac{\partial v}{\partial x}$ 与

$\dfrac{\partial^2 v}{\partial x \partial y}$ 的值.

解　设 $F(x, y, u, v) = xu + yv, G(x, y, u, v) = uv - xy - 5$，于是得

$$\begin{cases} u + x\dfrac{\partial u}{\partial x} + y\dfrac{\partial v}{\partial x} = 0 \\ -y + v\dfrac{\partial u}{\partial x} + u\dfrac{\partial v}{\partial x} = 0 \end{cases},$$

通过解方程组得

$$\frac{\partial v}{\partial x} = \frac{uv + xy}{ux - vy}.$$

代入 $x = 1, y = -1, u = 2, v = 2$ 得

$$\frac{\partial v}{\partial x}\bigg|_{\substack{x=1 \\ y=-1 \\ u=2 \\ v=2}} = \frac{3}{4},$$

再将 $\dfrac{\partial v}{\partial x} = \dfrac{uv + xy}{ux - vy}$ 对 y 求偏导并代入点得

$$\frac{\partial^2 v}{\partial x \partial y}\bigg|_{\substack{x=1 \\ y=-1 \\ u=2 \\ v=2}} = \frac{\left(x + \dfrac{\partial u}{\partial y}v + u\dfrac{\partial v}{\partial y}\right)(xu - vy) - (xy + uv)\left(x\dfrac{\partial u}{\partial y} - y\dfrac{\partial v}{\partial y} - v\right)}{(xu - vy)^2}\bigg|_{\substack{x=1 \\ y=-1 \\ u=2 \\ v=2}} = \frac{25}{32}.$$

习题 6.5

1. 求下列复合函数的偏导数和导数.

(1) 设 $z = \arcsin(u - v)$，其中 $u = 3x, v = 4x^3$，求 $\dfrac{\mathrm{d}z}{\mathrm{d}x}$.

(2) 设 $z = \mathrm{e}^{u-2v}$，其中 $u = \sin x, v = x^3$，求 $\dfrac{\mathrm{d}z}{\mathrm{d}x}$.

(3) 设 $z = \dfrac{u^2}{v}$，其中 $u = y\mathrm{e}^x, v = x\ln y$，求 $\dfrac{\partial z}{\partial x}$、$\dfrac{\partial z}{\partial y}$.

(4) 设 $z = u^v$，其中 $u = x + 2y, v = x - y$，求 $\dfrac{\partial z}{\partial x}$、$\dfrac{\partial z}{\partial y}$.

(5) 设 $z = u^2 + v^2 + \cos(u + v)$，其中 $u = x + y, v = \arcsin y$，求 $\dfrac{\partial z}{\partial x}$.

(6) 设 $z = \arctan(xy)$，其中 $y = \mathrm{e}^x$，求 $\dfrac{\mathrm{d}z}{\mathrm{d}x}$.

(7) 设 $z = uv + \sin t$，其中 $u = \mathrm{e}^t, v = \cos t$，求 $\dfrac{\mathrm{d}z}{\mathrm{d}t}$.

2. 求下列函数的偏导数.（其中 f 具有连续偏导数）

(1) $u = f(x^2 - y^2, \mathrm{e}^{xy})$；

(2) $u = f(x + y + z, x^2 + y^2 + z^2)$；

(3) $u = f(x, xy, xyz)$；

(4) $z = f\left(x + \dfrac{1}{y}, y + \dfrac{1}{x}\right)$.

3. 设 $z=\arctan\dfrac{u}{v}$，其中 $u=x+y,v=x-y$，验证：

$$\frac{\partial z}{\partial x}+\frac{\partial z}{\partial y}=\frac{x-y}{x^2+y^2}.$$

4. 设 $z=\dfrac{y}{f(x^2-y^2)}$，其中 f 是可微函数，验证：

$$\frac{1}{x}\frac{\partial z}{\partial x}+\frac{1}{y}\frac{\partial z}{\partial y}=\frac{z}{y^2}.$$

5. 设 $z=f(e^{xy},\cos(xy))$，其中 f 是可微函数，验证：

$$x\frac{\partial z}{\partial x}-y\frac{\partial z}{\partial y}=0.$$

6. 设 $z=\sin y+f(\sin x-\sin y)$，其中 f 是可微函数，验证：

$$\frac{\partial z}{\partial x}\sec x+\frac{\partial z}{\partial y}\sec y=1.$$

7. 设 $z=f(xy,x^2+y^2)$，其中 f 具有二阶连续偏导数，求 $\dfrac{\partial^2 z}{\partial x^2}$、$\dfrac{\partial^2 z}{\partial x\partial y}$.

8. 设 $\sin y+e^x-xy^2=0$，求 $\dfrac{\mathrm{d}y}{\mathrm{d}x}$.

9. 设 $\arctan\dfrac{x+y}{a}-\dfrac{y}{a}=0$，求 $\dfrac{\mathrm{d}y}{\mathrm{d}x}$.

10. 设 $x^2+y^2+z^2-2x+2y-4z-5=0$，求 $\dfrac{\partial z}{\partial x}$、$\dfrac{\partial z}{\partial y}$.

11. 设 $z^x=y^z$，求 $\dfrac{\partial z}{\partial x}$、$\dfrac{\partial z}{\partial y}$.

12. 设 $x=x(y,z),y=y(x,z),z=z(x,y)$ 都是由方程 $F(x,y,z)=0$ 所确定的具有连续的偏导数，证明

$$\frac{\partial x}{\partial y}\cdot\frac{\partial y}{\partial z}\cdot\frac{\partial z}{\partial x}=-1.$$

13. 设 $z=f(x,y)$ 由方程 $F\left(\dfrac{y}{x},\dfrac{z}{x}\right)=0$ 所确定，其中 F 具有一阶连续的偏导数，求证：

$$x\frac{\partial z}{\partial x}+y\frac{\partial z}{\partial y}=z.$$

14. 设方程 $\varphi\left(x+\dfrac{z}{y},y+\dfrac{z}{x}\right)=0$ 确定隐函数 $z=f(x,y)$，证明它满足方程

$$x\frac{\partial z}{\partial x}+y\frac{\partial z}{\partial y}=z-xy.$$

15. 求下列方程组所确定的隐函数的导数或偏导数.

(1) $\begin{cases}x+y+z=0\\ x^2+y^2+z^2=1\end{cases}$，求 $\dfrac{\mathrm{d}x}{\mathrm{d}z}$、$\dfrac{\mathrm{d}y}{\mathrm{d}z}$.

(2) $\begin{cases}xu+yv=0\\ yu+xv=1\end{cases}$，求 $\dfrac{\partial u}{\partial x}$、$\dfrac{\partial v}{\partial x}$、$\dfrac{\partial u}{\partial y}$、$\dfrac{\partial v}{\partial y}$.

6.6　多元函数微分学的几何应用

一、空间曲线的切线与法平面

1. 由参数方程确定的空间曲线的切线与法平面

设空间曲线 Γ 的参数方程为

$$\begin{cases} x = \varphi(t) \\ y = \psi(t), \quad t \in [\alpha, \beta] \\ z = \omega(t) \end{cases}$$

且 $\varphi(t)$、$\psi(t)$、$\omega(t)$ 都在 $[\alpha, \beta]$ 上可导,$\varphi'(t)$、$\psi'(t)$、$\omega'(t)$ 不同时为零.

空间曲线 Γ 上某点处的切线的定义与第 3 章中平面曲线的切线的定义相仿,即切线为割线的极限位置.

设曲线 Γ 上点 $M_0(x_0, y_0, z_0)$ 对应的参数为 t_0,欲讨论点 M_0 处的切线,则在曲线 Γ 上任取一点 $M(x, y, z)$,设其对应的参数为 t,于是过点 M_0 和点 M 的割线 $M_0 M$ 方程为

$$\frac{x - x_0}{\varphi(t) - \varphi(t_0)} = \frac{y - y_0}{\psi(t) - \psi(t_0)} = \frac{z - z_0}{\omega(t) - \omega(t_0)}.$$

上式分母都除以 $t - t_0$,仍是割线 $M_0 M$ 的方程

$$\frac{x - x_0}{\dfrac{\varphi(t) - \varphi(t_0)}{t - t_0}} = \frac{y - y_0}{\dfrac{\psi(t) - \psi(t_0)}{t - t_0}} = \frac{z - z_0}{\dfrac{\omega(t) - \omega(t_0)}{t - t_0}}.$$

当点 M 沿曲线 Γ 趋于点 M_0(即 $t \to t_0$)时,割线 $M_0 M$ 的极限位置 $M_0 T$ 就是曲线 Γ 在点 M_0 处的切线,其方程为

$$\frac{x - x_0}{\varphi'(t_0)} = \frac{y - y_0}{\psi'(t_0)} = \frac{z - z_0}{\omega'(t_0)}. \tag{①}$$

通过点 M_0 且与该点切线垂直的平面称为曲线 Γ 在点 M_0 处的法平面,因为切线的方向向量 $(\varphi'(t_0), \psi'(t_0), \omega'(t_0))$ 就是法平面的法向量,于是根据平面的点法式方程可得法平面方程为

$$\varphi'(t_0)(x - x_0) + \psi'(t_0)(y - y_0) + \omega'(t_0)(z - z_0) = 0. \tag{②}$$

【例 6.42】　求曲线 $\begin{cases} x = t - \sin t \\ y = 1 - \cos t \\ z = 4\sin \dfrac{t}{2} \end{cases}$ 在 $t = \dfrac{\pi}{2}$ 对应的点处的切线及法平面方程.

解　设 $\varphi(t) = t - \sin t, \psi(t) = 1 - \cos t, \omega(t) = 4\sin \dfrac{t}{2}$,故

$$\varphi'(t) = 1 - \cos t, \psi'(t) = \sin t, \omega'(t) = 2\cos \frac{t}{2}.$$

又因为参数 $t = \dfrac{\pi}{2}$ 对应的点为 $\left(\dfrac{\pi}{2} - 1, 1, 2\sqrt{2}\right)$,故由公式 ① 得在 $t = \dfrac{\pi}{2}$ 对应的点处的切线方程为

$$\frac{x-\frac{\pi}{2}+1}{1}=\frac{y-1}{1}=\frac{z-2\sqrt{2}}{\sqrt{2}}.$$

又由公式 ② 得对应的点处的法平面方程为

$$\left(x-\frac{\pi}{2}+1\right)+(y-1)+\sqrt{2}\left(z-2\sqrt{2}\right)=0.$$

若空间曲线 Γ 的方程以

$$\begin{cases}y=\varphi(x)\\z=\psi(x)\end{cases}$$

的形式给出,那么该方程可以看成以 x 为参数的参数方程

$$\begin{cases}x=x\\y=\varphi(x).\\z=\psi(x)\end{cases}$$

如果 $\varphi(x)$、$\psi(x)$ 都在 $x=x_0$ 处可导,则向量 $(1,\varphi'(x_0),\psi'(x_0))$ 就是曲线 Γ 在点 $M_0(x_0,y_0,z_0)$ 处的切线的方向向量,从而曲线 Γ 在点 M_0 处的切线方程为

$$\frac{x-x_0}{1}=\frac{y-y_0}{\varphi'(x_0)}=\frac{z-z_0}{\psi'(x_0)},\tag{③}$$

法平面方程为

$$(x-x_0)+\varphi'(x_0)(y-y_0)+\psi'(x_0)(z-z_0)=0.\tag{④}$$

【例 6.43】 求曲线 $\begin{cases}y=x^2\\z=\dfrac{x}{1+x}\end{cases}$,在点 $\left(1,1,\dfrac{1}{2}\right)$ 处的切线及法平面方程.

解 设 $\varphi(x)=x^2$,$\psi(x)=\dfrac{x}{1+x}$,则 $\varphi'(x)=2x$,$\psi'(x)=\dfrac{1}{(1+x)^2}$,故由公式 ③ 得在点 $\left(1,1,\dfrac{1}{2}\right)$ 处的切线方程为

$$\frac{x-1}{1}=\frac{y-1}{2}=\frac{z-\frac{1}{2}}{\frac{1}{4}},$$

又由公式 ④ 得在点 $\left(1,1,\dfrac{1}{2}\right)$ 处的法平面方程为

$$(x-1)+2(y-1)+\frac{1}{4}\left(z-\frac{1}{2}\right)=0.$$

2. 由隐函数确定的空间曲线的切线与法平面

空间曲线还可以表示为空间中两张曲面的交线,设空间曲线 Γ 的方程为

$$\begin{cases}F(x,y,z)=0\\G(x,y,z)=0\end{cases},$$

$M_0(x_0,y_0,z_0)$ 为 Γ 上一点,又设 F、G 有对各个变量的连续偏导数且 $\begin{vmatrix}F_y & F_z\\G_y & G_z\end{vmatrix}_{M_0}\neq0$,此

时方程组 $\begin{cases} F(x,y,z)=0 \\ G(x,y,z)=0 \end{cases}$ 在点 $M_0(x_0,y_0,z_0)$ 的某一邻域内确定了一对函数 $y=\varphi(x)$、$z=\psi(x)$，于是由隐函数求导公式知曲线在点 M_0 处的切线的方向向量 $(1,\varphi'(x_0),\psi'(x_0))$ 中

$$\varphi'(x_0)=\dfrac{\begin{vmatrix} F_z & F_x \\ G_z & G_x \end{vmatrix}_{M_0}}{\begin{vmatrix} F_y & F_z \\ G_y & G_z \end{vmatrix}_{M_0}}, \quad \psi'(x_0)=\dfrac{\begin{vmatrix} F_x & F_y \\ G_x & G_y \end{vmatrix}_{M_0}}{\begin{vmatrix} F_y & F_z \\ G_y & G_z \end{vmatrix}_{M_0}}.$$

由此，将方向向量改写为

$$\left(\begin{vmatrix} F_y & F_z \\ G_y & G_z \end{vmatrix}_{M_0}, \begin{vmatrix} F_z & F_x \\ G_z & G_x \end{vmatrix}_{M_0}, \begin{vmatrix} F_x & F_y \\ G_x & G_y \end{vmatrix}_{M_0} \right),$$

便得到曲线 Γ 在点 M_0 处的切线方程为

$$\frac{x-x_0}{\begin{vmatrix} F_y & F_z \\ G_y & G_z \end{vmatrix}_{M_0}}=\frac{y-y_0}{\begin{vmatrix} F_z & F_x \\ G_z & G_x \end{vmatrix}_{M_0}}=\frac{z-z_0}{\begin{vmatrix} F_x & F_y \\ G_x & G_y \end{vmatrix}_{M_0}}.$$

相应地，在点 M_0 处的法平面方程为

$$\begin{vmatrix} F_y & F_z \\ G_y & G_z \end{vmatrix}_{M_0}(x-x_0)+\begin{vmatrix} F_z & F_x \\ G_z & G_x \end{vmatrix}_{M_0}(y-y_0)+\begin{vmatrix} F_x & F_y \\ G_x & G_y \end{vmatrix}_{M_0}(z-z_0)=0.$$

【例 6.44】　求曲线 $\begin{cases} x^2+y^2+z^2-3x=0 \\ 2x-3y+5z-4=0 \end{cases}$，在点 $(1,1,1)$ 处的切线及法平面方程.

解　为了求 $\dfrac{\mathrm{d}y}{\mathrm{d}x}$、$\dfrac{\mathrm{d}z}{\mathrm{d}x}$，在所给方程两端分别对 x 求导，得

$$\begin{cases} 2x+2y\dfrac{\mathrm{d}y}{\mathrm{d}x}+2z\dfrac{\mathrm{d}z}{\mathrm{d}x}-3=0 \\ 2-3\dfrac{\mathrm{d}y}{\mathrm{d}x}+5\dfrac{\mathrm{d}z}{\mathrm{d}x}=0 \end{cases},$$

即

$$\begin{cases} 2y\dfrac{\mathrm{d}y}{\mathrm{d}x}+2z\dfrac{\mathrm{d}z}{\mathrm{d}x}=-2x+3 \\ 3\dfrac{\mathrm{d}y}{\mathrm{d}x}-5\dfrac{\mathrm{d}z}{\mathrm{d}x}=2 \end{cases}.$$

当 $D=\begin{vmatrix} 2y & 2z \\ 3 & -5 \end{vmatrix}=-10y-6z\neq 0$ 时，解方程组得

$$\frac{\mathrm{d}y}{\mathrm{d}x}=\frac{\begin{vmatrix} -2x+3 & 2z \\ 2 & -5 \end{vmatrix}}{D}=\frac{10x-4z-15}{-10y-6z},$$

$$\frac{\mathrm{d}z}{\mathrm{d}x}=\frac{\begin{vmatrix} 2y & -2x+3 \\ 3 & 2 \end{vmatrix}}{D}=\frac{6x+4y-9}{-10y-6z},$$

$$\frac{\mathrm{d}y}{\mathrm{d}x}\Big|_{(1,1,1)}=\frac{9}{16},\frac{\mathrm{d}z}{\mathrm{d}x}\Big|_{(1,1,1)}=-\frac{1}{16}.$$

于是在点 $(1,1,1)$ 处的切线方程为

$$\frac{x-1}{1}=\frac{y-1}{\dfrac{9}{16}}=\frac{z-1}{\dfrac{-1}{16}},$$

即

$$\frac{x-1}{16}=\frac{y-1}{9}=\frac{z-1}{-1},$$

法平面方程为

$$(x-1)+\frac{9}{16}(y-1)-\frac{1}{16}(z-1)=0,$$

即

$$16x+9y-z-24=0.$$

二、曲面的切平面与法线

1. 由隐函数确定的曲面的切平面与法线

设方程 $F(x,y,z)=0$ 确定了一个曲面 Σ(图 6.21).

$M_0(x_0,y_0,z_0)$ 是曲面 Σ 上的一点,函数 $F(x,y,z)$ 在点 M_0 处对 x、y 及 z 的偏导数连续且不同时为 0. 又设曲线 Γ 是曲面 Σ 上过点 M_0 的任意一条光滑曲线,其参数方程为

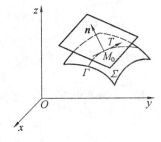

图 6.21

$$\begin{cases} x=\varphi(t) \\ y=\psi(t),\quad t\in[\alpha,\beta]. \\ z=\omega(t) \end{cases}$$

当 $t=t_0$ 时对应点为 $M_0(x_0,y_0,z_0)$ 且 $\varphi'(t_0)$、$\psi'(t_0)$、$\omega'(t_0)$ 不全为 0,则由公式 ① 知曲线 Γ 在点 $M_0(x_0,y_0,z_0)$ 处的切线方程为

$$\frac{x-x_0}{\varphi'(t_0)}=\frac{y-y_0}{\psi'(t_0)}=\frac{z-z_0}{\omega'(t_0)}.$$

下面说明曲面 Σ 上过点 M_0 的所有光滑曲线在点 M_0 处的切线都在同一平面上.

因为曲线 Γ 在曲面 Σ 上,所以

$$F[\varphi(t),\psi(t),\omega(t)]\equiv0.$$

对上式左右两端同时对 t 求导,且在 $t=t_0$ 处的导数为

$$F_x(x_0,y_0,z_0)\varphi'(t_0)+F_y(x_0,y_0,z_0)\psi'(t_0)+F_z(x_0,y_0,z_0)\omega'(t_0)=0. \qquad ⑤$$

式 ⑤ 说明曲线 Γ 在点 $M_0(x_0,y_0,z_0)$ 处的切线的方向向量 $(\varphi'(t_0),\psi'(t_0),\omega'(t_0))$ 与向量 $\boldsymbol{n}=(F_x(x_0,y_0,z_0),F_y(x_0,y_0,z_0),F_z(x_0,y_0,z_0))$ 垂直. 由于曲线 Γ 的任意性,所以这些曲线在点 M_0 处的切线的方向向量都与同一向量 $\boldsymbol{n}$ 垂直. 于是,曲面 Σ 上过点 M_0 的所有光滑曲线在点 M_0 处的切线都在同一平面上,并称这个平面为曲面 Σ 在点 M_0 处的切平面,该切平面的法向量

$$n = (F_x(x_0, y_0, z_0), F_y(x_0, y_0, z_0), F_z(x_0, y_0, z_0)).$$

称为曲面 Σ 在点 M_0 处的法向量. 于是根据平面的点法式方程知该切平面的方程为

$$F_x(x_0, y_0, z_0)(x - x_0) + F_y(x_0, y_0, z_0)(y - y_0) + F_z(x_0, y_0, z_0)(z - z_0) = 0.$$

通过点 $M_0(x_0, y_0, z_0)$ 且垂直于切平面的直线称为曲面 Σ 在点 M_0 处的法线,且这条法线的方程为

$$\frac{x - x_0}{F_x(x_0, y_0, z_0)} = \frac{y - y_0}{F_y(x_0, y_0, z_0)} = \frac{z - z_0}{F_z(x_0, y_0, z_0)}.$$

【例 6.45】 求曲面 $ax^2 + by^2 + cz^2 = 1$ 在点 (x_0, y_0, z_0) 处的切平面及法线方程.

解
$$F(x, y, z) = ax^2 + by^2 + cz^2 - 1,$$
$$n = (F_x, F_y, F_z) = (2ax, 2by, 2cz),$$
$$n\mid_{x=x_0} = (2ax_0, 2by_0, 2cz_0),$$

所以该曲面在点 (x_0, y_0, z_0) 处的切平面方程为

$$2ax_0(x - x_0) + 2by_0(y - y_0) + 2cz_0(z - z_0) = 0,$$

即
$$ax_0 x + by_0 y + cz_0 z = 1.$$

点 (x_0, y_0, z_0) 处的法线方程为

$$\frac{(x - x_0)}{2ax_0} = \frac{(y - y_0)}{2by_0} = \frac{(z - z_0)}{2cz_0},$$

即
$$\frac{(x - x_0)}{ax_0} = \frac{(y - y_0)}{by_0} = \frac{(z - z_0)}{cz_0}.$$

2. 由显函数确定的曲面的切平面与法线

设方程 $z = f(x, y)$ 确定了一个曲面 Σ. 令

$$F(x, y, z) = f(x, y) - z,$$

则
$$F_x(x, y, z) = f_x(x, y), F_y(x, y, z) = f_y(x, y), F_z(x, y, z) = -1.$$

于是,当函数 $f(x, y)$ 在点 (x_0, y_0) 处对 x 及 y 的偏导数连续时,曲面 Σ 在点 $M(x_0, y_0, z_0)$ 处的法向量为

$$(f_x(x, y), f_y(x, y), -1).$$

这样,曲面在点 $M(x_0, y_0, z_0)$ 处的切平面方程为

$$f_x(x_0, y_0)(x - x_0) + f_y(x_0, y_0)(y - y_0) - (z - z_0) = 0.$$

法线方程为

$$\frac{x - x_0}{f_x(x_0, y_0)} = \frac{y - y_0}{f_y(x_0, y_0)} = \frac{z - z_0}{-1}.$$

如果用 α、β、γ 表示曲面的法向量的方向角,并假定法向量的方向是向上的,即使得它与 z 轴的正方向所成的角 γ 是一锐角,则法向量的方向余弦为

$$\cos \alpha = \frac{-f_x}{\sqrt{1 + f_x^2 + f_y^2}}, \cos \beta = \frac{-f_y}{\sqrt{1 + f_x^2 + f_y^2}}, \cos \gamma = \frac{1}{\sqrt{1 + f_x^2 + f_y^2}}.$$

【例 6.46】 求曲面 $z = x^2 - y^2$ 在点 $(2, 1, 3)$ 处的切平面及法线方程.

解
$$F(x, y, z) = x^2 - y^2 - z,$$
$$n = (F_x, F_y, F_z) = (2x, -2y, -1),$$
$$n\mid_{x=x_0} = (4, -2, -1).$$

所以该曲面在点$(2,1,3)$处的切平面方程为

$$4(x-2)-2(y-1)-(z-3)=0,$$

点$(2,1,3)$处的法线方程为

$$\frac{(x-2)}{4}=\frac{(y-1)}{-2}=\frac{(z-3)}{-1}.$$

注　曲面方程还可以表示成参数方程 $\begin{cases} x=x(u,v) \\ y=y(u,v) \\ z=z(u,v) \end{cases}$ 的形式,对此本书将不再介绍.

习题 6.6

1. 求曲线 $\begin{cases} x=\dfrac{t}{1+t} \\ y=\dfrac{1+t}{t} \\ z=t^2 \end{cases}$ 在 $t=1$ 所对应的点处的切线及法平面方程.

2. 求曲线 $\begin{cases} x=\sin^2 t \\ y=\sin t\cos t \\ z=\cos^2 t \end{cases}$ 在 $t=\dfrac{\pi}{4}$ 所对应的点处的切线及法平面方程.

3. 求曲线 $\begin{cases} y=x \\ z=x^2 \end{cases}$ 在点$(2,2,4)$处的切线及法平面方程.

4. 求曲线 $\begin{cases} y^2=2mx \\ z^2=m-x \end{cases}$ 在点(x_0,y_0,z_0)处的切线及法平面方程.

5. 求曲线 $\begin{cases} x^2+y^2+z^2-2y=4 \\ x+y+z=0 \end{cases}$ 在点$(1,1,-2)$处的切线及法平面方程.

6. 求曲线 $\begin{cases} 2x^2+3y^2+z^2=9 \\ 3x^2+y^2-z^2=0 \end{cases}$ 在点$(1,-1,2)$处的切线及法平面方程.

7. 在曲线 $\begin{cases} x=t \\ y=t^2 \\ z=t^3 \end{cases}$ 上求一点,使曲线在这一点的切线与平面 $x+2y+z=4$ 平行.

8. 求曲面 $e^z-z+xy=3$ 在点$(2,1,0)$处的切平面及法线方程.

9. 求曲面 $z=2x^4+3y^3$ 在点$(2,1,35)$处的切平面及法线方程.

10. 在马鞍面 $z=xy$ 上求一点,使得这一点的法线与平面 $x+3y+z+9=0$ 垂直.

11. 求旋转椭球面 $3x^2+y^2+z^2=16$ 上点$(-1,-2,3)$处的切平面与 xOy 面的夹角的余弦.

12. 试证曲面 $\sqrt{x}+\sqrt{y}+\sqrt{z}=\sqrt{a}\,(a>0)$ 上任何点处的切平面在各坐标轴上的截距之和等于 a.

6.7　多元函数的极值与最值

在解决最优化理论与方法以及相关的实际问题中,往往会遇到多元函数的最大值、最小值问题. 与一元函数类似,多元函数的最值与极值也有着密切联系,下面以二元函数为主,讨论多元函数的极值.

一、多元函数的极值

定义 6.9　设函数 $z = f(x, y)$ 的定义域为 D, $P_0(x_0, y_0)$ 为 D 的内点. 若存在 P_0 的某个邻域 $U(P_0) \subset D$, 使得对于该邻域内异于 P_0 的任何点 (x, y), 都有

$$f(x, y) < f(x_0, y_0) (f(x, y) > f(x_0, y_0))$$

则称函数在点 (x_0, y_0) 有极大(小)值 $f(x_0, y_0)$, 点 (x_0, y_0) 称为函数 $f(x, y)$ 的极大(小)值点.

极大值、极小值统称为极值,使得函数取得极值的点称为极值点.

【例 6.47】　函数 $f(x, y) = \sqrt{x^2 + y^2}$ 在点 $(0, 0)$ 处有极小值. 因为 $f(0, 0) = 0$, 而对于点 $(0, 0)$ 的任一邻域内,异于 $(0, 0)$ 的点处的函数值都大于 0.

【例 6.48】　函数 $f(x, y) = xy$, 点 $(0, 0)$ 不是极值点,这是因为 $f(0, 0) = 0$, 而对于点 $(0, 0)$ 的任一邻域内,异于 $(0, 0)$ 的点中,有使函数值大于 0 的,也有使函数值小于 0 的.

注　(1) 二元函数极值的概念,可推广到 n 元函数.

(2) 与一元函数的情形一样,多元函数极值的概念也是局部性的.

与一元函数类似,讨论二元函数极值存在的必要条件与充分条件可以借助偏导数来解决.

定理 6.12(极值存在的必要条件)　设函数 $z = f(x, y)$ 在点 (x_0, y_0) 处具有偏导数, 且在点 (x_0, y_0) 处取得极值,则有

$$f_x(x_0, y_0) = 0, f_y(x_0, y_0) = 0.$$

证　不妨设 $f(x_0, y_0)$ 为极小值. 由定义 6.9 知,存在点 (x_0, y_0) 的某个邻域,使得该邻域内异于点 (x_0, y_0) 的一切点 (x, y) 都适合不等式

$$f(x, y) > f(x_0, y_0).$$

特别地,该邻域内满足 $y = y_0$, 而 $x \neq x_0$ 的点自然也都适合不等式

$$f(x, y_0) > f(x_0, y_0).$$

这说明一元函数 $f(x, y_0)$ 在点 x_0 处取得极小值,因而必有

$$f_x(x_0, y_0) = 0.$$

同理可证 $f_y(x_0, y_0) = 0$.

注　(1) 类似地可推得,n 元函数也有如定理 6.12 的结论.

(2) 称满足方程组 $\begin{cases} f_x(x, y) = 0 \\ f_y(x, y) = 0 \end{cases}$ 的点为函数 $z = f(x, y)$ 的驻点. 由定理 6.12 知,具有偏导数的函数的极值点必定是驻点. 但函数的驻点不一定是极值点. 例如,函数 $f(x, y) = xy$, 点 $(0, 0)$ 是函数 $f(x, y)$ 的驻点但不是极值点. 这时,我们就需要判断驻点

是否为极值点,即极值存在的充分条件.

定理 6.13(极值存在的充分条件)　设函数 $z=f(x,y)$ 在点 (x_0,y_0) 的某邻域内连续且有一阶及二阶连续偏导数,且 $f_x(x_0,y_0)=0$,$f_y(x_0,y_0)=0$,记

$$f_{xx}(x_0,y_0)=A, f_{xy}(x_0,y_0)=B, f_{yy}(x_0,y_0)=C.$$

则 $f(x,y)$ 在驻点 (x_0,y_0) 处是否取得极值的条件如下:

(1) $AC-B^2>0$ 时具有极值,且当 $A<0$ 时有极大值,当 $A>0$ 时有极小值;

(2) $AC-B^2<0$ 时没有极值;

(3) $AC-B^2=0$ 时可能有极值,也可能没有极值,还需另作讨论.

现将此判别驻点是否是极值点的方法总结如下,见表 6.1。

表 6.1

$B^2<AC$	$A>0$	极小值
	$A<0$	极大值
$B^2>AC$	不是极值	
$B^2=AC$	未定	

【例 6.49】　求函数 $z=4xy-x^4-y^4+5$ 的极值.

解　先解方程组

$$\begin{cases} f_x(x,y)=4y-4x^3=0 \\ f_y(x,y)=4x-4y^3=0 \end{cases},$$

求得驻点 $(0,0)$,$(1,1)$,$(-1,-1)$.

再求出二阶偏导数

$$f_{xx}(x,y)=-12x^2, f_{xy}(x,y)=4, f_{yy}(x,y)=-12y^2.$$

在点 $(0,0)$ 处,$AC-B^2=-16<0$,所以 $f(0,0)$ 不是极值;

在点 $(1,1)$ 处,$AC-B^2=128>0$,又因为 $A<0$,所以 $f(1,1)$ 是极大值.

在点 $(-1,-1)$ 处,$AC-B^2=128>0$,又因为 $A<0$,所以 $f(1,1)$ 是极大值.

注　定理 6.12 的前提是函数 $z=f(x,y)$ 在点 (x_0,y_0) 处具有偏导数.然而偏导数不存在的点也可能是极值点,例如函数 $f(x,y)=\sqrt{x^2+y^2}$,虽然函数 $f(x,y)$ 在点 $(0,0)$ 处偏导数不存在,但却在该点处取得极小值.

二、多元函数的最值

与一元函数类似,我们可以利用二元函数的极值来求解它的最值.

1. 有界闭区域上连续函数的最值

在 6.2 节中,我们已经知道:有界闭区域 D 上的多元连续函数,在 D 上一定能取得它的最大值和最小值.若假定某函数在有界闭区域 D 上连续且在 D 内可微并只有有限个驻点,这时求函数的最大值及最小值的方法是:将该函数在 D 内的所有驻点处的函数值与 D 的边界上的最大值和最小值相比较,其中最大的就是最大值,最小的就是最小值.

【例 6.50】　求函数 $f(x,y)=4x^2y-x^3y-x^2y^2$ 在由直线 $x=0$,$y=0$ 及 $x+y=6$

所围成三角形闭区域 D 上的最大值与最小值.

解　由方程组

$$\begin{cases} f_x(x,y)=8xy-3x^2y-2xy^2=0 \\ f_y(x,y)=4x^2-x^3-2x^2y=0 \end{cases}$$

得出三角区域 D 内部的唯一驻点 $(2,1)$，且 $f(2,1)=4$.

再求函数在 D 的边界上的最值.

显然在直线段 $x=0(0\leqslant y\leqslant 6)$ 上的所有点处的函数值 $f(0,y)=0$；在直线段 $y=0(0\leqslant x\leqslant 6)$ 上的所有点处的函数值 $f(x,0)=0$；在直线段 $x+y=6(0\leqslant x\leqslant 6)$ 上，函数可以转化为一元函数. 记作

$$\varphi(x)=f(x,6-x)=x^2(6-x)(4-x-6+x)$$
$$=2x^3-12x^2,0\leqslant x\leqslant 6$$

令 $\varphi'(x)=0$ 求得区间内部的驻点 $x=4$. 于是 $\varphi(x)$ 在区间 $[0,6]$ 上的最大值为 $\max\{\varphi(0),\varphi(4),\varphi(6)\}=\max\{0,-64,0\}=0$，最小值为 $\min\{0,-64,0\}=-64$.

综上讨论知，函数 $f(x,y)$ 在区域 D 上的最大值在 D 的内部点 $(2,1)$ 处取得，且最大值为 $f(2,1)=4$，最小值在 D 的边界点 $(4,2)$ 处取得，且最小值为 $f(4,2)=-64$.

2. 实际问题的最值

若都按上述方法来求涉及最值的实际问题，因为要求出多元函数在区域 D 的边界上的最大值和最小值，有时会相当复杂. 以二元函数 $f(x,y)$ 为例，我们可以根据实际问题的性质判断，函数的最值一定在 D 的内部取得，而函数在 D 内只有一个驻点，那么可以判定该驻点处的函数值就是函数 $f(x,y)$ 在 D 上的最值.

【例 6.51】　某厂要用铁板做成一个体积为 $2\ \text{m}^3$ 的有盖长方体水箱，问当长、宽、高各取怎样的尺寸时，才能使用料最省？

解　设水箱的长为 x m，宽为 y m，则其高为 $\dfrac{2}{xy}$ m. 此水箱所用材料的面积为

$$S=2\left(xy+y\cdot\frac{2}{xy}+x\cdot\frac{2}{xy}\right),\quad x>0,y>0$$

即

$$S=2\left(xy+\frac{2}{x}+\frac{2}{y}\right),\quad x>0,y>0$$

这说明材料面积 $S=S(x,y)$ 是关于 x 和 y 的二元函数，下面求使该函数取得最小值的点 (x,y)，解方程组

$$\begin{cases} S_x(x,y)=2\left(y-\dfrac{2}{x^2}\right)=0 \\ S_y(x,y)=2\left(x-\dfrac{2}{y^2}\right)=0 \end{cases},$$

得 $x=\sqrt[3]{2}$，$y=\sqrt[3]{2}$.

根据题意，水箱所用材料面积的最小值一定存在，并在开区域 $\{(x,y)\mid x>0,y>0\}$ 内取得. 又函数在 D 内只有唯一的驻点 $(\sqrt[3]{2},\sqrt[3]{2})$，因此可断定当 $x=\sqrt[3]{2}$，$y=\sqrt[3]{2}$ 时，S 取得最小值. 就是说，当水箱的长 $\sqrt[3]{2}$ m，宽为 $\sqrt[3]{2}$ (m)，则其高为 $\dfrac{2}{\sqrt[3]{2}\cdot\sqrt[3]{2}}=\sqrt[3]{2}$ (m) 时，水箱所

用的料最省.

【**例 6.52**】　已知变量 y 是变量 x 的函数,由实验测得当 x 取 n 个不同的值 $x_1,x_2,\cdots,$ x_n 时,对应的的值分别为 $y_1,y_2,\cdots,y_n$.试据此作一个近似线性函数 $y=ax+b,a,b$ 为待定常数且利用这个函数算出的 y 值与实验所测得值的误差平方和

$$u(a,b)=\sum_{i=1}^{n}(ax_i+b-y_i)^2$$

最小.

解　此题其实就是要求二元函数 $u(a,b)$ 的最小值.因为 $u(a,b)$ 在 xOy 面上可微,故其极值点必是驻点,考虑方程组

$$\begin{cases}\dfrac{\partial u}{\partial a}=\sum_{i=1}^{n}2(ax_i+b-y_i)x_i=0\\[2mm]\dfrac{\partial u}{\partial b}=\sum_{i=1}^{n}2(ax_i+b-y_i)=0\end{cases},$$

即

$$\begin{cases}(\sum_{i=1}^{n}x_i^2)a+(\sum_{i=1}^{n}x_i)b=\sum_{i=1}^{n}x_iy_i\\[2mm](\sum_{i=1}^{n}x_i)a+nb=\sum_{i=1}^{n}y_i\end{cases}.$$

这里 a、b 为未知数,用归纳法可证上述方程组的系数行列式:

$$n\sum_{i=1}^{n}x_i^2-(\sum_{i=1}^{n}x_i)^2\neq 0,$$

故该方程组有唯一解 (a_0,b_0),也就是说 $u(a,b)$ 有唯一的驻点,又

$$u_{aa}=2\sum_{i=1}^{n}x_i^2,u_{ab}=2\sum_{i=1}^{n}x_i,u_{bb}=2n,$$

于是在点 (a_0,b_0) 处有

$$AC-B^2>0,A>0,$$

因而 $u(a_0,b_0)$ 是极小值.由前面的讨论知它就是最小值.于是得到最佳近似线性函数

$$y=a_0x+b_0.$$

其中 a_0、b_0 是上述方程组的解.

三、条件极值

在前面所讨论的多元函数的极值问题中,函数的自变量在函数的定义域内是相互独立的,不受其他任何条件的约束,此时的极值称为无条件极值.而当自变量被限制在一定的约束条件下时,求一个多元函数的极值,此时的极值称为条件极值.例如,求函数 $z=x^2+y^2$ 在约束条件 $x+y=1$ 下的极值,这其实就是一个条件极值.求解条件极值的方法之一是化条件极值为无条件极值.例如上述问题,由约束条件 $x+y=1$,可将 y 表示成 x 的函数

$$y = 1 - x$$

然后将上式代入 $z = x^2 + y^2$ 中，于是问题就转化为解一个一元函数 $z = 2x^2 - 2x + 1$ 的无条件极值问题．

但在很多情况下，若约束条件较复杂，将条件极值化为无条件极值就会很困难，因此我们得寻求一种不必先将条件极值化为无条件极值的方法，即求解条件极值的方法之二：拉格朗日乘数法．具体思想介绍如下：

求函数 $z = f(x, y)$ 在约束条件 $\varphi(x, y) = 0$ 下的极值．设函数 $f(x, y)$ 在点 (x_0, y_0) 处取得极值．我们假定在 (x_0, y_0) 的某一邻域内 $f(x, y)$、$\varphi(x, y)$ 都有连续的一阶偏导数，且 $\varphi_y(x_0, y_0) \neq 0$．则由隐函数存在定理知，$\varphi(x, y) = 0$ 确定了一个连续且具有连续偏导数的函数 $y = \psi(x)$，再由隐函数的求导法则得

$$\frac{\mathrm{d}y}{\mathrm{d}x}\bigg|_{x=x_0} = -\frac{\varphi_x(x_0, y_0)}{\varphi_y(x_0, y_0)}. \qquad ①$$

同时将函数 $y = \psi(x)$ 代入函数 $z = f(x, y)$ 中得一元函数

$$z = f[x, \psi(x)].$$

于是函数 $z = f(x, y)$ 在点 (x_0, y_0) 处取得的极值就是函数 $z = f[x, \psi(x)]$ 在 x_0 点取得的极值，由一元可导函数取得极值的必要条件知

$$\frac{\mathrm{d}z}{\mathrm{d}x}\bigg|_{x=x_0} = f_x(x_0, y_0) + f_y(x_0, y_0) \frac{\mathrm{d}y}{\mathrm{d}x}\bigg|_{x=x_0} = 0. \qquad ②$$

将式 ① 代入 ② 中得

$$f_x(x_0, y_0) - f_y(x_0, y_0) \frac{\varphi_x(x_0, y_0)}{\varphi_y(x_0, y_0)} = 0,$$

即

$$\frac{f_x(x_0, y_0)}{\varphi_x(x_0, y_0)} = \frac{f_y(x_0, y_0)}{\varphi_y(x_0, y_0)}.$$

令 $\dfrac{f_y(x_0, y_0)}{\varphi_y(x_0, y_0)} = -\lambda$，则条件极值点 (x_0, y_0) 须满足方程组

$$\begin{cases} f_x(x, y) + \lambda \varphi_x(x, y) = 0 \\ f_y(x, y) + \lambda \varphi_y(x, y) = 0. \\ \varphi(x, y) = 0 \end{cases} \qquad ③$$

若引进辅助函数

$$L(x, y) = f(x, y) + \lambda \varphi(x, y),$$

则方程组 ③ 其实就是

$$\begin{cases} L_x(x, y) = 0 \\ L_y(x, y) = 0. \\ L_\lambda(x, y) = 0 \end{cases}$$

称函数 $L(x, y)$ 为拉格朗日函数，参数 λ 为拉格朗日乘子．

总结以上讨论，用拉格朗日乘数法求函数 $z = f(x, y)$ 在约束条件 $\varphi(x, y) = 0$ 下的极值点的具体步骤如下．

第一步：构造拉格朗日函数

$$L(x,y)=f(x,y)+\lambda\,\varphi(x,y)$$

第二步：求 $L(x,y)$ 对 x 与 y 的一阶偏导数 $L_x(x,y)$ 及 $L_y(x,y)$，并令 $L_x(x,y)=0$，$L_y(x,y)=0$，于是得方程组

$$\begin{cases}L_x(x,y,\lambda)=f_x(x,y)+\lambda\,\varphi_x(x,y)=0\\ L_y(x,y,\lambda)=f_y(x,y)+\lambda\,\varphi_y(x,y)=0.\\ L_\lambda(x,y,\lambda)=\varphi(x,y)=0\end{cases}$$

削去 λ，解出驻点 (x_0,y_0)，即可能的极值点.

第三步：判断求出的点 (x_0,y_0) 是否为极值点.

注　拉格朗日乘数法还可以推广到求一个 $n(n>2)$ 元函数在 $k(k\geqslant2)$ 个约束条件下的条件极值问题. 首先构造辅助函数

$$L(x_1,\cdots,x_n,\lambda_1,\cdots,\lambda_k)=f(x_1,\cdots,x_n)+\lambda_1\varphi_1(x_1,\cdots,x_n)+\cdots+\lambda_k\varphi_k(x_1,\cdots,x_n)$$

解方程组

$$\begin{cases}L_{x_1}=f_{x_1}+\lambda_1\dfrac{\partial\varphi_1}{\partial x_1}+\cdots+\lambda_k\dfrac{\partial\varphi_k}{\partial x_1}=0\\ \qquad\vdots\\ L_{x_n}=f_{x_n}+\lambda_1\dfrac{\partial\varphi_1}{\partial x_n}+\cdots+\lambda_k\dfrac{\partial\varphi_k}{\partial x_n}=0,\\ L_{\lambda_1}=\varphi_1(x_1,\cdots,x_n)=0\\ \qquad\vdots\\ L_{\lambda_n}=\varphi_k(x_1,\cdots,x_n)=0\end{cases}$$

即可得条件极值的驻点，最后再判断求出的驻点是否为极值点.

【例 6.53】　求半径为 R 的球内接长方体的最大体积.

解　设球面方程为 $x^2+y^2+z^2=R^2$，且内接长方体在第一卦限的顶点坐标为 (x,y,z)（其中 $x,y,z>0$），于是长方体的体积为

$$V=8xyz.$$

即本题其实就是要求函数 $V=8xyz$ 在约束条件 $x^2+y^2+z^2-R^2=0$ 下的最大值.

构造拉格朗日函数

$$L(x,y,z,\lambda)=8xyz+\lambda(x^2+y^2+z^2-R^2).$$

求方程组

$$\begin{cases}L_x=8yz+2\lambda x=0\\ L_y=8xz+2\lambda y=0\\ L_z=8xy+2\lambda z=0\\ L_\lambda=x^2+y^2+z^2-R^2=0\end{cases},$$

得

$$x=y=z=\frac{R}{\sqrt{3}}.$$

由于在函数 $V=8xyz$ 定义域 $x>0,y>0,z>0$ 内仅有一个可能的条件极值点

$\left(\dfrac{R}{\sqrt{3}}, \dfrac{R}{\sqrt{3}}, \dfrac{R}{\sqrt{3}}\right)$，又根据实际意义知该问题的最大值一定存在，则当内接长方体的长、宽、高

均为 $\dfrac{2R}{\sqrt{3}}$ 时，其体积最大且最大体积为 $\dfrac{8\sqrt{3}}{9}R^3$．

【例 6.54】　利用本章例 6.28 中的小山开展攀岩活动，为此需要在山脚找一上山坡度最大的点作为攀岩的起点，试确定攀岩起点的位置．

解　欲在 D 的边界上求 $g(x,y)$ 达到最大值的点，只需求
$$F(x,y) = g^2(x,y) = 5x^2 + 5y^2 - 8xy$$
达到最大值的点．因此，做拉格朗日函数
$$L = 5x^2 + 5y^2 - 8xy + \lambda(75 - x^2 - y^2 + xy).$$
求方程组
$$\begin{cases} L_x = 10x - 8y + \lambda(y - 2x) = 0 \\ L_y = 10y - 8x + \lambda(x - 2y) = 0, \\ L_\lambda = 75 - x^2 - y^2 + xy = 0 \end{cases}$$
得 $y = -x$ 或 $\lambda = 2$，并且

当 $\lambda = 2$ 时，解得 $y = x = \pm 5\sqrt{3}$；

当 $y = -x$ 时，解得 $x = \pm 5, y = \mp 5$．

于是得到四个可能的极值点：
$$M_1(5, -5), M_2(-5, 5), M_3(5\sqrt{3}, 5\sqrt{3}), M_4(-5\sqrt{3}, -5\sqrt{3}).$$

由于 $F(M_1) = F(M_2) = 450, F(M_3) = F(M_4) = 150$，所以 $M_1(5, -5)$ 或 $M_2(-5, 5)$ 可作为攀岩的起点．

习题 6.7

1. 求函数 $f(x,y) = 4(x-y) - x^2 - y^2$ 的极值．

2. 求函数 $f(x,y) = (y - x^2)(y - x^4)$ 的极值．

3. 求函数 $f(x,y,z) = x^2 + y^2 - z^2$ 的极值．

4. 求函数 $f(x,y) = x + y$ 在适合附加条件 $x^2 + y^2 = 1$ 下的极值．

5. 求函数 $f(x,y) = xy$ 在适合附加条件 $x + y = 1$ 下的极值．

6. 在半径为 R 的圆上，求内接三角形的面积最大者．

7. 试求抛物线 $y = x^2$ 上的点，使它与直线 $x - y - 2 = 0$ 相距最近．

8. 欲围一个面积为 60 m^2 矩形场地，正面所用材料每米造价 10 元，其余三面每米造价 5 元．求场地长、宽各为多少米时，所用材料费最少？

9. 设生产某种产品的数量与所用两种原料 A、B 的数量 x、y 间有关系式 $P(x,y) = 0.005x^2 y$．欲用 150 元购料，已知 A、B 原料的单价分别为 1 元、2 元，问购进两种原料各多少，可使生产的产品数量最多？

总习题六

1.填空题

(1) $z=f(x,y)$ 在点 (x,y) 可微是 $f(x,y)$ 在该点连续的_____条件, $z=f(x,y)$ 在点 (x,y) 连续是 $f(x,y)$ 在该点可微分的_____条件;

(2) $z=f(x,y)$ 在点 (x,y) 的偏导数 $\dfrac{\partial z}{\partial x}$ 及 $\dfrac{\partial z}{\partial y}$ 存在是 $f(x,y)$ 在该点可微的_____条件, $z=f(x,y)$ 在点 (x,y) 可微是函数在该点的偏导数 $\dfrac{\partial z}{\partial x}$ 及 $\dfrac{\partial z}{\partial y}$ 存在的_____条件;

(3) $z=f(x,y)$ 的偏导数 $\dfrac{\partial z}{\partial x}$ 及 $\dfrac{\partial z}{\partial y}$ 在点 (x,y) 存在且连续是 $f(x,y)$ 在该点可微的_____条件;

(4) $z=f(x,y)$ 的两个二阶混合偏导数 $\dfrac{\partial^2 z}{\partial x \partial y}$ 及 $\dfrac{\partial^2 z}{\partial y \partial x}$ 在区域 D 内连续是这两个二阶混合偏导数在 D 内相等的_____条件;

(5) 函数 $z=\dfrac{1}{\ln(x-y)}$ 的定义域为_____;

(6) 设 $F(x,y)=\sqrt{y}+f(\sqrt{x}-1)$, 当 $y=1$ 时, $F(x,1)=x$, 则 $f(x)=$_____;

(7) 函数 $f(x,y)=x^2-xy+y^2$ 在点 $(1,1)$ 处的最大方向导数为_____;

(8) 曲线 $x=2t,y=t^2,z=t^3$ 在点 $(2,1,1)$ 处的切线方程为_____,法平面方程为_____;

(9) 已知曲面 $x^2-y^2-3z=0$,求经过点 $(0,0,-1)$ 且与直线 $\dfrac{x}{2}=\dfrac{y}{1}=\dfrac{z}{2}$ 平行的切平面的方程;

(10) 函数 $f(x,y)=x^3-4x^2+2xy-y^2$ 的极大值点是_____.

2.选择题

(1) $\lim\limits_{\substack{x\to\infty \\ y\to\infty}} \dfrac{\sqrt{|x|}}{3x+2y}=$(   )

A. $\dfrac{1}{2}$　　　　B. $\dfrac{1}{3}$　　　　C. $\dfrac{1}{5}$　　　　D. 不存在

(2) 设 $f(x,y)=\begin{cases}(x^2+y^2)\sin\dfrac{1}{x^2+y^2}, & x^2+y^2\neq 0 \\ 0, & x^2+y^2=0\end{cases}$,则在原点 $(0,0)$ 处(   )

A. 偏导数不存在　　　　　　　B. 不可微

C. 偏导数存在且连续　　　　　D. 可微

(3) $(axy^3-y^2\cos x)\mathrm{d}x+(1+by\sin x+3x^2y^2)\mathrm{d}y$ 为某一函数 $f(x,y)$ 的全微分,则 a 和 b 的值分别是(   )

A. -2 和 2　　B. 2 和 -2　　C. -3 和 3　　D. 3 和 -3

(4) 设 $z = x^{y^2}$,结论正确的是(　　)

A. $\dfrac{\partial^2 z}{\partial x \partial y} - \dfrac{\partial^2 z}{\partial y \partial x} > 0$
　　　　　　　　B. $\dfrac{\partial^2 z}{\partial x \partial y} - \dfrac{\partial^2 z}{\partial y \partial x} < 0$

C. $\dfrac{\partial^2 z}{\partial x \partial y} - \dfrac{\partial^2 z}{\partial y \partial x} \neq 0$
　　　　　　　　D. $\dfrac{\partial^2 z}{\partial x \partial y} - \dfrac{\partial^2 z}{\partial y \partial x} = 0$

(5) 设 $f(x,y,z)$ 是 k 次齐次函数,即 $f(tx,ty,tz) = t^k f(x,y,z)$,$\lambda$ 为某一常数,则结论正确的是(　　)

A. $x\dfrac{\partial f}{\partial x} + y\dfrac{\partial f}{\partial y} + z\dfrac{\partial f}{\partial z} = k^{\lambda} f(x,y,z)$
　　　B. $x\dfrac{\partial f}{\partial x} + y\dfrac{\partial f}{\partial y} + z\dfrac{\partial f}{\partial z} = \lambda^k f(x,y,z)$

C. $x\dfrac{\partial f}{\partial x} + y\dfrac{\partial f}{\partial y} + z\dfrac{\partial f}{\partial z} = k f(x,y,z)$
　　　D. $x\dfrac{\partial f}{\partial x} + y\dfrac{\partial f}{\partial y} + z\dfrac{\partial f}{\partial z} = f(x,y,z)$

3. 求函数 $z = \dfrac{xy}{x^2 - y^2}$ 当 $x = 2, y = 1, \Delta x = 0.01, \Delta y = 0.03$ 时的全增量和全微分.

4. 设 $z = u(x,y) e^{\alpha x + y}$,$\dfrac{\partial^2 u}{\partial x \partial y} = 0$,求常数 α 使 $\dfrac{\partial^2 z}{\partial x \partial y} - \dfrac{\partial z}{\partial x} - \dfrac{\partial z}{\partial y} + z = 0$.

5. 在椭球面 $\dfrac{x^2}{a^2} + \dfrac{y^2}{b^2} + \dfrac{z^2}{c^2} = 1$ 内作内接直角平行六面体,求其最大体积.

6. 求原点到曲面 $(x - y)^2 - z^2 = 1$ 的最短距离.

第 7 章

多元函数积分学

本章将第 3 章一元函数的定积分概念推广到多元函数. 我们知道, 定积分是一种确定形式的和的极限. 这种和的极限推广到定义在平面或空间的某一区域上的多元函数的情形, 便得到了二、三重积分. 本章前四节将应用定积分的基本思想方法去解决多元函数积分的计算问题. 而在实际问题中, 还可能遇到积分区域为平面上的一条曲线或空间上的一张曲面, 我们将要在后面介绍曲线积分和曲面积分的概念.

7.1 二重积分的概念及性质

一、二重积分的概念

1. 引例

(1) 曲顶柱体的体积.

设 D 是 xOy 平面上的一个有界闭区域, 二元函数 $z = f(x, y)$ 在有界闭区域 D 上非负且连续. 在空间直角坐标系 $O\text{-}xyz$ 中, 以平面区域 D 为底、曲面 $z = f(x, y)$ 为顶及 D 的边界为准线且母线平行于 z 轴的柱面为侧面所围成的立体称为曲顶柱体(图 7.1), 它的体积记为 V. 现在我们来讨论如何计算该曲顶柱体的体积 V.

显然解决这个问题的困难在于顶是曲面, 不能直接用平顶柱体的体积公式来计算, 联想一元积分学中求曲边梯形面积的问题, 我们可仿照它的方法来解决这个问题.

分割　用一组曲线网将 D 分割成 n 个小区域 $\Delta\sigma_1, \Delta\sigma_2, \cdots, \Delta\sigma_n$, 同时用 $\Delta\sigma_i (i = 1, 2, \cdots, n)$ 表示小区域的面积. 分别以每个小区域 $\Delta\sigma_i (i = 1, 2, \cdots, n)$ 的边界为准线, 作母线平行于 z 轴的柱面, 则这些柱面将曲顶柱体分割成 n 个小曲顶柱体(图 7.2).

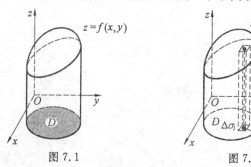

图 7.1　　　　　图 7.2

近似代替　对每个小曲顶柱体,在底面 $\Delta\sigma_i$ 上任取 (ξ_i,η_i),以 $f(\xi_i,\eta_i)$ 为高而底为 $\Delta\sigma_i$ 的平顶柱体的体积 $f(\xi_i,\eta_i)\Delta\sigma_i$ 作为第 i 个小曲顶柱体体积的一个近似值.

求和　把 n 个小平顶柱体的体积加起来,便是整个曲顶柱体体积 V 的近似值,即

$$V\approx\sum_{i=1}^{n}f(\xi_i,\eta_i)\Delta\sigma_i,\quad i=1,2,\cdots,n.$$

取极限　令 n 个小区域的直径中最大值 λ 趋于零,取上述和的极限,所得的极限若存在,便自然地定义为所讨论的曲顶柱体的体积,即

$$V=\lim_{\lambda\to 0}\sum_{i=1}^{n}f(\xi_i,\eta_i)\Delta\sigma_i.$$

(2) 平面薄片的质量.

设有一平面薄片占有 xOy 面上的闭区域 D,其上各点的面密度为 $\rho(x,y)$,这里 $\rho(x,y)>0$ 且在 D 上连续,现在要计算该薄片的质量 M.

与上例用同样的方法,把薄片任意分成 n 个小块 $\Delta\sigma_i(i=1,2,\cdots,n)$,分别在各个小块上任取一点 (ξ_i,η_i),以该点的密度 $\rho(\xi_i,\eta_i)$ 近似地看作 $\Delta\sigma_i$ 上各点的密度,于是可以用 $\rho(\xi_i,\eta_i)\Delta\sigma_i(i=1,2,\cdots,n)$ 看作第 i 小块薄片的质量的近似值 (图 7.3),通过求和、取极限,便得出

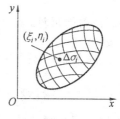

图 7.3

$$M=\lim_{\lambda\to 0}\sum_{i=1}^{n}\rho(\xi_i,\eta_i)\Delta\sigma_i.$$

以上两个例子的实际意义虽然不同,但所求量都归结为同一形式的和的极限. 在物理、几何和工程技术中,有许多实际问题都可归结为这一形式的和的极限. 因此,舍去引例中具体的实际意义,我们抽象出下述二重积分的定义:

定义 7.1　设 $f(x,y)$ 是定义在有界闭区域 D 上的有界函数. 将闭区域 D 任意分成 n 个小闭区域 $\Delta\sigma_1,\Delta\sigma_2,\cdots,\Delta\sigma_n$,并以 $\Delta\sigma_i(i=1,2,\cdots,n)$ 表示第 i 个小闭区域的面积. 在 $\Delta\sigma_i$ 上任取一点 (ξ_i,η_i),作乘积

$$f(\xi_i,\eta_i)\Delta\sigma_i,\quad i=1,2,\cdots,n,$$

并求和

$$\sum_{i=1}^{n}f(\xi_i,\eta_i)\Delta\sigma_i,$$

如果当各小闭区域的直径中的最大值 λ 趋于零时,这个和的极限存在,则称此极限为函数 $f(x,y)$ 在闭区域 D 上的二重积分,记作 $\iint_D f(x,y)\mathrm{d}\sigma$,即

$$\iint_D f(x,y)\mathrm{d}\sigma=\lim_{\lambda\to 0}\sum_{i=1}^{n}f(\xi_i,\eta_i)\Delta\sigma_i. \qquad\qquad ①$$

其中,$f(x,y)$ 叫作被积函数,$f(x,y)\mathrm{d}\sigma$ 叫作被积表达式,$\mathrm{d}\sigma$ 叫作面积元素,x 与 y 叫作积分变量,D 叫作积分区域,$\sum_{i=1}^{n}f(\xi_i,\eta_i)\Delta\sigma_i$ 叫作积分和.

因为二重积分中区域 D 的划分是任意的,当在直角坐标系中用平行于坐标轴的直线网来划分 D 时,除包含边界点的一些小闭区域外,其余的小闭区域都是矩形闭区域,

$\Delta\sigma_i = \Delta x_i \Delta y_i$. $\mathrm{d}\sigma$ 象征着 $\Delta\sigma_i$，$\mathrm{d}x\mathrm{d}y$ 象征着 $\Delta x_i \Delta y_i$. $\mathrm{d}x\mathrm{d}y$ 叫作直角坐标系中的面积元素，从而把二重积分记作

$$\iint_D f(x,y)\mathrm{d}x\mathrm{d}y.$$

不难证明，当 $f(x,y)$ 在闭区域 D 上连续时，式 ① 右边的极限必定存在，即在有界闭区域 D 上的连续函数，在 D 上的二重积分必存在. 以后我们总假定 $f(x,y)$ 在 D 上连续，也就是总假定 $f(x,y)$ 在 D 上的二重积分都是存在的.

显然，以上两个引例中曲顶柱体的体积可以表示为二重积分

$$V = \iint_D f(x,y)\mathrm{d}\sigma,$$

平面薄片的质量同样可以表示为二重积分

$$M = \iint_D \rho(x,y)\mathrm{d}\sigma.$$

由引例可见，当 $f(x,y) \geqslant 0$ 时，二重积分 $\iint_D f(x,y)\mathrm{d}\sigma$ 的几何意义是以 D 为底，$f(x,y)$ 为顶，侧面母线平行于 z 轴的曲顶柱体的体积，即 $V = \iint_D f(x,y)\mathrm{d}\sigma$. 如果 $f(x,y) \leqslant 0((x,y) \in D)$，则二重积分 $\iint_D f(x,y)\mathrm{d}\sigma$ 的值就是以 D 为底，以 $f(x,y)$ 为顶的曲顶柱体的体积的相反数. 如果 $f(x,y)$ 的函数值在 D 的某些（可求面积的）子区域上为正值，而在另一些子区域上为负值，则二重积分 $\iint_D f(x,y)\mathrm{d}\sigma$ 的值就是以这些子区域为底的曲顶柱体的体积的代数和，其中位于 xOy 面上方的立体的体积为正号，否则取负号.

二重积分的几何意义在解决不规则立体图形的体积问题时十分重要，并且为解决二重积分的计算提供了很好的几何直观.

二、二重积分的性质

二重积分与定积分有类似的性质.

性质 1 线性运算性质：

设 α、β 为常数，若 $f(x,y)$ 和 $g(x,y)$ 在 D 上可积，则 $f(x,y) + g(x,y)$ 在 D 上可积，且

$$\iint_D [\alpha f(x,y) + \beta g(x,y)]\mathrm{d}\sigma = \alpha\iint_D f(x,y)\mathrm{d}\sigma + \beta\iint_D g(x,y)\mathrm{d}\sigma.$$

性质 2 区域可加性：

设 $f(x,y)$ 在 D 上可积，且 D 分为 D_1 和 D_2 两个部分（D_1 与 D_2 无公共内点，$D = D_1 \bigcup D_2$，通常记作 $D = D_1 + D_2$），则有

$$\iint_D f(x,y)\mathrm{d}\sigma = \iint_{D_1} f(x,y)\mathrm{d}\sigma + \iint_{D_2} f(x,y)\mathrm{d}\sigma.$$

性质 3 当 $f(x,y) \equiv 1$ 时，有 $\sigma = \iint_D \mathrm{d}\sigma$，其中 σ 是平面区域 D 的面积.

性质 4 保号性：

(1) 若 $f(x,y)$ 在 D 上可积,且 $f(x,y) \geqslant 0, (x,y) \in D$,则

$$\iint_D f(x,y) \mathrm{d}\sigma \geqslant 0.$$

(2) 若 $f(x,y)$ 和 $g(x,y)$ 在 D 上可积,且 $f(x,y) \leqslant g(x,y), (x,y) \in D$,则

$$\iint_D f(x,y) \mathrm{d}\sigma \leqslant \iint_D g(x,y) \mathrm{d}\sigma.$$

性质 5　估值性质:

设 $M、m$ 分别为 $f(x,y)$ 在闭区域 D 上的最大值和最小值,则

$$m\sigma \leqslant \iint_D f(x,y) \mathrm{d}\sigma \leqslant M\sigma,$$

其中 σ 表示闭区域 D 的面积.

性质 6　若 $f(x,y)$ 在 D 上可积,则 $|f(x,y)|$ 在 D 上也可积,且有

$$\left| \iint_D f(x,y) \mathrm{d}\sigma \right| \leqslant \iint_D |f(x,y)| \mathrm{d}\sigma.$$

性质 7(二重积分中值定理)　设 $f(x,y)$ 在闭区域 D 上连续,则至少存在一点 $(\xi,\eta) \in D$,使得

$$\iint_D f(x,y) \mathrm{d}\sigma = f(\xi,\eta) \cdot \sigma,$$

其中 σ 表示闭区域 D 的面积.

证　显然 $\sigma \neq 0$.把性质 5 中不等式各除以 σ,有

$$m \leqslant \frac{1}{\sigma} \iint_D f(x,y) \mathrm{d}\sigma \leqslant M.$$

这就是说,确定的数值 $\frac{1}{\sigma} \iint_D f(x,y) \mathrm{d}\sigma$ 是介于函数 $f(x,y)$ 的最大值 M 与最小值 m 之间的.根据在闭区域上连续函数的介值定理,在 D 上至少存在一点 (ξ,η),使得函数在该点的值与这个确定的数值相等,即

$$\frac{1}{\sigma} \iint_D f(x,y) \mathrm{d}\sigma = f(\xi,\eta).$$

上式两端各乘以 σ,就得所需要证明的公式.

【例 7.1】　比较积分 $\iint_D (x+y)^2 \mathrm{d}\sigma$ 和积分 $\iint_D (x+y)^3 \mathrm{d}\sigma$ 的大小,其中积分区域 D 是由 x 轴、y 轴和直线 $x+y=1$ 所围成的平面闭区域.

解　由积分区域 D 的定义可知,对 $\forall (x,y) \in D$,有 $0 \leqslant x+y \leqslant 1$,所以

$$(x+y)^3 \leqslant (x+y)^2$$

从而由性质 4 可得

$$\iint_D (x+y)^2 \mathrm{d}\sigma \geqslant \iint_D (x+y)^3 \mathrm{d}\sigma.$$

【例 7.2】　估计积分 $\iint_D \mathrm{e}^{x^2+y^2} \mathrm{d}\sigma$ 的值,其中 $D = \left\{ (x,y) \,\middle|\, x^2+y^2 \leqslant \frac{1}{4} \right\}$.

解　由积分区域 D 的定义可知,对 $\forall (x,y) \in D$,有 $0 \leqslant x^2+y^2 \leqslant \frac{1}{4}$,所以

$$1 = \min_{(x,y) \in D} e^{x^2+y^2} \leqslant e^{x^2+y^2} \leqslant \max_{(x,y) \in D} e^{x^2+y^2} = e^{\frac{1}{4}}.$$

从而由性质 5 及平面区域 D 的面积为 $\mu(D) = \dfrac{\pi}{4}$ 可得

$$\frac{\pi}{4} \leqslant \iint_D e^{x^2+y^2} d\sigma \leqslant \frac{\pi}{4} e^{\frac{1}{4}}.$$

【例 7.3】　利用二重积分的性质,估计积分 $\iint_D (x^2 + 4y^2 + 9)d\sigma$ 的值,其中 D 为圆形区域 $D = \{(x,y) \mid x^2 + y^2 \leqslant 4\}$.

解　如果能求出 $f(x,y) = x^2 + 4y^2 + 9$ 在 D 上的最大值和最小值,再根据二重积分的性质 5,便可估计积分的值.因为 $f(x,y) = x^2 + 4y^2 + 9$ 在 D 上连续,所以最值均能在 D 上取到.令

$$\begin{cases} f'_x(x,y) = 0 \\ f'_y(x,y) = 0 \end{cases},$$

即 $\begin{cases} 2x = 0 \\ 8y = 0 \end{cases}$,得驻点为 $(0,0)$,此时 $f(0,0) = 9$.

在 D 的边界 $x^2 + y^2 = 4$ 上

$$f(x,y) = x^2 + y^2 + 3y^2 + 9 = 3y^2 + 13, \quad -2 \leqslant y \leqslant 2$$

而 $g(y) = 3y^2 + 13$ 在 $[-2,2]$ 上的最大值为 25,最小值为 13.

因此 $f(x,y) = x^2 + 4y^2 + 9$ 在 D 上的最大值 $M = 25$,最小值 $m = 9$.而 D 的面积 $\sigma = 4\pi$,故

$$36\pi \leqslant \iint_D (x^2 + 4y^2 + 9)d\sigma \leqslant 100\pi.$$

【例 7.4】　设 $f(x,y)$ 在区域 $D = \{(x,y) \mid (x-1)^2 + (y-1)^2 \leqslant \rho^2\}$ 上连续,求极限

$$\lim_{\rho \to 0} \frac{1}{\pi\rho^2} \iint_D f(x,y) dx dy.$$

解　由 $f(x,y)$ 在 D 上连续,故由二重积分中值定理,存在点 $(\xi,\eta) \in D$,使得

$$\iint_D f(x,y) dx dy = f(\xi,\eta)\pi\rho^2.$$

注意到当 $\rho \to 0$ 时,$(\xi,\eta) \to (1,1)$,则

$$\lim_{\rho \to 0} \frac{1}{\pi\rho^2} \iint_D f(x,y) dx dy = \lim_{\rho \to 0} \frac{1}{\pi\rho^2} f(\xi,\eta)\pi\rho^2 = \lim_{(\xi,\eta) \to (1,1)} f(\xi,\eta) = f(1,1).$$

习题 7.1

1.利用二重积分的定义证明:

(1) $\iint_D d\sigma = \sigma$　(其中 σ 为 D 的面积);

(2) $\iint_D f(x,y)d\sigma = \iint_{D_1} f(x,y)d\sigma + \iint_{D_2} f(x,y)d\sigma$　(D_1 与 D_2 无公共内点,$D =$

$D_1 \bigcup D_2$，通常记作 $D = D_1 + D_2$）.

2. 利用二重积分的几何意义，计算二重积分：

(1) $\iint_D d\sigma$，其中 $D: x^2 + y^2 \leqslant 4$；

(2) $\iint_D \sqrt{R^2 - x^2 - y^2} d\sigma$，其中 $D: x^2 + y^2 \leqslant R^2$.

3. 不计算，用二重积分的性质估计下列积分的取值：

(1) $I = \iint_D e^{x^2 + y^2} dx dy$，其中 $D = \left\{ (x, y) \left| \dfrac{x^2}{a^2} + \dfrac{y^2}{b^2} \leqslant 1, 0 < b < a \right. \right\}$；

(2) $I = \iint_D xy(x + y) d\sigma$，其中 $D = \{ (x, y) \mid 0 \leqslant x \leqslant 1, 0 \leqslant y \leqslant 1 \}$.

4. 根据二重积分的性质，比较下列积分的大小：

(1) $\iint_D (x + y)^2 d\sigma$ 与 $\iint_D (x + y)^3 d\sigma$，其中 $D = \{ (x, y) \mid (x - 2)^2 + (y - 1)^2 = 2 \}$；

(2) $\iint_D \ln(x + y) d\sigma$ 与 $\iint_D [\ln(x + y)]^2 d\sigma$，其中 $D = \{ (x, y) \mid 3 \leqslant x \leqslant 5, 0 \leqslant y \leqslant 1 \}$.

7.2　二重积分的计算法

　　按照二重积分的定义来计算二重积分往往比较麻烦，因此需要找到一种可行的方法. 本节我们将介绍一种计算二重积分的方法，这种方法是把二重积分化为二次定积分来计算.

一、直角坐标系下二重积分的计算

　　以下我们将用几何观点来讨论二重积分 $\iint_D f(x, y) d\sigma$ 的计算问题，讨论中假定 $f(x, y)$ 在 D 上连续且非负.

　　根据二重积分的几何意义可知，如果函数 $z = f(x, y)$ 是区域 D 上的非负连续函数，则二重积分 $\iint_D f(x, y) d\sigma$ 表示以曲面 $z = f(x, y)$ 为顶，以 D 为底的曲顶柱体的体积（图 7.4）.

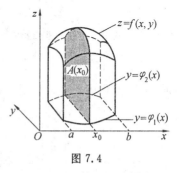

图 7.4

　　我们可以用定积分中的计算"平行截面面积为已知的立体体积"的方法来计算这个曲顶柱体的体积.

　　设积分区域 D 在 x 轴的投影是区间 $[a, b]$（图 7.4），其特点是在 (a, b) 内任取固定一点 x，通过点 x 且平行于 y 轴的直线与积分区域边界最多有两个交点，或能表示为

$$D = \{ (x, y) \mid a \leqslant x \leqslant b, \varphi_1(x) \leqslant y \leqslant \varphi_2(x) \}$$

这样的积分区域通常称为 X 型的积分区域（图 7.5）.

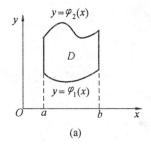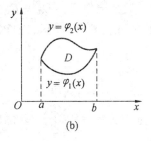

图 7.5

在空间直角坐标系中,用平行于 yOz 面的平面 $x=x_0$ 去截曲顶柱体得截面面积记为 $A(x_0)$(图 7.4),则由定积分的几何意义可得 $A(x_0)=\int_{\varphi_1(x_0)}^{\varphi_2(x_0)}f(x_0,y)\mathrm{d}y$. 如果在区间 $[a,b]$ 上任取一点 x,过点 x 作垂直于 x 轴的平面,则该平面在曲顶柱体上截得的截面面积 $A(x)$ 为 $A(x)=\int_{\varphi_1(x)}^{\varphi_2(x)}f(x,y)\mathrm{d}y$,根据定积分中计算"平行截面面积为已知的立体体积" 的方法,得

$$V=\int_a^b A(x)\mathrm{d}x=\int_a^b\left[\int_{\varphi_1(x)}^{\varphi_2(x)}f(x,y)\mathrm{d}y\right]\mathrm{d}x,$$

从而有等式

$$\iint_D f(x,y)\mathrm{d}\sigma=V=\int_a^b\left[\int_{\varphi_1(x)}^{\varphi_2(x)}f(x,y)\mathrm{d}y\right]\mathrm{d}x,$$

或简记为

$$\iint_D f(x,y)\mathrm{d}\sigma=V=\int_a^b\mathrm{d}x\int_{\varphi_1(x)}^{\varphi_2(x)}f(x,y)\mathrm{d}y. \qquad ①$$

这样二重积分化成了先对 y 后对 x 的二次积分或称为累次积分.

这里需要说明的是:在推导公式 ① 时,我们假定了在区域 D 上 $f(x,y)\geqslant 0$,但从理论上可以证明该公式的成立不受这一条件的限制.

同样,假定在 xOy 面上,D 在 y 轴的投影是区间 $[c,d]$,在 (c,d) 内任取一点 y,过点 y 作平行于 x 轴的直线,如果该直线与 D 的边界最多有两个交点,或积分区域 D 可表示为

$$D=\{(x,y)\mid c\leqslant y\leqslant d,\psi_1(y)\leqslant x\leqslant\psi_2(y)\}.$$

称这样的区域 D 为 Y 型的积分区域,类似前面的讨论,当 D 是 Y 型区域(图 7.6)时,有

$$\iint_D f(x,y)\mathrm{d}x\mathrm{d}y=\int_c^d\mathrm{d}y\int_{\psi_1(y)}^{\psi_2(y)}f(x,y)\mathrm{d}x, \qquad ②$$

即二重积分化成先对 x 后对 y 的二次积分或累次积分.

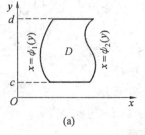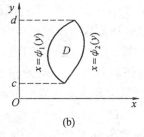

图 7.6

特别地,当积分区域为矩形区域 $D = \{(x,y) \mid a \leqslant x \leqslant b, c \leqslant y \leqslant d\}$ 时,有

$$\iint_D f(x,y)\mathrm{d}x\mathrm{d}y = \int_a^b \mathrm{d}x \int_c^d f(x,y)\mathrm{d}y = \int_c^d \mathrm{d}y \int_a^b f(x,y)\mathrm{d}x.$$

此时如果被积函数为 $f(x)g(y)$ 时,且 $f(x)$、$g(y)$ 在 D 上都可积,则有

$$\iint_D f(x)g(y)\mathrm{d}x\mathrm{d}y = \left[\int_a^b f(x)\mathrm{d}x\right]\left[\int_c^d g(y)\mathrm{d}y\right].$$

例如,当 $D = \{(x,y) \mid 0 \leqslant x \leqslant 1, 0 \leqslant y \leqslant 1\}$ 时,有

$$\iint_D \mathrm{e}^{x+y}\mathrm{d}\sigma = \left(\int_0^1 \mathrm{e}^x \mathrm{d}x\right)\left(\int_0^1 \mathrm{e}^y \mathrm{d}y\right) = (\mathrm{e}-1)^2.$$

如果所给的积分区域 D 既是 X 型的,又是 Y 型的(图 7.7),则当区域 D 表示为 $D = \{(x,y) \mid a \leqslant x \leqslant b, \varphi_1(x) \leqslant y \leqslant \varphi_2(x)\}$ 时,则有

$$\iint_D f(x,y)\mathrm{d}x\mathrm{d}y = \int_a^b \mathrm{d}x \int_{\varphi_1(x)}^{\varphi_2(x)} f(x,y)\mathrm{d}y,$$

而当区域 D 表示为 $D = \{(x,y) \mid c \leqslant y \leqslant d, \psi_1(y) \leqslant x \leqslant \psi_2(y)\}$ 时,则有

$$\iint_D f(x,y)\mathrm{d}x\mathrm{d}y = \int_c^d \mathrm{d}y \int_{\psi_1(y)}^{\psi_2(y)} f(x,y)\mathrm{d}x,$$

从而

$$\int_a^b \mathrm{d}x \int_{\varphi_1(x)}^{\varphi_2(x)} f(x,y)\mathrm{d}y = \int_c^d \mathrm{d}y \int_{\psi_1(y)}^{\psi_2(y)} f(x,y)\mathrm{d}x.$$

常称此等式两边的二次积分可以交换积分次序.

如果积分区域 D 如图 7.8 所示,既有一部分使穿过 D 内部且平行于 y 轴的直线与 D 的边界相交多于两点,又有一部分使穿过 D 内部且平行于 x 轴的直线与 D 的边界相交多于两点,那么 D 既不是 X 型区域,又不是 Y 型区域. 对于这种情形,可以把 D 分成几部分,使每个部分是 X 型区域或是 Y 型区域. 例如,在图 7.8 中,把 D 分成三个部分,它们都是 X 型区域,从而在这三部分上的二重积分都可应用公式 ①. 各部分上的二重积分求得后,根据二重积分对区域的可加性,它们的和就是在 D 上的二重积分.

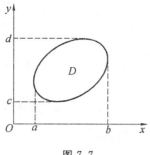

图 7.7

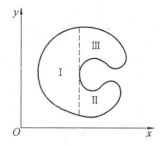

图 7.8

由上面的讨论可以看出,计算二重积分关键步骤是:首先画出积分区域 D,确定积分区域的类型,然后根据区域 D 的类型确定积分的上、下限,将二重积分转化为相应的二次积分. 而当区域 D 既不是 X 型也不是 Y 型的区域时(图 7.8),常用平行于坐标轴的直线将积分区域分成几个小区域,使得每个小区域是 X 型或 Y 型的,再根据积分对区域的可加性进行计算. 在此意义下,可以认为在空间直角坐标系下二重积分的计算问题已彻底地解决了.

【例7.5】 计算二重积分 $\iint_D \cos(x+y)\mathrm{d}\sigma$,其中 D 为 $x=0$、$y=x$、$y=\pi$ 围成的平面区域.

解 画出积分区域 D 如图 7.9 所示,它既是 X 型区域,又是 Y 型区域.若选择"先 y 后 x"的次序积分,则 $D=\{(x,y) \mid 0 \leqslant x \leqslant \pi, x \leqslant y \leqslant \pi\}$,于是

$$\iint_D \cos(x+y)\mathrm{d}\sigma = \int_0^\pi \mathrm{d}x \int_x^\pi \cos(x+y)\mathrm{d}y = \int_0^\pi \sin(x+y)\Big|_x^\pi \mathrm{d}x$$
$$= \int_0^\pi (-\sin x - \sin 2x)\mathrm{d}x = -2.$$

【例7.6】 计算二重积分 $\iint_D \dfrac{y}{x}\mathrm{d}\sigma$,其中 D 为 $y=x$、$y=2x$、$x=2$、$x=4$ 所围区域.

解 画出积分区域 D 如图 7.10 所示,它既是 X 型区域,又是 Y 型区域.若选择"先 y 后 x"次序积分,则 $D=\{(x,y) \mid 2 \leqslant x \leqslant 4, x \leqslant y \leqslant 2x\}$,于是

$$\iint_D \frac{y}{x}\mathrm{d}\sigma = \int_2^4 \mathrm{d}x \int_x^{2x} \frac{y}{x}\mathrm{d}y = \int_2^4 \frac{y^2}{2x}\Big|_x^{2x} \mathrm{d}x = \int_2^4 \left(2x - \frac{x}{2}\right)\mathrm{d}x = 9.$$

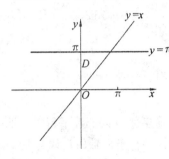

图 7.9

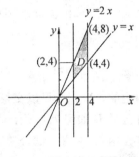

图 7.10

若选择"先 x 后 y"次序积分,则 $D=D_1+D_2$,其中

$$D_1=\{(x,y) \mid 2 \leqslant y \leqslant 4, 2 \leqslant x \leqslant y\}, \quad D_2=\left\{(x,y) \,\middle|\, 4 \leqslant y \leqslant 8, \frac{y}{2} \leqslant x \leqslant 4\right\},$$

于是

$$\iint_D \frac{y}{x}\mathrm{d}\sigma = \iint_{D_1} \frac{y}{x}\mathrm{d}\sigma + \iint_{D_2} \frac{y}{x}\mathrm{d}\sigma = \int_2^4 y\mathrm{d}y \int_2^y \frac{1}{x}\mathrm{d}x + \int_4^8 y\mathrm{d}y \int_{\frac{y}{2}}^4 \frac{1}{x}\mathrm{d}x = 9.$$

【例7.7】 计算二重积分 $\iint_D xy\mathrm{d}\sigma$,其中 D 是由抛物线 $y^2=x$ 及直线 $y=x-2$ 所围成的闭区域.

解 画出积分区域如图 7.11 所示. D 既是 X 型的,又是 Y 型的.若利用公式 ②,得

$$\iint_D xy\mathrm{d}\sigma = \int_{-1}^2 \left[\int_{y^2}^{y+2} xy\mathrm{d}x\right]\mathrm{d}y = \int_{-1}^2 \frac{x^2}{2}y\Big|_{y^2}^{y+2}\mathrm{d}y$$
$$= \frac{1}{2}\int_{-1}^2 [y(y+2)^2 - y^5]\mathrm{d}y$$
$$= \frac{1}{2}\left(\frac{y^4}{4} + \frac{4}{3}y^3 + 2y^2 - \frac{y^6}{6}\right)\Big|_{-1}^2 = \frac{45}{8}.$$

若利用公式 ① 来计算,则由于在区间 $[0,1]$ 及 $[1,4]$ 上表示的式子不同,所以要用经过交点 $(1,-1)$ 且平行于 y 轴的直线 $x=1$ 把区域 D 分成 D_1 和 D_2 两部分(图 7.11),其中

$$D_1 = \{(x,y) \mid -\sqrt{x} \leqslant y \leqslant \sqrt{x}, 0 \leqslant x \leqslant 1\},$$

$$D_2 = \{(x,y) \mid x-2 \leqslant y \leqslant \sqrt{x}, 1 \leqslant x \leqslant 4\},$$

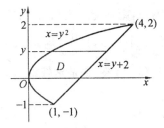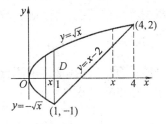

图 7.11

因此有

$$\iint_D xy\,\mathrm{d}\sigma = \iint_{D_1} xy\,\mathrm{d}\sigma + \iint_{D_2} xy\,\mathrm{d}\sigma = \int_0^1\left[\int_{-\sqrt{x}}^{\sqrt{x}} xy\,\mathrm{d}y\right]\mathrm{d}x + \int_1^4\left[\int_{x-2}^{\sqrt{x}} xy\,\mathrm{d}y\right]\mathrm{d}x = \frac{45}{8}.$$

由此可见,这里用公式 ① 来计算比较麻烦.

由上述几个例子说明,化二重积分为二次积分时,为了便于计算,需要选择恰当的二次积分顺序. 此时,既要考虑积分区域 D 的形状,又要考虑被积函数 $f(x,y)$ 的特性.

【例 7.8】　计算二重积分 $\displaystyle\iint_D \mathrm{e}^{\frac{x}{y}}\mathrm{d}x\mathrm{d}y$,其中 D 是由 $y^2 = x$、$x = 0$ 及 $y = 1$ 所围成的平面闭区域.

解　画出积分区域 D 如图 7.12 所示.若先对 y 积分,则由 $\displaystyle\int \mathrm{e}^{\frac{x}{y}}\mathrm{d}y$ 不能用初等函数表示,故无法求出结果.因此,只能先对 x 积分,积分区域

$$D = \{(x,y) \mid 0 \leqslant x \leqslant y^2, 0 \leqslant y \leqslant 1\}.$$

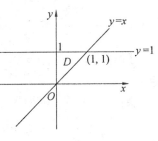

图 7.12

于是,有

$$\iint_D \mathrm{e}^{\frac{x}{y}}\mathrm{d}x\mathrm{d}y = \int_0^1 \mathrm{d}y \int_0^{y^2} \mathrm{e}^{\frac{x}{y}}\mathrm{d}x = \int_0^1 y\mathrm{e}^{\frac{x}{y}}\Big|_0^{y^2}\mathrm{d}y = \int_0^1 (y\mathrm{e}^y - y)\mathrm{d}y = \frac{1}{2}.$$

【例 7.9】　计算 $\displaystyle\int_0^1 \mathrm{d}x \int_x^1 \frac{\sin y}{y}\mathrm{d}y$.

解　若要直接计算这个二次积分,首先就遇到积分 $\displaystyle\int_x^1 \frac{\sin y}{y}\mathrm{d}y$,这个积分是求不出来的.此时,我们尝试交换积分次序.先把这个二次积分看作是由二重积分 $\displaystyle\iint_D \frac{\sin y}{y}\mathrm{d}\sigma$ 转化来的,积分区域 D 由 $0 \leqslant x \leqslant 1$、$x \leqslant y \leqslant 1$ 所确定,画出积分区域 D(图 7.13).

图 7.13

此时选择先 x 后 y 的积分次序

$$\int_0^1 \mathrm{d}x \int_x^1 \frac{\sin y}{y}\mathrm{d}y = \iint_D \frac{\sin y}{y}\mathrm{d}\sigma = \int_0^1 \mathrm{d}y \int_0^y \frac{\sin y}{y}\mathrm{d}x = \int_0^1 \frac{\sin y}{y}x\,\Big|_0^y\mathrm{d}y$$

$$= \int_0^1 \sin y \, dy = 1 - \cos 1.$$

注　积分次序的选择不仅与积分区域有关,而且与被积函数有关,究竟应该由哪种因素决定,要根据具体的情况而定.若积分次序不当,则不能求出结果.凡有如下形式的积分:$\int \dfrac{\sin x}{x} dx, \int \sin^2 x \, dx, \int \cos^2 x \, dx, \int e^{x^2} dx, \int e^{-x^2} dx, \int e^{\frac{x}{x}} dx, \int \dfrac{dx}{\ln x}$ 等,必须放在后面积分.总之,二重积分的计算中"选择适当的积分次序"尤为重要,它是学好重积分的关键.

【例 7.10】　改变积分次序:

$$\int_{\frac{1}{4}}^{\frac{1}{2}} dy \int_{\frac{1}{2}}^{\sqrt{y}} f(x,y) dx + \int_{\frac{1}{2}}^{1} dy \int_{y}^{\sqrt{y}} f(x,y) dx.$$

解　先将二次积分还原成二重积分,再按照要求将二重积分化为二次积分.记积分区域为 D,则 $D = D_1 + D_2$,其中

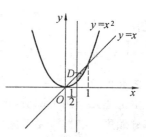

$$D_1 = \left\{ (x,y) \,\middle|\, \frac{1}{2} \leqslant x \leqslant \sqrt{y}, \frac{1}{4} \leqslant y \leqslant \frac{1}{2} \right\},$$

$$D_2 = \left\{ (x,y) \,\middle|\, y \leqslant x \leqslant \sqrt{y}, \frac{1}{2} \leqslant y \leqslant 1 \right\},$$

则 $D = \left\{ (x,y) \mid x^2 \leqslant y \leqslant x, \frac{1}{2} \leqslant x \leqslant 1 \right\}$,如图 7.14 所示.从而

图 7.14

$$\int_{\frac{1}{4}}^{\frac{1}{2}} dy \int_{\frac{1}{2}}^{\sqrt{y}} f(x,y) dx + \int_{\frac{1}{2}}^{1} dy \int_{y}^{\sqrt{y}} f(x,y) dx = \int_{\frac{1}{2}}^{1} dx \int_{x^2}^{x} f(x,y) dy.$$

【例 7.11】　证明:$\int_0^a dy \int_0^y e^{b(x-a)} f(x) dx = \int_0^a (a-x) e^{b(x-a)} f(x) dx$,其中 a、b 均为常数,且 $a > 0$.

证
$$\int_0^a dy \int_0^y e^{b(x-a)} f(x) dx = \int_0^a dx \int_x^a e^{b(x-a)} f(x) dy$$
$$= \int_0^a \left[e^{b(x-a)} f(x) \int_x^a dy \right] dx$$
$$= \int_0^a (a-x) e^{b(x-a)} f(x) dx.$$

【例 7.12】　求 $x=0$、$y=0$、$z=0$ 及 $x+y+z=1$ 围成立体的体积.

解　如图 7.15,即求 $z = 1-x-y$ 在阴影部分的体积.

$$V = \iint_D (1-x-y) dx dy = \int_0^1 dx \int_0^{1-x} (1-x-y) dy = \frac{1}{6}.$$

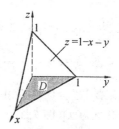

【例 7.13】　求两个底面半径相等的正交圆柱面所围成的立体的体积.

图 7.15

解　设两圆柱面的方程分别为:$x^2+y^2 = R^2$ 和 $x^2+z^2 = R^2$,由对称性可知,要求的立体的体积应是它在第一卦限的部分的 8 倍.而它在第一卦限的部分是以

$$\begin{cases} 0 \leqslant y \leqslant \sqrt{R^2 - x^2} \\ 0 \leqslant x \leqslant R \end{cases}$$ 为底,以 $z = \sqrt{R^2 - x^2}$ 为顶的曲顶柱体(图 7.16). 所以,有

$$V = 8\iint_D \sqrt{R^2 - x^2}\, dx\, dy = 8\int_0^R dx \int_0^{\sqrt{R^2 - x^2}} \sqrt{R^2 - x^2}\, dy$$

$$= 8\int_0^R (R^2 - x^2)\, dx = \frac{16}{3} R^3.$$

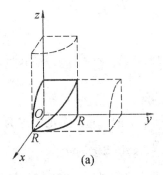 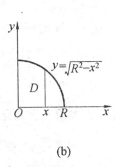

(a)　　　　　(b)

图 7.16

【例 7.14】　某公司销售 x 个单位商品 Ⅰ, y 个单位商品 Ⅱ 的利润为
$$L(x, y) = -(x - 200)^2 - (y - 100)^2 + 5\,000.$$
现已知一周内商品 Ⅰ 的销售数量在 150 到 200 个单位之间变化,一周内商品 Ⅱ 的销售数量在 80 到 100 个单位之间变化. 求销售这两种商品一周的平均利润.

　　解　由于 x, y 的变化范围 $D = \{(x, y) \mid 150 \leqslant x \leqslant 200, 80 \leqslant y \leqslant 100\}$,所以 D 的面积 $\sigma = 50 \times 20 = 1\,000$. 销售这两种商品一周的平均利润,即 $L(x, y)$ 在 D 上的平均值为

$$\frac{1}{\sigma}\iint_D L(x, y)\, d\sigma = \frac{1}{1\,000}\iint_D [-(x - 200)^2 - (y - 100)^2 + 5\,000]\, d\sigma$$

$$= \frac{1}{1\,000}\int_{150}^{200} dx \int_{80}^{100} [-(x - 200)^2 - (y - 100)^2 + 5\,000]\, d\sigma$$

$$= \frac{1}{1\,000}\int_{150}^{200} \left[-(x - 200)^2 y - \frac{(y - 100)^3}{3} + 5\,000 y \right] \Big|_{80}^{100} dx$$

$$= \frac{1}{1\,000}\int_{150}^{200} \left[-20\,(x - 200)^2 + \frac{292\,000}{3} \right] dx$$

$$= \frac{121\,000}{3} \approx 4\,033.$$

二、极坐标系下二重积分的计算

　　对某些积分区域或被积函数而言,利用极坐标进行计算会使问题变得简单. 下面讨论怎样利用极坐标将二重积分化为二次积分.

　　由初等数学可知,直角坐标可以通过公式 $\begin{cases} x = \rho\cos\theta \\ y = \rho\sin\theta \end{cases}$ 转化为极坐标,我们以两族曲线 $\rho =$ 常数(以原点为心的一族同心圆)和 $\theta =$ 常数(以原点为起点的一族射线)来分割积分区域 D:把 D 分成 n 个小闭区域(图 7.17),除了包含边界点的一些小闭区域外,小闭区域

的面积为 $\Delta\sigma_i$，下面计算 $\Delta\sigma_i$：

$$\Delta\sigma_i = \frac{1}{2}(\rho_i + \Delta\rho_i)^2 \cdot \Delta\theta_i - \frac{1}{2}\rho_i^2 \cdot \Delta\theta_i$$

$$= \frac{1}{2}(2\rho_i + \Delta\rho_i)\Delta\rho_i \cdot \Delta\theta_i$$

$$= \frac{\rho_i + (\rho_i + \Delta\rho_i)}{2} \cdot \Delta\rho_i \cdot \Delta\theta_i$$

$$= \bar{\rho}_i \cdot \Delta\rho_i \cdot \Delta\theta_i.$$

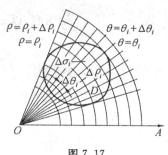

图 7.17

其中 $\bar{\rho}_i$ 表示相邻两圆弧的半径的平均值.

根据元素法的思想，具有代表性的小区域的面积为 $\Delta\sigma_i \approx \rho\mathrm{d}\rho\mathrm{d}\theta$，故面积元素可选取为

$$\mathrm{d}\sigma = \rho\mathrm{d}\rho\mathrm{d}\theta,$$

这样在直角坐标系下的二重积分转化为在极坐标系下的二重积分的公式为

$$\iint_D f(x,y)\mathrm{d}\sigma = \iint_D f(\rho\cos\theta, \rho\sin\theta)\rho\mathrm{d}\rho\mathrm{d}\theta. \qquad ③$$

极坐标系下二重积分的计算与直角坐标系下的情形类似，可以将其转化为相应的二次积分，至于如何确定二次积分的上、下积分限，则应根据积分区域的不同形状而定，通常会遇到以下几种情况（以下的讨论中，总假定区域 D 的边界线与任意的一条坐标线 $\theta = \theta_0(\alpha \leqslant \theta_0 \leqslant \beta)$ 的交点不多于两个）：

1. 极点 O 在区域 D 的外部的情形

设极点 O 在区域 D 的外部（图 7.18），积分区域为

$$D = \{(\rho,\theta) \mid \alpha \leqslant \theta \leqslant \beta, \varphi_1(\theta) \leqslant \rho \leqslant \varphi_2(\theta)\},$$

此时二重积分可转化为先对 ρ 后对 θ 的二次积分，具体的转化公式为

$$\iint_D f(\rho\cos\theta, \rho\sin\theta)\rho\mathrm{d}\rho\mathrm{d}\theta = \int_\alpha^\beta \mathrm{d}\theta \int_{\varphi_1(\theta)}^{\varphi_2(\theta)} f(\rho\cos\theta, \rho\sin\theta)\rho\mathrm{d}\rho. \qquad ④$$

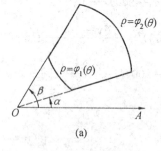
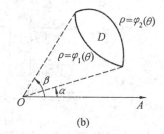

(a) (b)

图 7.18

2. 极点 O 在区域 D 的边界上的情形

设极点 O 在区域 D 的边界上（图 7.19），区域 $D = \{(\rho,\theta) \mid \alpha \leqslant \theta \leqslant \beta, 0 \leqslant \rho \leqslant \varphi(\theta)\}$ 时，有

$$\iint_D f(\rho\cos\theta, \rho\sin\theta)\rho\mathrm{d}\rho\mathrm{d}\theta = \int_\alpha^\beta \mathrm{d}\theta \int_0^{\varphi(\theta)} f(\rho\cos\theta, \rho\sin\theta)\rho\mathrm{d}\rho. \qquad ⑤$$

3. 极点 O 在区域 D 的内部的情形

设极点 O 在区域 D 的内部(图 7.20),区域 $D = \{(\rho, \theta) \mid 0 \leqslant \theta \leqslant 2\pi, 0 \leqslant \rho \leqslant \varphi(\theta)\}$,

有

$$\iint_D f(\rho\cos\theta, \rho\sin\theta)\rho\mathrm{d}\rho\mathrm{d}\theta = \int_0^{2\pi}\mathrm{d}\theta\int_0^{\varphi(\theta)} f(\rho\cos\theta, \rho\sin\theta)\rho\mathrm{d}\rho. \qquad ⑥$$

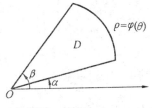
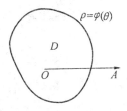

图 7.19　　　　　　　　　　图 7.20

在二重积分的概念中,我们曾谈到过 $f(x, y) \equiv 1$ 时,闭区域 D 的面积 σ 可以表示为

$$\sigma = \iint_D \mathrm{d}\sigma.$$

在极坐标系中,面积元素 $\mathrm{d}\sigma = \rho\mathrm{d}\rho\mathrm{d}\theta$,上式成为

$$\sigma = \iint_D \rho\mathrm{d}\rho\mathrm{d}\theta.$$

如果闭区域 D 如图 7.18(a) 所示,则由公式 ④ 有

$$\sigma = \iint_D \rho\,\mathrm{d}\rho\mathrm{d}\theta = \int_\alpha^\beta \mathrm{d}\theta\int_{\varphi_1(\theta)}^{\varphi_2(\theta)} \rho\mathrm{d}\rho = \frac{1}{2}\int_\alpha^\beta [\varphi_2^2(\theta) - \varphi_1^2(\theta)]\mathrm{d}\theta.$$

特别地,如果闭区域 D 如图 7.19 所示,则 $\varphi_1(\theta) = 0, \varphi_2(\theta) = \varphi(\theta)$. 于是

$$\sigma = \frac{1}{2}\int_\alpha^\beta \varphi^2(\theta)\mathrm{d}\theta.$$

【**例 7.15**】　化二重积分 $\iint_D f(x, y)\mathrm{d}\sigma$ 为二次积分,其中积分区域为

$$D = \{(x, y) \mid x^2 + y^2 \leqslant R^2\}.$$

解　画出积分区域(图 7.21),D 在极坐标系下的不等式表示为

$$D = \{(\rho, \theta) \mid 0 \leqslant \rho \leqslant R, 0 \leqslant \theta \leqslant 2\pi\}.$$

所以

$$\iint_D f(x, y)\mathrm{d}\sigma = \int_0^{2\pi}\mathrm{d}\theta\int_0^R f(\rho\cos\theta, \rho\sin\theta)\rho\mathrm{d}\rho.$$

【**例 7.16**】　计算 $\iint_D xy^2\mathrm{d}\sigma$,其中 D 是圆 $x^2 + y^2 = y$ 所围成的闭区域.

解　圆 $x^2 + y^2 = y$ 的极坐标方程为 $\rho = \sin\theta$,画出积分区域 D(图 7.22):$D = \{(\rho, \theta) \mid 0 \leqslant \rho \leqslant \sin\theta, 0 \leqslant \theta \leqslant \pi\}$. 于是,有

$$\iint_D xy^2\mathrm{d}\sigma = \int_0^\pi \mathrm{d}\theta\int_0^{\sin\theta} \rho^3\cos\theta\sin^2\theta \cdot \rho\mathrm{d}\rho = \frac{1}{5}\int_0^\pi \cos\theta\sin^7\theta\mathrm{d}\theta = 0.$$

上述结果应为显然的. 这是因为 D 关于 y 轴对称,$f(x, y)$ 是关于 x 的奇函数,所以该二重积分应为零.

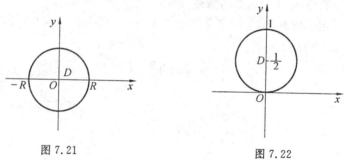

图 7.21

图 7.22

【例 7.17】　计算二重积分 $\iint_D e^{-x^2-y^2}\mathrm{d}x\mathrm{d}y$,其中 $D:x^2+y^2\leqslant R^2$.

解　由于 $\int e^{-x^2}\mathrm{d}x$ 不能用初等函数表示,这个二重积分在直角坐标系中难以计算,尝试用极坐标系计算.

$$\iint_D e^{-x^2-y^2}\mathrm{d}x\mathrm{d}y=\iint_D e^{-\rho^2}\rho\mathrm{d}\theta\mathrm{d}\rho=\int_0^{2\pi}\mathrm{d}\theta\int_0^R e^{-\rho^2}\rho\mathrm{d}\rho$$
$$=\int_0^{2\pi}\left[-\frac{1}{2}e^{-\rho^2}\right]_0^R\mathrm{d}\theta=\frac{1}{2}(1-e^{-R^2})\int_0^{2\pi}\mathrm{d}\theta$$
$$=\pi(1-e^{-R^2}).$$

特别地,当 $R\to+\infty$ 时,积分区域为整个 xOy 平面,有

$$\int_{-\infty}^{+\infty}\int_{-\infty}^{+\infty}e^{-x^2-y^2}\mathrm{d}x\mathrm{d}y=\lim_{R\to+\infty}\iint_D e^{-x^2-y^2}\mathrm{d}x\mathrm{d}y=\lim_{R\to+\infty}\pi(1-e^{-R^2})=\pi;$$

另一方面

$$\int_{-\infty}^{+\infty}\int_{-\infty}^{+\infty}e^{-x^2-y^2}\mathrm{d}x\mathrm{d}y=\int_{-\infty}^{+\infty}e^{-x^2}\mathrm{d}x\int_{-\infty}^{+\infty}e^{-y^2}\mathrm{d}y=\left(\int_{-\infty}^{+\infty}e^{-x^2}\mathrm{d}x\right)^2,$$

于是,得

$$\int_{-\infty}^{+\infty}e^{-x^2}\mathrm{d}x=\sqrt{\pi}\quad\text{或}\quad\int_0^{+\infty}e^{-x^2}\mathrm{d}x=\frac{\sqrt{\pi}}{2}.$$

上式叫概率积分,是一个非常有用的公式.

注　当被积函数以 $f(x^2+y^2)$ 形式出现,或积分区域为圆或圆的一部分时,一般采用极坐标计算较为简便.

【例 7.18】　求曲面 $z=x^2+2y^2$ 及 $z=6-2x^2-y^2$ 所围立体的体积.

解　由 $\begin{cases}z=x^2+2y^2\\z=6-2x^2-y^2\end{cases}$,消去 z,得 $x^2+y^2=2$.故所

求立体在 xOy 面上的投影区域为 $D=\{(x,y)\mid x^2+y^2\leqslant 2\}$
(图 7.23),所求立体的体积等于两个曲顶柱体体积的差:

$$V=\iint_D(6-2x^2-y^2)\mathrm{d}\sigma-\iint_D(x^2+2y^2)\mathrm{d}\sigma$$
$$=\iint_D(6-3x^2-3y^2)\mathrm{d}\sigma$$

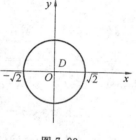

图 7.23

$$= \iint_D (6 - 3\rho^2)\rho \mathrm{d}\rho \mathrm{d}\theta = \int_0^{2\pi} \mathrm{d}\theta \int_0^{\sqrt{2}} (6 - 3\rho^2)\rho \mathrm{d}\rho = 6\pi.$$

注　求类似立体体积时,并不一定要画出立体的准确图形,但一定要会求出立体在坐标面上的投影区域,并知道立体的底和顶的方程.这就需要复习和掌握空间解析几何中的有关知识.

习题 7.2

1. 化二重积分 $I = \iint_D f(x,y)\mathrm{d}\sigma$ 为累次积分(用两种不同的次序),其中积分区域 D 是由下列曲线所围闭区域:

   (1) $1 \leqslant x \leqslant 2, 0 \leqslant y \leqslant \dfrac{\pi}{2}$;

   (2) $y = x^2, y = 4 - x^2$;

   (3) $x^2 + y^2 \leqslant 2y$.

2. 改换下列二次积分的积分次序:

   (1) $\displaystyle\int_0^1 \mathrm{d}y \int_0^y f(x,y)\mathrm{d}x$;

   (2) $\displaystyle\int_0^1 \mathrm{d}y \int_{\frac{y^2}{2}}^{\sqrt{8-y^2}} f(x,y)\mathrm{d}x$;

   (3) $\displaystyle\int_{-a}^a \mathrm{d}x \int_0^{\sqrt{a^2-x^2}} f(x,y)\mathrm{d}y \,(a > 0)$;

   (4) $\displaystyle\int_0^1 \mathrm{d}x \int_0^{\sqrt{2x-x^2}} f(x,y)\mathrm{d}y + \int_1^2 \mathrm{d}x \int_0^{2-x} f(x,y)\mathrm{d}y$;

   (5) $\displaystyle\int_0^\pi \mathrm{d}x \int_{-\sin\frac{x}{2}}^{\sin x} f(x,y)\mathrm{d}y$.

3. 计算下列二重积分:

   (1) $\displaystyle\iint_D \mathrm{e}^{x+y}\mathrm{d}\sigma$,其中 $D = \{(x,y) \mid |x| + |y| \leqslant 1\}$;

   (2) $\displaystyle\iint_D x\cos(x+y)\mathrm{d}x\mathrm{d}y$,其中 D 是由顶点为 $(0,0)$、$(\pi,0)$ 和 (π,π) 组成的三角形区域;

   (3) $\displaystyle\iint_D (x-1)\mathrm{d}x\mathrm{d}y$,其中 $D = \{(x,y) \mid y = x, y = x^3\}$;

   (4) $\displaystyle\iint_D x\sqrt{y}\,\mathrm{d}\sigma$,其中 D 是由 $y = \sqrt{x}$ 与 $y = x^2$ 围成的闭区域;

   (5) $\displaystyle\iint_D x\mathrm{e}^{xy}\mathrm{d}\sigma$,其中 $D = \{(x,y) \mid 0 \leqslant x \leqslant 1, 0 \leqslant y \leqslant 1\}$;

   (6) $\displaystyle\iint_D xy^2\mathrm{d}\sigma$,其中 D 是由 $y^2 = 2px$ 和 $x = \dfrac{p}{2}(p > 0)$ 围成的区域;

   (7) $\displaystyle\iint_D (x+6y)\mathrm{d}\sigma$,其中 $D = \{(x,y) \mid y = x, y = 5x, x = 1\}$;

(8) $\iint_D \dfrac{x}{y}\mathrm{d}\sigma$，其中 D 是由 $y=x$ 与 $xy=1$ 及 $x=2$ 围成的区域；

(9) $\iint_D \dfrac{\sin y}{y}\mathrm{d}\sigma$，其中 D 是由 $y=x,x=0,y=\dfrac{\pi}{2}$ 和 $y=\pi$ 所围区域.

4. 画出积分区域，把 $\iint_D f(x,y)\mathrm{d}x\mathrm{d}y$ 表示为极坐标形式的二次积分，其中积分区域 D 是：

(1) $D=\{(x,y)\mid a^2\leqslant x^2+y^2\leqslant b^2\}$，其中 $0<a<b$；

(2) $D=\{(x,y)\mid x^2+y^2\leqslant 2x\}$；

(3) $D=\{(x,y)\mid y=\sqrt{R^2-x^2},y=\pm x\}$；

(4) $D=\{(x,y)\mid 0\leqslant y\leqslant 1-x,0\leqslant x\leqslant 1\}$.

5. 变换积分为极坐标形式的二次积分并计算：

(1) $\displaystyle\int_0^2 \mathrm{d}x\int_x^{\sqrt{3}x} f(\sqrt{x^2+y^2})\mathrm{d}y$；

(2) $\displaystyle\int_0^{2a} \mathrm{d}x\int_0^{\sqrt{2ax-x^2}} (x^2+y^2)\mathrm{d}y$；

(3) $\displaystyle\int_0^a \mathrm{d}x\int_0^x \sqrt{x^2+y^2}\,\mathrm{d}y$.

6. 计算下列二重积分：

(1) $\iint_D \ln(1+x^2+y^2)\mathrm{d}\sigma$，其中 $D:x^2+y^2=1$ 及坐标轴围成的第一象限内的闭区域；

(2) $\iint_D \arctan\dfrac{y}{x}\mathrm{d}\sigma$，其中 $D=\{(x,y)\mid 1\leqslant x^2+y^2\leqslant 4,y\geqslant 0,y\leqslant x\}$；

(3) $\iint_D \sqrt{\dfrac{1-x^2+y^2}{1+x^2+y^2}}\mathrm{d}\sigma$，其中 $D:x^2+y^2=1$ 圆周及坐标轴围成的第一象限内闭区域；

(4) $\iint_D \dfrac{x}{y}\mathrm{d}\sigma$，其中 $D=\{(x,y)\mid y=x,y=5x,x=1\}$.

7. 设平面薄片所占的闭区域 D 由直线 $x+y=2,y=x$ 和 x 轴所围成，它的面密度 $\mu(x,y)=x^2+y^2$，求该薄片的质量.

8. 设平面薄片所占的闭区域 D 由螺线 $\rho=2\theta\left(0\leqslant\theta\leqslant\dfrac{\pi}{2}\right)$ 上一段弧与直线 $\theta=\dfrac{\pi}{2}$ 所围成，它的面密度为 $\mu(x,y)=x^2+y^2$，求该薄片的质量.

9. 证明：$\displaystyle\int_0^1 \mathrm{d}y\int_0^{\sqrt{y}} \mathrm{e}^y f(x)\mathrm{d}x=\int_0^1 (\mathrm{e}-\mathrm{e}^{x^2})f(x)\mathrm{d}x$.

10. 证明：$\displaystyle\int_0^1 \mathrm{d}x\int_x^1 \mathrm{e}^{-y^2}\mathrm{d}y=\dfrac{1}{2}(1-\mathrm{e}^{-1})$.

7.3　三重积分

一、三重积分的概念

对二重积分作如下推广：被积函数由二元函数 $f(x,y)$ 推广到三元函数 $f(x,y,z)$，积分区域由平面闭区域 D 推广到空间闭区域 Ω，就得到三重积分.

定义 7.2　设函数 $f(x,y,z)$ 是定义在空间有界闭区域 Ω 上的有界函数. 将闭区域 Ω 任意分成 n 个小闭区域 $\Delta v_1, \Delta v_2, \cdots, \Delta v_n$，其中 Δv_i 表示第 i 个小闭区域，也表示它的体积. 在每个小区域 Δv_i 上任取一点 (ξ_i, η_i, ζ_i)，作乘积 $f(\xi_i, \eta_i, \zeta_i)\Delta v_i (i=1,2,\cdots,n)$，并作和 $\sum\limits_{i=1}^{n} f(\xi_i, \eta_i, \zeta_i)\Delta v_i$. 如果当各小闭区域的直径中的最大值 λ 趋于零时，这和的极限存在，则称此极限为函数在闭区域 Ω 上的三重积分，记作 $\iiint\limits_{\Omega} f(x,y,z)\mathrm{d}v$，即

$$\iiint\limits_{\Omega} f(x,y,z)\mathrm{d}v = \lim_{\lambda \to 0} \sum_{i=1}^{n} f(\xi_i, \eta_i, \zeta_i)\Delta v_i, \qquad ①$$

其中 $f(x,y,z)$ 叫作被积函数，$f(x,y,z)\mathrm{d}v$ 叫作被积表达式，$\mathrm{d}v$ 叫作体积元素，x、y 与 z 叫作积分变量，Ω 叫作积分区域，$\sum\limits_{i=1}^{n} f(\xi_i, \eta_i, \zeta_i)\Delta v_i$ 叫作积分和.

因为 Ω 的划分是任意的，当在直角坐标系中用平行于坐标面的平面族来划分 Ω 时，除包含边界点的一些小闭区域外，其余的小闭区域都是长方体，$\Delta v_i = \Delta x_i \Delta y_i \Delta z_i$. $\mathrm{d}v$ 象征着 Δv_i，$\mathrm{d}x\mathrm{d}y\mathrm{d}z$ 象征着 $\Delta x_i \Delta y_i \Delta z_i$. $\mathrm{d}x\mathrm{d}y\mathrm{d}z$ 叫作直角坐标系中的体积元素，而把三重积分记作

$$\iiint\limits_{\Omega} f(x,y,z)\mathrm{d}x\mathrm{d}y\mathrm{d}z.$$

不难证明，当 $f(x,y,z)$ 在空间有界闭区域 Ω 上连续时，式 ① 右边的极限必定存在，即在空间有界闭区域 Ω 上的连续函数，在 Ω 上的三重积分必存在. 以后我们总假定 $f(x,y,z)$ 在 Ω 上连续，也就是总假定 $f(x,y,z)$ 在 Ω 上的三重积分都是存在的. 关于二重积分的一些性质，也可相应地推广应用到三重积分上来，在这里就不重复了.

显然，当 $f(x,y,z) \equiv 1$ 时，在 Ω 上的三重积分等于 Ω 的体积，即 $\iiint\limits_{\Omega} \mathrm{d}v = V$.

物理意义：如果 $f(x,y,z) \geqslant 0$，占据空间闭区域为 Ω 的物体的体密度为 $f(x,y,z)$，则该物体的质量 $M = \iiint\limits_{\Omega} f(x,y,z)\mathrm{d}x\mathrm{d}y\mathrm{d}z$.

二、三重积分的计算方法

7.2 节中在讨论二重积分的计算方法时，我们借助于几何直观将二重积分化为二次积分. 采用类似的方法，我们来讨论三重积分的计算方法.

1. 直角坐标系下三重积分的计算

设空间中的有界闭区域 Ω 可表示为

$$\Omega = \{(x,y,z) \mid z_1(x,y) \leqslant z \leqslant z_2(x,y), (x,y) \in D_{xy}\},$$

且每一条平行于 z 轴且穿过闭区域 Ω 的直线与闭区域 Ω 的边界曲面交点的个数不多于两点，其中 D_{xy} 为 Ω 在 xOy 面上的投影（图 7.24），$z=z_1(x,y)$ 与 $z=z_2(x,y)$ 是 D_{xy} 上的连续曲面，这种积分区域 Ω 被称为 xy 型的.

一方面，$V = \iiint\limits_{\Omega} 1\mathrm{d}x\mathrm{d}y\mathrm{d}z$. 另一方面由二重积分的几何意义可得

$$V = \iint_{D_{xy}} [z_2(x,y) - z_1(x,y)] \mathrm{d}x\mathrm{d}y$$

$$= \iint_{D_{xy}} \left(\int_{z_1(x,y)}^{z_2(x,y)} 1\mathrm{d}z \right) \mathrm{d}x\mathrm{d}y,$$

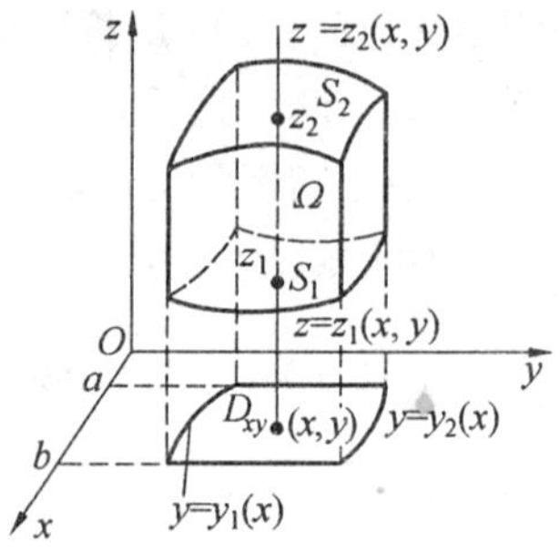

因此,当 $f(x,y,z) \equiv 1$ 时

$$\iiint_{\Omega} 1\mathrm{d}x\mathrm{d}y\mathrm{d}z = \iint_{D_{xy}} \left(\int_{z_1(x,y)}^{z_2(x,y)} 1\mathrm{d}z \right) \mathrm{d}x\mathrm{d}y,$$

或简记为

$$\iiint_{\Omega} 1\mathrm{d}x\mathrm{d}y\mathrm{d}z = \iint_{D_{xy}} \mathrm{d}x\mathrm{d}y \int_{z_1(x,y)}^{z_2(x,y)} 1\mathrm{d}z. \qquad ②$$

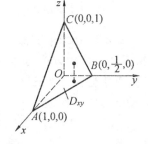

图 7.24

通过理论验证可知,等式 ② 具有普遍的意义,即如
果 $f(x,y,z)$ 在 xy 型区域 Ω(图 7.24)上连续,则有

$$\iiint_{\Omega} f(x,y,z)\mathrm{d}v = \iint_{D_{xy}} \left[\int_{z_1(x,y)}^{z_2(x,y)} f(x,y,z)\mathrm{d}z \right] \mathrm{d}x\mathrm{d}y,$$

或

$$\iiint_{\Omega} f(x,y,z)\mathrm{d}v = \iint_{D_{xy}} \mathrm{d}x\mathrm{d}y \int_{z_1(x,y)}^{z_2(x,y)} f(x,y,z)\mathrm{d}z. \qquad ③$$

这样,我们把三重积分转化为先对 z 积分,后对 x 和 y 的累次积分,最后将三重积分转化为
三次积分.上述这种先计算一个定积分,再计算一个二重积分的方法俗称"先一后二"法,
或形象地称为"穿针法".若闭区域

$$D_{xy} = \{(x,y) \mid y_1(x) \leqslant y \leqslant y_2(x), a \leqslant x \leqslant b\},$$

可得三重积分的计算公式

$$\iiint_{\Omega} f(x,y,z)\mathrm{d}v = \int_a^b \mathrm{d}x \int_{y_1(x)}^{y_2(x)} \mathrm{d}y \int_{z_1(x,y)}^{z_2(x,y)} f(x,y,z)\mathrm{d}z. \qquad ④$$

类似地,我们也可以考虑 yz 型和 zx 型积分区域,在相应的积分区域上,三重积分转
化为其他次序的"先一后二"的累次积分结果与 ③ 类似,在这里不一一叙述了.

如果平行于坐标轴且穿过闭区域 Ω 内部的直线与边界曲面的交点多于两个,也可像
处理二重积分那样,把 Ω 分成若干部分,使 Ω 上的三重积分化为各个部分闭区域上的三重
积分的和.

【例 7.19】 求 $\iiint_{\Omega} 3x\mathrm{d}x\mathrm{d}y\mathrm{d}z$,其中积分区域 Ω 是由
三个坐标平面及平面 $x + 2y + z = 1$ 所围成.

解 作出积分区域 Ω 如图 7.25 所示,即区域 D_{xy} 是
xy 型的,且可表示为

$$D_{xy} = \left\{ (x,y) \mid 0 \leqslant y \leqslant \frac{1-x}{2}, 0 \leqslant x \leqslant 1 \right\}$$

在 D_{xy} 内取点 (x,y),过此点做平行于 z 轴的直线,该直线
通过平面 $z = 0$ 穿入 Ω 内,然后通过平面 $z = 1 - x - 2y$ 穿
出 Ω 外,于是由公式 ④ 得

图 7.25

$$\iiint_{\Omega} 3x\mathrm{d}x\mathrm{d}y\mathrm{d}z = \int_0^1 \mathrm{d}x \int_0^{\frac{1-x}{2}} \mathrm{d}y \int_0^{1-x-2y} 3x\mathrm{d}z$$

$$= 3\int_0^1 x\,\mathrm{d}x\int_0^{\frac{1-x}{2}}(1-x-2y)\,\mathrm{d}y$$

$$= \frac{3}{4}\int_0^1(x-2x^2+x^3)\,\mathrm{d}x = \frac{1}{16}.$$

有时,为了计算简便,我们也会选择将一个三重积分化为先计算一个二重积分,再计算一个定积分,我们看这样一个例子.

【例 7.20】　求平面 $x+y+z=1$ 与三个坐标面所围成的立体的体积.

解　设 Ω 表示所围立体(图 7.26),即

$$\Omega=\{(x,y,z)\mid x+y+z\leqslant 1,x\geqslant 0,y\geqslant 0,z\geqslant 0\}.$$

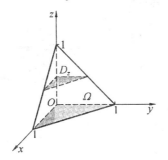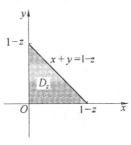

图 7.26

V 表示 Ω 的体积,由定积分中求"平行截面面积已知的立体体积"的方法,任取 $z\in[0,1]$,并过点 $(0,0,z)$ 作平行于 xOy 面的平面,该平面在 Ω 上所截得的平面区域记为 D_z (图 7.26),其面积记为 $A(z)$,由二重积分的几何意义可得

$$A(z)=\iint_{D_z}1\mathrm{d}x\mathrm{d}y=\int_0^{1-z}\mathrm{d}x\int_0^{1-z-x}1\mathrm{d}y=\frac{(1-z)^2}{2},$$

于是

$$V=\int_0^1 A(z)\mathrm{d}z=\int_0^1\frac{(1-z)^2}{2}\mathrm{d}z=\frac{1}{6}.$$

另一方面,由积分性质可知 $V=\iiint_\Omega\mathrm{d}x\mathrm{d}y\mathrm{d}z$.

从例 7.20 可以看出,当 $f(x,y,z)\equiv 1$,积分区域 Ω 如图 7.26 时,有

$$\iiint_\Omega 1\mathrm{d}x\mathrm{d}y\mathrm{d}z=\int_0^1\left(\iint_{D_z}1\mathrm{d}x\mathrm{d}y\right)\mathrm{d}z.$$

与"穿针法"讨论过程一样,我们在理论上给出下面的"切片法":

设空间中的有界闭区域 Ω 在 z 轴上的投影为 $[c,d]$,任取 $z\in[c,d]$,并过点 $(0,0,z)$ 作平行于 xOy 面的平面,该平面在 Ω 上所截得的平面区域记为 D_z,如果 $f(x,y,z)$ 在 Ω 上连续,如图 7.27,则有

$$\iiint_\Omega f(x,y,z)\mathrm{d}x\mathrm{d}y\mathrm{d}z=\int_c^d\left[\iint_{D_z}f(x,y,z)\mathrm{d}x\mathrm{d}y\right]\mathrm{d}z,$$

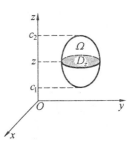

图 7.27

或简记为

$$\iiint_\Omega f(x,y,z)\mathrm{d}x\mathrm{d}y\mathrm{d}z = \int_c^d \mathrm{d}z \iint_{D_z} f(x,y,z)\mathrm{d}x\mathrm{d}y. \qquad ⑤$$

这样,我们把三重积分转化为先对 x 和 y,后对 z 积分的累次积分. 通常将这种先计算二重积分,再计算定积分的方法称为"先二后一"或形象地称为"切片法",类似可以得到其他情形. 三重积分和二重积分一样,重要的是根据积分区域正确地确定累次积分的上、下限. 利用三重积分的物理意义,我们仍可以给出"切片法"的一个解释. 请读者仿照"穿针法"自行加以解释.

【**例 7.21**】　计算三重积分 $\iiint_\Omega z^2 \mathrm{d}x\mathrm{d}y\mathrm{d}z$,其中 Ω 是由椭球面 $\dfrac{x^2}{a^2}+\dfrac{y^2}{b^2}+\dfrac{z^2}{c^2}=1$ 所围成的空间闭区域.

解　积分区域 Ω 为椭球体,对于固定的 z (图 7.28)

$$D_z = \left\{ (x,y) \,\middle|\, \frac{x^2}{a^2}+\frac{y^2}{b^2} \leqslant 1-\frac{z^2}{c^2} \right\},$$

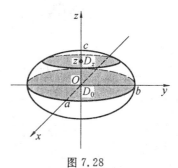

图 7.28

从而,由公式 ⑤ 得

$$\iiint_\Omega z^2 \mathrm{d}x\mathrm{d}y\mathrm{d}z = \int_{-c}^c z^2 \mathrm{d}z \iint_{D_z} \mathrm{d}x\mathrm{d}y = \int z^2 S_{D_z} \mathrm{d}z$$
$$= \pi ab \int_{-c}^c \left(1-\frac{z^2}{c^2}\right)z^2 \mathrm{d}z = \frac{4}{15}\pi abc^3.$$

与二重积分类似,当积分区域呈现某些特殊的形状时,三重积分也可以利用其他坐标系进行计算,以便简化计算过程. 下面先讨论在柱面坐标系下的三重积分的计算.

2. 柱面坐标系下三重积分的计算

设 $M(x,y,z)$ 是空间直角坐标系中的一点,它在 xOy 面上的投影为平面上的点 $P(x,y,0)$(图 7.29). 在 xOy 面中,选取 O 为极点,x 轴为极轴,建立极坐标系且点 $P(x,y)$ 在极坐标系下的坐标为 $P(\rho,\theta)$,则称三元有序数组 (ρ,θ,z) 为点 M 的柱面坐标,z 仍为点 M 的竖坐标.

点 M 的直角坐标 (x,y,z) 与柱面坐标 (ρ,θ,z) 之间的转化公式为

$$\begin{cases} x = \rho\cos\theta \\ y = \rho\sin\theta \\ z = z \end{cases}, \qquad ⑥$$

当 M 取遍空间一切点时,规定 $\rho、\theta、z$ 的取值范围是

$$0 \leqslant \rho < +\infty,\ 0 \leqslant \theta \leqslant 2\pi,\ -\infty < z < +\infty.$$

在柱面坐标系中的三组坐标面为:

$\rho =$ 常数,表示以 z 轴为轴的圆柱面

$\theta =$ 常数,表示过 z 轴的半平面

$z =$ 常数,表示平行于 xOy 面的平面

在柱面坐标系中,我们经常用三组坐标面 $\rho =$ 常数、$\theta =$ 常数、$z =$ 常数来分割积分区域,具有代表性的小区域 Δv 可近似看成长方体(图 7.30),其三边长分别为 $\mathrm{d}\rho$、$\rho\mathrm{d}\theta$、$\mathrm{d}z$,故

在柱面坐标系中的体积元素为

$$\mathrm{d}v = \rho \mathrm{d}\rho \mathrm{d}\theta \mathrm{d}z,$$

从而由式 ⑥ 得到直角坐标系下的三重积分化为柱面坐标系下的三重积分的转化公式

$$\iiint_\Omega f(x,y,z)\mathrm{d}v = \iiint_\Omega f(\rho\cos\theta,\rho\sin\theta,z)\rho\mathrm{d}\rho\mathrm{d}\theta\mathrm{d}z. \qquad ⑦$$

在计算时,仍然根据积分区域的特点再进一步将其化为三次积分,它的具体过程与直角坐标系的情形类似.

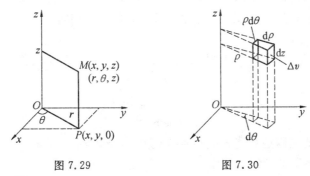

图 7.29　　　　　　　　　图 7.30

【例 7.22】　求 $\iiint_\Omega z\mathrm{d}v$,其中 Ω 是由圆锥面 $z^2 = x^2 + y^2$ 与平面 $z = 1$ 所围成的闭区域.

解　如图 7.31,闭区域 Ω 在 xOy 面的投影区域为 $D = \{(x,y) \mid x^2 + y^2 \leqslant 1\}$,利用柱面坐标变换,积分区域为

$$\Omega = \{(\rho,\theta,z) \mid 0 \leqslant z \leqslant 1, 0 \leqslant \theta \leqslant 2\pi, 0 \leqslant \rho \leqslant z\},$$

可得

$$\iiint_\Omega z\mathrm{d}v = \int_0^1 z\mathrm{d}z \int_0^{2\pi} \mathrm{d}\theta \int_0^z \rho\mathrm{d}\rho = \pi \int_0^1 z^3 \mathrm{d}z = \frac{\pi}{4}.$$

【例 7.23】　已知一空间立体 Ω 是由球面 $x^2 + y^2 + z^2 = 2$ 和抛物面 $z = x^2 + y^2$ 所围成,求其体积 V.

解　如图 7.32,闭区域 Ω 的上、下边界曲面分别是 $z = \sqrt{2 - x^2 - y^2}$ 与 $z = x^2 + y^2$,它在 xOy 面的投影区域为 $D = \{(x,y) \mid x^2 + y^2 \leqslant 1\}$,在柱面坐标系中

$$\Omega = \{(\rho,\theta,z) \mid 0 \leqslant \theta \leqslant 2\pi, 0 \leqslant \rho \leqslant 1, \rho^2 \leqslant z \leqslant \sqrt{2 - \rho^2}\},$$

从而

$$\iiint_\Omega \mathrm{d}v = \int_0^{2\pi} \mathrm{d}\theta \int_0^1 \rho\mathrm{d}\rho \int_{\rho^2}^{\sqrt{2-\rho^2}} \mathrm{d}z = \left(\frac{4\sqrt{2}}{3} - \frac{7}{6}\right)\pi.$$

图 7.31　　　　　　　　　图 7.32

注　利用柱面坐标计算三重积分,仍须从被积函数和积分区域两个方面综合考虑,一般来说在用"先一后二"法时,投影区域是圆或圆的一部分,或被积函数含有 x^2+y^2 的因子时计算过程比较简单.

三、球面坐标系下三重积分的计算

设 $M(x,y,z)$ 是空间直角坐标系中的一点,它在 xOy 面上的投影为 $P(x,y,0)$,则称三元有序数组 (ρ,θ,φ) 为点 M 的球面坐标,其中 ρ 为点 M 到原点的距离,φ 为有向线段 $\overrightarrow{OM}$ 与 z 轴正向的夹角,θ 的意义与柱面坐标系下的含义相同,即从 x 轴正向按逆时针方向转到 $\overrightarrow{OP}$ 的角度(图 7.33).

点 M 的直角坐标 (x,y,z) 与球面坐标 (ρ,θ,φ) 之间的转化公式为

$$\begin{cases} x=\rho\sin\varphi\cos\theta \\ y=\rho\sin\varphi\sin\theta, \\ z=\rho\cos\varphi \end{cases} \qquad ⑧$$

其中 ρ、θ、φ 的取值范围是 $0\leqslant\rho<+\infty$,$0\leqslant\theta\leqslant2\pi$,$0\leqslant\varphi\leqslant\pi$.

在球面坐标系下的三组坐标面为:

$\rho=\rho_0$,它表示以原点为球心,ρ_0 为半径的球面

$\theta=\theta_0$,它表示过 z 轴的半平面

$\varphi=\varphi_0$,它表示是以原点为顶点,z 轴为轴,半顶角为 φ_0 的圆锥面

如图 7.34,在球面坐标系中,如果用三组坐标面 $\rho=$ 常数、$\theta=$ 常数、$\varphi=$ 常数来分割积分区域 Ω,具有代表性的小区域 Δv 可近似看成长方体,其三边长分别为 $\mathrm{d}\rho$、$\rho\sin\varphi\mathrm{d}\theta$、$\rho\mathrm{d}\varphi$,故在球面坐标系中的体积元素为

$$\mathrm{d}v=\rho^2\sin\varphi\mathrm{d}\rho\mathrm{d}\theta\mathrm{d}\varphi,$$

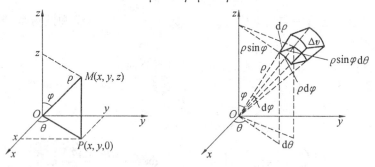

图 7.33　　　　　　　　　图 7.34

从而由公式 ⑧ 得到直角坐标系中的三重积分化为球面坐标系下的三重积分的公式为

$$\iiint\limits_{\Omega}f(x,y,z)\mathrm{d}v=\iiint\limits_{\Omega}F(\rho,\theta,\varphi)\rho^2\sin\varphi\mathrm{d}\rho\mathrm{d}\theta\mathrm{d}\varphi, \qquad ⑨$$

其中 $F(\rho,\theta,\varphi)=f(\rho\sin\varphi\cos\theta,\rho\sin\varphi\sin\theta,\rho\cos\varphi)$.

在具体计算中,仍要根据积分区域的形状再进一步将其化为三次积分.

【例 7.24】　求 $\iiint\limits_{\Omega}\sqrt{x^2+y^2+z^2}\mathrm{d}x\mathrm{d}y\mathrm{d}z$,其中 Ω 为球面 $x^2+y^2+z^2=z$ 所围成的闭区域.

解　该球面过原点，以 $\dfrac{1}{2}$ 为半径，球心在 z 轴上，球面方程为 $\rho=\cos\varphi$，在球面坐标系下积分区域表示为

$$\Omega=\{(\rho,\theta,\varphi)\mid 0\leqslant\theta\leqslant 2\pi,0\leqslant\varphi\leqslant\frac{\pi}{2},0\leqslant\rho\leqslant\cos\varphi\},$$

于是

$$\iiint_{\Omega}\sqrt{x^{2}+y^{2}+z^{2}}\,\mathrm{d}v=\int_{0}^{2\pi}\mathrm{d}\theta\int_{0}^{\frac{\pi}{2}}\sin\varphi\,\mathrm{d}\varphi\int_{0}^{\cos\varphi}\rho^{3}\,\mathrm{d}\rho=2\pi\cdot\frac{1}{4}\int_{0}^{\frac{\pi}{2}}\cos^{4}\varphi\sin\varphi\,\mathrm{d}\varphi$$

$$=-\frac{\pi}{10}\cos^{5}\varphi\,\Big|_{0}^{\frac{\pi}{2}}=\frac{\pi}{10}.$$

【例 7.25】　求以 a 为半径的球面与半顶角为 α 的内接锥面所围成的立体（图 7.35）的体积.

解　在球面坐标系中，球面方程为 $\rho=2a\cos\varphi$，锥面方程为 $\varphi=\alpha$，于是，在球面坐标系下立体所占有的空间闭区域 Ω 可如下表示：

$$\Omega=\{(\rho,\varphi,\theta)\mid 0\leqslant\rho\leqslant 2a\cos\varphi,0\leqslant\varphi\leqslant\alpha,0\leqslant\theta\leqslant 2\pi\},$$

因此

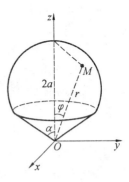

图 7.35

$$V=\iiint_{\Omega}\rho^{2}\sin\varphi\,\mathrm{d}\rho\,\mathrm{d}\varphi\,\mathrm{d}\theta=\int_{0}^{2\pi}\mathrm{d}\theta\int_{0}^{\alpha}\mathrm{d}\varphi\int_{0}^{2a\cos\varphi}\rho^{2}\sin\varphi\,\mathrm{d}\rho$$

$$=2\pi\int_{0}^{\alpha}\sin\varphi\,\mathrm{d}\varphi\int_{0}^{2a\cos\varphi}\rho^{2}\,\mathrm{d}\rho=\frac{16\pi a^{3}}{3}\int_{0}^{\alpha}\cos^{3}\varphi\sin\varphi\,\mathrm{d}\varphi$$

$$=\frac{4\pi a^{3}}{3}(1-\cos^{4}\alpha).$$

注　一般情况下，当积分区域是由球面、圆锥面等所围成，或被积函数可以表示为 $f(x^{2}+y^{2}+z^{2})$ 时，用球面坐标计算三重积分较简单.

习题 7.3

1. 计算下列三重积分：

   (1) 计算三重积分 $\iiint_{\Omega}x\,\mathrm{d}x\,\mathrm{d}y\,\mathrm{d}z$，其中区域 Ω 由平面 $x=0$、$y=0$、$z=0$ 及 $x+2y+2z=2$ 围成；

   (2) 计算三重积分 $\iiint_{\Omega}xz\,\mathrm{d}v$，其中 Ω 是由三个坐标面与平面 $x+y+z=1$ 所围成的空间区域；

   (3) $\iiint_{\Omega}z\,\mathrm{d}v$，其中 Ω 是由 $z=\sqrt{x^{2}-y^{2}}$ 与 $z=1$ 所围成；

   (4) $\iiint_{\Omega}z^{2}\,\mathrm{d}v$，其中 Ω 是由上半球面 $z=\sqrt{1-x^{2}-y^{2}}$ 与平面 $z=0$ 所围成的闭区域；

   (5) $\iiint_{\Omega}xy^{2}z^{3}\,\mathrm{d}x\,\mathrm{d}y\,\mathrm{d}z$，其中 Ω 是由曲面 $z=xy$，平面 $y=x$，$x=1$ 和 $z=0$ 所围成的闭区域；

(6) $\iiint_\Omega \dfrac{\mathrm{d}x\,\mathrm{d}y\,\mathrm{d}z}{(1+x+y+z)^3}$,其中 Ω 为平面 $x=0$、$y=0$、$z=0$、$x+y+z=1$ 所围成的四面体；

(7) $\iiint_\Omega z\,\mathrm{d}v$,其中 Ω 为球面 $x^2+y^2+z^2=2z$ 围成的区域.

2. 利用柱面坐标计算三重积分：$\iiint_\Omega z\,\mathrm{d}v$,其中 Ω 是由曲面 $z=\sqrt{2-x^2-y^2}$ 及 $z=x^2+y^2$ 所围成的闭区域.

3. 利用球面坐标计算三重积分：$\iiint_\Omega xyz\,\mathrm{d}x\,\mathrm{d}y\,\mathrm{d}z$,其中 Ω 为球面 $x^2+y^2+z^2=1$ 及三个坐标面所围成的在第一卦限内的闭区域.

4. 利用三重积分求立体体积、质量：

(1) 求上、下分别为球面 $x^2+y^2+z^2=2$ 和抛物面 $z=x^2+y^2$ 所围成立体的体积；

(2) 已知球体 $x^2+y^2+z^2\leqslant 2Rz$ 上任一点的密度等于该点到坐标原点的距离的平方,求该球体的质量.

7.4　重积分的应用

在定积分中,我们介绍了定积分的元素法,解决了一些几何学与物理学等方面的实际问题.本节中我们将把定积分应用中的元素法推广到重积分的应用中,利用重积分的元素法来讨论重积分在几何、物理上的一些其他应用.

一、几何上的应用

1. 平面图形的面积

由二重积分的定义知,二重积分 $\iint_D \mathrm{d}\sigma$ 在数值上等于 D 的面积 A.

【例 7.26】　求双纽线 $r^2=2a^2\cos 2\theta$ 所围成图形的面积.

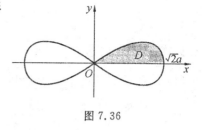

解　如图 7.36 所示,根据对称性,所求面积为

$$A=4\iint_D \mathrm{d}\sigma=4\int_0^{\frac{\pi}{4}}\mathrm{d}\theta\int_0^{a\sqrt{2\cos 2\theta}} r\,\mathrm{d}r=2\int_0^{\frac{\pi}{4}}2a^2\cos 2\theta\,\mathrm{d}\theta$$

$$=2a^2\sin 2\theta\,\Big|_0^{\frac{\pi}{4}}=2a^2.$$

图 7.36

2. 曲面的面积

设曲面 S 的方程为 $z=f(x,y)((x,y)\in D_{xy})$,且 S 是光滑曲面,即 $f(x,y)$ 在 D_{xy} 上具有一阶连续偏导数,求曲面 S 的面积 A.

利用元素法,在闭区域 D_{xy} 内任取一直径很小的闭区域 $\mathrm{d}\sigma$(图 7.37),在 $\mathrm{d}\sigma$ 内任取一点 $P(x,y)$,对应的曲面 S 上有一点 $M(x,y,f(x,y))$,过点 $M(x,y,f(x,y))$ 作曲面 S 的切平面 T,则切平面 T 在点 M 处的法向量可取为 $\boldsymbol{n}=(-f'_x(x,y),-f'_y(x,y),1)$. 以小区域 $\mathrm{d}\sigma$ 的边界线为准线作母线平行于 z 轴的柱面,该柱面在 S 上截下一小片曲面 $\mathrm{d}S$,在

切平面 T 上截下一小片平面 dS^*. 由于 $d\sigma$ 直径很小,所以可用 dS^* 近似代替 dS,即有

$$dS \approx dS^* = \frac{d\sigma}{|\cos\gamma|},$$

这里 γ 为 n 与 z 轴正向夹角,也就是切平面 T 与 xOy 面的夹角,故

$$|\cos\gamma| = \frac{1}{\sqrt{1 + [f'_x(x,y)]^2 + [f'_y(x,y)]^2}},$$

于是

$$dS \approx \sqrt{1 + [f'_x(x,y)]^2 + [f'_y(x,y)]^2}\, d\sigma,$$

从而曲面面积的计算公式为

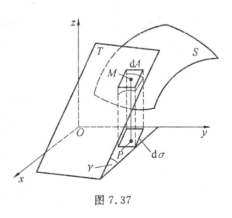

图 7.37

$$A = \iint_{D_{xy}} \sqrt{1 + [f'_x(x,y)]^2 + [f'_y(x,y)]^2}\, dxdy.$$

类似地,如果曲面 S 的方程为 $x = \varphi(y,z)\,((y,z) \in D_{yz})$,则对应的曲面面积的计算式为

$$A = \iint_{D_{yz}} \sqrt{1 + [\varphi'_y(y,z)]^2 + [\varphi'_z(y,z)]^2}\, dydz,$$

如果曲面 S 的方程为 $y = \psi(x,z)\,((x,z) \in D_{xz})$,则对应的曲面面积的计算公式为

$$A = \iint_{D_{xz}} \sqrt{1 + [\psi'_x(x,z)]^2 + [\psi'_z(x,z)]^2}\, dxdz.$$

【例 7.27】　计算球面 $x^2 + y^2 + z^2 = a^2$ 含在圆柱面 $x^2 + y^2 = ax$ 内部的部分曲面 S 的面积 A.

解　记 S 位于第一卦限内的部分为 S_1(图 7.38),它在 xOy 平面的投影区域为 $D_1 = \{(x,y) \mid 0 \leqslant x \leqslant a, 0 \leqslant y \leqslant \sqrt{ax - x^2}\}$(图 7.39),其方程为 $z = \sqrt{a^2 - x^2 - y^2}$ $((x,y) \in D_1)$,从而由 $z'_x = \dfrac{-x}{\sqrt{a^2 - x^2 - y^2}}$,$z'_y = \dfrac{-y}{\sqrt{a^2 - x^2 - y^2}}$ 可知,所求的曲面面积为

$$A = 4\iint_{D_1} \sqrt{1 + (z'_x)^2 + (z'_y)^2}\, dxdy = 4\iint_{D_1} \frac{a}{\sqrt{a^2 - x^2 - y^2}}\, dxdy$$

$$= 4\int_0^{\frac{\pi}{2}} d\theta \int_0^{a\cos\theta} \frac{a\rho}{\sqrt{a^2 - \rho^2}}\, d\rho = 4a^2 \int_0^{\frac{\pi}{2}} (1 - \sin\theta)\, d\theta = 2a^2(\pi - 2).$$

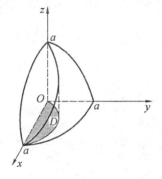

图 7.38

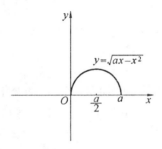

图 7.39

【例 7.28】　已知某一海洋中海潮的高潮与低潮之间的差是 2 m,海湾中某一小岛的陆地高度为 $z=30\left(1-\dfrac{x^2+y^2}{10^6}\right)$ m,其中水平面 $z=0$ 对应于低潮的位置,求高潮与低潮时小岛露出水面的面积比.

解　由题意可知,所求问题为曲面的面积问题,其 S 的方程为

$$z=30\left(1-\frac{x^2+y^2}{10^6}\right)((x,y)\in D_{xy}),$$

于是由曲面面积公式可得

$$A=\iint_{D_{xy}}\sqrt{1+\left(\frac{\partial z}{\partial x}\right)^2+\left(\frac{\partial z}{\partial y}\right)^2}\,\mathrm{d}x\mathrm{d}y=\iint_{D_{xy}}\sqrt{1+\frac{36(x^2+y^2)}{10^{10}}}\,\mathrm{d}x\mathrm{d}y,$$

式中,D_{xy} 为该小岛露出水面的部分陆地构成的平面区域.

在低潮 $z=0$ 时,由 $0=30\left(1-\dfrac{x^2+y^2}{10^6}\right)$ 可知,$D_{xy}=\{(x,y)\mid x^2+y^2\leqslant 10^6\}$,于是低潮时小岛露出水面的面积为

$$A_{低}=\iint_{D_{xy}}\sqrt{1+\frac{36(x^2+y^2)}{10^{10}}}\,\mathrm{d}x\mathrm{d}y=\int_0^{2\pi}\mathrm{d}\theta\int_0^{10^3}r\sqrt{1+\frac{36r^2}{10^{10}}}\,\mathrm{d}r$$

$$=\frac{10^4\pi}{54}\left[\sqrt{(10^4+36)^3}-10^6\right];$$

在高潮 $z=2$ 时,由 $2=30\left(1-\dfrac{x^2+y^2}{10^6}\right)$ 可知,$D_{xy}=\left\{(x,y)\,\Big|\,x^2+y^2\leqslant\dfrac{14}{15}\cdot10^6\right\}$,于是高潮时小岛露出水面的面积为

$$A_{高}=\iint_{D_{xy}}\sqrt{1+\frac{36(x^2+y^2)}{10^{10}}}\,\mathrm{d}x\mathrm{d}y=\int_0^{2\pi}\mathrm{d}\theta\int_0^{10^3\sqrt{\frac{14}{15}}}r\sqrt{1+\frac{36r^2}{10^{10}}}\,\mathrm{d}r$$

$$=\frac{10^4\pi}{54}\left[\sqrt{\left(10^4+\frac{168}{5}\right)^3}-10^6\right].$$

综上可知,高潮与低潮时小岛露出水面的面积比为

$$\frac{A_{高}}{A_{低}}=\frac{\sqrt{\left(10^4+\dfrac{168}{5}\right)^3}-10^6}{\sqrt{(10^4+36)^3}-10^6}\approx 0.933\,3.$$

【例 7.29】　有一个体积为 V,外表面积为 S 的雪堆,其融化的速率与当时外表面面积成正比,即 $\dfrac{\mathrm{d}V}{\mathrm{d}t}=-kS$(其中 k 为正常数).设融雪期间雪堆的外形始终保持其抛物面形状,即在任何时刻 t 其外面曲面方程总为

$$z=h(t)-\frac{x^2+y^2}{h(t)},z\geqslant 0.$$

(1)证明雪堆融化期间,其高度的变化率为常数;

(2)已知经过 24 小时融化了其初始体积 V_0 的一半,试问余下一半体积的雪堆需再经多长时间才能全部融化完?

解　(1)首先求出在时刻 t,雪堆的体积 V 及表面积 S:

$$V = \iiint_\Omega dV = \int_0^h dz \iint_{D_z} dx\,dy = \int_0^h \pi(h^2 - hz)\,dz = \frac{1}{2}\pi h^3,$$

$$S = \iint_D \sqrt{1 + \frac{4(x^2 + y^2)}{h^2}}\,dx\,dy = \int_0^{2\pi} d\theta \int_0^h \sqrt{1 + \frac{4r^2}{h^2}}\,r\,dr = \frac{\pi}{6}(5\sqrt{5} - 1)h^2,$$

根据相关变化率关系,有

$$\frac{dV}{dt} = \frac{dV}{dh} \cdot \frac{dh}{dt} = \frac{3}{2}\pi h^2 \frac{dh}{dt},$$

将 $\dfrac{dV}{dt} = -kS = -k\left[\dfrac{\pi}{6}(5\sqrt{5} - 1)h^2\right]$ 代入,得

$$\frac{dh}{dt} = -\frac{1}{9}(5\sqrt{5} - 1)k,$$

即雪堆高度的变化率为常数.

(2) 设初始时刻雪堆的高度为 h_0,则有 $V_0 = \dfrac{1}{2}\pi h_0^3$;剩下雪堆体积为 $\dfrac{1}{2}V_0$,高度为

$$h = \frac{1}{\sqrt[3]{2}}h_0.$$

设剩下的半堆雪堆需 t^* 小时才能融尽,由(1)的结论,得

$$\frac{dh}{dt} = \frac{\dfrac{1}{\sqrt[3]{2}}h_0}{t^*} = \frac{h_0 - \dfrac{1}{\sqrt[3]{2}}h_0}{24},$$

于是

$$t^* = \frac{24}{\sqrt[3]{2} - 1} = 24(\sqrt[3]{4} + \sqrt[3]{2} + 1) \approx 92.34.$$

即余下的一半体积雪堆约经过 92.34 小时才能全部融化完.

3. 空间立体的体积

由二重积分的几何意义得,二重积分 $\iint_D f(x, y)\,d\sigma \, (f(x, y) \geqslant 0)$ 表示以曲面 $z = f(x, y)$ 为顶,以 D 为底的曲顶柱体的体积;由三重积分的定义知,三重积分 $\iiint_\Omega dV$ 在数值上等于 Ω 的体积. 因此,可以利用二重积分或三重积分求空间立体的体积.

【**例 7.30**】 求由抛物面 $z = 6 - x^2 - y^2$、坐标面 xOz、yOz 及平面 $y = 4z$、$x = 1$、$y = 2$ 所围立体 Ω 的体积 V.

解 先画出立体 Ω 的图形(图 7.40).

这个立体的上边界为 $z = 6 - x^2 - y^2$,下边界面为 $z = \dfrac{1}{4}y$,它在 xOy 面上的投影为矩形闭区域

$$D = \{(x, y) \mid 0 \leqslant x \leqslant 1, 0 \leqslant y \leqslant 2\}.$$

因此所求的体积

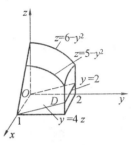

图 7.40

$$V = \iint_D \left[(6 - x^2 - y^2) - \frac{1}{4}y\right]dx\,dy = \int_0^1 dx \int_0^2 \left(6 - x^2 - y^2 - \frac{1}{4}y\right)dy$$

$$= \int_0^1 \left(\frac{53}{6} - 2x^2 \right) dx = \frac{49}{6}.$$

【例 7.31】 某酒店设计一个半径为 R 的球状装饰容器,其中盛了一半水,取球心为坐标原点,铅直向上方向为 z 轴正向,建立空间直角坐标系,则当容器以角速度 ω 绕铅直中心轴旋转时,容器内水面会按曲面 $z = \frac{\omega^2}{2g}(x^2 + y^2) + C$ 的形式凹下去,问当 ω 为多大时,容器的底部刚好能露出来(图 7.41)?

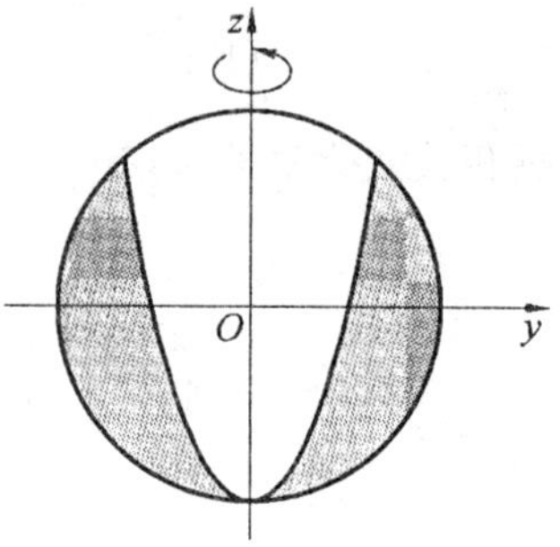

解 由于底部刚好能露出来,所以有 $C = -R$,这时液面与球面交线为

$$\begin{cases} z = \dfrac{\omega^2}{2g}(x^2 + y^2) - R, \\ x^2 + y^2 + z^2 = R^2 \end{cases}$$

图 7.41

在上述方程组中消去 $x^2 + y^2$,得到 $z_1 = -R, z_2 = R - \dfrac{2g}{\omega^2}$,于是此时液体所占空间区域 Ω 为

$$(x, y) \in D_z, -R \leqslant z \leqslant R - \frac{2g}{\omega^2},$$

其中 D_z 为 z 轴上区间 $\left[-R, R - \dfrac{2g}{\omega^2} \right]$ 内任一点 z 处,垂直于 z 轴的平面在 Ω 上的截面区域,它是一个内外半径分别为 $r_1 = \dfrac{\sqrt{2g(z+R)}}{\omega}, r_2 = \sqrt{R^2 - z^2}$ 的圆环,其面积为

$$\iint_{D_z} dx\,dy = \pi r_2{}^2 - \pi r_1{}^2 = \pi(R^2 - z^2) - \frac{2\pi g}{\omega^2}(z + R),$$

从而有

$$V = \int_{-R}^{R - \frac{2g}{\omega^2}} \left[\pi(R^2 - z^2) - \frac{2\pi g}{\omega^2}(z + R) \right] dz = \frac{4\pi}{3} \left(R - \frac{g}{\omega^2} \right)^3.$$

由于液面形状改变时,其体积是不会改变的,而容器原盛了一半水,体积为 $\dfrac{2\pi}{3} R^3$,故

$$\frac{4\pi}{3} \left(R - \frac{g}{\omega^2} \right)^3 = \frac{2\pi}{3} R^3,$$

解得当旋转角速度为

$$\omega = \sqrt{\frac{\sqrt[3]{2}\, g}{(\sqrt[3]{2} - 1)R}}$$

时,容器的底部刚好能露出来.

二、物理上的应用

1. 重心

(1) 平面薄片重心.

设在 xOy 平面上有 n 个质点,它们分别位于点 $(x_1, y_1), (x_2, y_2), \cdots, (x_n, y_n)$ 处,质

量分别为 $m_1, m_2, \cdots, m_n$. 由力学知道,该质点系的重心的坐标为

$$\bar{x} = \frac{M_y}{M} = \frac{\sum\limits_{i=1}^{n} m_i x_i}{\sum\limits_{i=1}^{n} m_i}, \quad \bar{y} = \frac{M_x}{M} = \frac{\sum\limits_{i=1}^{n} m_i y_i}{\sum\limits_{i=1}^{n} m_i},$$

其中 $M = \sum\limits_{i=1}^{n} m_i$ 为该质点系的总质量,

$$M_y = \sum_{i=1}^{n} m_i x_i, \quad M_x = \sum_{i=1}^{n} m_i y_i,$$

分别为该质点系对 y 轴和 x 轴的静矩.

设有一平面薄片,占有 xOy 面上的闭区域 D,在点 (x, y) 处的面密度为 $\mu(x, y)$,假定 $\mu(x, y)$ 在 D 上连续,现在要找该薄片的重心的坐标.

在闭区域 D 上任取一直径很小的闭区域 $d\sigma$(这小闭区域的面积也记作 $d\sigma$),(x, y) 是这小闭区域上的一个点. 由于 $d\sigma$ 的直径很小,且 $\mu(x, y)$ 在 D 上连续,所以薄片中相应于 $d\sigma$ 的部分的质量近似等于 $\mu(x, y)d\sigma$,这部分质量可近似看作集中在点 (x, y) 上,于是可写出静矩元素 dM_y 及 dM_x:

$$dM_y = x\mu(x, y)d\sigma, \quad dM_x = y\mu(x, y)d\sigma.$$

以这些元素为被积表达式,在闭区域 D 上积分,便得

$$M_y = \iint_D x\mu(x, y)d\sigma, \quad M_x = \iint_D y\mu(x, y)d\sigma.$$

又由 7.1 知道,薄片的质量为

$$M = \iint_D \mu(x, y)d\sigma,$$

所以,薄片的重心的坐标为

$$\bar{x} = \frac{M_y}{M} = \frac{\iint_D x\mu(x, y)d\sigma}{\iint_D \mu(x, y)d\sigma}, \quad \bar{y} = \frac{M_x}{M} = \frac{\iint_D y\mu(x, y)d\sigma}{\iint_D \mu(x, y)d\sigma}.$$

如果薄片是均匀的,即面密度为常量,则上式中可把 μ 提到积分记号外面并从分子、分母中约去,这样便得均匀薄片的重心的坐标为

$$\bar{x} = \frac{1}{A}\iint_D x\,d\sigma, \quad \bar{y} = \frac{1}{A}\iint_D y\,d\sigma \qquad\qquad ①$$

其中 $A = \iint_D d\sigma$ 为闭区域 D 的面积. 这时薄片的重心完全由闭区域 D 的形状所决定. 我们把均匀平面薄片的重心叫作这平面薄片所占的平面图形的形心. 因此,平面图形 D 的形心的坐标,就可用公式 ① 计算.

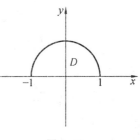

图 7.42

【例 7.32】 已知半圆形薄板上各点处的面密度等于该点到圆心的距离,且该薄板所占的平面区域为 $D = \{(x, y) \mid x^2 + y^2 \leqslant 1, y \geqslant 0\}$(图 7.42),求此半圆形薄板的重心.

解 设 $\mu(x,y)=\sqrt{x^2+y^2}$，则 $\mu(x,y)$ 是面密度函数，且该薄板的质量为

$$M=\iint_D \sqrt{x^2+y^2}\,\mathrm{d}\sigma=\int_0^\pi \mathrm{d}\theta \int_0^1 r^2\,\mathrm{d}r=\frac{\pi}{3},$$

从而由重心计算公式可得

$$\bar{x}=\frac{1}{M}\iint_D x\sqrt{x^2+y^2}\,\mathrm{d}\sigma=\frac{3}{\pi}\int_0^\pi \mathrm{d}\theta \int_0^1 r^3\cos\theta\,\mathrm{d}r=0,$$

$$\bar{y}=\frac{1}{M}\iint_D y\sqrt{x^2+y^2}\,\mathrm{d}\sigma=\frac{3}{\pi}\int_0^\pi \mathrm{d}\theta \int_0^1 r^3\sin\theta\,\mathrm{d}r=\frac{3}{2\pi}.$$

综上可知，重心的坐标为 $\left(0,\dfrac{3}{2\pi}\right)$.

（2）立体重心.

类似于平面薄片的重心，占有空间有界闭区域 Ω，在点 (x,y,z) 处的密度为 $\rho(x,y,z)$（假定 $\rho(x,y,z)$ 在 Ω 上连续）的物体的重心坐标是

$$\bar{x}=\frac{1}{M}\iiint_\Omega x\rho(x,y,z)\mathrm{d}v,\bar{y}=\frac{1}{M}\iiint_\Omega y\rho(x,y,z)\mathrm{d}v,\bar{z}=\frac{1}{M}\iiint_\Omega z\rho(x,y,z)\mathrm{d}v,$$

其中

$$M=\iiint_\Omega \rho(x,y,z)\mathrm{d}v.$$

【例 7.33】 已知一物体所占的空间区域 Ω 为球体 $x^2+y^2+z^2\leqslant 2Rz$ $(R>0)$ 在锥面 $z=\sqrt{x^2+y^2}$ 上方的部分（图 7.43），且该物体的密度为常数，求其重心.

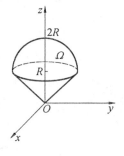

图 7.43

解 设密度为 $\mu(x,y,z)=k$，Ω 为物体所占的空间区域，则该物体的质量为

$$M=\iiint_\Omega \mu(x,y,z)\mathrm{d}v$$

$$=k\int_0^{2\pi}\mathrm{d}\theta\int_0^{\frac{\pi}{4}}\mathrm{d}\varphi\int_0^{2R\cos\varphi}r^2\sin\varphi\,\mathrm{d}r=k\pi R^3,$$

从而由重心计算公式，并利用对称性可得

$$\bar{x}=\frac{1}{M}\iiint_\Omega kx\,\mathrm{d}x\mathrm{d}y\mathrm{d}z=0,$$

$$\bar{y}=\frac{1}{M}\iiint_\Omega ky\,\mathrm{d}x\mathrm{d}y\mathrm{d}z=0,$$

$$\bar{z}=\frac{1}{M}\iiint_\Omega kz\,\mathrm{d}x\mathrm{d}y\mathrm{d}z=\frac{1}{\pi R^3}\int_0^{2\pi}\mathrm{d}\theta\int_0^{\frac{\pi}{4}}\mathrm{d}\varphi\int_0^{2R\cos\varphi}r^3\cos\varphi\sin\varphi\,\mathrm{d}r=\frac{7}{6}R.$$

综上可知，该物体的重心坐标为 $\left(0,0,\dfrac{7}{6}R\right)$.

【例 7.34】 一个航天器密封舱质量为 M kg，其底部是一个半径为 R m 的半球，顶部是一个高为 H m 的圆锥. 在坠落于海面上后，要求密封舱必须以稳定的"竖立状态"漂浮在水中，即要求它只有一部分球面浸没于水中. 假定密封舱内的仪器设备都是均匀地安排在空间各位置的.

(1) 试求 H 与 R 的比例关系;

(2) 当 $R = 2$ m 时,求密封舱质量 M 的上限.

解 (1) 据题意可认为密封舱是一个密度为常数的立体 Ω,如图 7.44 所示建立坐标系. 根据对称性知其形心为 $(0, 0, \bar{z})$,现在要求 $\bar{z} < 0$

$$\iiint_{\Omega} z \, \mathrm{d}V = \int_{-R}^{H} z \, \mathrm{d}z \iint_{D_z} \mathrm{d}\sigma = \int_{-R}^{0} \pi (R^2 - z^2) z \, \mathrm{d}z + \int_{0}^{H} \pi \left[\frac{R}{H}(H-z) \right]^2 z \, \mathrm{d}z$$

$$= \frac{\pi}{12} R^2 (H^2 - 3R^2),$$

故须有 $\dfrac{H}{R} < \sqrt{3}$.

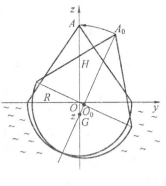

图 7.44

(2) 密封舱质量的上限也就是在各种极端状态下密封舱质量的临界值 M,这个极端状态就是:

① 密封舱不会翻到,即刚好有 $\bar{z} = 0$,也就是 $H = \sqrt{3} R$;

② 刚好仅有半球面部分全部浸没于水中,密封舱的重力恰好为此时的浮力,即

$$\left(\frac{2}{3} \pi R^3 \right) \rho g = M_0 g.$$

所以

$$M_0 = \frac{2}{3} \pi \rho R^3 \approx 16\ 755\ \text{kg},$$

也就是说,密封舱的质量不能超过 16 755 kg.

2. 转动惯量

(1) 平面薄片的转动惯量.

设在 xOy 平面上有 n 个质点,它们分别位于点 $(x_1, y_1), (x_2, y_2), \cdots, (x_n, y_n)$ 处,质量分别为 $m_1, m_2, \cdots, m_n$. 由力学知识知道,该质点系对于 x 轴以及对于 y 轴的转动惯量依次为

$$I_x = \sum_{i=1}^{n} y_i^2 m_i, \quad I_y = \sum_{i=1}^{n} x_i^2 m_i.$$

设有一平面薄片,占有 xOy 面上的闭区域 D,在点 (x, y) 处的面密度为 $\mu(x, y)$,假定 $\mu(x, y)$ 在 D 上连续,现在要找该薄片对于 x 轴的转动惯量 I_x 以及对于 y 轴的转动惯量 I_y.

在闭区域 D 上任取一直径很小的闭区域 $\mathrm{d}\sigma$(这小闭区域的面积也记作 $\mathrm{d}\sigma$),(x, y) 是这小闭区域上的一个点. 由于 $\mathrm{d}\sigma$ 的直径很小,且 $\mu(x, y)$ 在 D 上连续,所以薄片中相应于 $\mathrm{d}\sigma$ 的部分的质量近似等于 $\mu(x, y) \mathrm{d}\sigma$,这部分质量可近似看作集中在点 (x, y) 上,于是可写出薄片对于 x 轴以及对于 y 轴的转动惯量元素:

$$\mathrm{d}I_x = y^2 \mu(x, y) \mathrm{d}\sigma, \quad \mathrm{d}I_y = x^2 \mu(x, y) \mathrm{d}\sigma,$$

以这些元素为被积表达式,在闭区域 D 上积分,便得

$$I_x = \iint_D y^2 \mu(x, y) \mathrm{d}\sigma, \quad I_y = \iint_D x^2 \mu(x, y) \mathrm{d}\sigma.$$

【例 7.35】 设均匀薄板所占的平面区域为 $D=\{(x,y)\mid 0\leqslant x\leqslant a,0\leqslant y\leqslant b\}$，求薄板关于 y 轴、x 轴的转动惯量，其中薄板的面密度为 1.

解 设薄板的面密度为 $\mu(x,y)$，则 $\mu(x,y)\equiv 1$，且根据转动惯量计算公式可得

$$I_y=\iint_D x^2\mu(x,y)\mathrm{d}\sigma=\int_0^a x^2\mathrm{d}x\int_0^b\mathrm{d}y=\frac{1}{3}a^3b,$$

$$I_x=\iint_D y^2\mu(x,y)\mathrm{d}\sigma=\int_0^a\mathrm{d}x\int_0^b y^2\mathrm{d}y=\frac{1}{3}ab^3.$$

（2）立体转动惯量.

类似于平面薄片的转动惯量，占有空间有界闭区域 Ω，在点 (x,y,z) 处的密度为 $\rho(x,y,z)$（假定 $\rho(x,y,z)$ 在 Ω 上连续）的物体对于 x、y、z 轴的转动惯量分别为

$$I_x=\iiint_\Omega(y^2+z^2)\rho(x,y,z)\mathrm{d}v,$$

$$I_y=\iiint_\Omega(z^2+x^2)\rho(x,y,z)\mathrm{d}v,$$

$$I_z=\iiint_\Omega(x^2+y^2)\rho(x,y,z)\mathrm{d}v.$$

【例 7.36】 求半径为 a、高为 h 的圆柱体关于过中心而平行于母线的 z 轴的转动惯量，其中密度 $\mu=1$.

解 选取 z 轴为过圆柱体中心且平行于母线，建立空间直角坐标系，故由转动惯量计算公式，并利用柱面坐标可得所求转动惯量为

$$I_z=\iiint_\Omega(x^2+y^2)\mu\mathrm{d}v=\int_0^h\mathrm{d}z\int_0^{2\pi}\mathrm{d}\theta\int_0^a r^3\mathrm{d}r=\frac{\pi ha^4}{2}.$$

3. 引力

设物体占有空间上的有界闭区域 Ω，它在点 (x,y,z) 处的密度为 $\rho(x,y,z)$，假定 $\rho(x,y,z)$ 在 Ω 上连续，现在要找该物体对于物体外一点 $P_0(x_0,y_0,z_0)$ 处的单位质量的质点的引力.

在闭区域 Ω 上任取一直径很小的闭区域 $\mathrm{d}v$（这小闭区域的体积也记作 $\mathrm{d}v$），(x,y,z) 是这小闭区域上的一个点.把这一小块物体的质量 $\rho\mathrm{d}v$ 可近似看作集中在点 (x,y,z) 处，可得到这一小块物体对位于 $P_0(x_0,y_0,z_0)$ 处的单位质量的质点的引力近似地为

$$\mathrm{d}\boldsymbol{F}=(\mathrm{d}F_x,\mathrm{d}F_y,\mathrm{d}F_z)$$
$$=\left(G\frac{\rho(x,y,z)(x-x_0)}{r^3}\mathrm{d}v,G\frac{\rho(x,y,z)(y-y_0)}{r^3}\mathrm{d}v,G\frac{\rho(x,y,z)(z-z_0)}{r^3}\mathrm{d}v\right),$$

其中，$\mathrm{d}F_x$、$\mathrm{d}F_y$、$\mathrm{d}F_z$ 为引力元素 $\mathrm{d}\boldsymbol{F}$ 在三个坐标轴上的分量，

$$r=\sqrt{(x-x_0)^2+(y-y_0)^2+(z-z_0)^2},$$

G 为引力常数.将 $\mathrm{d}F_x$、$\mathrm{d}F_y$、$\mathrm{d}F_z$ 在 Ω 上分别积分，即得
$$\boldsymbol{F}=(F_x,F_y,F_z)$$
$$=\left(\iiint_\Omega G\frac{\rho(x,y,z)(x-x_0)}{r^3}\mathrm{d}v,\iiint_\Omega G\frac{\rho(x,y,z)(y-y_0)}{r^3}\mathrm{d}v,\iiint_\Omega G\frac{\rho(x,y,z)(z-z_0)}{r^3}\mathrm{d}v\right).$$

如果考虑平面薄片对于薄片外一点 $P_0(x_0,y_0,z_0)$ 处的单位质量的质点的引力，设平

面薄片占有 xOy 平面上的有界闭区域 D，其面密度为 $\mu(x,y)$，那么只要将上式中的密度 $\rho(x,y,z)$ 换成面密度 $\mu(x,y)$，将 Ω 上的三重积分换成 D 上的二重积分，就可得到相应的计算公式.

【例 7.37】 已知空间中有一个圆环形的均匀薄板，它所占的区域为 $\Sigma=\{(x,y,0)\mid 0\leqslant R_1\leqslant\sqrt{x^2+y^2}\leqslant R_2\}$，另有一单位质量的质点 $M_0(0,0,a)(a>0)$，求薄板对质点的引力 F.

解　设 $F=(F_x,F_y,F_z)$，密度为 μ，质点的质量为 $M=1$，则由薄板的对称性及质量分布的均匀性可知，$F_x=F_y=0$，并根据引力计算公式及极坐标可得

$$
\begin{aligned}
F_z&=\iint_D\frac{G\mu(0-a)}{(x^2+y^2+a^2)^{\frac{3}{2}}}\mathrm{d}x\,\mathrm{d}y=-Ga\mu\int_0^{2\pi}\mathrm{d}\theta\int_{R_1}^{R_2}\frac{r}{(r^2+a^2)^{\frac{3}{2}}}\mathrm{d}r\\
&=-\pi Ga\mu\int_{R_1}^{R_2}\frac{\mathrm{d}(r^2+a^2)}{(r^2+a^2)^{\frac{3}{2}}}=2\pi Ga\mu\,\frac{1}{\sqrt{r^2+a^2}}\Big|_{R_1}^{R_2}\\
&=2\pi Ga\mu\left(\frac{1}{\sqrt{R_2^2+a^2}}-\frac{1}{\sqrt{R_1^2+a^2}}\right).
\end{aligned}
$$

综上可知，薄板对质点的引力为 $F=\left(0,0,\dfrac{2\pi Ga\mu}{\sqrt{R_2^2+a^2}}-\dfrac{2\pi Ga\mu}{\sqrt{R_1^2+a^2}}\right)$.

习题 7.4

1. 求下列曲面所围成的立体的体积：
   (1) $x=0,y=0,z=0,x=2,y=3,x+y+z=4$；
   (2) $x=0,y=0,x+y=1$ 平面决定的立体被椭圆抛物面 $z=6-x^2-y^2$ 和平面 $z=0$ 所截得的体积.

2. 曲线 $y=\sqrt{2Rx-x^2}(R>0)$ 与直线 $y=x$ 所围成的平面图形的面积.

3. 计算曲面 $x^2+y^2=a^2,x^2+z^2=a^2$ 所围成立体的体积.

4. 计算以 xOy 面上的圆周 $x^2+y^2=ax$ 所围成的闭区域为底而以曲面 $z=x^2+y^2$ 为顶的曲顶柱体的体积.

5. 计算圆 $x^2+y^2=a^2$ 的外部与圆 $x^2+y^2=2ax$ 的内部所围成区域面积.

6. 一金属叶片，形如心形线 $r=a(1+\cos\theta)$，它在任一点的密度与原点到该点的距离成正比，求它的质量.

7. 设薄片所占区域为介于两个圆 $\rho=a\cos\theta,\rho=b\cos\theta(0<a<b)$ 之间的闭区域，求均匀薄片的质心.

8. 设有一等腰直角三角形薄片，腰长为 a，各点处的面密度等于该点到直角顶点的距离的平方，求该薄片的质心.

9. 一均匀物体（密度 ρ 为常量）占有闭区域 Ω 由曲面 $z=x^2+y^2$ 和平面 $z=0$、$|x|=a$、$|y|=a$ 所围成，求该物体的体积、质心及该物体关于 z 轴的转动惯量.

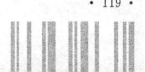

10. 设均匀柱体密度为 ρ，占有闭区域 $\Omega=\{(x,y,z)\mid x^2+y^2\leqslant R^2,0\leqslant z\leqslant h\}$，求它对于位于点 $M_0(0,0,a)(a>h)$ 处的单位质量的质点的引力.

7.5　对弧长的曲线积分

一、对弧长的曲线积分的概念及性质

引例　设平面曲线 L 上任意一点 $M(x,y)$ 的线密度为 $\mu(x,y)$，求平面曲线的质量 m.

若平面曲线 L 的线密度是常数 $\mu(x,y)=\rho$，曲线长为 l，则曲线的质量可用公式 $m=\rho l$ 计算；现在平面曲线 L 的线密度 $\mu(x,y)$ 不是常数，那么曲线的质量 m 该如何计算？

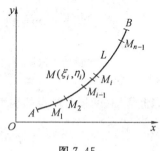

图 7.45

类似定积分解决问题的方法：我们把曲线 L（图 7.45）任意分成 n 个小弧段 $\Delta s_i(i=1,2,\cdots,n)$，且用 Δs_i 表示第 i 段小弧段的长度，在 Δs_i 上任取一点 $M_i(\xi_i,\eta_i)$，该小弧段的质量近似于 $\rho(\xi_i,\eta_i)\Delta s_i\ (i=1,2,\cdots,n)$，则和式 $\sum_{i=1}^{n}\rho(\xi_i,\eta_i)\Delta s_i$ 就是曲线 L 的质量的近似值，当 $\Delta s_i(i=1,2,\cdots,n)$ 的最大长度 λ 趋于零时，上面和式的极限即为 L 的质量.

定义 7.3　设 L 为 xOy 面内的一条光滑曲线弧，函数 $f(x,y)$ 在曲线 L 上有界，在 L 上任意插入一点列 $M_1,M_2,\cdots,M_{n-1}$，将 L 分成 n 个小弧段，其中 $\Delta s_i(i=1,2,\cdots,n)$ 表示第 i 段弧的弧长，并记 $\lambda=\max\limits_{1\leqslant i\leqslant n}\{\Delta s_i\}$，在小弧段 Δs_i 上任取一点 $M(\xi_i,\eta_i)$，作积 $f(\xi_i,\eta_i)\Delta s_i$ $(i=1,2,\cdots,n)$，再作和式 $\sum_{i=1}^{n}f(\xi_i,\eta_i)\Delta s_i$，若和式极限

$$\lim_{\lambda\to 0}\sum_{i=1}^{n}f(\xi_i,\eta_i)\Delta s_i$$

存在，则称极限值为函数 $f(x,y)$ 在曲线 L 上的积分，又称为第一类曲线积分，也称为 $f(x,y)$ 沿曲线 L 关于弧长的积分，简称对弧长的曲线积分，记作

$$\int_L f(x,y)\mathrm{d}s.$$

上述定义可以类似地推广到积分弧段为空间曲线弧 Γ 的情形，而

$$\int_\Gamma f(x,y,z)\mathrm{d}s=\lim_{\lambda\to 0}\sum_{i=1}^{n}f(\xi_i,\eta_i,\zeta_i)\Delta s_i.$$

如果 L 是闭曲线，那么函数 $f(x,y)$ 在闭曲线上对弧长的曲线积分记为 $\oint_L f(x,y)\mathrm{d}s$.

对弧长的曲线积分具有如下性质：

若 L（或 Γ）为分段光滑的曲线弧，则

（1）线性性质：

$$\int_L [\alpha f(x,y)+\beta g(x,y)]\mathrm{d}s=\alpha\int_L f(x,y)\mathrm{d}s+\beta\int_L g(x,y)\mathrm{d}s.$$

(2) 可加性质:如果曲线弧 L 分为两段 L_1 和 L_2,则

$$\int_L f(x,y)\mathrm{d}s = \int_{L_1} f(x,y)\mathrm{d}s + \int_{L_2} f(x,y)\mathrm{d}s.$$

(3) 比较性质:设在 L 上 $f(x,y) \leqslant g(x,y)$,则

$$\int_L f(x,y)\mathrm{d}s \leqslant \int_L g(x,y)\mathrm{d}s.$$

特殊地

$$\left| \int_L f(x,y)\mathrm{d}s \right| \leqslant \int_L |f(x,y)|\,\mathrm{d}s.$$

二、对弧长的曲线积分的计算法

首先,我们讨论平面上的对弧长的曲线积分的计算问题,然后再将其推广至空间上的情形.

定理 7.1　设平面曲线 L 的参数方程为

$$\begin{cases} x = \varphi(t) \\ y = \psi(t) \end{cases}, \quad \alpha \leqslant t \leqslant \beta.$$

且 L 为光滑曲线,即 $\varphi(t)$、$\psi(t)$ 在 $[\alpha,\beta]$ 上具有一阶连续导数,且 $[\varphi'(t)]^2 + [\psi'(t)]^2 \neq 0$. 如果函数 $f(x,y)$ 在 L 上连续,则曲线积分 $\int_L f(x,y)\mathrm{d}s$ 存在,且

$$\int_L f(x,y)\mathrm{d}s = \int_\alpha^\beta f(\varphi(t),\psi(t)) \sqrt{[\varphi'(t)]^2 + [\psi'(t)]^2}\,\mathrm{d}t, \quad \alpha < \beta. \qquad ①$$

证　由 $f(x,y)$ 在光滑曲线 L 上连续,积分 $\int_L f(x,y)\mathrm{d}s$ 存在. 现在曲线 L 上任意选取一组分点 $M_i(i=1,2,\cdots,n)$,将曲线 L 分割成 n 个小弧段 $\overparen{M_{i-1}M_i}$(图 7.46),点 M_i 对应的参数为 $t_i(i=1,2,\cdots,n)$,不妨设

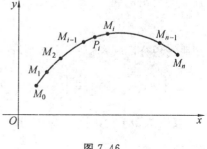

图 7.46

$$\alpha = t_0 < t_1 < t_2 < \cdots < t_{n-1} < t_n = \beta,$$

记小弧段 $\overparen{M_{i-1}M_i}$ 的弧长为 Δs_i,直径为 λ_i,且 $\lambda = \max\limits_{1 \leqslant i \leqslant n} \lambda_i$,并由积分 $\int_L f(x,y)\mathrm{d}s$ 存在可知,对每一个小弧段 $\overparen{M_{i-1}M_i}$ 上的任意一点 $P_i(\xi_i,\eta_i)$,有

$$\int_L f(x,y)\mathrm{d}s = \lim_{\lambda \to 0} \sum_{i=1}^n f(\xi_i,\eta_i)\Delta s_i.$$

利用定积分中的弧长计算公式,并根据定积分的中值定理可知,存在 $\tau_i \in [t_{i-1},t_i]$, 使得对每一个 $\Delta s_i(i=1,2,\cdots,n)$,有

$$\Delta s_i = \int_{t_{i-1}}^{t_i} \sqrt{[\varphi'(t)]^2 + [\psi'(t)]^2}\,\mathrm{d}t = \sqrt{[\varphi'(\tau_i)]^2 + [\psi'(\tau_i)]^2}\,(t_i - t_{i-1}).$$

选取 $\xi_i=\varphi(\tau_i)$，$\eta_i=\psi(\tau_i)$，并记 $\Delta t_i=t_i-t_{i-1}$，则有 $P_i(\xi_i,\eta_i)\in\widehat{M_{i-1}M_i}$，且

$$\int_L f(x,y)\mathrm{d}s=\lim_{\lambda\to 0}\sum_{i=1}^n f(\varphi(\tau_i),\psi(\tau_i))\sqrt{[\varphi'(\tau_i)]^2+[\psi'(\tau_i)]^2}\,\Delta t_i,$$

注意到当 $\lambda\to 0$ 时，每一个 $\Delta t_i\to 0(i=1,2,\cdots,n)$ 及 $f(\varphi(t),\psi(t))$、$\varphi'(t)$、$\psi'(t)$ 的连续性，最后得到

$$\int_L f(x,y)\mathrm{d}s=\int_\alpha^\beta f(\varphi(t),\psi(t))\sqrt{[\varphi'(t)]^2+[\psi'(t)]^2}\,\mathrm{d}t.$$

证毕.

特别地，当曲线 L 的方程为 $y=y(x)(a\leqslant x\leqslant b)$ 时，有

$$\int_L f(x,y)\mathrm{d}s=\int_a^b f(x,y(x))\sqrt{1+[y'(x)]^2}\,\mathrm{d}x;\qquad ②$$

同样，当曲线 L 的方程为 $x=x(y)(c\leqslant y\leqslant d)$ 时，有

$$\int_L f(x,y)\mathrm{d}s=\int_c^d f(x(y),y)\sqrt{1+[x'(y)]^2}\,\mathrm{d}y.\qquad ③$$

注 为保证定理证明中所给的每一个 Δs_i 和 $\mathrm{d}s$ 都大于零，只需 $\alpha<\beta$，即**式 ① 右边的定积分中，积分下限一定要小于积分上限.**

类似地，如果函数 $f(x,y,z)$ 在空间曲线 Γ 上连续，空间曲线 Γ 的参数方程为

$$\begin{cases} x=x(t) \\ y=y(t)\,, \quad \alpha\leqslant t\leqslant\beta. \\ z=z(t) \end{cases}$$

且 Γ 为光滑曲线，即 $x(t)$、$y(t)$、$z(t)$ 在 $[\alpha,\beta]$ 上具有一阶连续导数，且

$$[x'(t)]^2+[y'(t)]^2+[z'(t)]^2\neq 0,$$

则曲线积分 $\int_\Gamma f(x,y,z)\mathrm{d}s$ 存在，且

$$\int_\Gamma f(x,y,z)\mathrm{d}s=\int_\alpha^\beta f(x(t),y(t),z(t))\sqrt{[x'(t)]^2+[y'(t)]^2+[z'(t)]^2}\,\mathrm{d}t.\qquad ④$$

【例 7.38】 计算 $\int_L\sqrt{y}\,\mathrm{d}s$，其中 L 是抛物线 $y=x^2$ 上点 $(0,0)$ 与点 $(1,1)$ 之间的一段弧（图 7.47）.

解 已知曲线的弧微分

$$\mathrm{d}s=\sqrt{1+(y')^2}\,\mathrm{d}x=\sqrt{1+4x^2}\,\mathrm{d}x,$$

由式 ② 得

$$\int_L\sqrt{y}\,\mathrm{d}s=\int_0^1 x\sqrt{1+4x^2}\,\mathrm{d}x=\frac{1}{12}(1+4x^2)^{\frac{3}{2}}\Big|_0^1=\frac{1}{12}(5\sqrt{5}-1).$$

【例 7.39】 计算 $\oint_L(x+y)\mathrm{d}s$，其中 L 为以 $O(0,0)$、$A(1,0)$、$B(0,1)$ 为顶点的三角形的边界曲线.

解 闭曲线 L 由线段 OA、AB、BO 构成（图 7.48）. 它们的方程分别为 $y=0$，$x+y=1$ 及 $x=0$. 于是根据对弧长的曲线积分性质（2）及计算公式 ②、③，得

$$\oint_L (x+y)\mathrm{d}s = \int_{OA}(x+y)\mathrm{d}s + \int_{AB}(x+y)\mathrm{d}s + \int_{BO}(x+y)\mathrm{d}s$$

$$= \int_0^1 x\,\mathrm{d}x + \int_0^1 [x+(1-x)]\sqrt{1+1}\,\mathrm{d}x + \int_0^1 y\,\mathrm{d}y$$

$$= \frac{1}{2} + \sqrt{2} + \frac{1}{2} = 1 + \sqrt{2}.$$

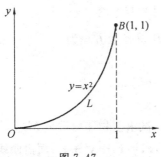

图 7.47　　　　　　　　图 7.48

【例 7.40】　计算 $\displaystyle\int_L y\mathrm{e}^{x^2+y^2}\mathrm{d}s$，其中 L 是圆周 $x^2+y^2=2x$ 的上半部分（$y\geqslant 0$）（图 7.49）.

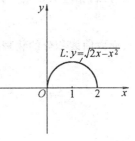

解法 1　L 的方程为 $y=\sqrt{2x-x^2}$（$0\leqslant x\leqslant 2$），则

$$y' = \frac{1-x}{\sqrt{x(2-x)}},$$

所以有

$$\mathrm{d}s = \sqrt{1+y'^2}\,\mathrm{d}x = \frac{\mathrm{d}x}{\sqrt{x(2-x)}},$$

图 7.49

因而

$$\int_L y\mathrm{e}^{x^2+y^2}\mathrm{d}s = \int_0^2 \sqrt{2x-x^2}\,\mathrm{e}^{2x}\frac{\mathrm{d}x}{\sqrt{x(2-x)}}$$

$$= \int_0^2 \mathrm{e}^{2x}\mathrm{d}x = \frac{1}{2}(\mathrm{e}^4-1).$$

解法 2　因为在直角坐标系中，L 的参数方程为

$$\begin{cases} x = 1+\cos t \\ y = \sin t \end{cases}, \quad 0\leqslant t\leqslant \pi.$$

因而

$$\int_L y\mathrm{e}^{x^2+y^2}\mathrm{d}s = \int_0^\pi \sin t\cdot\mathrm{e}^{2(1+\cos t)}\mathrm{d}t = -\frac{1}{2}\mathrm{e}^{2(1+\cos t)}\Big|_0^\pi = \frac{1}{2}(\mathrm{e}^4-1).$$

解法 3　因为在极坐标系下 L 的方程为 $r=2\cos\theta$，所以有

$$\mathrm{d}s = \sqrt{r^2(\theta)+r'^2(\theta)}\,\mathrm{d}\theta = \sqrt{(2\cos\theta)^2+(-2\sin\theta)^2}\,\mathrm{d}\theta = 2\mathrm{d}\theta,$$

因而

$$\int_L y\mathrm{e}^{x^2+y^2}\mathrm{d}s = \int_0^{\frac{\pi}{2}} 2\cos\theta\sin\theta\,\mathrm{e}^{4\cos^2\theta}2\mathrm{d}\theta = -\frac{1}{2}\mathrm{e}^{4\cos^2\theta}\Big|_0^{\frac{\pi}{2}} = \frac{1}{2}(\mathrm{e}^4-1).$$

【例 7.41】　计算 $\int_L (x+y+z)\mathrm{d}s$,其中 L 为从点 $(1,1,1)$ 到点 $(2,2,2)$ 的直线段.

解　直线 L 的参数方程是: $x=1+t,y=1+t,z=1+t(t\in[0,1])$,所以

$$\mathrm{d}s=\sqrt{x'^2+y'^2+z'^2}\,\mathrm{d}t=\sqrt{3}\,\mathrm{d}t,$$

因此

$$\int_L (x+y+z)\mathrm{d}s=3\sqrt{3}\int_0^1 (1+t)\mathrm{d}t=\frac{9}{2}\sqrt{3}.$$

【例 7.42】　已知物体的几何形状为螺旋线 Γ,其参数方程为

$$\begin{cases} x=a\cos t \\ y=a\sin t, & 0\leqslant t\leqslant 2\pi. \\ z=kt \end{cases}$$

且其上每一点的密度等于该点与原点距离的平方,试求该物体的质量 M.

解　由题意可知,该物体的线密度为 $\mu(x,y,z)=x^2+y^2+z^2$,而由曲线 Γ 的参数方程可知,相应的弧微分为

$$\mathrm{d}s=\sqrt{a^2\sin^2 t+a^2\cos^2 t+k^2}\,\mathrm{d}t=\sqrt{a^2+k^2}\,\mathrm{d}t,$$

从而由曲线积分的物理意义可得

$$\begin{aligned} M&=\int_\Gamma (x^2+y^2+z^2)\mathrm{d}s \\ &=\int_0^{2\pi} (a^2\cos^2 t+a^2\sin^2 t+k^2 t^2)\sqrt{a^2+k^2}\,\mathrm{d}t \\ &=\int_0^{2\pi} (a^2+k^2 t^2)\sqrt{a^2+k^2}\,\mathrm{d}t \\ &=\frac{2\pi}{3}\sqrt{a^2+k^2}(3a^2+4\pi^2 k^2). \end{aligned}$$

【例 7.43】　求柱面 $x^2+y^2=Rx$ 包含在球面 $x^2+y^2+z^2=R^2$ 内那部分的面积.

解　由对称性,只需考虑第一卦限部分.利用柱面被曲面所截部分的面积公式得

$$A=\int_L \sqrt{R^2-x^2-y^2}\,\mathrm{d}s,$$

其中

$$L: x^2+y^2=Rx, \quad y\geqslant 0, 0\leqslant x\leqslant R.$$

将柱面的方程改写为

$$\left(x-\frac{R}{2}\right)^2+y^2=\left(\frac{R}{2}\right)^2,$$

相应柱面的参数方程为

$$x=\frac{R}{2}+\frac{R}{2}\cos\theta, y=\frac{R}{2}\sin\theta, \theta\in[0,\pi],$$

因而

$$\mathrm{d}s=\sqrt{x'^2+y'^2}\,\mathrm{d}\theta=\frac{R}{2}\mathrm{d}\theta,$$

所以

$$A = 4\int_L \sqrt{R^2 - Rx}\, \mathrm{d}s = 4\int_0^\pi \frac{R}{\sqrt{2}} \sqrt{1 - \cos\theta} \cdot \frac{R}{2}\, \mathrm{d}\theta$$

$$= \sqrt{2}\, R^2 \int_0^\pi \sqrt{2} \sin\frac{\theta}{2}\, \mathrm{d}\theta = 4R^2 \left(-\cos\frac{\theta}{2}\right)\Big|_0^\pi = 4R^2.$$

习题 7.5

1. 计算 $\displaystyle\int_L y^2 \mathrm{d}s$，其中曲线 L 为 $\begin{cases} x = a(t - \sin t) \\ y = a(1 - \cos t) \end{cases}(0 \leqslant t \leqslant 2\pi)$ 的一拱，其中常数 $a > 0$.

2. 计算 $\displaystyle\oint_L \sqrt{x^2 + y^2}\, \mathrm{d}s$，其中 L 是圆周 $x^2 + y^2 = 4x$.

3. 计算 $\displaystyle\oint_L x\, \mathrm{d}s$，其中 L 为直线 $y = x$ 及抛物线 $y = x^2$ 所围成的区域的整个边界.

4. 计算 $\displaystyle\oint_L x\, \mathrm{d}s$，其中 L 为直线段连结点 $O(0,0)$、$A(1,0)$、$B(1,1)$ 的三角边界.

5. 计算 $\displaystyle\oint_L e^{\sqrt{x^2 + y^2}}\, \mathrm{d}s$，其中 L 为圆周 $x^2 + y^2 = a^2$、直线 $y = x$ 及 x 轴在第一象限内所围成的扇形的整个边界.

6. 计算 $\displaystyle\oint_\Gamma x^2 \mathrm{d}s$，其中 Γ 为球面 $x^2 + y^2 + z^2 = a^2$ 被平面 $x + y + z = 0$ 所截圆周.

7. 计算 $\displaystyle\int_\Gamma x^2 yz\, \mathrm{d}s$，其中 Γ 为依次连接点 $A(0,0,0)$、$B(0,0,2)$、$C(1,0,2)$、$D(1,3,2)$ 的折线.

8. 一金属线成半圆形 $x = a\cos t, y = a\sin t (0 \leqslant t \leqslant \pi)$，其上每一点的密度等于该点的纵坐标 y，求这条金属线的质量.

7.6　对坐标的曲线积分

一、对坐标的曲线积分的概念与性质

引例　设平面内一质点在力 $\boldsymbol{F}$ 的作用下，沿着光滑的平面曲线 L 从点 A 移动到点 B，力 $\boldsymbol{F}$ 的大小和方向随着点 M 的移动而变化(图 7.50)，即

$$\boldsymbol{F}(x,y) = P(x,y)\boldsymbol{i} + Q(x,y)\boldsymbol{j}.$$

当质点 M 从 A 移动到 B 时，变力 $\boldsymbol{F}$ 所做的功为 W. 我们求变力作的功 W：

在有向曲线弧 L 内任意插入 $n-1$ 个分点(图 7.50)$A = M_0, M_1, M_2, \cdots, M_{n-1}, M_n = B$，将有向曲线 L 分成 n 个小弧段 $\overparen{M_{i-1}M_i}(i = 1, 2, \cdots, n)$，其中点 M_i 的坐标为 $(x_i, y_i)(i = 0, 1, 2, \cdots, n)$；当第 i 个弧段 $\overparen{M_{i-1}M_i}$ 很小时可用有向线段 $\overrightarrow{M_{i-1}M_i} = \Delta x_i \boldsymbol{i} + \Delta y_i \boldsymbol{j}$ 来近似代替

它,该小弧段各点处的力可用 $\overset{\frown}{M_{i-1}M_i}$ 上任意一点 (ξ_i,η_i) 处所受的力

$$F(\xi_i,\eta_i)=P(\xi_i,\eta_i)i+Q(\xi_i,\eta_i)j$$

来近似代替,从而数量积 $F(\xi_i,\eta_i)\cdot\overrightarrow{M_{i-1}M_i}$ 可近似地看成是当质点沿着有向弧段 $\overset{\frown}{M_{i-1}M_i}$
从点 M_{i-1} 移到点 M_i 时力 F 所做的功,即

$$\Delta W_i\approx F(\xi_i,\eta_i)\cdot\overrightarrow{M_{i-1}M_i}=P(\xi_i,\eta_i)\Delta x_i+Q(\xi_i,\eta_i)\Delta y_i,$$

这里 $\Delta x_i=x_i-x_{i-1}$,$\Delta y_i=y_i-y_{i-1}$.变力 $F(x,y)$ 在整个曲线弧 L 上所作功的近似值为

$$W\approx\sum_{i=1}^{n}F(\xi_i,\eta_i)\cdot\overrightarrow{M_{i-1}M_i}=\sum_{i=1}^{n}[P(\xi_i,\eta_i)\Delta x_i+Q(\xi_i,\eta_i)\Delta y_i],$$

用 λ 表示 n 个小弧段的最大长度,令 $\lambda\to0$ 取上述和的极限,于是变力 $F(x,y)$ 在整个曲线弧 L 上所做的功为

$$W=\lim_{\lambda\to0}\sum_{i=1}^{n}[P(\xi_i,\eta_i)\Delta x_i+Q(\xi_i,\eta_i)\Delta y_i].$$

上述这种和式的极限去掉问题的实际意义,可得出对坐标的曲线积分的概念.

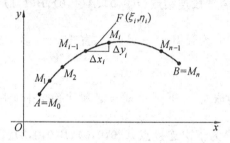

图 7.50

定义7.4 设 L 为平面上一条有向光滑曲线弧,其中 A 为起点,B 为终点.$P(x,y)$、$Q(x,y)$ 是定义在 L 上的有界函数,在 L 上沿 L 的正方向任意插入 $n-1$ 个分点 $A=M_0(x_0,y_0),M_1(x_1,y_1),\cdots,M_{n-1}(x_{n-1},y_{n-1}),M_n(x_n,y_n)=B$,把 L 分成 n 个有向小弧段 $\overset{\frown}{M_{i-1}M_i}(i=1,2,\cdots,n)$,并在每一个小弧段 $\overset{\frown}{M_{i-1}M_i}$ 上任取一点 (ξ_i,η_i).记 $\Delta x_i=x_i-x_{i-1}$,$\Delta y_i=y_i-y_{i-1}$,λ 为各小弧段 $\overset{\frown}{M_{i-1}M_i}$ 长度的最大值,当 $\lambda\to0$ 时,如果

$$\lim_{\lambda\to0}\sum_{i=1}^{n}P(\xi_i,\eta_i)\Delta x_i$$

存在,则称此极限值为函数 $P(x,y)$ 沿曲线 L 正向的对坐标 x 的曲线积分,记为 $\int_L P(x,y)\mathrm{d}x$,即

$$\int_L P(x,y)\mathrm{d}x=\lim_{\lambda\to0}\sum_{i=1}^{n}P(\xi_i,\eta_i)\Delta x_i,$$

类似地,称

$$\lim_{\lambda\to0}\sum_{i=1}^{n}Q(\xi_i,\eta_i)\Delta y_i$$

为函数 $Q(x,y)$ 沿曲线 L 正向的对坐标 y 的曲线积分,记为 $\displaystyle\int_L Q(x,y)\mathrm{d}y$,即

$$\int_L Q(x,y)\mathrm{d}y=\lim_{\lambda\to 0}\sum_{i=1}^{n}Q(\xi_i,\eta_i)\Delta y_i,$$

其中 $P(x,y)$、$Q(x,y)$ 称为被积函数,L 称为积分弧段.以上的两个积分也称为第二类曲线积分.

上述定义可以类似地推广到积分弧段为空间有向曲线弧 Γ 的情形,而

$$\int_\Gamma P(x,y,z)\mathrm{d}x=\lim_{\lambda\to 0}\sum_{i=1}^{n}P(\xi_i,\eta_i,\zeta_i)\Delta x_i;$$

$$\int_\Gamma Q(x,y,z)\mathrm{d}y=\lim_{\lambda\to 0}\sum_{i=1}^{n}Q(\xi_i,\eta_i,\zeta_i)\Delta y_i;$$

$$\int_\Gamma R(x,y,z)\mathrm{d}z=\lim_{\lambda\to 0}\sum_{i=1}^{n}R(\xi_i,\eta_i,\zeta_i)\Delta z_i.$$

注　如果 $P(x,y)$、$Q(x,y)$ 在有向光滑曲线弧 L 上连续,则 $\displaystyle\int_L P(x,y)\mathrm{d}x$ 与 $\displaystyle\int_L Q(x,y)\mathrm{d}y$ 都存在.以下总假定 $P(x,y)$、$Q(x,y)$ 在有向曲线弧 L 上连续.

我们在实际问题中所遇到的对坐标的曲线积分往往是下面两个积分之和的形式:

$$\int_L P(x,y)\mathrm{d}x+\int_L Q(x,y)\mathrm{d}y. \qquad\qquad ①$$

为了书写方便,常将上式的两个积分合并一起简记为

$$\int_L P(x,y)\mathrm{d}x+Q(x,y)\mathrm{d}y \text{ 或}\int_L P\mathrm{d}x+Q\mathrm{d}y,$$

或写成向量形式

$$\int_L \boldsymbol{F}(x,y)\cdot\mathrm{d}\boldsymbol{r}.$$

根据对坐标的曲线积分的定义可知,引例中力 $\boldsymbol{F}$ 沿曲线 L 从起点 A 到终点 B 所做的功为

$$W=\int_L P(x,y)\mathrm{d}x+Q(x,y)\mathrm{d}y=\int_L \boldsymbol{F}\cdot\mathrm{d}\boldsymbol{r},$$

其中 $\mathrm{d}\boldsymbol{r}=\mathrm{d}x\boldsymbol{i}+\mathrm{d}y\boldsymbol{j}$.

根据上述曲线积分的定义,可以导出对坐标的曲线积分的一些性质:

设 L 为平面上一段有向光滑曲线弧,且以点 A 为起点,以点 B 为终点,函数 $P=P(x,y)$、$Q=Q(x,y)$ 在 L 上连续,以下结论成立:

(1) 如果 L^- 与 L 是方向相反的有向曲线弧,则

$$\int_{L^-}P\mathrm{d}x+Q\mathrm{d}y=-\int_L P\mathrm{d}x+Q\mathrm{d}y.$$

(2) 如果 L 被一点分成 L_1 与 L_2 两部分,且 L_1 与 L_2 都与 L 的方向相同,则

$$\int_L P\mathrm{d}x+Q\mathrm{d}y=\int_{L_1}P\mathrm{d}x+Q\mathrm{d}y+\int_{L_2}P\mathrm{d}x+Q\mathrm{d}y.$$

对于空间曲线积分也有类似的性质,在此不一一列举.

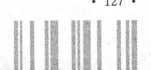

二、对坐标的曲线积分的计算法

定理 7.2 设函数 $P=P(x,y)$、$Q=Q(x,y)$ 在有向光滑曲线弧 L 上连续,其中 L 的参数方程为

$$\begin{cases} x=\varphi(t) \\ y=\psi(t) \end{cases}, \quad \alpha \leqslant t \leqslant \beta,$$

以 $(\varphi(\alpha),\psi(\alpha))$ 为起点、以 $(\varphi(\beta),\psi(\beta))$ 为终点,$x=\varphi(t)$、$y=\psi(t)$ 在 $[\alpha,\beta]$ 上具有一阶连续导数,且 $[\varphi'(t)]^2+[\psi'(t)]^2 \neq 0$,则对坐标的曲线积分 $\int_L P\mathrm{d}x+Q\mathrm{d}y$ 存在,且

$$\int_L P\mathrm{d}x+Q\mathrm{d}y=\int_\alpha^\beta [P(\varphi(t),\psi(t))\varphi'(t)+Q(\varphi(t),\psi(t))\psi'(t)]\mathrm{d}t. \qquad ②$$

注 式 ② 右边的定积分的下限 α 对应于起点的参数,上限 β 对应于终点的参数. 例如,在定理 7.2 中将条件"$(\varphi(\alpha),\psi(\alpha))$ 为起点,$(\varphi(\beta),\psi(\beta))$ 为终点"改为"$(\varphi(\beta),\psi(\beta))$ 为起点,$(\varphi(\alpha),\psi(\alpha))$ 为终点",则式 ② 应改为

$$\int_L P\mathrm{d}x+Q\mathrm{d}y=\int_\beta^\alpha [P(\varphi(t),\psi(t))\varphi'(t)+Q(\varphi(t),\psi(t))\psi'(t)]\mathrm{d}t.$$

对坐标的曲线积分的计算的路径经常遇到如下的一些简单情形:

(1) 当有向光滑曲线弧 L 的方程为 $y=f(x)(a \leqslant x \leqslant b)$ 时,有

$$\int_L P\mathrm{d}x+Q\mathrm{d}y=\int_a^b [P(x,f(x))+Q(x,f(x))f'(x)]\mathrm{d}x; \qquad ③$$

(2) 当有向光滑曲线弧 L 的方程为 $x=\varphi(y)(c \leqslant y \leqslant d)$ 时,有

$$\int_L P\mathrm{d}x+Q\mathrm{d}y=\int_c^d [P(\varphi(y),y)\varphi'(y)+Q(\varphi(y),y)]\mathrm{d}y. \qquad ④$$

公式 ② 可推广到空间曲线 Γ 由参数方程 $x=x(t)$、$y=y(t)$、$z=z(t)$ 给出的情形,且参数 t 从 α 到 β,则有

$$\int_\Gamma P(x,y,z)\mathrm{d}x+Q(x,y,z)\mathrm{d}y+R(x,y,z)\mathrm{d}z$$
$$=\int_\alpha^\beta [P(M)x'(t)+Q(M)y'(t)+R(M)z'(t)]\mathrm{d}t.$$

其中 $M=(x(t),y(t),z(t))$.

【例 7.44】 计算 $\int_L \dfrac{(x+y)\mathrm{d}x-(x-y)\mathrm{d}y}{x^2+y^2}$,其中 L 是沿圆周 $x^2+y^2=a^2$ 逆时针绕行一周(图 7.51).

解 记 $P=\dfrac{x+y}{x^2+y^2}$,$Q=-\dfrac{x-y}{x^2+y^2}$. 因为 L 的参数方程可写为

$$\begin{cases} x(\theta)=a\cos\theta \\ y(\theta)=a\sin\theta \end{cases}, \quad 0 \leqslant \theta \leqslant 2\pi$$

所以

$$\int_L \frac{(x+y)\mathrm{d}x-(x-y)\mathrm{d}y}{x^2+y^2}=\int_0^{2\pi} \frac{(a\cos\theta+a\sin\theta)(-a\sin\theta)-(a\cos\theta-a\sin\theta)a\cos\theta}{a^2}\mathrm{d}\theta$$
$$=\int_0^{2\pi} \frac{-a^2\sin^2\theta-a^2\cos^2\theta}{a^2}\mathrm{d}\theta=-\int_0^{2\pi}\mathrm{d}\theta=-2\pi.$$

【例 7.45】 计算 $\int_L xy\,dx + (y^2+1)\,dy$，其中 L 为：

(1) 从点 $O(0,0)$ 沿曲线 $y^2 = x$ 到点 $B(1,1)$；

(2) 从点 $O(0,0)$ 沿 x 轴到点 $A(1,0)$，然后再沿直线到点 $B(1,1)$（图 7.52）.

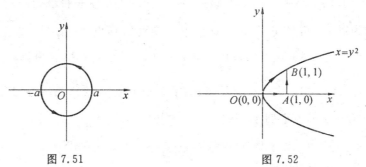

图 7.51   图 7.52

解 (1) 在 L 上，$\begin{cases} x = y^2 \\ y = y \end{cases}$，$y$ 从 0 到 1，所以

$$\int_L xy\,dx + (y^2+1)\,dy = \int_0^1 [y^2 \cdot y \cdot 2y + (y^2+1)]\,dy$$

$$= \int_0^1 (2y^4 + y^2 + 1)\,dy$$

$$= \left(\frac{2}{5}y^5 + \frac{1}{3}y^3 + y \right) \Big|_0^1 = \frac{26}{15}.$$

(2) 在 OA 上，$\begin{cases} x = x \\ y = 0 \end{cases}$，$dy = 0$，$dx = dx$，$x$ 从 0 到 1，所以

$$\int_{OA} xy\,dx + (y^2+1)\,dy = \int_0^1 [x \cdot 0 + 0]\,dx = 0,$$

在 AB 上，$\begin{cases} x = 1 \\ y = y \end{cases}$，$dx = 0$，$dy = dy$，$y$ 从 0 到 1，所以

$$\int_{AB} xy\,dx + (y^2+1)\,dy = \int_0^1 [0 + y^2 + 1]\,dy = \frac{4}{3},$$

从而

$$\int_L xy\,dx + (y^2+1)\,dy = \int_{OA} xy\,dx + (y^2+1)\,dy + \int_{AB} xy\,dx + (y^2+1)\,dy$$

$$= 0 + \frac{4}{3} = \frac{4}{3}.$$

由此例可以看出，即使两个曲线积分的被积表达式、起点和终点完全相同，而沿不同路径得出的积分值有可能不相等.

【例 7.46】 计算 $\int_L 2xy\,dx + x^2\,dy$，其中 L 为（图 7.53）：

(1) 抛物线 $y = x^2$ 上从点 $O(0,0)$ 到 $B(1,1)$ 的一段弧；

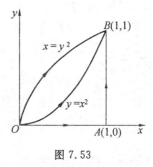

图 7.53

(2) 抛物线 $x = y^2$ 上从点 $O(0,0)$ 到 $B(1,1)$ 的一段弧；

(3) 有向折线 OAB，这里 O、A、B 依次是点 $(0,0)$、$(1,0)$、$(1,1)$．

解　(1) 化为对 x 的定积分．$L:y = x^2$，x 从 0 变到 1．所以

$$\int_L 2xy\mathrm{d}x + x^2\mathrm{d}y = \int_0^1 (2x \cdot x^2 + x^2 \cdot 2x)\mathrm{d}x = 4\int_0^1 x^3\mathrm{d}x = 1.$$

(2) 化为对 y 的定积分．$L:x = y^2$，y 从 0 变到 1．所以

$$\int_L 2xy\mathrm{d}x + x^2\mathrm{d}y = \int_0^1 (2y^2 \cdot y \cdot 2y + y^4)\mathrm{d}y = 5\int_0^1 y^4\mathrm{d}y = 1.$$

(3)　$\displaystyle\int_L 2xy\mathrm{d}x + x^2\mathrm{d}y = \int_{OA} 2xy\mathrm{d}x + x^2\mathrm{d}y + \int_{AB} 2xy\mathrm{d}x + x^2\mathrm{d}y,$

在 OA 上，$y = 0$，x 从 0 变到 1，所以

$$\int_{OA} 2xy\mathrm{d}x + x^2\mathrm{d}y = \int_0^1 (2x \cdot 0 + x^2 \cdot 0)\mathrm{d}x = 0;$$

在 AB 上，$x = 1$，y 从 0 变到 1，所以

$$\int_{AB} 2xy\mathrm{d}x + x^2\mathrm{d}y = \int_0^1 (2y \cdot 0 + 1)\mathrm{d}y = 1.$$

从而

$$\int_L 2xy\mathrm{d}x + x^2\mathrm{d}y = 0 + 1 = 1.$$

从例 7.46 可以看出，虽然沿不同路径，曲线积分的值却可能相同．

【例 7.47】　计算 $\displaystyle\int_\Gamma xy^2\mathrm{d}x + yz^2\mathrm{d}y + zx^2\mathrm{d}z$，其中 Γ 是从点 $A(2,-1,1)$ 到点 $B(0,0,0)$ 的直线段．

解　直线段 AB 的方程为 $\dfrac{x}{2} = \dfrac{y}{-1} = \dfrac{z}{1}$，则 AB 的参数方程为 $\begin{cases} x = 2t \\ y = -t, t \text{ 从 1 到 0，所以} \\ z = t \end{cases}$

$$\int_\Gamma xy^2\mathrm{d}x + yz^2\mathrm{d}y + zx^2\mathrm{d}z = \int_1^0 (4t^3 + t^3 + 4t^3)\mathrm{d}t = -\frac{9}{4}.$$

三、两类曲线积分之间的关系

通过以上的阐述，我们可以看出，虽然对弧长曲线积分与对坐标的曲线积分来自不同的物理原型，但并不是彼此独立的，在一定的条件下，它们之间可以互相转化，下面给出了两类曲线积分之间互相转化的公式．

定理 7.3　设 L 是平面上的一条光滑的有向曲线，且 L 上任意一点 $M(x,y)$ 处的切向量的方向角为 α 与 β．如果函数 $P(x,y)$ 与 $Q(x,y)$ 在 L 上连续，则

$$\int_L P(x,y)\mathrm{d}x + Q(x,y)\mathrm{d}y = \int_L [P(x,y)\cos\alpha + Q(x,y)\cos\beta]\mathrm{d}s. \qquad ⑤$$

证　设曲线 L 的参数方程为

$$\begin{cases} x = x(t) \\ y = y(t) \end{cases}, \quad T_0 \leqslant t \leqslant T_1,$$

则 $P(x,y)$、$Q(x,y)$ 在 L 上连续，并根据对坐标的曲线积分的计算公式可得

$$\int_L P(x,y)\mathrm{d}x + Q(x,y)\mathrm{d}y = \int_{T_0}^{T_1}[P(x(t),y(t))x'(t) + Q(x(t),y(t))y'(t)]\mathrm{d}t;$$

另一方面,由点 $M(x,y)$ 处的切向量的方向角为 α 与 β 可得

$$\cos\alpha = \frac{x'(t)}{\sqrt{[x'(t)]^2 + [y'(t)]^2}}, \cos\beta = \frac{y'(t)}{\sqrt{[x'(t)]^2 + [y'(t)]^2}},$$

故由对弧长的曲线积分的计算公式可得

$$\begin{aligned}
\int_L P(x,y)\cos\alpha\,\mathrm{d}s &= \int_{T_0}^{T_1} \frac{P(x(t),y(t))x'(t)}{\sqrt{[x'(t)]^2 + [y'(t)]^2}}\sqrt{[x'(t)]^2 + [y'(t)]^2}\,\mathrm{d}t\\
&= \int_{T_0}^{T_1} P(x(t),y(t))x'(t)\mathrm{d}t,\\
\int_L Q(x,y)\cos\beta\,\mathrm{d}s &= \int_{T_0}^{T_1} \frac{Q(x(t),y(t))y'(t)}{\sqrt{[x'(t)]^2 + [y'(t)]^2}}\sqrt{[x'(t)]^2 + [y'(t)]^2}\,\mathrm{d}t\\
&= \int_{T_0}^{T_1} Q(x(t),y(t))y'(t)\mathrm{d}t.
\end{aligned}$$

从而

$$\int_L P(x,y)\mathrm{d}x + Q(x,y)\mathrm{d}y = \int_L [P(x,y)\cos\alpha + Q(x,y)\cos\beta]\mathrm{d}s.$$

证毕.

注　式 ⑤ 右端积分中的方向角 α、β 与切向量的方向有关,当该方向改变为相反方向(即曲线改变方向)时,不仅公式左端改变符号,且右端积分中 $\cos\alpha$ 与 $\cos\beta$ 改变符号,从而整个被积函数改变符号,即右端积分也改变符号,从而公式 ⑤ 仍是正确的.

推论　如果 Γ 为空间一条光滑的有向曲线,且函数

$$P = P(x,y,z)、Q = Q(x,y,z)、R = R(x,y,z)$$

在 Γ 上连续,则

$$\int_\Gamma P\mathrm{d}x + Q\mathrm{d}y + R\mathrm{d}z = \int_\Gamma (P\cos\alpha + Q\cos\beta + R\cos\gamma)\mathrm{d}s, \qquad ⑥$$

其中 $\cos\alpha$、$\cos\beta$、$\cos\gamma$ 为 Γ 上任意一点 $M(x,y,z)$ 处的切向量的方向余弦.

【例 7.48】　计算 $\oint_L \dfrac{-y\mathrm{d}x + x\mathrm{d}y}{x^2 + y^2}$,其中 $L:x^2 + y^2 = a^2$,顺时针方向 $(a > 0)$.

解法 1　圆周的参数方程 $x = a\cos t,y = a\sin t$,按定向,t 从 2π 到 0. 化曲线积分为定积分:

$$\begin{aligned}
\oint_L \frac{-y\mathrm{d}x + x\mathrm{d}y}{x^2 + y^2} &= \int_{2\pi}^0 \frac{-a\sin t(-a\sin t) + a\cos t(a\cos t)}{a^2}\mathrm{d}t\\
&= -\int_0^{2\pi}(\sin^2 t + \cos^2 t)\mathrm{d}t = -\int_0^{2\pi}\mathrm{d}t = -2\pi.
\end{aligned}$$

解法 2　化对坐标的曲线积分为对弧长的曲线积分:

$$\oint_L \frac{-y\mathrm{d}x + x\mathrm{d}y}{x^2 + y^2} = \int_L \frac{-y\cos\alpha + x\cos\beta}{a^2}\mathrm{d}s,$$

其中 $\{\cos\alpha,\cos\beta\} = \left\{\dfrac{y}{a},\dfrac{-x}{a}\right\}$ 是 L 上点 (x,y) 处的单位切向量,指向顺时针方向. 于是

$$\oint_L \frac{-y\mathrm{d}x + x\mathrm{d}y}{x^2 + y^2} = \int_L \frac{-y\cos\alpha + x\cos\beta}{a^2}\mathrm{d}s = -\frac{1}{a^2}\int_L \frac{y^2 + x^2}{a}\mathrm{d}s$$

$$= -\frac{1}{a}\int_L \mathrm{d}s = -\frac{1}{a} \cdot 2\pi a = -2\pi.$$

【例 7.49】 设 Γ 为曲线 $x=t$、$y=t^2$、$z=t^3$ 上相应于 t 从 0 到 1 的一段曲线弧,且函数 $P=P(x,y,z)$、$Q=Q(x,y,z)$、$R=R(x,y,z)$ 在 Γ 上连续,试将对坐标的曲线积分

$$\int_\Gamma P(x,y,z)\mathrm{d}x + Q(x,y,z)\mathrm{d}y + R(x,y,z)\mathrm{d}z$$

转化为对弧长的曲线积分.

解 设 $M(x,y,z)$ 为曲线 Γ 上的任意一点,则曲线 Γ 在点 M 的切向量可选为

$$\boldsymbol{T} = \left(\frac{\mathrm{d}x}{\mathrm{d}t}, \frac{\mathrm{d}y}{\mathrm{d}t}, \frac{\mathrm{d}z}{\mathrm{d}t}\right) = (1, 2t, 3t^2) = (1, 2x, 3y),$$

故点 $M(x,y,z)$ 处的单位切向量为

$$(\cos\alpha, \cos\beta, \cos\gamma) = \frac{1}{\sqrt{1+4x^2+9y^2}}(1, 2x, 3y),$$

从而由公式 ⑥ 可得

$$\int_\Gamma P\mathrm{d}x + Q\mathrm{d}y + R\mathrm{d}z = \int_\Gamma \frac{P+2xQ+3yR}{\sqrt{1+4x^2+9y^2}}\mathrm{d}s.$$

习题 7.6

1. 计算 $\int_L xy\mathrm{d}x$,其中 L 为:

(1) 抛物线 $y^2=x$ 从点 $A(1,-1)$ 到点 $B(1,1)$ 的一段弧;

(2) 从点 $A(1,-1)$ 到点 $B(1,1)$ 的直线段.

2. 计算 $\int_L (x+y)\mathrm{d}x + (x-y)\mathrm{d}y$,其中 L 为:

(1) 圆弧 $x^2+y^2=a^2(a>0)$ 上从点 $A(a,0)$ 到点 $B(-a,0)$ 的上半圆周;

(2) 从点 $A(a,0)$ 到点 $B(-a,0)$ 的直线段.

3. 计算 $\oint_L \dfrac{-y\mathrm{d}x + x\mathrm{d}y}{x^2+y^2}$,其中 L: $|x|\leqslant 1$,$|y|\leqslant 1$ 的边界,沿顺时针方向.

4. 计算 $\oint_L xy\mathrm{d}x$,其中 L 为圆周 $(x-a)^2+y^2=a^2(a>0)$ 及 x 轴所围成的在第一象限内的区域的整个边界(按逆时针方向绕行).

5. 计算 $\int_L (2a-y)\mathrm{d}x + x\mathrm{d}y$,其中 L 是从点 $(0,0)$ 经摆线 $\begin{cases} x=a(t-\sin t) \\ y=a(1-\cos t) \end{cases}$ 到点 $(2\pi a, 0)$.

6. 计算 $\int_\Gamma x^2\mathrm{d}x + z\mathrm{d}y - y\mathrm{d}z$,其中 Γ 方程为 $x=2t$,$y=3\cos t$,$z=3\sin t$,方向为参数 t 从 0 到 π.

7. 计算 $\oint_\Gamma \mathrm{d}x - \mathrm{d}y + y\mathrm{d}z$,其中 Γ 为有向闭折线 $ABCA$,这里 A、B、C 的依次为点 $(1,0,0)$、$(0,1,0)$、$(0,0,1)$.

8. 计算 $\int_{\Gamma} x\,\mathrm{d}x + y\mathrm{d}y + (x+y-1)\mathrm{d}z$，其中 Γ 是从点 $(1,1,1)$ 到点 $(2,3,4)$ 的一段直线.

9. 把对坐标的曲线积分 $\int_{L} P\,\mathrm{d}x + Q\mathrm{d}y$ 化成对弧长的曲线积分，其中 L 为：

(1) 沿抛物线 $y = x^2$ 从点 $(0,0)$ 到点 $(1,1)$ 的直线段；

(2) 沿上半圆周 $x^2 + y^2 = 2x$ 从点 $(0,0)$ 到点 $(1,1)$.

7.7　格林公式　平面曲线积分与路径无关的条件

本节要介绍的格林公式，它揭示了在平面区域 D 上的二重积分同沿着这个区域的边界线 L 上的曲线积分之间的联系，该公式在其他学科（如复变函数、偏微分方程）中都有重要的应用.

一、格林公式

为了讨论格林公式的需要，我们先引入单连通区域与复连通区域的概念.

设 D 为一个平面区域，如果 D 内任一闭曲线所围内部都含在 D 内，则称 D 为单连通区域，否则称为复连通区域. 例如，图 7.54 表示的区域就是一个单连通区域，而图 7.55 表示的区域就是一个复连通区域.

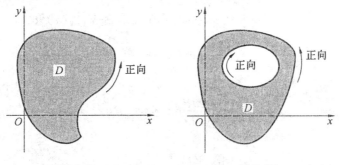

图 7.54　　　　　　　　　图 7.55

一般的单连通区域就是不含"洞"的区域，而复连通区域则是含"洞"，甚至含"点洞"的区域. 例如，圆域 $\{(x,y) \mid x^2 + y^2 \leqslant 1\}$ 为单连通区域，而圆环形区域 $\{(x,y) \mid 1 \leqslant x^2 + y^2 \leqslant 2\}$ 及区域 $\{(x,y) \mid 0 < x^2 + y^2 \leqslant 1\}$ 都是复连通区域.

对于区域 D 的边界曲线 L 的正方向规定如下：当观察者沿 L 的正向行走时，D 内靠近边界 L 的那一部分点始终在其左侧. 图 7.54 所表示的（区域 D 的）边界曲线的正向是逆时针方向，图 7.55 所表示的（区域 D 的）外边界曲线的正向是逆时针方向，内边界曲线的正向是顺时针方向.

定理 7.4（格林公式）　设 D 是由分段光滑的曲线 L 围成的平面闭区域，函数 $P = P(x,y)$ 及 $Q = Q(x,y)$ 在 D 上具有一阶连续偏导数，则

$$\iint_{D} \left(\frac{\partial Q}{\partial x} - \frac{\partial P}{\partial y} \right) \mathrm{d}x\mathrm{d}y = \oint_{L} P(x,y)\mathrm{d}x + Q(x,y)\mathrm{d}y, \qquad ①$$

其中 L 是 D 的正向边界曲线.

证 首先假设 D 是单连通区域，且 D 既是 X 型区域（图 7.56），又是 Y 型区域（图 7.57）.

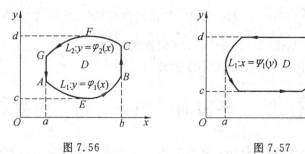

图 7.56　　　　　　　　　　图 7.57

则区域 D 可表示为

$$D = \{(x,y) \mid a \leqslant x \leqslant b, \varphi_1(x) \leqslant y \leqslant \varphi_2(x)\}$$
$$= \{(x,y) \mid c \leqslant y \leqslant d, \psi_1(y) \leqslant x \leqslant \psi_2(y)\},$$

则有

$$\iint_D \frac{\partial P}{\partial y} dx dy = \int_a^b dx \int_{\varphi_1(x)}^{\varphi_2(x)} \frac{\partial P(x,y)}{\partial y} dy = \int_a^b \{P[x,\varphi_2(x)] - P[x,\varphi_1(x)]\} dx.$$

而

$$\oint_L P dx = \int_{L_1} P dx + \int_{BC} P dx + \int_{L_2} P dx + \int_{GA} P dx$$
$$= \int_a^b P[x,\varphi_1(x)] dx + \int_b^a P[x,\varphi_2(x)] dx$$
$$= \int_a^b \{P[x,\varphi_1(x)] - P[x,\varphi_2(x)]\} dx,$$

所以

$$-\iint_D \frac{\partial P}{\partial y} dx dy = \oint_L P dx.$$

类似地可证

$$\iint_D \frac{\partial Q}{\partial x} dx dy = \oint_L Q dy.$$

于是

$$\iint_D \left(\frac{\partial Q}{\partial x} - \frac{\partial P}{\partial y}\right) dx dy = \oint_L P(x,y) dx + Q(x,y) dy.$$

再考虑一般情形，如果区域 D 如图 7.58 所示，则 $D = D_1 + D_2 + D_3$，利用二重积分的区域可加性，对坐标的曲线积分曲线方向相反积分变号的性质，结合上面的结果，便得

$$\iint_D \left(\frac{\partial Q}{\partial x} - \frac{\partial P}{\partial y}\right) dx dy = \oint_L P(x,y) dx + Q(x,y) dy.$$

一般的，公式 ① 对于由分段光滑曲线围成的闭区域都成立. 证毕.

注 对复连通区域 D，格林公式右端应包括沿区域 D 的全部边界的曲线积分，且边界的方向对区域 D 来说都是正向的.

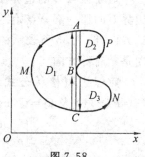

图 7.58

格林公式不仅具有十分重要的理论意义,而且在计算某些曲线积分时也有着重要的应用.特别地,当 $P(x,y)=-y,Q(x,y)=x$ 时,由格林公式可得到一个用曲线积分计算平面区域面积的公式

$$S=\iint_D \mathrm{d}x\mathrm{d}y=\frac{1}{2}\oint_L x\mathrm{d}y-y\mathrm{d}x \qquad\qquad ②$$

其中 L 是区域 D 的正向边界曲线.

【例 7.50】 计算 $\oint_L (xy^2+2y)\mathrm{d}x+x^2y\mathrm{d}y$,其中曲线 L 是圆周 $x^2+y^2=2y$ 的正向(图 7.59).

解 设 $P(x,y)=xy^2+2y,Q(x,y)=x^2y$,由格林公式可得

$$\oint_L (xy^2+2y)\mathrm{d}x+x^2y\mathrm{d}y=\iint_D (\frac{\partial Q}{\partial x}-\frac{\partial P}{\partial y})\mathrm{d}x\mathrm{d}y$$

$$=\iint_D [2xy-(2xy+2)]\mathrm{d}x\mathrm{d}y$$

$$=\iint_D -2\mathrm{d}x\mathrm{d}y=-2\pi.$$

【例 7.51】 计算椭圆 $\begin{cases} x=a\cos t \\ y=b\sin t \end{cases}(0\leqslant t\leqslant 2\pi)$ 所围成的面积 S.

解 由公式 ②,有

$$S=\frac{1}{2}\oint_L x\mathrm{d}y-y\mathrm{d}x=\frac{1}{2}\int_0^{2\pi}[a\cos t\cdot b\cos t-b\sin t\cdot a(-\sin t)]\mathrm{d}t$$

$$=\frac{1}{2}ab\int_0^{2\pi}\mathrm{d}t=\pi ab.$$

【例 7.52】 计算 $\oint_L 3xy\mathrm{d}x+x^2\mathrm{d}y$,其中 L 是矩形区域的正向边界,而它的四个顶点坐标分别为 $(-1,0)$、$(3,0)$、$(3,2)$ 及 $(-1,2)$.

解 本题若直接按照曲线积分计算,需要将积分路径分为 4 段(图 7.60),故计算量大,可以利用格林公式:

$$\oint_L 3xy\mathrm{d}x+x^2\mathrm{d}y=\iint_D (2x-3x)\mathrm{d}x\mathrm{d}y=\int_0^2 \mathrm{d}y\int_{-1}^3 (-x)\mathrm{d}x=-8.$$

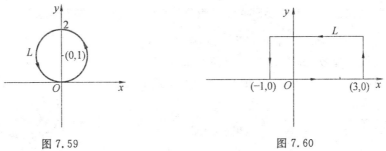

图 7.59　　　　　　　　　　　图 7.60

【例 7.53】 计算 $I=\int_L \dfrac{x\mathrm{d}y-y\mathrm{d}x}{x^2+y^2}$,其中 L 为分段光滑闭曲线,它的方向为逆时针方向,L 所围成的闭区域记为 D,点 $(0,0)$ 为 D 的内点.

解 由点$(0,0)$为D的内点可知,存在$r > 0$,使得以点$(0,0)$为心、以$r > 0$为半径的圆周L_1(逆时针)及内部全含在D内(图7.61),L_1的参数方程可写为

$$\begin{cases} x = r\cos\theta \\ y = r\sin\theta \end{cases}, \quad 0 \leqslant \theta \leqslant 2\pi,$$

并将由L的内部和L_1的外部构成的闭区域记为D_r,其边界$L + L_1^-$(图7.61).

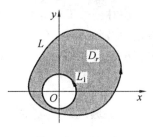

图 7.61

设$P(x,y) = -\dfrac{y}{x^2 + y^2}$,$Q(x,y) = \dfrac{x}{x^2 + y^2}$,则函数

$P(x,y)$、$Q(x,y)$在区域D_r及边界$L + L_1^-$上具有一阶连续偏导数,从而由格林公式可得

$$\int_{L + L_1^-} P(x,y)\mathrm{d}x + Q(x,y)\mathrm{d}y = \iint_{D_r} \left(\frac{\partial Q}{\partial x} - \frac{\partial P}{\partial y} \right) \mathrm{d}x\,\mathrm{d}y$$

$$= \iint_{D_r} \left[\frac{y^2 - x^2}{(x^2 + y^2)^2} - \frac{y^2 - x^2}{(x^2 + y^2)^2} \right] \mathrm{d}x\,\mathrm{d}y = 0,$$

另一方面,由积分可加性可得

$$I = \int_{L + L_1^-} P(x,y)\mathrm{d}x + Q(x,y)\mathrm{d}y - \int_{L_1^-} P(x,y)\mathrm{d}x + Q(x,y)\mathrm{d}y$$

$$= \int_{L_1} \frac{x\,\mathrm{d}y - y\,\mathrm{d}x}{x^2 + y^2} = \int_0^{2\pi} \frac{r^2\cos^2\theta + r^2\sin^2\theta}{r^2}\mathrm{d}\theta = 2\pi.$$

在例7.53中,函数$P(x,y)$、$Q(x,y)$在点$(0,0)$处不连续,且偏导数也不存在,故在区域D及边界L上不满足格林公式的条件,但可以补充曲线段,使它们在D_r及边界$L + L_1^-$上满足格林公式的条件,然后利用格林公式将原积分转化为在曲线上的积分.这一方法在计算曲线积分时经常会用到.

二、平面曲线积分与路径无关的条件

从7.6节的讨论中我们知道,曲线积分的值除与被积函数有关外,还与积分路径有关,即取不同的积分路径,曲线积分的值可能不同,但是也有特殊情形,如例7.46或如重力场中,重力所做的功表示一个曲线积分与路径无关.曲线积分与路径无关这个问题在许多物理场中具有重要的意义,在什么条件下场力所做的功与路径无关,只依赖于曲线的端点? 这个问题在数学上就是要研究曲线积分$\int_L P\mathrm{d}x + Q\mathrm{d}y$与路径无关.

设G是一个区域,$P(x,y)$以及$Q(x,y)$在区域G内具有一阶连续偏导数. 如果对于G内任意指定的两个点A、B以及G内从点A到点B的任意两条曲线L_1、L_2(图7.62),等式

$$\int_{L_1} P\mathrm{d}x + Q\mathrm{d}y = \int_{L_2} P\mathrm{d}x + Q\mathrm{d}y$$

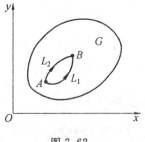

图 7.62

恒成立,就说曲线积分$\int_L P\mathrm{d}x + Q\mathrm{d}y$在$G$内与路径无关,

否则便说与路径有关.

下面不加证明地给出了曲线积分与路径无关的几个等价命题：

定理7.5　设 G 是一个单连通区域,函数 $P(x,y)$ 与 $Q(x,y)$ 在 G 内具有一阶连续偏导数,则下列四个命题等价：

(1) 对于 G 内任意一条分段光滑闭曲线 L,有 $\oint_L P(x,y)\mathrm{d}x + Q(x,y)\mathrm{d}y = 0$；

(2) 对于 G 内任意一条分段光滑曲线 L,曲线积分 $\int_L P(x,y)\mathrm{d}x + Q(x,y)\mathrm{d}y$ 与路径无关,而只依赖于曲线的端点；

(3) 存在一个定义在 G 内的可微函数 $u(x,y)$,使得对 $\forall (x,y) \in G$,有
$$\mathrm{d}u(x,y) = P(x,y)\mathrm{d}x + Q(x,y)\mathrm{d}y；$$

(4) 对 $\forall (x,y) \in G$,有
$$\frac{\partial Q}{\partial x} = \frac{\partial P}{\partial y}.$$

定理中的四个命题,每个命题都是其他命题的充要条件.

【例 7.54】　证明曲线积分 $\int_L \mathrm{e}^x \sin y\mathrm{d}x + \mathrm{e}^x \cos y\mathrm{d}y$ 与路径无关,并计算
$$\int_{(-1,0)}^{(2,1)} \mathrm{e}^x \sin y\mathrm{d}x + \mathrm{e}^x \cos y\mathrm{d}y.$$

解　因为 $P = \mathrm{e}^x \sin y, Q = \mathrm{e}^x \cos y$,又因 $\dfrac{\partial P}{\partial y} = \mathrm{e}^x \cos y = \dfrac{\partial Q}{\partial x}$,所以曲线积分
$$\int_{(-1,0)}^{(2,1)} \mathrm{e}^x \sin y\mathrm{d}x + \mathrm{e}^x \cos y\mathrm{d}y$$

与路径无关. 取路径为由点 $(-1,0)$ 到点 $(2,0)$ 再到点 $(2,1)$ 的折线,得
$$\int_{(-1,0)}^{(2,1)} \mathrm{e}^x \sin y\mathrm{d}x + \mathrm{e}^x \cos y\mathrm{d}y = \int_{-1}^2 \mathrm{e}^x \sin 0\mathrm{d}x + \int_0^1 \mathrm{e}^2 \cos y\mathrm{d}y = \mathrm{e}^2 \sin 1.$$

上述四个等价命题还可以得出判断表达式 $P(x,y)\mathrm{d}x + Q(x,y)\mathrm{d}y$ 为全微分的准则和求法.

三、全微分求积

利用曲线积分 $\int_L P(x,y)\mathrm{d}x + Q(x,y)\mathrm{d}y$ 与路径无关的性质可得出表达式 $P(x,y)\mathrm{d}x + Q(x,y)\mathrm{d}y$ 的一个原函数为
$$u(x,y) = \int_{(x_0,y_0)}^{(x,y)} P(x,y)\mathrm{d}x + Q(x,y)\mathrm{d}y. \qquad ③$$

(1) 如取积分路径为由点 $M_0(x_0,y_0)$ 到点 $R(x,y_0)$ 的直线段和由点 $R(x,y_0)$ 到点 $M(x,y)$ 的直线段组成的折线(当然要假设折线完全属于 G),如图 7.63 所示,于是得
$$u(x,y) = \int_{x_0}^x P(x,y_0)\mathrm{d}x + \int_{y_0}^y Q(x,y)\mathrm{d}y; \qquad ④$$

(2) 如取积分路径为由点 $M_0(x_0,y_0)$ 到点 $S(x_0,y)$ 的直线段和由点 $S(x_0,y)$ 到点 $M(x,y)$ 的直线段组成的折线(当然要假设折线完全属于 G),如图 7.63 所示,于是得

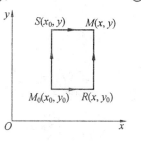

图 7.63

$$u(x,y)=\int_{y_0}^{y}Q(x_0,y)\mathrm{d}y+\int_{x_0}^{x}P(x,y)\mathrm{d}x. \qquad ⑤$$

【**例 7.55**】 验证表达式$(4x+2y)\mathrm{d}x+(2x-6y)\mathrm{d}y$是某个函数$u(x,y)$的全微分, 并求出在点$(1,1)$处函数值为零的那个原函数.

解 因为在xOy平面上有

$$\frac{\partial(4x+2y)}{\partial y}=2=\frac{\partial(2x-6y)}{\partial x},$$

所以表达式$(4x+2y)\mathrm{d}x+(2x-6y)\mathrm{d}y$是函数$u(x,y)$的全微分. 由式③,取$x_0=0$, $y_0=0$,有

$$u(x,y)=2x^2+2xy-3y^2+C.$$

由定解条件$u(1,1)=0$得$C=-1$,故有

$$u(x,y)=2x^2+2xy-3y^2-1.$$

习题 7.7

1. 计算$\oint_L(x^2-xy^3)\mathrm{d}x+(y^2-2xy)\mathrm{d}y$,其中$L$是四个顶点分别为$(0,0)$、$(2,0)$、$(2,2)$和$(0,2)$的正方形区域的正向边界.

2. 计算$\int_L(x\sin 2y-y)\mathrm{d}x+(x^2\cos 2y-1)\mathrm{d}y$,其中$L$为圆周$x^2+y^2=R^2$,从点$A(R,0)$依逆时针方向到点$B(0,R)$的一段弧.

3. 计算$\int_L(2xy+3xe^x)\mathrm{d}x+(x^2-y\cos y)\mathrm{d}y$,其中$L$为沿着抛物线$y=1-(x-1)^2$从点$(0,0)$到点$(2,0)$的一段曲线.

4. 计算$\oint_L(2x-y+4)\mathrm{d}x+(5y+3x-6)\mathrm{d}y$,其中$L$为三顶点分别为$(0,0)$、$(3,0)$和$(3,2)$的三角形正向边界.

5. 计算$\int_L(2xy^3-y^2\cos x)\mathrm{d}x+(1-2y\sin x+3x^2y^2)\mathrm{d}y$,其中$L$为抛物线$2x=\pi y^2$上由点$(0,0)$到点$\left(\frac{\pi}{2},1\right)$的一段弧.

6. 计算$\int_L(x^2-y)\mathrm{d}x-(x+\sin^2 y)\mathrm{d}y$,其中$L$是在圆周$y=\sqrt{2x-x^2}$上由点$(0,0)$到点$(1,1)$的一段弧.

7. 利用曲线积分,求下列曲线围成图形的面积:
   (1) 星形线$x=a\cos^3 t,y=a\sin^3 t$;
   (2) 椭圆$9x^2+16y^2=144$.

8. 证明下列曲线积分在整个xOy面内与路径无关,并计算积分值:
   (1)$\int_{(1,1)}^{(2,3)}(x+y)\mathrm{d}x+(x-y)\mathrm{d}y$;
   (2)$\int_{(1,2)}^{(3,4)}(6xy^2-y^3)\mathrm{d}x+(6x^2y-3xy^2)\mathrm{d}y$;

$(3)\displaystyle\int_{(1,0)}^{(2,1)}(2xy-y^4+3)\mathrm{d}x+(x^2-4xy^3)\mathrm{d}y.$

9. 验证下列 $P(x,y)\mathrm{d}x+Q(x,y)\mathrm{d}y$ 在整个 xOy 面内是某一函数 $u(x,y)$ 的全微分,并求函数 $u(x,y)$:

$(1)(x+2y)\mathrm{d}x+(2x+y)\mathrm{d}y;$

$(2)2xy\mathrm{d}x+x^2\mathrm{d}y;$

$(3)(3x^2y+8xy^2)\mathrm{d}x+(x^3+8x^2y+12ye^y)\mathrm{d}y;$

$(4)(2x\cos y+y^2\cos x)\mathrm{d}x+(2y\sin x-x^2\sin y)\mathrm{d}y.$

7.8　对面积的曲面积分

前面我们将一维定积分推广到曲线积分,得到了曲线积分的概念及计算方法,在本节中,我们将用类似的方法,将二重积分推广到曲面积分并研究它的计算方法.

一、对面积的曲面积分的概念与性质

引例　金属曲面板的质量

设有金属曲面板 Σ 位于空间直角坐标系中,其在点 (x,y,z) 处的面密度为 $\rho=\rho(x,y,z)$,求此金属曲面板的质量 M.

用曲线网把曲面 Σ 分成 n 个小曲面 $\Delta S_1,\Delta S_2,\cdots,\Delta S_n$,其中 $\Delta S_i(i=1,2,\cdots,n)$ 也表示这些小曲面的面积. 在每个 ΔS_i 上任取一点 (ξ_i,η_i,ζ_i),由于面密度函数 $\rho=\rho(x,y,z)$ 的连续性,因此当 n 个小块的直径的最大值很小时,曲面的质量近似于

$$M\approx\sum_{i=1}^{n}\rho(\xi_i,\eta_i,\zeta_i)\Delta S_i$$

令 $\lambda\to0$,取极限,有

$$M=\lim_{\lambda\to0}\sum_{i=1}^{n}\rho(\xi_i,\eta_i,\zeta_i)\Delta S_i.$$

这样的极限还会在其他问题中遇到.抽取它们的具体意义,就得出对面积的曲面积分的概念.

定义 7.5　设函数 $f(x,y,z)$ 是定义在光滑曲面 Σ 上的有界函数,把 Σ 任意分成 n 小块 ΔS_i(同时 ΔS_i 也代表第 i 小块曲面的面积),在 ΔS_i 上任意取定的一点 (ξ_i,η_i,ζ_i),作乘积 $f(\xi_i,\eta_i,\zeta_i)\Delta S_i(i=1,2,\cdots,n)$,并作和 $\displaystyle\sum_{i=1}^{n}f(\xi_i,\eta_i,\zeta_i)\Delta S_i$,如果 n 个小块曲面的直径的最大值 $\lambda\to0$ 时,这和的极限 $\displaystyle\lim_{\lambda\to0}\sum_{i=1}^{n}\rho(\xi_i,\eta_i,\zeta_i)\Delta S_i$ 总存在,则称此极限为函数 $f(x,y,z)$ 在曲面 Σ 上对面积的曲面积分或第一类曲面积分,记作 $\displaystyle\iint_{\Sigma}f(x,y,z)\mathrm{d}S$,即

$$\iint_{\Sigma}f(x,y,z)\mathrm{d}S=\lim_{\lambda\to0}\sum_{i=1}^{n}f(\xi_i,\eta_i,\zeta_i)\Delta S_i,$$

其中 $f(x,y,z)$ 叫作被积函数,Σ 叫作积分曲面.

若曲面 Σ 是分片光滑的,我们规定函数 $f(x,y,z)$ 在曲面 Σ 上对面积的曲面积分等于函数 $f(x,y,z)$ 在光滑的各片曲面上对面积的曲面积分之和. 例如,设 Σ 可分成两片光滑曲面 Σ_1 及 Σ_2(记作 $\Sigma = \Sigma_1 + \Sigma_2$),就规定

$$\iint_{\Sigma_1+\Sigma_2} f(x,y,z)\mathrm{d}S = \iint_{\Sigma_1} f(x,y,z)\mathrm{d}S + \iint_{\Sigma_2} f(x,y,z)\mathrm{d}S.$$

因对面积的曲面积分具有与对弧长的曲线积分相类似的性质,这里不再赘述.

二、对面积的曲面积分的计算法

在讨论对弧长的曲线积分的计算问题时,我们借助曲线的弧长计算公式得到了计算公式. 类似地,借助曲面积分的计算公式,不难得到如下的定理:

定理 7.6　设光滑或分片光滑的曲面 Σ 的方程为 $z = z(x,y)$ $((x,y) \in D)$,且函数 $f(x,y,z)$ 在 Σ 上连续,则

$$\iint_{\Sigma} f(x,y,z)\mathrm{d}S = \iint_{D_{xy}} f(x,y,z(x,y))\sqrt{1 + z_x^2 + z_y^2}\,\mathrm{d}x\mathrm{d}y. \qquad ①$$

类似地,如果积分曲面 Σ 的方程为 $x = x(y,z)$,则对面积的曲面积分化为相应的二重积分

$$\iint_{\Sigma} f(x,y,z)\mathrm{d}S = \iint_{D_{yz}} f(x(y,z),y,z)\sqrt{1 + x_y^2 + x_z^2}\,\mathrm{d}y\mathrm{d}z. \qquad ②$$

如果积分曲面 Σ 的方程为 $y = y(z,x)$,则对面积的曲面积分化为相应的二重积分

$$\iint_{\Sigma} f(x,y,z)\mathrm{d}S = \iint_{D_{zx}} f(x,y(z,x),z)\sqrt{1 + y_z^2 + y_x^2}\,\mathrm{d}z\mathrm{d}x. \qquad ③$$

特别地,式 ① 中 $f(x,y,z) = 1$ 时,得曲面 Σ 的面积

$$S = \iint_{\Sigma} \mathrm{d}S = \iint_{D_{xy}} \sqrt{1 + z_x^2 + z_y^2}\,\mathrm{d}x\mathrm{d}y. \qquad ④$$

【例 7.56】　求抛物面 $z = x^2 + y^2 (0 \leqslant z \leqslant 1)$ 的面积.

解　画出 Σ 的图形,如图 7.64 所示. 由公式 ④,得

$$S = \iint_{D_{xy}} \sqrt{1 + z_x^2 + z_y^2}\,\mathrm{d}x\mathrm{d}y = \iint_{D_{xy}} \sqrt{1 + 4(x^2 + y^2)}\,\mathrm{d}x\mathrm{d}y = \int_0^{2\pi} \mathrm{d}\theta \int_0^1 \sqrt{1 + 4\rho^2}\,\rho\mathrm{d}\rho$$

$$= \frac{1}{8} \int_0^{2\pi} \mathrm{d}\theta \int_0^1 (1+u)^{\frac{1}{2}}\,\mathrm{d}u = \frac{1}{8} \cdot 2\pi \cdot \frac{2}{3}(5\sqrt{5} - 1) = \frac{\pi}{6}(5\sqrt{5} - 1).$$

其中 $u = 4\rho^2$.

【例 7.57】　计算曲面积分 $\iint_{\Sigma} \dfrac{\mathrm{d}S}{z}$,其中 Σ 是球面 $x^2 + y^2 + z^2 = a^2$ 被平面 $z = h (0 < h < a)$ 截出的顶部(图 7.65).

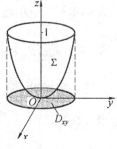

图 7.64

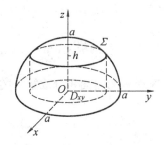

图 7.65

解　Σ 的方程为 $z = \sqrt{a^2 - x^2 - y^2}$. Σ 在 xOy 面上的投影区域 D_{xy} 为圆形闭区域 $\{(x,y) \mid x^2 + y^2 \leqslant a^2 - h^2\}$. 又

$$\sqrt{1 + z_x^2 + z_y^2} = \frac{a}{\sqrt{a^2 - x^2 - y^2}},$$

根据公式 ①，有

$$\iint_{\Sigma} \frac{\mathrm{d}S}{z} = \iint_{D_{xy}} \frac{a\,\mathrm{d}x\mathrm{d}y}{a^2 - x^2 - y^2}.$$

利用极坐标，得

$$\iint_{\Sigma} \frac{\mathrm{d}S}{z} = \iint_{D_{xy}} \frac{a\rho\,\mathrm{d}\rho\mathrm{d}\theta}{a^2 - \rho^2} = a \int_0^{2\pi} \mathrm{d}\theta \int_0^{\sqrt{a^2-h^2}} \frac{\rho\,\mathrm{d}\rho}{a^2 - \rho^2}$$

$$= 2\pi a \left(-\frac{1}{2} \ln(a^2 - \rho^2) \right) \Big|_0^{\sqrt{a^2-h^2}} = 2\pi a \ln \frac{a}{h}.$$

【例 7.58】　计算曲面积分 $\oint_{\Sigma} z\,\mathrm{d}S$，其中 Σ 是由圆柱面 $x^2 + y^2 = 1$，平面 $z = 0$ 及 $z = 1 + y$ 所围成的立体的表面.

解　记其顶面为 Σ_1，底面为 Σ_2，侧面为 Σ_3、Σ_3 的前半部分为 $\Sigma_{3前}$（图 7.66）. 在 Σ_1 上

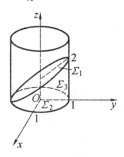

图 7.66

$$z = 1 + y (x^2 + y^2 \leqslant 1),\ \mathrm{d}S = \sqrt{2}\,\mathrm{d}x\mathrm{d}y,$$

$$\iint_{\Sigma_1} z\,\mathrm{d}S = \sqrt{2} \iint_{D_{xy}} (1 + y)\,\mathrm{d}x\mathrm{d}y = \sqrt{2}(\pi + 2) = \sqrt{2}\,\pi;$$

在 Σ_2 上

$$z = 0 (x^2 + y^2 \leqslant 1),\ \mathrm{d}S = \mathrm{d}x\mathrm{d}y, \iint_{\Sigma_2} z\,\mathrm{d}S = 0;$$

由于 Σ_3 上关于 yOz 平面对称，$f(x,y,z) = z$ 关于 x 为偶函数，所以

$$\iint_{\Sigma_3} z\,\mathrm{d}S = \iint_{\Sigma_{3前}} z\,\mathrm{d}S.$$

而在 $\Sigma_{3前}$ 上，$x = \sqrt{1 - y^2}$，$(y,z) \in D_{yz}$，$\mathrm{d}S = \dfrac{1}{\sqrt{1 - y^2}}\mathrm{d}y\mathrm{d}z$，于是

$$\iint_{\Sigma_3} z\,\mathrm{d}S = \iint_{\Sigma_{3前}} z\,\mathrm{d}S = 2\iint_{D_{yz}} \frac{z}{\sqrt{1 - y^2}}\mathrm{d}y\mathrm{d}z = 2\int_{-1}^1 \frac{\mathrm{d}y}{\sqrt{1 - y^2}} \int_0^{1+y} z\,\mathrm{d}z = \int_{-1}^1 \frac{1 + 2y + y^2}{\sqrt{1 - y^2}}\mathrm{d}y.$$

利用对称性

$$2\int_0^1 \frac{1 + y^2}{\sqrt{1 - y^2}}\mathrm{d}y \xrightarrow{\text{令 } y = \sin t} \frac{3}{2}\pi,$$

所以

$$\oint_{\Sigma} z\,\mathrm{d}S = \left(\sqrt{2} + \frac{3}{2} \right)\pi.$$

习题 7.8

1.当 Σ 是 xOy 面内的一个闭区域时,曲面积分 $\iint_\Sigma f(x,y,z)\mathrm{d}S$ 与二重积分有什么关系?

2.计算下列积分:

(1) $\iint_\Sigma (y+z)\mathrm{d}S$,其中 Σ 是平面 $x+y+z=1$ 在第一卦限部分;

(2) $\iint_\Sigma (x^2+y^2+z^2)\mathrm{d}S$,其中 Σ 是平面 $x^2+y^2+z^2=R^2(R>0)$;

(3) $\iint_\Sigma (z+4x+2y)\mathrm{d}S$,其中 Σ 是平面 $x+\dfrac{y}{2}+\dfrac{z}{4}=1$ 在第一卦限内的部分.

3.计算下列对面积的曲面积分:

(1) $\iint_\Sigma (2xy-2x^2-x+z)\mathrm{d}S$,其中 Σ 是平面 $2x+2y+z=6$ 在第一卦限中的部分;

(2) $\iint_\Sigma (x+y+z)\mathrm{d}S$,其中 Σ 是球面 $x^2+y^2+z^2=a^2$ 上 $z\geqslant h(0<h<a)$ 的部分.

4.计算曲面积分 $\iint_\Sigma f(x,y,z)\mathrm{d}S$,其中 Σ 是抛物面 $z=2-(x^2+y^2)$ 在 xOy 面上方的部分, $f(x,y,z)$ 分别如下:

(1) $f(x,y,z)=1$; (2) $f(x,y,z)=x^2+y^2$; (3) $f(x,y,z)=3z$.

5.计算 $\iint_\Sigma (x^2+y^2)\mathrm{d}S$,其中 Σ 是锥面 $z^2=3(x^2+y^2)$ 被平面 $z=0$ 和 $z=3$ 所截得的部分.

6.计算面密度为 $\rho(x,y,z)=xy$ 的曲面 $z=x+y^2(0\leqslant x\leqslant 1,0\leqslant y\leqslant 2)$ 的质量.

7.9 对坐标的曲面积分

一、对坐标的曲面积分的概念与性质

首先介绍双侧曲面和有向曲面的概念.通常我们遇到的曲面都是双侧面的,若规定某侧为正侧,则另一侧为负侧.对简单的闭曲面,如球面有内侧外侧之分;对曲面 $z=z(x,y)$ 有上、下侧之分;对曲面 $y=y(x,z)$ 有左、右侧之分;对曲面 $x=x(y,z)$ 有前、后侧之分.在讨论对坐标的曲面积分时,我们需要选定曲面的侧,所谓侧的选定,就是曲面上每一点的法线方向的选定,具体来说,对简单的闭曲面,如果它的法线向量 n 指向朝外我们认定曲面外侧,对曲面 $z=z(x,y)$,若它的法向量 n 指向朝上,我们就认定曲面上侧.因此我们称规定了曲面侧的曲面为有向曲面.习惯上,对简单闭曲面,规定外侧为正侧,则内侧为其负侧,对 $z=z(x,y)$ 规定上侧为正侧,即法向量 n 与 z 轴的夹角小于 $\dfrac{\pi}{2}$ 则为正侧.类似地对规定 $y=y(x,z)$ 的右侧为正侧, $x=x(y,z)$ 的前侧为正侧.

下面我们通过流体的流量问题引出对坐标的曲面积分的概念.

引例 设 Σ 是一个稳定流动的不可压缩流体的速度场中的一片有向曲面,该流速场中的每一点处的流速为 $v=(P(x,y,z),Q(x,y,z),R(x,y,z))$,其中函数 $P(x,y,z)$、$Q(x,y,z)$、$R(x,y,z)$ 都在 Σ 上连续,求在单位时间内流向指定侧的流体的流量 Φ.

如果 Σ 是一个平面,其面积为 S,法向量为 $n=(\cos\alpha,\cos\beta,\cos\gamma)$,流速为常量 $v=(a,b,c)$,流体密度为 1,则单位时间内通过此平面的流量为

$$\Phi=Sv\cdot n=Sa\cos\alpha+Sb\cos\beta+Sc\cos\gamma.$$

若流速 v 随着点 M 在曲面 Σ 上的变化而变化,Σ 是光滑的有向曲面,且其法向量 n 就指向所选定的侧,所要求的流量不能够直接用上述的方法计算. 然而过去在引出各类积分概念的例子中一再使用过的方法,也可用来解决目前的问题,过程如下:

把曲面 Σ 任意分割成 n 块小曲面 $\Delta S_i(i=1,2,\cdots,n)$,$\Delta S_i$ 同时又表示第 i 块小曲面的面积. 当每个 ΔS_i 的直径都很小时,ΔS_i 可近似看成平面,在 ΔS_i 上任取一点 $M_i(\xi_i,\eta_i,\zeta_i)$,$v_i=v(\xi_i,\eta_i,\zeta_i)$ 近似看成在 ΔS_i 上的流速(图 7.67),即

$$v_i=(P(\xi_i,\eta_i,\zeta_i),Q(\xi_i,\eta_i,\zeta_i),R(\xi_i,\eta_i,\zeta_i))=(P_i,Q_i,R_i).$$

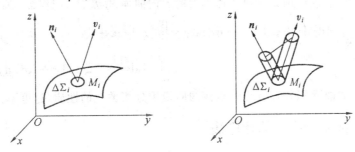

图 7.67

以点 $M_i(\xi_i,\eta_i,\zeta_i)$ 处的法向量 $n_i=(\cos\alpha_i,\cos\beta_i,\cos\gamma_i)$ 代替 ΔS_i 上其他各点处的单位法向量,所以单位时间内稳定不可压缩流体通过 ΔS_i 的流量为

$$\Delta\Phi_i\approx v_i\cdot n_i\Delta S_i=(P_i\cos\alpha_i+Q_i\cos\beta_i+R_i\cos\gamma_i)\Delta S_i,$$

从而单位时间内通过整个曲面的流量的近似值为

$$\Phi\approx\sum_{i=1}^n\Delta\Phi_i=\sum_{i=1}^n(P_i\cos\alpha_i+Q_i\cos\beta_i+R_i\cos\gamma_i)\Delta S_i,$$

当 $\Delta S_i(i=1,2,\cdots,n)$ 中最大直径 λ 趋于零时,单位时间内通过整个曲面 Σ 的流量为

$$\Phi=\lim_{\lambda\to0}\sum_{i=1}^n[P_i(\Delta S_i)_{yz}+Q_i(\Delta S_i)_{zx}+R_i(\Delta S_i)_{xy}].$$

抽掉上述和式极限的实际意义,定义对坐标的曲面积分的概念如下:

定义 7.6 设函数 $R(x,y,z)$ 是定义在光滑有向曲面 Σ 上的有界函数. 把 Σ 任意分成 n 块小曲面 ΔS_i(ΔS_i 同时又表示第 i 块小曲面的面积),ΔS_i 在 xOy 面上的投影为 $(\Delta S_i)_{xy}$,(ξ_i,η_i,ζ_i) 是 ΔS_i 上任意取定的一点. 如果当各小块曲面的直径的最大值 $\lambda\to0$ 时,

$$\lim_{\lambda\to0}\sum_{i=1}^n R(\xi_i,\eta_i,\zeta_i)(\Delta S_i)_{xy}$$

总存在,则称此极限为函数 $R(x,y,z)$ 在有向曲面 Σ 上对坐标的曲面积分,记作 $\iint_\Sigma R(x,y,z)\mathrm{d}x\mathrm{d}y$,即

$$\iint_{\Sigma} R(x,y,z)\mathrm{d}x\mathrm{d}y = \lim_{\lambda\to0}\sum_{i=1}^{n}R(\xi_i,\eta_i,\zeta_i)(\Delta S_i)_{xy},\qquad ①$$

其中 $R(x,y,z)$ 叫作被积函数，Σ 叫作积分曲面．类似地可以定义函数 $P(x,y,z)$ 及 $Q(x,y,z)$ 在有向曲面 Σ 上分别对坐标 y、z 及 z、x 的曲面积分，分别记为

$$\iint_{\Sigma} P(x,y,z)\mathrm{d}y\mathrm{d}z = \lim_{\lambda\to0}\sum_{i=1}^{n}P(\xi_i,\eta_i,\zeta_i)(\Delta S_i)_{yz};\qquad ②$$

$$\iint_{\Sigma} Q(x,y,z)\mathrm{d}z\mathrm{d}x = \lim_{\lambda\to0}\sum_{i=1}^{n}Q(\xi_i,\eta_i,\zeta_i)(\Delta S_i)_{zx}.\qquad ③$$

以上三个曲面积分也称为第二类曲面积分．

在实际应用中往往出现式 ①、②、③ 合并起来的形式，为了简便起见，常把它写成

$$\iint_{\Sigma} P(x,y,z)\mathrm{d}y\mathrm{d}z + Q(x,y,z)\mathrm{d}z\mathrm{d}x + R(x,y,z)\mathrm{d}x\mathrm{d}y.$$

若把光滑的有向曲面 Σ 分成两片光滑的有向曲面 Σ_1 及 Σ_2（记作 $\Sigma=\Sigma_1+\Sigma_2$），就规定

$$\iint_{\Sigma} P\mathrm{d}y\mathrm{d}z + Q\mathrm{d}z\mathrm{d}x + R\mathrm{d}x\mathrm{d}y = \iint_{\Sigma_1} P\mathrm{d}y\mathrm{d}z + Q\mathrm{d}z\mathrm{d}x + R\mathrm{d}x\mathrm{d}y$$
$$+ \iint_{\Sigma_2} P\mathrm{d}y\mathrm{d}z + Q\mathrm{d}z\mathrm{d}x + R\mathrm{d}x\mathrm{d}y.\qquad ④$$

因对坐标的曲面积分具有与对坐标的曲线积分相类似的性质，这里不再赘述．

二、对坐标曲面积分的计算法

定理 7.7　设有向曲面 Σ 的方程为

$$z = f(x,y)((x,y)\in D_{xy}),$$

且 $f(x,y)$ 在 D_{xy} 上具有一阶连续偏导数．如果函数 $R(x,y,z)$ 在 Σ 上连续，则有

$$\iint_{\Sigma} R(x,y,z)\mathrm{d}x\mathrm{d}y = \pm\iint_{D_{xy}} R(x,y,f(x,y))\mathrm{d}x\mathrm{d}y,\qquad ⑤$$

上式右端中当 Σ 取上侧时取正号，下侧时取负号．

类似地，如果光滑的有向曲面 Σ 的方程为 $x=x(y,z)((y,z)\in D_{yz})$，则

$$\iint_{\Sigma} P(x,y,z)\mathrm{d}y\mathrm{d}z = \pm\iint_{D_{yz}} P(x(y,z),y,z)\mathrm{d}y\mathrm{d}z,\qquad ⑥$$

上式右端当 Σ 取前侧时取正号，后侧时取负号．

如果光滑的有向曲面 Σ 的方程为 $y=y(z,x)((z,x)\in D_{zx})$，则

$$\iint_{\Sigma} Q(x,y,z)\mathrm{d}z\mathrm{d}x = \pm\iint_{D_{zx}} Q(x,y(z,x),z)\mathrm{d}z\mathrm{d}x,\qquad ⑦$$

上式右端当 Σ 取右侧时取正号，左侧时取负号．

【例 7.59】　计算 $\iint_{\Sigma} xz\mathrm{d}x\mathrm{d}y$，其中 Σ 是平面 $x+y+2z=1$ 在第一卦限部分的上侧．

解　如图 7.68，曲面 Σ 的方程为

$$z = \frac{1-x-y}{2}, D_{xy} = \{(x,y)\mid 0\leqslant y\leqslant1-x, 0\leqslant x\leqslant1\},$$

所以

$$\iint_{\Sigma} xz \, \mathrm{d}x\mathrm{d}y = \iint_{D_{xy}} x \cdot \frac{1-x-y}{2} \mathrm{d}x\mathrm{d}y = \frac{1}{2} \int_0^1 \mathrm{d}x \int_0^{1-x} x(1-x-y)\mathrm{d}y$$

$$= \frac{1}{4} \int_0^1 (x - 2x^2 + x^3)\mathrm{d}x = \frac{1}{48}.$$

【例 7.60】 计算 $\oiint_{\Sigma} y(x-z)\mathrm{d}y\mathrm{d}z + x^2\mathrm{d}x\mathrm{d}z + (y^2+xz)\mathrm{d}x\mathrm{d}y$，其中 Σ 是立方体 $0 \leqslant x \leqslant a, 0 \leqslant y \leqslant a, 0 \leqslant z \leqslant a$ 的表面外侧（图 7.69）.

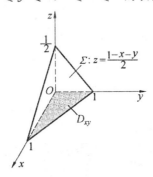

图 7.68

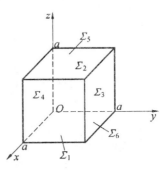

图 7.69

解　把有向曲面 Σ 分成以下六个部分：

Σ_1　$x=a(0 \leqslant y \leqslant a, 0 \leqslant z \leqslant a)$ 的前侧；Σ_2　$x=0(0 \leqslant y \leqslant a, 0 \leqslant z \leqslant a)$ 的后侧；

Σ_3　$y=a(0 \leqslant x \leqslant a, 0 \leqslant z \leqslant a)$ 的右侧；Σ_4　$y=0(0 \leqslant x \leqslant a, 0 \leqslant z \leqslant a)$ 的左侧；

Σ_5　$z=a(0 \leqslant x \leqslant a, 0 \leqslant y \leqslant a)$ 的上侧；Σ_6　$z=0(0 \leqslant x \leqslant a, 0 \leqslant y \leqslant a)$ 的下侧.

由于除 Σ_1、Σ_2 外，其余四片曲面在 yOz 面上的投影为零，因此

$$\oiint_{\Sigma} y(x-z)\mathrm{d}y\mathrm{d}z = \iint_{\Sigma_1} y(x-z)\mathrm{d}y\mathrm{d}z + \iint_{\Sigma_2} y(x-z)\mathrm{d}y\mathrm{d}z$$

$$= \iint_{D_{yz}} y(a-z)\mathrm{d}y\mathrm{d}z + \left(-\iint_{D_{yz}} y(0-z)\mathrm{d}y\mathrm{d}z\right)$$

$$= \int_0^a y\mathrm{d}y \int_0^a (a-z)\mathrm{d}z + \int_0^a y\mathrm{d}y \int_0^a z\mathrm{d}z$$

$$= \frac{1}{4}a^4 + \frac{1}{4}a^4 = \frac{1}{2}a^4.$$

类似地可得

$$\oiint_{\Sigma} x^2 \mathrm{d}x\mathrm{d}z = \iint_{\Sigma_3} x^2\mathrm{d}x\mathrm{d}z + \iint_{\Sigma_4} x^2\mathrm{d}x\mathrm{d}z = \iint_{D_{xz}} x^2\mathrm{d}x\mathrm{d}z + \left(\iint_{D_{xz}} x^2\mathrm{d}x\mathrm{d}z\right) = 0,$$

$$\oiint_{\Sigma} (y^2+xz)\mathrm{d}x\mathrm{d}z = \iint_{\Sigma_5} (y^2+xz)\mathrm{d}x\mathrm{d}y + \iint_{\Sigma_6} (y^2+xz)\mathrm{d}x\mathrm{d}y$$

$$= \iint_{D_{xy}} (y^2+ax)\mathrm{d}x\mathrm{d}z + \left(-\iint_{D_{xy}} (y^2+0 \cdot x)\mathrm{d}x\mathrm{d}y\right)$$

$$= \int_0^a \mathrm{d}x \int_0^a (y^2+ax)\mathrm{d}y + \left(-\int_0^a \mathrm{d}x \int_0^a y^2\mathrm{d}y\right)$$

$$= \frac{5}{6}a^4 - \frac{1}{3}a^4 = \frac{1}{2}a^4.$$

所以

$$\oiint_{\Sigma} y(x-z)\mathrm{d}y\mathrm{d}z + x^2\mathrm{d}x\mathrm{d}z + (y^2+xz)\mathrm{d}x\mathrm{d}y = \frac{1}{2}a^4 + \frac{1}{2}a^4 = a^4.$$

【例 7.61】 计算曲面积分 $\iint_{\Sigma} xyz\,dx\,dy$，其中 Σ 是球面 $x^2 + y^2 + z^2 = 1$ 外侧在 $x \geqslant 0, y \geqslant 0$ 的部分.

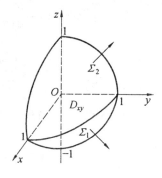

图 7.70

解 把 Σ 分为 Σ_1 和 Σ_2 两个部分 (图 7.70)，其方程分别为 $\Sigma_1 : z = -\sqrt{1 - x^2 - y^2}$ 和 $\Sigma_2 : z = \sqrt{1 - x^2 - y^2}$，其中积分曲面 Σ_1 取下侧，积分曲面 Σ_2 取上侧，Σ_1 和 Σ_2 在平面 xOy 上的投影区域为

$$D_{xy} = \{(x, y) \mid x^2 + y^2 \leqslant 1, x \geqslant 0, y \geqslant 0\},$$

所以

$$\iint_{\Sigma} xyz\,dx\,dy = \iint_{\Sigma_1} xyz\,dx\,dy + \iint_{\Sigma_2} xyz\,dx\,dy$$

$$= \iint_{D_{xy}} xy\sqrt{1 - x^2 - y^2}\,dx\,dy - \iint_{D_{xy}} xy(-\sqrt{1 - x^2 - y^2})\,dx\,dy$$

$$= 2\iint_{D_{xy}} xy\sqrt{1 - x^2 - y^2}\,dx\,dy = 2\iint_{D_{xy}} \rho^2 \sin\theta\cos\theta\sqrt{1 - \rho^2}\,\rho\,d\rho\,d\theta$$

$$= \int_0^{\frac{\pi}{2}} \sin 2\theta\,d\theta \int_0^1 \rho^3 \sqrt{1 - \rho^2}\,d\rho = 1 \cdot \frac{2}{15} = \frac{2}{15}.$$

三、两类曲面积分之间的联系

定理 7.8 设 Σ 为空间中的一个光滑的有向曲面，且 Σ 上任意一点 $M(x, y, z)$ 处的单位法向量为 $\boldsymbol{n} = (\cos\alpha, \cos\beta, \cos\gamma)$. 如果函数 $P(x, y, z)$、$Q(x, y, z)$、$R(x, y, z)$ 在 Σ 上连续，则

$$\iint_{\Sigma} P\,dy\,dz + Q\,dz\,dx + R\,dx\,dy = \iint_{\Sigma} (P\cos\alpha + Q\cos\beta + R\cos\gamma)\,dS, \qquad \text{⑧}$$

并且等式 ⑧ 与曲面 Σ 的侧的选择无关.

记 $dS = (dy\,dz, dz\,dx, dx\,dy)$，并称 dS 为有向面积元，$dy\,dz$、$dz\,dx$ 及 $dx\,dy$ 分别称为 dS 在 yOz、zOx 及 xOy 面上的投影，则两类曲面积分可以通过

$$dy\,dz = \cos\alpha\,dS, dz\,dx = \cos\beta\,dS, dx\,dy = \cos\gamma\,dS, \qquad \text{⑨}$$

或

$$dS = \frac{dy\,dz}{\cos\alpha}, dS = \frac{dz\,dx}{\cos\beta}, dS = \frac{dx\,dy}{\cos\gamma}$$

进行相互转化.

【例 7.62】 计算 $I = \iint_{\Sigma} x\,dy\,dz + y\,dz\,dx + z\,dx\,dy$，其中 Σ 是球面 $x^2 + y^2 + z^2 = R^2$ 外侧.

解 Σ 上任意点 (x, y, z) 处的单位法向量为

$$\boldsymbol{n} = (\cos\alpha, \cos\beta, \cos\gamma) = \frac{1}{R}(x, y, z),$$

利用式 ⑨ 将第二类曲面积分 I 化为第一类曲面积分并代入法向量得

$$I = \iint_{\Sigma} (x\cos\alpha + y\cos\beta + z\cos\gamma)\,dS = \iint_{\Sigma} \frac{1}{R}(x^2 + y^2 + z^2)\,dS.$$

由于 Σ 的面积为 $4\pi R^2$，所以

$$I = \iint_\Sigma x\,dy\,dz + y\,dz\,dx + z\,dx\,dy = R\iint_\Sigma dS = 4\pi R^3.$$

习题 7.9

1. 当 Σ 为 xOy 面内的一个闭区域时，曲面积分 $\iint_\Sigma R(x,y,z)dx\,dy$ 与二重积分有什么关系？

2. 计算 $\iint_\Sigma y^2 z\,dx\,dy$，其中曲面 Σ 为旋转抛物面 $z = x^2 + y^2 (0 \leqslant z \leqslant 1)$ 的下侧.

3. 计算 $\iint_\Sigma xy\,dy\,dz + yz\,dz\,dx + zx\,dx\,dy$，其中 Σ 为由平面 $z = 1$、$x = 0$、$y = 0$ 和锥面 $z = \sqrt{x^2 + y^2}$ 所围成的立体（在第一卦限部分）的外侧表面.

4. 求下列第二类曲面积分：

   (1) $I = \iint_\Sigma yz\,dz\,dx + xz\,dx\,dy$，其中 Σ 为上半球面 $x^2 + y^2 + z^2 = R^2 (z \geqslant 0)$ 的上侧；

   (2) $I = \iint_\Sigma x\,dy\,dz + y\,dz\,dx + z\,dx\,dy$，其中 Σ 为锥面 $z^2 = x^2 + y^2$ 被平面 $z = 0$ 及 $z = h$ 所截得部分的外侧；

   (3) $I = \iint_\Sigma \dfrac{x\,dy\,dz + z^2\,dx\,dy}{x^2 + y^2 + z^2}$，其中 Σ 是由曲面 $x^2 + y^2 = R^2$ 及平面 $z = R, z = -R$ 围成的立体表面的外侧，$R > 0$.

5. 计算 $\iint_\Sigma x^2 y^2 z\,dx\,dy$，其中 Σ 是球面 $x^2 + y^2 + z^2 = R^2$ 的下半部分的下侧.

6. 计算 $\iint_\Sigma z\,dx\,dy + x\,dy\,dz + y\,dz\,dx$，其中 Σ 是柱面 $x^2 + y^2 = 1$ 被平面 $z = 0$ 及 $z = 3$ 所截得的在第一卦限内的部分的前侧.

7. 计算 $\oiint xz\,dx\,dy + xy\,dy\,dz + yz\,dz\,dx$，其中 Σ 是平面 $x = 0$、$y = 0$、$z = 0$、$x + y + z = 1$ 所围成的空间区域的整个边界曲面的外侧.

7.10　高斯公式与斯托克斯公式

格林公式揭示了平面上沿闭曲线 L 对坐标的曲线积分与 L 所围的闭区域 D 的二重积分之间的关系. 而本节的高斯公式则揭示了沿闭曲面 Σ 的对坐标的曲面积分与 Σ 所围成的空间闭区域 Ω 上的三重积分之间的关系.

一、空间单连通区域

空间单连通区域的概念是对平面单连通区域概念的推广.

如果在空间区域 Ω 内，任意的一张简单闭曲面所围的区域全都属于 Ω，则称 Ω 为空间

二维单连通区域.

如果在空间区域 Ω 内,任意的一条闭曲线总可以张成一片完全属于 Ω 的曲面,则称 Ω 为空间一维单连通区域.

例如,球面所围的空间区域 $\Omega = \{(x,y,z) \mid x^2 + y^2 + z^2 \leqslant R^2\}$,既是空间一维单连通区域,又是空间二维单连通区域;而两个同心球面之间的空间区域 $\Omega = \{(x,y,z) \mid 1 \leqslant x^2 + y^2 + z^2 \leqslant 4\}$,仅只是空间一维单连通区域,而不是空间二维单连通区域.圆环面所围的区域,只是空间二维单连通区域,而不是空间一维单连通区域.

二、高斯公式

定理 7.9 设空间闭区域 Ω 是空间二维单连通区域,其边界曲面是由分片光滑的闭曲面 Σ 所围成.函数 $P(x,y,z)$、$Q(x,y,z)$、$R(x,y,z)$ 在 Ω 上具有一阶连续偏导数,则有

$$\iiint_{\Omega} \left(\frac{\partial P}{\partial x} + \frac{\partial Q}{\partial y} + \frac{\partial R}{\partial z} \right) \mathrm{d}v = \oiint P \mathrm{d}y\mathrm{d}z + Q\mathrm{d}z\mathrm{d}x + R\mathrm{d}x\mathrm{d}y, \qquad ①$$

或

$$\iiint_{\Omega} \left(\frac{\partial P}{\partial x} + \frac{\partial Q}{\partial y} + \frac{\partial R}{\partial z} \right) \mathrm{d}v = \oiint_{\Sigma} (P\cos\alpha + Q\cos\beta + R\cos\gamma) \mathrm{d}S. \qquad ②$$

这里 Σ 是 Ω 的整个边界曲面的外侧,$\cos\alpha$、$\cos\beta$、$\cos\gamma$ 是 Σ 在点 (x,y,z) 处的法向量的方向余弦.公式 ① 或 ② 叫作高斯公式.

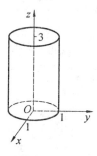

图 7.71

【例 7.63】 计算曲面积分 $\oiint x(y-z)\mathrm{d}y\mathrm{d}z + z(x-y)\mathrm{d}x\mathrm{d}y$,其中 Σ 为柱面 $x^2 + y^2 = 1$ 及平面 $z=0$、$z=3$ 所围成的闭区域的整个边界曲面的外侧(图 7.71).

解 因为 $P = x(y-z), Q = 0, R = z(x-y)$,所以

$$\frac{\partial P}{\partial x} = y - z, \frac{\partial Q}{\partial y} = 0, \frac{\partial R}{\partial z} = x - y.$$

利用高斯公式,有

$$\oiint x(y-z)\mathrm{d}y\mathrm{d}z + z(x-y)\mathrm{d}x\mathrm{d}y = \iiint_{\Omega} (x-z)\mathrm{d}x\mathrm{d}y\mathrm{d}z = -\iiint_{\Omega} z\mathrm{d}x\mathrm{d}y\mathrm{d}z$$

$$= -\iint_{x^2+y^2 \leqslant 1} \mathrm{d}x\mathrm{d}y \int_0^3 z\mathrm{d}z = -\frac{9}{2}\pi.$$

【例 7.64】 计算曲面积分 $\iint_{\Sigma} (y^2 - x)\mathrm{d}y\mathrm{d}z + (z^2 - y)\mathrm{d}z\mathrm{d}x + (x^2 - z)\mathrm{d}x\mathrm{d}y$,其中 Σ 是曲面 $z = x^2 + y^2 (0 \leqslant z \leqslant 1)$ 的上侧.

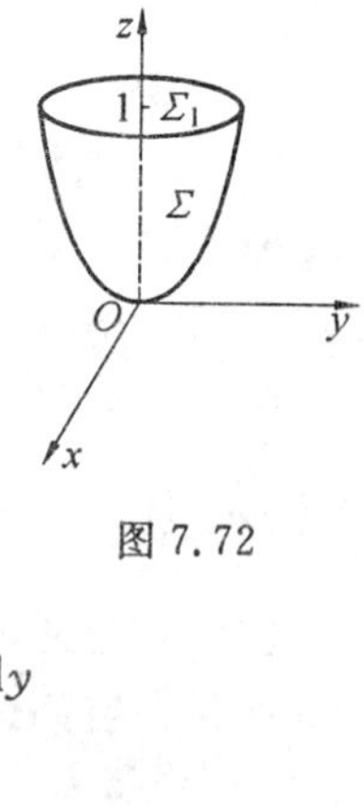

解 由于曲面 Σ 不是封闭曲面,不能直接用高斯公式.作辅助曲面

$$\Sigma_1 : z = 1 (x^2 + y^2 \leqslant 1)$$

取下侧,则 Σ 和 Σ_1 构成封闭曲面(图 7.72),记 Σ 和 Σ_1 围成的闭区域为 Ω,由高斯公式,有

图 7.72

$$\oiint_{\Sigma + \Sigma_1} (y^2 - x)\mathrm{d}y\mathrm{d}z + (z^2 - y)\mathrm{d}z\mathrm{d}x + (x^2 - z)\mathrm{d}x\mathrm{d}y$$

$$=-\iiint_{\Omega}(-1-1-1)\mathrm{d}v$$

$$=3\int_0^1\mathrm{d}z\iint_{x^2+y^2\leqslant z}\mathrm{d}x\mathrm{d}y=3\int_0^1\pi z\mathrm{d}=\frac{3}{2}\pi,$$

$$\iint_{\Sigma_1}(y^2-x)\mathrm{d}y\mathrm{d}z+(z^2-y)\mathrm{d}z\mathrm{d}x+(x^2-z)\mathrm{d}x\mathrm{d}y$$

$$=\iint_{\Sigma_1}(x^2-z)\mathrm{d}x\mathrm{d}y=-\iint_{x^2+y^2\leqslant1}(x^2-1)\mathrm{d}x\mathrm{d}y$$

$$=-\int_0^{2\pi}\mathrm{d}\theta\int_0^1(r^2\cos^2\theta-1)r\mathrm{d}r=\frac{3}{4}\pi.$$

所以,有

$$\iint_{\Sigma}(y^2-x)\mathrm{d}y\mathrm{d}z+(z^2-y)\mathrm{d}z\mathrm{d}x+(x^2-z)\mathrm{d}x\mathrm{d}y$$

$$=\iiint_{\Omega}3\mathrm{d}v-\iint_{\Sigma_1}(y^2-x)\mathrm{d}y\mathrm{d}z+(z^2-y)\mathrm{d}z\mathrm{d}x+(x^2-z)\mathrm{d}x\mathrm{d}y$$

$$=\frac{3}{2}\pi-\frac{3}{4}\pi=\frac{3}{4}\pi.$$

【例 7.65】 计算曲面积分 $\iint_{\Sigma}(x^2\cos\alpha+y^2\cos\beta+z^2\cos\gamma)\mathrm{d}S$,其中 Σ 为锥面 $z^2=x^2+y^2$ 介于平面 $z=0$ 及 $z=h(h>0)$ 之间的部分的下侧,$\cos\alpha,\cos\beta,\cos\gamma$ 是 Σ 在点 (x,y,z) 处的法向量的方向余弦.

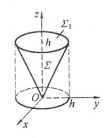

图 7.73

解　因曲面 Σ(图 7.73) 不是封闭曲面,故不能直接利用高斯公式.若设 Σ_1 为 $z=h(x^2+y^2\leqslant h^2)$ 的上侧,则 Σ 与 Σ_1 一起构成一个封闭曲面,记它们围成的空间闭区域为 Ω,利用高斯公式,得

$$\oiint_{\Sigma+\Sigma_1}(x^2\cos\alpha+y^2\cos\beta+z^2\cos\gamma)\mathrm{d}S$$

$$=2\iiint_{\Omega}(x+y+z)\mathrm{d}v$$

$$=2\iint_{D_{xy}}\mathrm{d}x\mathrm{d}y\int_{\sqrt{x^2+y^2}}^h(x+y+z)\mathrm{d}z,$$

其中 $D_{xy}=\{(x,y)\mid x^2+y^2\leqslant h^2\}$,而

$$\iint_{D_{xy}}\mathrm{d}x\mathrm{d}y\int_{\sqrt{x^2+y^2}}^h(x+y)\mathrm{d}z=0,$$

即得

$$\oiint_{\Sigma+\Sigma_1}(x^2\cos\alpha+y^2\cos\beta+z^2\cos\gamma)\mathrm{d}S=\iint_{D_{xy}}(h^2-x^2-y^2)\mathrm{d}x\mathrm{d}y=\frac{1}{2}\pi h^4.$$

而

$$\iint_{\Sigma_1}(x^2\cos\alpha+y^2\cos\beta+z^2\cos\gamma)\mathrm{d}S=\iint_{\Sigma_1}z^2\mathrm{d}S=\iint_{D_{xy}}h^2\mathrm{d}x\mathrm{d}y=\pi h^4,$$

因此

$$\iint_{\Sigma} (x^2 \cos \alpha + y^2 \cos \beta + z^2 \cos \gamma) \mathrm{d}S = \frac{1}{2} \pi h^4 - \pi h^4 = -\frac{1}{2} \pi h^4.$$

三、曲面积分与曲面无关的条件

下面我们将要讨论的是与曲线积分类似的问题:在什么条件下,曲面积分与所取曲面无关而只与曲面的边界曲线有关? 我们不加证明地给出如下定理:

定理7.10 设函数 $P(x,y,z)$、$Q(x,y,z)$、$R(x,y,z)$ 在空间二维单连通区域 Ω 内具有一阶连续偏导数,则在 Ω 内以下三个命题等价:

(1) 曲面积分 $\iint_{\Sigma} P \mathrm{d}y\mathrm{d}z + Q \mathrm{d}z\mathrm{d}x + R \mathrm{d}x\mathrm{d}y$ 与所取曲面 Σ 无关而只与曲面的边界曲线有关;

(2) $\oiint_{\Sigma} P \mathrm{d}y\mathrm{d}z + Q \mathrm{d}z\mathrm{d}x + R \mathrm{d}x\mathrm{d}y = 0$,其中 Σ 为 Ω 内任意一闭曲面;

(3) 在 Ω 内恒有 $\dfrac{\partial P}{\partial x} + \dfrac{\partial Q}{\partial y} + \dfrac{\partial R}{\partial z} = 0.$

四、斯托克斯公式

斯托克斯公式是格林公式在空间的推广.格林公式揭示了平面闭区域上的二重积分与其边界闭曲线上的曲线积分的关系,而本节介绍的斯托克斯公式则是把曲面 Σ 上的曲面积分与沿着 Σ 的边界曲线的曲线积分联系起来.

设 Σ 为有向曲面,Γ 是它的边界曲线.规定 Σ 的正向和 Γ 的正向的关系如下:观察者站在曲面 Σ 的正侧上(由脚到头的方向与曲面的法向量方向一致),当他沿着 Γ 前进时,曲面 Σ 总在他的左手边,这时规定此人前进的方向为 Γ 的正向,即 Γ 的正方向与曲面 Σ 的法向量方向遵循右手法则.

定理7.11 设 Γ 为分段光滑的空间有向闭曲线,Σ 是以 Γ 为边界的分片光滑的有向曲面,Γ 的正方向与 Σ 的侧符合右手规则,函数 $P(x,y,z)$、$Q(x,y,z)$、$R(x,y,z)$ 在曲面 Σ(连同边界 Γ) 上具有一阶连续偏导数,则有

$$\iint_{\Sigma} \left(\frac{\partial R}{\partial y} - \frac{\partial Q}{\partial z} \right) \mathrm{d}y\mathrm{d}z + \left(\frac{\partial P}{\partial z} - \frac{\partial R}{\partial x} \right) \mathrm{d}z\mathrm{d}x + \left(\frac{\partial Q}{\partial x} - \frac{\partial P}{\partial y} \right) \mathrm{d}x\mathrm{d}y = \oint_{\Gamma} P \mathrm{d}x + Q \mathrm{d}y + R \mathrm{d}z, \quad ③$$

或

$$\iint_{\Sigma} \begin{vmatrix} \mathrm{d}y\mathrm{d}z & \mathrm{d}z\mathrm{d}x & \mathrm{d}x\mathrm{d}y \\ \dfrac{\partial}{\partial x} & \dfrac{\partial}{\partial y} & \dfrac{\partial}{\partial z} \\ P & Q & R \end{vmatrix} = \oint_{\Gamma} P \mathrm{d}x + Q \mathrm{d}y + R \mathrm{d}z. \quad ④$$

公式 ③ 或 ④ 叫作斯托克斯公式.

利用两类曲面积分的联系,斯托克斯公式也可以写成如下形式:

$$\iint_{\Sigma} \begin{vmatrix} \cos \alpha & \cos \beta & \cos \gamma \\ \dfrac{\partial}{\partial x} & \dfrac{\partial}{\partial y} & \dfrac{\partial}{\partial z} \\ P & Q & R \end{vmatrix} \mathrm{d}S = \oint_{\Gamma} P \mathrm{d}x + Q \mathrm{d}y + R \mathrm{d}z, \quad ⑤$$

其中 $\boldsymbol{n}=(\cos\alpha,\cos\beta,\cos\gamma)$ 为有向曲面 Σ 在点 (x,y,z) 处的单位法向量.

【**例 7.66**】　计算 $\oint_\Gamma z\mathrm{d}x+x\mathrm{d}y+y\mathrm{d}z$,其中 Γ 为平面 $x+y+z=1$ 被三个坐标面所截的三角形的整个边界,Γ 的正向与这个平面三角形 Σ 上侧的法向量方向符合右手规则(图 7.74).

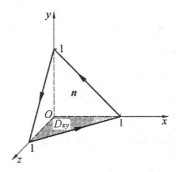 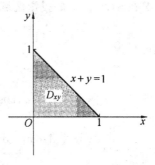

图 7.74

解　设 $P=z,Q=x,R=y,\Sigma$ 为平面 $x+y+z=1$ 上以 Γ 为边界的曲面,则在 Σ 上,有

$$\frac{\partial R}{\partial y}-\frac{\partial Q}{\partial z}=1,\frac{\partial P}{\partial z}-\frac{\partial R}{\partial x}=1,\frac{\partial Q}{\partial x}-\frac{\partial P}{\partial y}=1,$$

且 Γ 的正向与 Σ 上侧的法线方向符合右手规则,由斯托克斯公式可得

$$\oint_\Gamma z\mathrm{d}x+x\mathrm{d}y+y\mathrm{d}z=\iint_\Sigma \mathrm{d}y\mathrm{d}z+\mathrm{d}z\mathrm{d}x+\mathrm{d}x\mathrm{d}y.$$

又因为 Σ 在 xOy 面上的投影区域为

$$D_{xy}=\{(x,y)\mid 0\leqslant x\leqslant 1,0\leqslant y\leqslant 1-x\},$$

而 Σ 的方程可写为

$$z=1-x-y((x,y)\in D_{xy}),$$

所以

$$\iint_\Sigma \mathrm{d}x\mathrm{d}y=\iint_{D_{xy}}\mathrm{d}x\mathrm{d}y=\int_0^1\mathrm{d}x\int_0^{1-x}\mathrm{d}y=\int_0^1(1-x)\mathrm{d}x=\frac{1}{2}.$$

同理可得

$$\iint_\Sigma \mathrm{d}y\mathrm{d}z=\iint_\Sigma \mathrm{d}z\mathrm{d}x=\frac{1}{2}.$$

综上可得

$$\oint_\Gamma z\mathrm{d}x+x\mathrm{d}y+y\mathrm{d}z=\iint_\Sigma \mathrm{d}y\mathrm{d}z+\mathrm{d}z\mathrm{d}x+\mathrm{d}x\mathrm{d}y=\frac{3}{2}.$$

【**例 7.67**】　计算 $\oint_\Gamma (y-z)\mathrm{d}x+(z-x)\mathrm{d}y+(x-y)\mathrm{d}z$,其中 Γ 为柱面 $x^2+y^2=1$ 与平面 $x+z=1$ 的交线,从 z 轴正向看去是逆时针方向.

解　设 $P=y-z,Q=z-x,R=x-y,\Sigma$ 是平面 $x+z=1$ 上以 Γ 为边界的曲面,则在 Σ 上,有

$$\frac{\partial R}{\partial y} - \frac{\partial Q}{\partial z} = -2, \frac{\partial P}{\partial z} - \frac{\partial R}{\partial x} = -2, \frac{\partial Q}{\partial x} - \frac{\partial P}{\partial y} = -2,$$

且 Γ 的正向与 Σ 上侧的法线方向符合右手规则,由斯托克斯公式可得

$$\oint_\Gamma (y-z)dx + (z-x)dy + (x-y)dz = -2\iint_\Sigma dydz + dzdx + dxdy.$$

又因为 Σ 在 xOy 面上的投影区域为

$$D_{xy} = \{(x,y) \mid x^2 + y^2 \leqslant 1\},$$

而 Σ 的方程可写为

$$z = 1 - x((x,y) \in D_{xy}),$$

所以 Σ 上侧的单位法向量为 $(\cos\alpha, \cos\beta, \cos\gamma) = \frac{1}{\sqrt{2}}(1,0,1)$,于是

$$\iint_\Sigma dydz + dzdx + dxdy = \iint_\Sigma (\cos\alpha, \cos\beta, \cos\gamma)dS$$

$$= \iint_{D_{xy}} \frac{\sqrt{2}}{\cos\gamma}dxdy$$

$$= 2\iint_{D_{xy}} dxdy = 2\pi.$$

综上可得

$$\oint_\Gamma (y-z)dx + (z-x)dy + (x-y)dz = -2\iint_\Sigma dydz + dzdx + dxdy = -4\pi.$$

【例 7.68】 计算曲线积分 $\oint_\Gamma (y^2-z^2)dx + (z^2-x^2)dy + (x^2-y^2)dz$,其中 Γ 是用

平面 $x+y+z = \frac{3}{2}$ 截立方体 $\{(x,y,z) \mid 0 \leqslant x \leqslant 1, 0 \leqslant y \leqslant 1, 0 \leqslant z \leqslant 1\}$ 的表面所得

的截痕,从 Ox 轴的正向看去,Γ 取逆时针方向(图 7.75(a)).

解 取 Σ 为平面 $x+y+z = \frac{3}{2}$ 的上侧被 Γ 所围成的部分,Σ 的单位法向量是 $\boldsymbol{n} =$

$\frac{1}{\sqrt{3}}(1,1,1)$,即

$$\cos\alpha = \cos\beta = \cos\gamma = \frac{1}{\sqrt{3}}.$$

由斯托克斯公式,有

$$\oint_\Gamma (y^2-z^2)dx + (z^2-x^2)dy + (x^2-y^2)dz = \iint_\Sigma \begin{vmatrix} \dfrac{1}{\sqrt{3}} & \dfrac{1}{\sqrt{3}} & \dfrac{1}{\sqrt{3}} \\ \dfrac{\partial}{\partial x} & \dfrac{\partial}{\partial y} & \dfrac{\partial}{\partial z} \\ y^2-z^2 & z^2-x^2 & x^2-y^2 \end{vmatrix} dS$$

$$= -\frac{4}{\sqrt{3}}\iint_\Sigma (x+y+z)dS.$$

因为 Σ 在 $x+y+z = \frac{3}{2}$ 上,故

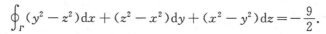

$$\oint_{\Gamma}(y^2-z^2)\mathrm{d}x+(z^2-x^2)\mathrm{d}y+(x^2-y^2)\mathrm{d}z$$

$$=-\frac{4}{\sqrt{3}}\cdot\frac{3}{2}\iint_{\Sigma}\mathrm{d}S=-2\sqrt{3}\iint_{D_{xy}}\sqrt{3}\,\mathrm{d}x\mathrm{d}y=-6\sigma_{xy},$$

其中 D_{xy} 为 Σ 在 xOy 平面上的投影区域(图 7.75(b)), σ_{xy} 为 D_{xy} 的面积,因

$$\sigma_{xy}=1-2\times\frac{1}{8}=\frac{3}{4},$$

故

$$\oint_{\Gamma}(y^2-z^2)\mathrm{d}x+(z^2-x^2)\mathrm{d}y+(x^2-y^2)\mathrm{d}z=-\frac{9}{2}.$$

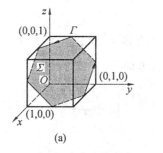
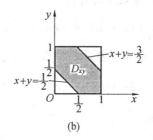

图 7.75

五、空间曲线积分与路径无关的条件

对于空间的一个连通区域 Ω,如果在 Ω 内以任何闭曲线 Γ 为边界都可以张成一个全部属于 Ω 的曲面 Σ,则称这个连通区域 Ω 为空间的一维单连通区域.

定理 7.12　设函数 $P(x,y,z)$、$Q(x,y,z)$、$R(x,y,z)$ 在空间一维单连通区域 Ω 上具有一阶连续偏导数,则下面四个命题等价:

(1) 在 Ω 中曲线积分 $\int_{\Gamma}P\mathrm{d}x+Q\mathrm{d}y+R\mathrm{d}z$ 与路径无关,只与起点和终点有关;

(2) 沿 Ω 中任一闭曲线 Γ 的积分为零,即 $\oint_{\Gamma}P\mathrm{d}x+Q\mathrm{d}y+R\mathrm{d}z=0$;

(3) 在 Ω 上任意点,恒有

$$\frac{\partial P}{\partial y}=\frac{\partial Q}{\partial x},\frac{\partial R}{\partial x}=\frac{\partial P}{\partial z},\frac{\partial Q}{\partial z}=\frac{\partial R}{\partial y};$$

(4) 表达式 $P\mathrm{d}x+Q\mathrm{d}y+R\mathrm{d}z$ 为 Ω 中某函数 $u(x,y,z)$ 的全微分,即在 Ω 中存在 $u(x,y,z)$,使

$$\mathrm{d}u=P\mathrm{d}x+Q\mathrm{d}y+R\mathrm{d}z.$$

习题 7.10

1.利用高斯公式计算 $\oiint_{\Sigma}y(x-z)\mathrm{d}y\mathrm{d}z+x^2\mathrm{d}x\mathrm{d}z+(y^2+xz)\mathrm{d}x\mathrm{d}y$,其中 Σ 为立体 $0\leqslant x\leqslant a$、$0\leqslant y\leqslant a$、$0\leqslant z\leqslant a$ 的表面的外侧.

2. 计算 $\oiint_{\Sigma} x^3 \, dy \, dz + y^3 \, dz \, dx + z^3 \, dx \, dy$，其中 Σ 为球面 $x^2 + y^2 + z^2 = R^2$ 的外侧.

3. 计算 $\iint_{\Sigma} dy \, dz + x \, dz \, dx + (z+1) \, dx \, dy$，其中 Σ 为上半球面 $x^2 + y^2 + z^2 = 1 (z \geqslant 0)$ 的上侧.

4. $\oiint_{\Sigma} x \, dy \, dz + y \, dz \, dx + z \, dx \, dy$，其中 Σ 为界于 $z=0$ 和 $z=3$ 之间的圆柱体 $x^2 + y^2 \leqslant 9$ 的整个表面的外侧.

5. $\oiint_{\Sigma} 4xz \, dy \, dz - y^2 \, dz \, dx + yz \, dx \, dy$，其中 Σ 为平面 $x=0$、$y=0$、$z=0$、$x=1$、$y=1$、$z=1$ 所围成的立方体的全表面的外侧.

6. 计算曲线积分 $\oint_{\Gamma} y \, dx + z \, dy + x \, dz$，其中 Γ 为球面 $x^2 + y^2 + z^2 = 2(x+y)$ 与平面 $x + y = 2$ 的交线，Γ 的正向从原点看去是逆时针方向.

7. 计算曲线积分 $\oint_{\Gamma} y \, dx + z \, dy + x \, dz$，其中 Γ 为圆周 $\begin{cases} x^2 + y^2 + z^2 = R^2 \\ x + y + z = 0 \end{cases}$，从 x 轴正向看去，它沿逆时针方向.

8. 计算曲线积分 $\oint_{\Gamma} 3y \, dx - xz \, dy + yz^2 \, dz$，其中 Γ 为圆周 $x^2 + y^2 = 2z, z = 2$，若从 z 轴正向看去，这圆周是取逆时针方向.

9. 计算曲线积分 $\oint_{\Gamma} 2y \, dx + 3x \, dy - z^2 \, dz$，其中 Γ 是圆周 $x^2 + y^2 + z^2 = 9, z = 0$，若从 z 轴正向看去，这圆周是取逆时针方向.

总习题七

1. 填空题

(1) 设二重积分的积分区域为 $D = \{(x, y) \mid 0 \leqslant x \leqslant 1, 0 \leqslant y \leqslant 1\}$，则 $\iint_{D} e^{x+y} \, dx \, dy = $ _____.

(2) 设 D 为 $x^2 + y^2 \leqslant a^2$，则 $\iint_{D} |y| \, dx \, dy = $ _____.

(3) 设 Ω 是平面 $x + y + z = 1$ 与三坐标轴围成的区域，则 $\iiint_{\Omega} x \, dx \, dy \, dz = $ _____.

(4) 设 D 是两坐标轴及直线 $x + y = 1$ 围成的区域，则 $\iint_{D} y \, dx \, dy = $ _____.

(5) 设 D 是由两坐标轴及直线 $x + y = 1$ 围成的区域，且 $I_1 = \iint_{D} (x+y)^3 \, dx \, dy, I_2 = \iint_{D} (x+y)^2 \, dx \, dy, I_3 = \iint_{D} (x+y) \, dx \, dy$，则 I_1、I_2、I_3 的大小关系为 _____.

(6) 设 L 为 xOy 面内直线 $x = a$ 上的一段，则 $\int_{L} P(x, y) \, dx = $ _____.

(7) 由圆 $x^2 + y^2 = 2ax$ 所围的图形的面积为_____.

(8) $4\sin x\sin 3y\cos x\,\mathrm{d}x - 3\cos 3y\cos 2x\,\mathrm{d}y$ 的原函数为_____.

(9) $\displaystyle\int_{(0,0)}^{(2,1)} \mathrm{e}^x\cos y\,\mathrm{d}x - \mathrm{e}^x\sin y\,\mathrm{d}y = $_____.

(10) 设 L 为区域 $D = \{(x,y) \mid -1 \leqslant x \leqslant 3, 0 \leqslant y \leqslant 2\}$ 的正向边界闭曲线,则曲线积分 $\displaystyle\oint_L 3xy\,\mathrm{d}x + x^2\,\mathrm{d}y = $_____.

(11) 设 Σ 为球面 $x^2 + y^2 + z^2 = R^2$,则 $\displaystyle\oiint_{\Sigma} (x^2 + y^2 + z^2)\,\mathrm{d}S = $_____.

(12) 设曲面 Σ 为 $z = \sqrt{x^2 + y^2}$ 在 $0 \leqslant z \leqslant 1$ 之间部分的下侧,则 $\displaystyle\iint_{\Sigma} x\,\mathrm{d}y\mathrm{d}z - z\,\mathrm{d}x\mathrm{d}y = $ _____.

(13) 设 Σ 为曲面 $z = \sqrt{x^2 + y^2}$ 与 $z = \sqrt{2 - x^2 - y^2}$ 围成立体表面外侧,则 $\displaystyle\iint_{\Sigma} 2xz\,\mathrm{d}y\mathrm{d}z + yz\,\mathrm{d}z\mathrm{d}x - z^2\,\mathrm{d}x\mathrm{d}y = $_____.

2. 选择题

(1) 若 $\displaystyle\iint_{D} \mathrm{d}x\mathrm{d}y = 1$,则积分区域 D 可以是( ).

 A. 由 x 轴、y 轴及 $x + y - 2 = 0$ 所围成的区域

 B. 由 $x = 1$、$x = 2$ 及 $y = 2$、$y = 4$ 所围成的区域

 C. 由 $|x| = \dfrac{1}{2}$、$|y| = \dfrac{1}{2}$ 所围成的区域

 D. 由 $|x + y| = 1$、$|x - y| = 1$ 所围成的区域

(2) 设区域 D 是单位圆 $x^2 + y^2 \leqslant 1$ 在第一象限的部分,则二重积分 $\displaystyle\iint_{D} xy\,\mathrm{d}\sigma = ($).

 A. $\displaystyle\int_0^{\sqrt{1-y^2}} \mathrm{d}x \int_0^{\sqrt{1-x^2}} xy\,\mathrm{d}y$ B. $\displaystyle\int_0^1 \mathrm{d}x \int_0^{\sqrt{1-y^2}} xy\,\mathrm{d}y$

 C. $\displaystyle\int_0^1 \mathrm{d}y \int_0^{\sqrt{1-y^2}} xy\,\mathrm{d}x$ D. $\dfrac{1}{2}\displaystyle\int_0^{\frac{\pi}{2}} \mathrm{d}\theta \int_0^1 r^2\sin 2\theta\,\mathrm{d}r$

(3) 设 $f(x)$ 为连续函数,$F(t) = \displaystyle\int_1^t \mathrm{d}y \int_y^t f(x)\,\mathrm{d}x$,则 $F'(2) = ($).

 A. $2f(2)$ B. $f(2)$ C. $-f(2)$ D. 0

(4) 设 $D = \{(x,y) \mid x^2 + y^2 \leqslant a^2\}$,若 $\displaystyle\iint_{D} \sqrt{a^2 - x^2 - y^2}\,\mathrm{d}x\mathrm{d}y = \pi$,则 $a = ($).

 A. 1 B. $\sqrt[3]{\dfrac{3}{2}}$ C. $\sqrt[3]{\dfrac{3}{4}}$ D. $\sqrt[3]{\dfrac{1}{2}}$

(5) 设空间闭区域 $\Omega_1 = \{(x,y,z) \mid x^2 + y^2 + z^2 \leqslant R^2, z \geqslant 0\}$ 及 $\Omega_2 = \{(x,y,z) \mid x^2 + y^2 + z^2 \leqslant R^2, x \geqslant 0, y \geqslant 0, z \geqslant 0\}$,则有( ).

 A. $\displaystyle\iiint_{\Omega_1} x\,\mathrm{d}v = 4\iiint_{\Omega_2} x\,\mathrm{d}v$ B. $\displaystyle\iiint_{\Omega_1} y\,\mathrm{d}v = 4\iiint_{\Omega_2} y\,\mathrm{d}v$

 C. $\displaystyle\iiint_{\Omega_1} z\,\mathrm{d}v = 4\iiint_{\Omega_2} z\,\mathrm{d}v$ D. $\displaystyle\iiint_{\Omega_1} xyz\,\mathrm{d}v = 4\iiint_{\Omega_2} xyz\,\mathrm{d}v$

(6) 设 L 为连接点 $(0,1)$ 及点 $(1,0)$ 的直线段,则曲线积分 $\int_L (x+y)\mathrm{d}s = (\quad)$.

    A. $-\sqrt{3}$　　　　　B. $-\sqrt{2}$　　　　　C. $\sqrt{3}$　　　　　D. $\sqrt{2}$

(7) 设 L 为抛物线 $y=x^2$ 从点 $O(0,0)$ 到点 $A(2,4)$ 的有向弧段,则曲线积分 $\int_L x\,\mathrm{d}y - y\,\mathrm{d}x = (\quad)$.

    A. $\dfrac{3}{8}$　　　　　B. $-\dfrac{3}{8}$　　　　　C. $-\dfrac{8}{3}$　　　　　D. $\dfrac{8}{3}$

(8) 设曲线 L 为上半圆周 $y=\sqrt{4-x^2}$,则 $\int_L y\,\mathrm{d}s = (\quad)$.

    A. 4　　　　　B. 8　　　　　C. 16　　　　　D. 0

(9) 设 L 为 $x^2+y^2=a^2 (a>0)$ 逆时针方向,则曲线积分 $\oint_L \dfrac{y\,\mathrm{d}x - x\,\mathrm{d}y}{x^2+y^2} = (\quad)$.

    A. 0　　　　　B. 2π　　　　　C. -2π　　　　　D. π

(10) 设 L 为下半圆周 $y=-\sqrt{R^2-x^2}$,则 $\int_L \dfrac{1}{\sqrt{x^2+y^2}}\mathrm{d}s = (\quad)$.

    A. -2π　　　　　B. 2π　　　　　C. π　　　　　D. 0

(11) 设 Γ 是从点 $(a,0,0)$ 沿螺线 $x=a\cos\varphi, y=a\sin\varphi, z=\dfrac{h}{2\pi}\varphi$ 到点 $(a,0,h)$ 的一段,

    则 $\int_\Gamma (x^2-yz)\mathrm{d}x + (y^2-zx)\mathrm{d}y + (z^2-xy)\mathrm{d}z = (\quad)$.

    A. $\dfrac{1}{4}h^3$　　　　　B. $\dfrac{1}{2}h^3$　　　　　C. $\dfrac{1}{6}h^3$　　　　　D. $\dfrac{1}{3}h^3$

(12) 设 Σ 为平面 $x+y+z=1$ 被坐标面截下的部分,则曲面积分 $\iint_\Sigma xyz\,\mathrm{d}S = (\quad)$.

    A. $\dfrac{\sqrt{3}}{120}$　　　　　B. $\dfrac{\sqrt{3}}{12}$　　　　　C. $-\dfrac{\sqrt{3}}{120}$　　　　　D. $\dfrac{\sqrt{2}}{120}$

(13) 设 Σ 为柱面 $x^2+y^2=1$ 及平面 $z=0$、$z=3$ 所围成的空间闭区域 Ω 的整个边界的外侧,则 $\oiint_\Sigma (x-y)\mathrm{d}x\mathrm{d}y + x(y-z)\mathrm{d}y\mathrm{d}z = (\quad)$.

    A. $\dfrac{9}{2}\pi$　　　　　B. $-\dfrac{9}{2}\pi$　　　　　C. $-\dfrac{2}{9}\pi$　　　　　D. $\dfrac{2}{9}\pi$

3. 计算题

(1) 求二次积分 $\int_0^{\frac{\pi}{6}} \mathrm{d}y \int_y^{\frac{\pi}{6}} \dfrac{\cos x}{x}\mathrm{d}x$.

(2) 将极坐标系下的累次积分 $\int_0^{\frac{\pi}{2}} \mathrm{d}\theta \int_0^{\cos\theta} f(r\cos\theta, r\sin\theta) r\,\mathrm{d}r$ 化为直角坐标系下的二重积分.

(3) 计算二重积分 $\iint_D \sqrt{1-\sin^2(x+y)}\,\mathrm{d}x\mathrm{d}y$,其中

$$D = \left\{ (x,y) \,\middle|\, 0 \leqslant x \leqslant \frac{\pi}{2}, 0 \leqslant y \leqslant 2 \right\}.$$

(4) 计算二重积分 $\iint_D \mid y - x^2 \mid \mathrm{d}x\mathrm{d}y$,其中 $D = \{(x,y) \mid \mid x \mid \leqslant 1, 0 \leqslant y \leqslant 2\}$.

(5) 求由 $x^2 + y^2 = 2x$、$y = x$、$y = 0$、$x^2 + y^2 = 4x$ 所围成图形的面积.

(6) $\iint_D y\mathrm{d}x\mathrm{d}y$,$D$ 是由直线 $x = -2$、$y = 0$、$y = 2$ 以及曲线 $x = -\sqrt{2y - y^2}$ 所围区域.

(6) $\iint_D \mathrm{e}^{x^2}\mathrm{d}x\mathrm{d}y$,$D$ 是第一象限中由直线 $y = x$ 和曲线 $y = x^3$ 所围成的区域.

(8) 求由 $z = x^2 + y^2$,$y = 1$,$z = 0$,$y = x^2$ 所围立体的体积.

(9) 计算 $\int_L x\mathrm{d}s$,其中 L 的参数方程为 $x = t^3, y = 4t (0 \leqslant t \leqslant 1)$.

(10) 设 Γ 为依次连接点 $A(0,0,0)$、$B(0,0,2)$、$C(1,0,2)$、$D(1,3,2)$ 的折线,计算 $\int_\Gamma x^2 yz\mathrm{d}s$.

(11) 计算 $\int_\Gamma y\mathrm{d}x - x\mathrm{d}y + (x^2 + y^2)\mathrm{d}z$,其中 Γ 为曲线 $x(t) = \mathrm{e}^t, y(t) = \mathrm{e}^{-t}, z(t) = at$ 从点 $(1,1,0)$ 到点 $(\mathrm{e}, \mathrm{e}^{-1}, a)$ 的一段.

(12) 计算 $\int_L y\mathrm{d}x - (y - x)\mathrm{d}y$,其中 L 分别由下列条件所确定:

①L 为从点 $A(0,0)$ 到点 $B(3,9)$ 的直线段;

②L 为抛物线 $y = x^2$ 从点 $A(0,0)$ 到点 $B(3,9)$ 的一段曲线;

③L 为从点 $A(0,0)$ 到点 $B(3,0)$,再从点 $B(3,0)$ 到点 $C(3,9)$ 的折线段.

(13) 计算 $\int_L (\mathrm{e}^y + \sin x)\mathrm{d}x + (x\mathrm{e}^y - \cos y)\mathrm{d}y$,其中 L 是沿圆弧 $(x - \pi)^2 + y^2 = \pi^2$ 由原点 $(0,0)$ 到点 (π, π) 的一段弧.

(14) 计算 $\oint_L (x\mathrm{e}^{x^2 - y^2} - 2y)\mathrm{d}x - (y\mathrm{e}^{x^2 - y^2} - 3x)\mathrm{d}y$,其中 L 是由直线 $y = \mid x \mid$,$y = 2 - \mid x \mid$ 围成正方形区域的正向边界.

(15) 计算 $\int_L (x + y)^3\mathrm{d}x - (x - y)^3\mathrm{d}y$,其中 L 为两个上半圆周 $y = \sqrt{1 - (x - 1)^2}$ 与 $y = \sqrt{4 - (x - 2)^2}$ 连成的顺时针曲线.

(16) 在过点 $O(0,0)$ 和 $A(\pi, 0)$ 的曲线族 $y = a\sin x (a > 0)$ 中,求出其中的一条曲线 L,使沿该曲线从 O 到 A 的积分 $\int_L (1 + y^3)\mathrm{d}x + (2x + y)\mathrm{d}y$ 的值为最小,并求该最小值.

(17) 计算 $\oiint_\Sigma z^2\mathrm{d}x\mathrm{d}y$,其中 Σ 为椭球面 $\dfrac{x^2}{a^2} + \dfrac{y^2}{b^2} + \dfrac{z^2}{c^2} = 1$ 的外侧.

(18) 计算曲面积分 $\iint_\Sigma x\mathrm{d}y\mathrm{d}z + y\mathrm{d}z\mathrm{d}x + z\mathrm{d}x\mathrm{d}y$,其中 Σ 为半球面 $z = \sqrt{R^2 - x^2 - y^2}$ 的上侧.

(19) 利用斯托克斯公式计算曲线积分 $\oint_\Gamma 3y\mathrm{d}x - xz\mathrm{d}y + yz^2\mathrm{d}z$,其中 Γ 为圆周 $x^2 + y^2 = 2z, z = 2$,若从 z 轴正向看去,Γ 取逆时针方向.

(20) 计算 $I = \iint_{\Sigma} 2xz\,dy\,dz + yz\,dz\,dx - z^2\,dx\,dy$，其中 Σ 是由曲面 $z = \sqrt{x^2 + y^2}$ 与 $z = \sqrt{2 - x^2 - y^2}$ 围成立体表面的外侧.

(21) 求第二型曲面积分 $\iint_{\Sigma} \dfrac{e^z}{\sqrt{x^2 + y^2}}\,dx\,dy$，其中 Σ 为锥面 $z = \sqrt{x^2 + y^2}$ 及平面 $z = 1$，$z = 2$ 所围成的立体表面外侧.

(22) 设 $\Omega = \{(x, y, z) \in \mathbf{R}^3 \mid -\sqrt{a^2 - x^2 - y^2} \leqslant z \leqslant 0, a > 0\}$，其中 Σ 为 Ω 的边界曲面外侧，计算 $I = \iint_{\Sigma} \dfrac{ax\,dy\,dz + 2(x + a)y\,dz\,dx}{\sqrt{x^2 + y^2 + z^2 + 1}}$.

(23) 利用斯托克斯公式计算 $I = \int_{\Gamma} (y - z)\,dx + (z - x)\,dy + (x - y)\,dz$，其中 Γ 为由 $\begin{cases} x^2 + y^2 = 1 \\ x + z = 1 \end{cases}$ 确定的曲线，从 z 轴正向看去取逆时针方向.

4. 证明 $\iint_{x^2 + y^2 \leqslant 1} f(x + y)\,dx\,dy = \int_{-\sqrt{2}}^{\sqrt{2}} \sqrt{2 - u^2}\,f(u)\,du$.

第 8 章

无穷级数

研究无穷级数,是研究数列的另一种形式.它在表示函数、研究函数的性质、计算函数值,以及求解微分方程等方面都有重要的应用,在经济、管理、电学以及振动理论等诸多领域里也有广泛的应用.

无穷级数的理论几乎与微积分同时诞生,牛顿就曾把二项式级数作为研究微积分的工具;为了解决微积分诞生时混乱的逻辑基础,拉格朗日也曾使用无穷级数重建微积分理论,但由于当时对无穷级数认识的粗糙性,均未获得成功.直到 19 世纪中叶,才由大数学家柯西揭开了面纱,建立起无穷级数的严格理论.

本章首先介绍无穷级数的概念和基本性质,然后重点讨论常数项级数的概念、性质及其敛散性的判别法,在此基础上介绍函数项级数的相关内容,以及将函数展开成幂级数与傅里叶级数的条件和方法.

8.1 常数项级数的概念和性质

一、常数项级数及其敛散性

定义 8.1 给定数列 $\{u_n\}$,则表达式

$$\sum_{n=1}^{\infty} u_n = u_1 + u_2 + \cdots + u_n + \cdots \qquad ①$$

称为一个常数项级数,简称数项级数或级数,其中 u_n 称为级数的通项或一般项.

这里 $\sum_{n=1}^{\infty} u_n$ 只是一个表达式,该怎样理解无穷多个数相加? 无穷多个数相加的结果可能是一个有限数,也可能不是. 比如级数 $\sum_{n=1}^{\infty} 0 = 0 + 0 + \cdots + 0 + \cdots = 0$,而 $\sum_{n=1}^{\infty} 1 = 1 + 1 + \cdots + 1 + \cdots$ 其结果不是有限数.为了明确这一点,我们从有限项和出发观察它们的变化趋势,从而引入级数收敛、发散以及级数的和的概念.记

$$s_1 = u_1,$$

$$s_2 = u_1 + u_2,$$
$$\vdots$$
$$s_n = u_1 + u_2 + \cdots + u_n.$$

称 s_n 为级数 ① 的前 n 项部分和,数列 $\{s_n\}$ 为级数 ① 的前 n 项部分和数列. 容易看到, n 越大, s_n 的结果就越接近级数 ①. 当 $n \to \infty$ 时,若数列的极限存在,则 $\sum\limits_{n=1}^{\infty} u_n = \lim\limits_{n \to \infty} s_n$,此时 $\sum\limits_{n=1}^{\infty} u_n$ 是一个有限数;若数列的极限不存在,则 $\sum\limits_{n=1}^{\infty} u_n$ 不是一个有限数. 因此我们可以用数列 $\{s_n\}$ 的敛散性来定义级数 $\sum\limits_{n=1}^{\infty} u_n$ 的敛散性.

定义 8.2 若级数 $\sum\limits_{n=1}^{\infty} u_n$ 的部分和数列 $\{s_n\}$ 的极限存在,即存在 s,使得 $\lim\limits_{n \to \infty} s_n = s$,则称级数 $\sum\limits_{n=1}^{\infty} u_n$ 收敛, s 称为 $\sum\limits_{n=1}^{\infty} u_n$ 的和,记作 $\sum\limits_{n=1}^{\infty} u_n = s$,也称级数 $\sum\limits_{n=1}^{\infty} u_n$ 收敛于 s. 若部分和数列 $\{s_n\}$ 的极限不存在,则称级数 $\sum\limits_{n=1}^{\infty} u_n$ 发散. 级数的收敛性和发散性统称为级数的敛散性.

级数的概念起源很早,在《庄子》中有记载:"一尺之棰,日取其半,万世不竭." 它描述的现象用数学算式表达就是

$$1 = \frac{1}{2} + \frac{1}{4} + \cdots + \frac{1}{2^n} + \cdots.$$

下面验证级数 $\sum\limits_{n=1}^{\infty} \frac{1}{2^n}$ 收敛于 1. 因为

$$s_1 = \frac{1}{2},$$
$$s_2 = \frac{1}{2} + \frac{1}{4} = \frac{3}{4},$$
$$s_3 = \frac{1}{2} + \frac{1}{4} + \frac{1}{8} = \frac{7}{8},$$
$$\vdots$$
$$s_n = \frac{1}{2} + \frac{1}{4} + \cdots + \frac{1}{2^n} = 1 - \frac{1}{2^n},$$
$$\vdots$$

$\lim\limits_{n \to \infty} s_n = 1$,故 $\sum\limits_{n=1}^{\infty} \frac{1}{2^n} = 1$.

当级数收敛时, s_n 是 s 的近似值,它们的差 $r_n = s - s_n$ 叫作级数的余项,它的绝对值 $|r_n|$ 就是用 s_n 代替 s 所产生的误差,显然当级数收敛时, $\lim\limits_{n \to \infty} r_n = 0$.

【例 8.1】 讨论下列级数的敛散性:

(1) $\sum\limits_{n=1}^{\infty} (-1)^n = (-1) + 1 + (-1) + 1 + \cdots + (-1)^n + \cdots$;

(2) $\displaystyle\sum_{n=1}^{\infty} \frac{1}{n(n+1)}$;

(3) $\displaystyle\sum_{n=1}^{\infty} \ln \frac{n+1}{n}$.

解　(1) 因为

$$s_n = \begin{cases} -1, & n \text{ 为奇数,} \\ 0, & n \text{ 为偶数,} \end{cases}$$

故 $\lim\limits_{n\to\infty} s_n$ 不存在, 因此级数 $\displaystyle\sum_{n=1}^{\infty}(-1)^n$ 发散.

(2) 因为

$$s_n = \sum_{k=1}^{n} \frac{1}{k(k+1)} = \sum_{k=1}^{n}\left(\frac{1}{k} - \frac{1}{k+1}\right) = 1 - \frac{1}{n+1},$$

而

$$\lim_{n\to\infty} s_n = \lim_{n\to\infty}\left(1 - \frac{1}{n+1}\right) = 1,$$

故级数 $\displaystyle\sum_{n=1}^{\infty} \frac{1}{n(n+1)}$ 收敛, 和为 1.

(3) 因为

$$s_n = \sum_{k=1}^{n} \ln \frac{k+1}{k} = \sum_{k=1}^{n}\left[\ln(k+1) - \ln k\right] = \ln(n+1),$$

而

$$\lim_{n\to\infty} s_n = \lim_{n\to\infty} \ln(n+1) = \infty,$$

故级数 $\displaystyle\sum_{n=1}^{\infty} \ln \frac{n+1}{n}$ 发散.

【例 8.2】　讨论等比级数(或几何级数) $\displaystyle\sum_{n=0}^{\infty} ar^n = a + ar + ar^2 + \cdots + ar^n + \cdots \ (a \neq 0)$ 的敛散性, 其中 r 称为该级数的公比.

解　当 $r=1$ 时, $\lim\limits_{n\to\infty} s_n = \lim\limits_{n\to\infty}(na) = \infty$, 级数发散;

当 $r=-1$ 时

$$\lim_{n\to\infty} s_n = \begin{cases} \lim\limits_{n\to\infty} 0 = 0, & \text{当 } n \text{ 为奇数,} \\ \lim\limits_{n\to\infty} a = a, & \text{当 } n \text{ 为偶数,} \end{cases}$$

$\{s_n\}$ 极限不存在, 级数发散;

当 $|r| \neq 1$ 时, $s_n = \dfrac{a(1-r^n)}{1-r}$.

当 $|r| < 1$ 时, $\lim\limits_{n\to\infty} s_n = \lim\limits_{n\to\infty} \dfrac{a(1-r^n)}{1-r} = \dfrac{a}{1-r}$, 级数收敛.

当 $|r| > 1$ 时, $\lim\limits_{n\to\infty} s_n = \lim\limits_{n\to\infty} \dfrac{a(1-r^n)}{1-r} = \infty$, 级数发散.

综上,等比级数 $\sum\limits_{n=0}^{\infty} ar^n$ 在 $|r| < 1$ 时收敛,在 $|r| \geqslant 1$ 时发散.

二、常数项级数收敛的必要条件

定理 8.1　若级数 $\sum\limits_{n=1}^{\infty} u_n$ 收敛,则 $\lim\limits_{n \to \infty} u_n = 0$.

证　设 $\sum\limits_{n=1}^{\infty} u_n$ 的部分和为 s_n,且 $\lim\limits_{n \to \infty} s_n = s$,那么

$$\lim_{n \to \infty} u_n = \lim_{n \to \infty}(s_{n+1} - s_n) = \lim_{n \to \infty} s_{n+1} - \lim_{n \to \infty} s_n = s - s = 0.$$

推论　若 $\lim\limits_{n \to \infty} u_n \neq 0$,则级数 $\sum\limits_{n=1}^{\infty} u_n$ 发散.

【**例 8.3**】　证明下列级数发散.

(1) $\dfrac{1}{2} - \dfrac{2}{3} + \dfrac{3}{4} - \cdots + (-1)^{n-1} \dfrac{n}{n+1} + \cdots$;

(2) $\sum\limits_{n=1}^{\infty} n\ln \dfrac{n}{n+1}$.

证　(1) 因为 $\lim\limits_{n \to \infty} u_n = \lim\limits_{n \to \infty} (-1)^{n-1} \dfrac{n}{n+1}$ 不存在,由推论知该级数发散.

(2) 因为

$$\lim_{n \to \infty} u_n = \lim_{n \to \infty} n\ln \frac{n}{n+1} = \lim_{n \to \infty} \ln \frac{1}{\left(1 + \dfrac{1}{n}\right)^n} = -1 \neq 0,$$

故该级数发散.

注　$\lim\limits_{n \to \infty} u_n = 0$ 只是级数 $\sum\limits_{n=1}^{\infty} u_n$ 收敛的必要条件而不是充分条件. 例如,例 8.1 中级数 $\sum\limits_{n=1}^{\infty} \ln \dfrac{n+1}{n}$,其通项 $\ln \dfrac{n+1}{n} \to 0(n \to \infty)$,但是它是发散的.

三、常数项级数的性质

性质 1　在一个级数中增加、删去或改变有限项不改变级数的敛散性.

证　我们不妨只考虑在级数中删去一项的情况.

设在 $\sum\limits_{n=1}^{\infty} u_n$ 中删去第 k 项 u_k 得到新的级数 $u_1 + u_2 + \cdots + u_{k-1} + u_{k+1} + \cdots$,则新级数的部分和 s'_n 与 $\sum\limits_{n=1}^{\infty} u_n$ 的部分和 s_n 有如下关系:

$$s'_n = \begin{cases} s_n, & k > n, \\ s_{n+1} - u_k, & k \leqslant n, \end{cases}$$

故 $\lim\limits_{n \to \infty} s'_n$ 和 $\lim\limits_{n \to \infty} s_n$ 同时存在或同时不存在,从而数列 $\{s'_n\}$ 与数列 $\{s_n\}$ 同敛散.

性质 2　若级数 $\sum\limits_{n=1}^{\infty} u_n$ 收敛于 s,k 为常数,则级数 $\sum\limits_{n=1}^{\infty} ku_n$ 收敛于 ks.

证　设 $\sum\limits_{n=1}^{\infty}u_n$ 的部分和为 s_n，$\sum\limits_{n=1}^{\infty}ku_n$ 的部分和为 s'_n，显然有

$$\lim_{n\to\infty}s'_n=\lim_{n\to\infty}ks_n=k\lim_{n\to\infty}s_n=ks,$$

即

$$\sum_{n=1}^{\infty}ku_n=ks.$$

注　如果级数 $\sum\limits_{n=1}^{\infty}u_n$ 发散，且 $k\neq0$，则级数 $\sum\limits_{n=1}^{\infty}ku_n$ 也发散.

性质 3　若级数 $\sum\limits_{n=1}^{\infty}u_n$、$\sum\limits_{n=1}^{\infty}v_n$ 分别收敛于 s、σ，则 $\sum\limits_{n=1}^{\infty}(u_n\pm v_n)$ 收敛于 $s\pm\sigma$.

证　设级数 $\sum\limits_{n=1}^{\infty}u_n$、$\sum\limits_{n=1}^{\infty}v_n$ 的部分和分别为 s_n、σ_n，则 $\sum\limits_{n=1}^{\infty}(u_n\pm v_n)$ 的部分和

$$\begin{aligned}
\tau_n&=(u_1\pm v_1)+(u_2\pm v_2)+\cdots+(u_n\pm v_n)\\
&=(u_1+u_2+\cdots+u_n)\pm(v_1+v_2+\cdots+v_n)\\
&=s_n\pm\sigma_n,
\end{aligned}$$

于是

$$\lim_{n\to\infty}\tau_n=\lim_{n\to\infty}(s_n\pm\sigma_n)=\lim_{n\to\infty}s_n\pm\lim_{n\to\infty}\sigma_n=s\pm\sigma,$$

即

$$\sum_{n=1}^{\infty}(u_n\pm v_n)=s\pm\sigma=\sum_{n=1}^{\infty}u_n\pm\sum_{n=1}^{\infty}v_n.$$

注　如果 $\sum\limits_{n=1}^{\infty}u_n$ 收敛、$\sum\limits_{n=1}^{\infty}v_n$ 发散，则 $\lim\limits_{n\to\infty}s_n=s$、$\lim\limits_{n\to\infty}\sigma_n$ 不存在，因此 $\lim\limits_{n\to\infty}\tau_n$ 不存在，故 $\sum\limits_{n=1}^{\infty}(u_n\pm v_n)$ 必发散；如果 $\sum\limits_{n=1}^{\infty}u_n$、$\sum\limits_{n=1}^{\infty}v_n$ 都发散，那么 $\sum\limits_{n=1}^{\infty}(u_n\pm v_n)$ 未必发散，如 $\sum\limits_{n=1}^{\infty}1$ 和 $\sum\limits_{n=1}^{\infty}(-1)$ 都发散，但 $\sum\limits_{n=1}^{\infty}[1+(-1)]=0$.

性质 4　如果级数 $\sum\limits_{n=1}^{\infty}u_n$ 收敛，则对这级数的项任意加括号后所成的级数

$$(u_1+u_2+\cdots+u_{n_1})+(u_{n_1+1}+\cdots+u_{n_2})+\cdots+(u_{n_{k-1}+1}+\cdots+u_{n_k})+\cdots$$

仍收敛，且和不变.

证明从略.

注　性质 4 说明收敛级数满足加法结合律. 但是如果加括号后的级数收敛，则不能推断出原级数也收敛. 例如，级数 $(1-1)+(1-1)+\cdots+(1-1)+\cdots$ 收敛于 0，但是级数 $\sum\limits_{n=1}^{\infty}(-1)^n=(-1)+1+(-1)+1+\cdots+(-1)^n+\cdots$ 却发散.

推论　如果加括号后所成的级数发散，那么原级数也发散.

【例 8.4】　设级数 $\sum\limits_{n=1}^{\infty}u_n$ 收敛于 s，判断下列级数的敛散性，若收敛求其和：

(1) $\sum\limits_{n=1}^{\infty}u_{n+3}$；　(2) $\sum\limits_{n=1}^{\infty}3u_n$；　(3) $\sum\limits_{n=1}^{\infty}(u_n+3)$.

解 (1) $\sum_{n=1}^{\infty} u_{n+3}$ 是级数 $\sum_{n=1}^{\infty} u_n$ 删去前三项之后得到的,由性质 1 知 $\sum_{n=1}^{\infty} u_{n+3}$ 收敛,且

$$\sum_{n=1}^{\infty} u_{n+3} = s - (u_1 + u_2 + u_3).$$

(2) 由性质 2 知 $\sum_{n=1}^{\infty} 3u_n$ 收敛,且和为 $3s$;

(3) 因为 $\sum_{n=1}^{\infty} u_n$ 收敛、$\sum_{n=1}^{\infty} 3$ 发散,由性质 3 知 $\sum_{n=1}^{\infty} (u_n + 3)$ 发散.

习题 8.1

1.写出下列级数的通项:

(1) $0.001 + \sqrt{0.001} + \sqrt[3]{0.001} + \cdots$;

(2) $\left(\dfrac{1}{2} + \dfrac{1}{3}\right) + \left(\dfrac{1}{4} + \dfrac{1}{9}\right) + \left(\dfrac{1}{8} + \dfrac{1}{27}\right) + \cdots$;

(3) $\dfrac{1}{1 \cdot 4} + \dfrac{x}{4 \cdot 7} + \dfrac{x^2}{7 \cdot 10} + \cdots$;

(4) $1 + \dfrac{2}{3} + \dfrac{2^2}{3 \cdot 5} + \dfrac{2^3}{3 \cdot 5 \cdot 7} + \dfrac{2^4}{3 \cdot 5 \cdot 7 \cdot 9} + \cdots$.

2.设级数 $\sum_{n=1}^{\infty} u_n$ 的前 n 次部分和 $S_n = \dfrac{2n}{n+1}$,试写出该级数,并判断其敛散性,如果收敛求其和.

3.判断下列级数的敛散性:

(1) $\sum_{n=1}^{\infty} (\sqrt{n+1} - \sqrt{n})$;　　　　(2) $\sum_{n=1}^{\infty} \dfrac{1}{(2n-1)(2n+1)}$;

(3) $\sum_{n=1}^{\infty} \dfrac{n}{n+1}$;　　　　　　　　(4) $\sum_{n=1}^{\infty} \dfrac{n-1}{2n}$.

4.计算 $0.\dot{9}$ 的值.

5.证明若数列 $\{a_n\}$ 收敛于 a,则级数 $\sum_{n=1}^{\infty} (a_n - a_{n+1}) = a_1 - a$.

6.证明级数 $\sum_{n=1}^{\infty} u_n (u_n > 0)$ 加括号后收敛,则级数 $\sum_{n=1}^{\infty} u_n$ 也收敛.

8.2　正项级数及其敛散性判别法

　　一般的常数项级数其各项可以为正数、负数或者零,这种级数称为任意项级数.如果各项都是非负数,这种级数称为正项级数.后面讨论的很多级数的敛散性问题都可以归结为正项级数的敛散性问题,同时正项级数也是实用中常见的一类级数,故这种级数十分重要.

设级数 $\sum\limits_{n=1}^{\infty} u_n = u_1 + u_2 + \cdots + u_n + \cdots$ 是一个正项级数(即 $u_n \geqslant 0, n=1,2,\cdots$),显然,其部分和数列 $\{s_n\}$ 是一个单调增加数列,即 $s_1 \leqslant s_2 \leqslant \cdots \leqslant s_n \leqslant \cdots$. 我们知道单调有界数列必有极限,根据该准则和收敛数列的有界性,可以得到正项级数收敛性的一个充要条件:

定理 8.2(正项级数的收敛原理)　正项级数 $\sum\limits_{n=1}^{\infty} u_n$ 收敛的充分必要条件是其部分和数列 $\{s_n\}$ 有界.

【例 8.5】　判定正项级数 $\sum\limits_{n=1}^{\infty} \dfrac{\sin\frac{\pi}{2n}}{2^n}$ 的敛散性.

解　由

$$s_n = \frac{1}{2} + \frac{\sin\frac{\pi}{4}}{4} + \frac{\sin\frac{\pi}{6}}{8} + \cdots + \frac{\sin\frac{\pi}{2n}}{2^n} < \frac{1}{2} + \frac{1}{4} + \frac{1}{8} + \cdots + \frac{1}{2^n}$$

$$= \frac{\frac{1}{2}\left(1 - \frac{1}{2^n}\right)}{1 - \frac{1}{2}} < 1$$

可见其部分和数列 $\{s_n\}$ 有界,因此正项级数 $\sum\limits_{n=1}^{\infty} \sin\dfrac{n\pi}{2^n}$ 收敛.

事实上,因为计算量较大,我们很少直接应用定理 8.2 来判定正项级数的敛散性,但是由定理 8.2,可以得到一个更实用的比较判别法.

定理 8.3(比较判别法)　设 $\sum\limits_{n=1}^{\infty} u_n$ 和 $\sum\limits_{n=1}^{\infty} v_n$ 都是正项级数,且 $u_n \leqslant v_n (n=1,2,3,\cdots)$,那么

(1) 若级数 $\sum\limits_{n=1}^{\infty} v_n$ 收敛,则级数 $\sum\limits_{n=1}^{\infty} u_n$ 也收敛;

(2) 若级数 $\sum\limits_{n=1}^{\infty} u_n$ 发散,则级数 $\sum\limits_{n=1}^{\infty} v_n$ 也发散.

证　我们只证(1).

设 $\sum\limits_{n=1}^{\infty} u_n$ 和 $\sum\limits_{n=1}^{\infty} v_n$ 的部分和数列分别为 $\{s_n\}$ 和 $\{\sigma_n\}$,于是 $s_n \leqslant \sigma_n$.

因为 $\sum\limits_{n=1}^{\infty} v_n$ 收敛,由定理 8.2,$\{\sigma_n\}$ 必有界,即存在常数 M,使得 $\sigma_n \leqslant M (n=1,2,3,\cdots)$ 成立,于是 $s_n \leqslant M (n=1,2,3,\cdots)$,即级数 $\sum\limits_{n=1}^{\infty} u_n$ 的部分和数列有界,由定理 8.2 知,级数 $\sum\limits_{n=1}^{\infty} u_n$ 收敛.

结论(2)的证明使用反证法,请读者自己完成.

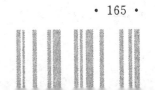

推论 1　设 $\sum\limits_{n=1}^{\infty} u_n$ 和 $\sum\limits_{n=1}^{\infty} v_n$ 都是正项级数,如果对某个正整数 N,当 $n > N$ 时存在常数 $C > 0$,使得

$$u_n \leqslant Cv_n,$$

则定理 8.3 的结果仍然成立.

推论 2　设 $\sum\limits_{n=1}^{\infty} u_n$ 和 $\sum\limits_{n=1}^{\infty} v_n$ 都是正项级数,如果对某个正整数 N,当 $n > N$ 时存在常数 $C_1 \geqslant 0, C_2 \geqslant 0$,使得

$$C_1 v_n \leqslant u_n \leqslant C_2 v_n,$$

则 $\sum\limits_{n=1}^{\infty} u_n$ 和 $\sum\limits_{n=1}^{\infty} v_n$ 具有相同的敛散性.

【例 8.6】　讨论调和级数 $\sum\limits_{n=1}^{\infty} \dfrac{1}{n}$ 的敛散性.

解　由习题 8.1 第 5 题知,正项级数适用加法结合律,故

$$\begin{aligned}
\sum_{n=1}^{\infty} \frac{1}{n} &= \left(1 + \frac{1}{2}\right) + \left(\frac{1}{3} + \frac{1}{4}\right) + \left(\frac{1}{5} + \frac{1}{6} + \frac{1}{7} + \frac{1}{8}\right) + \cdots \\
&\quad + \left(\frac{1}{2^{n-1} + 1} + \cdots + \frac{1}{2^n}\right) + \cdots \\
&> \frac{1}{2} + \frac{1}{4} \times 2 + \frac{1}{8} \times 4 + \cdots + \frac{1}{2^n} \times (2^{n-1}) + \cdots \\
&= \frac{1}{2} + \frac{1}{2} + \frac{1}{2} + \cdots + \frac{1}{2} + \cdots,
\end{aligned}$$

而级数 $\sum\limits_{n=1}^{\infty} \dfrac{1}{2}$ 发散,故由比较判别法知,级数 $\sum\limits_{n=1}^{\infty} \dfrac{1}{n}$ 发散.

【例 8.7】　讨论 p - 级数 $\sum\limits_{n=1}^{\infty} \dfrac{1}{n^p}$ 的敛散性.

解　当 $p = 1$ 时就是调和级数 $\sum\limits_{n=1}^{\infty} \dfrac{1}{n}$,级数发散.

当 $p < 1$ 时,$\dfrac{1}{n^p} \geqslant \dfrac{1}{n} > 0$,由 $\sum\limits_{n=1}^{\infty} \dfrac{1}{n}$ 发散及比较判别法知,该级数发散.

当 $p > 1$ 时,有

$$\begin{aligned}
&1 + \left(\frac{1}{2^p} + \frac{1}{3^p}\right) + \left(\frac{1}{4^p} + \frac{1}{5^p} + \frac{1}{6^p} + \frac{1}{7^p}\right) + \left(\frac{1}{8^p} + \cdots + \frac{1}{15^p}\right) + \cdots \\
&\quad + \left[\frac{1}{2^{np}} + \frac{1}{(2^n + 1)^p} + \cdots + \frac{1}{(2^{n+1} - 1)^p}\right] + \cdots,
\end{aligned}$$

而

$$\frac{1}{2^p} + \frac{1}{3^p} < \frac{1}{2^p} + \frac{1}{2^p} = \frac{1}{2^{p-1}},$$

$$\frac{1}{4^p} + \frac{1}{5^p} + \frac{1}{6^p} + \frac{1}{7^p} < \frac{1}{4^p} + \frac{1}{4^p} + \frac{1}{4^p} + \frac{1}{4^p} = \frac{1}{4^{p-1}} = \left(\frac{1}{2^{p-1}}\right)^2,$$

$$\frac{1}{8^p} + \cdots + \frac{1}{15^p} < \frac{1}{8^p} + \cdots + \frac{1}{8^p} = \frac{1}{8^{p-1}} = \left(\frac{1}{2^{p-1}}\right)^3,$$

$$\vdots$$

$$\frac{1}{2^{np}} + \frac{1}{(2^n+1)^p} + \cdots + \frac{1}{(2^{n+1}-1)^p} < \frac{1}{2^{np}} + \frac{1}{2^{np}} + \cdots + \frac{1}{2^{np}} = \left(\frac{1}{2^{p-1}}\right)^n,$$

因为几何级数 $1 + \frac{1}{2^{p-1}} + \left(\frac{1}{2^{p-1}}\right)^2 + \cdots + \left(\frac{1}{2^{p-1}}\right)^n + \cdots$ 的公比 $\frac{1}{2^{p-1}} < 1$,故收敛.根据比较判别法知,该级数收敛.

综上所述,$p-$ 级数 $\sum\limits_{n=1}^{\infty} \frac{1}{n^p}$ 当 $p > 1$ 时收敛,当 $p \leqslant 1$ 时发散.

$p-$ 级数在今后会经常用到,由此可立即知道级数 $\sum\limits_{n=1}^{\infty} \frac{1}{\sqrt{n}}$、$\sum\limits_{n=1}^{\infty} \frac{1}{\sqrt[3]{n}}$ 等发散;而级数 $\sum\limits_{n=1}^{\infty} \frac{1}{n\sqrt{n}}$、$\sum\limits_{n=1}^{\infty} \frac{1}{n\sqrt[3]{n}}$ 等收敛.

【例 8.8】　判断下列正项级数的敛散性:

(1) $\sum\limits_{n=1}^{\infty} 2^n \sin \frac{1}{3^n}$;

(2) $\sum\limits_{n=2}^{\infty} \frac{1}{\sqrt{n(n-1)}}$;

(3) $\sum\limits_{n=1}^{\infty} \frac{1}{(n+1)(n+2)}$.

解　(1) 因为 $2^n \sin \frac{1}{3^n} \leqslant 2^n \cdot \frac{1}{3^n} = \left(\frac{2}{3}\right)^n (n=1,2,3,\cdots)$,而几何级数 $\sum\limits_{n=1}^{\infty} \left(\frac{2}{3}\right)^n$ 收敛,由比较判别法知 $\sum\limits_{n=1}^{\infty} 2^n \sin \frac{1}{3^n}$ 收敛.

(2) 因为 $\frac{1}{\sqrt{n(n-1)}} > \frac{1}{\sqrt{n^2}} = \frac{1}{n} (n=2,3,\cdots)$,而调和级数 $\sum\limits_{n=2}^{\infty} \frac{1}{n}$ 发散,由比较判别法知 $\sum\limits_{n=2}^{\infty} \frac{1}{\sqrt{n(n-1)}}$ 发散.

(3) 因为 $\frac{1}{(n+1)(n+2)} < \frac{1}{n^2} (n=1,2,3,\cdots)$,而 $p-$ 级数 $\sum\limits_{n=1}^{\infty} \frac{1}{n^2}$ 收敛,由比较判别法知 $\sum\limits_{n=1}^{\infty} \frac{1}{(n+1)(n+2)}$ 收敛.

利用比较判别法必须将所讨论的级数的通项和一个已知敛散性的级数的通项建立不等式关系,这个过程有时并不容易,为此我们给出比较判别法的极限形式便于应用.

推论 3(比较判别法的极限形式)　若正项级数 $\sum\limits_{n=1}^{\infty} u_n$ 与 $\sum\limits_{n=1}^{\infty} v_n$ 满足 $\lim\limits_{n \to \infty} \frac{u_n}{v_n} = \rho$,则

(1) 当 $0 < \rho < +\infty$ 时,$\sum\limits_{n=1}^{\infty} u_n$ 与 $\sum\limits_{n=1}^{\infty} v_n$ 具有相同的收敛性;

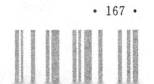

(2) 当 $\rho = 0$ 时，若 $\sum\limits_{n=1}^{\infty} v_n$ 收敛，则 $\sum\limits_{n=1}^{\infty} u_n$ 也收敛；

(3) 当 $\rho = +\infty$ 时，若 $\sum\limits_{n=1}^{\infty} v_n$ 发散，则 $\sum\limits_{n=1}^{\infty} u_n$ 也发散.

证　(1) 由于 $\lim\limits_{n\to\infty} \dfrac{u_n}{v_n} = \rho > 0$，取 $\varepsilon = \dfrac{\rho}{2} > 0$，则存在 $N > 0$，当 $n > N$ 时，有

$$\left| \frac{u_n}{v_n} - \rho \right| < \frac{\rho}{2},$$

即

$$\left(\rho - \frac{\rho}{2} \right) v_n < u_n < \left(\rho + \frac{\rho}{2} \right) v_n,$$

由比较判别法知结论成立.

结论(2)、(3)的证明类似.

例如，例 8.8(1)，因为 $\lim\limits_{n\to\infty} \dfrac{2^n \sin \dfrac{1}{3^n}}{\left(\dfrac{2}{3} \right)^n} = 1$，而几何级数 $\sum\limits_{n=1}^{\infty} \left(\dfrac{2}{3} \right)^n$ 收敛，由推论知

$\sum\limits_{n=1}^{\infty} 2^n \sin \dfrac{1}{3^n}$ 收敛.

应用比较判别法及其推论时，常选取三种已知其敛散性的级数(几何级数、调和级数、p 一级数)做基准. 进一步，如果把要判定的级数与几何级数相比较，就可以得到下面两个很实用的判别法. 这两个判别法只考虑级数本身就可以判断其敛散性，使用起来更加方便.

定理 8.4(比值判别法，或称达朗贝尔判别法)　设有正项级数 $\sum\limits_{n=1}^{\infty} u_n$，如果极限

$\lim\limits_{n\to\infty} \dfrac{u_{n+1}}{u_n} = \rho$，则

(1) 当 $\rho < 1$ 时，级数收敛；

(2) 当 $\rho > 1$(或 $\rho = +\infty$) 时，级数发散.

证　(1) 设 $\rho < 1$. 取一个常数 l，满足 $\rho < l < 1$. 根据极限的性质，对上述取定的 l，必存在正整数 N，当 $n > N$ 时，$\dfrac{u_{n+1}}{u_n} < l$，即

$$u_{n+1} < l u_n.$$

由此推出

$$u_{N+1} < l u_N,$$
$$u_{N+2} < l u_{N+1} < l^2 u_N,$$
$$\vdots$$
$$u_{N+k} < \cdots < l^k u_N,$$
$$\vdots$$

由于正数 $l < 1$，且 u_N 是一个固定的数，因此上式右边各项所组成的级数 $\sum\limits_{n=1}^{\infty} l^n u_N$ 收敛，再

由比较判别法,上式左边各项组成的级数 $\sum\limits_{n=1}^{\infty} u_{N+n}$ 也收敛. 于是由级数的性质可知,级数 $\sum\limits_{n=1}^{\infty} u_n$ 也收敛.

(2) 设 $\rho > 1$. 这时存在正整数 N,当 $n > N$ 时,$\dfrac{u_{n+1}}{u_n} > 1$,于是数列 $\{u_n\}(n > N)$ 单调增加,故 $\lim\limits_{n \to \infty} u_n \neq 0$,因而级数发散.

注　当 $\rho = 1$ 时,级数可能收敛也可能发散,此时该判别法失效. 例如,级数 $\sum\limits_{n=1}^{\infty} \dfrac{1}{n^p}$,不论 p 取何值,$\lim\limits_{n \to \infty} \dfrac{\frac{1}{(n+1)^p}}{\frac{1}{n^p}} = \lim\limits_{n \to \infty} \left(\dfrac{n}{n+1}\right)^p = 1$,而我们知道该级数当 $p > 1$ 时收敛,当 $p \leqslant 1$ 时发散.

【例 8.9】　判断下列级数的敛散性:

(1) $\sum\limits_{n=1}^{\infty} \dfrac{n}{3^n}$;

(2) $\dfrac{4}{1 \cdot 3} + \dfrac{4^2}{2 \cdot 3^2} + \dfrac{4^3}{3 \cdot 3^3} + \cdots + \dfrac{4^n}{n \cdot 3^n} + \cdots$.

解　(1) 因为 $\lim\limits_{n \to \infty} \dfrac{u_{n+1}}{u_n} = \lim\limits_{n \to \infty} \dfrac{\frac{n+1}{3^{n+1}}}{\frac{n}{3^n}} = \lim\limits_{n \to \infty} \dfrac{n+1}{n} \cdot \dfrac{3^n}{3^{n+1}} = \dfrac{1}{3} < 1$,故由比值判别法,该级数收敛.

(2) 因为 $\lim\limits_{n \to \infty} \dfrac{u_{n+1}}{u_n} = \lim\limits_{n \to \infty} \dfrac{\frac{4^{n+1}}{(n+1)3^{n+1}}}{\frac{4^n}{n \cdot 3^n}} = \dfrac{4}{3} \lim\limits_{n \to \infty} \dfrac{n}{n+1} = \dfrac{4}{3} > 1$,故由比值判别法,该级数发散.

定理 8.5(根值判别法,或称柯西判别法)　设有正项级数 $\sum\limits_{n=1}^{\infty} u_n$,如果极限 $\lim\limits_{n \to \infty} \sqrt[n]{u_n} = \rho$,则

(1) 当 $\rho < 1$ 时,级数收敛;

(2) 当 $\rho > 1$(或 $\rho = +\infty$)时,级数发散.

证　(1) 设 $\rho < 1$,取定常数 l,满足 $\rho < l < 1$. 则存在正整数 N,当 $n > N$ 时,$\sqrt[n]{u_n} < l$,即 $u_n < l^n (n > N)$,于是由等比级数 $\sum\limits_{n=1}^{\infty} l^n (l < 1)$ 收敛能推出级数 $\sum\limits_{n=1}^{\infty} u_n$ 收敛.

(2) 设 $\rho > 1$. 则存在正整数 N,当 $n > N$ 时,$\sqrt[n]{u_n} > l$,即 $u_n > 1 (n > N)$,于是 $\lim\limits_{n \to \infty} u_n \neq 0$. 因而级数发散.

注　当 $\rho = 1$ 时,级数可能收敛也可能发散,同比值判别法一样,此时需要其他方法判

断级数的敛散性.仍以级数 $\sum\limits_{n=1}^{\infty}\dfrac{1}{n^p}$ 为例,不论 p 取何值

$$\lim_{n\to\infty}\sqrt[n]{\dfrac{1}{n^p}}=\lim_{n\to\infty}\left(\dfrac{1}{\sqrt[n]{n}}\right)^p=1,$$

而我们知道该级数当 $p>1$ 时收敛,当 $p\leqslant 1$ 时发散.

【例 8.10】　判断下列级数的敛散性:

(1) $\sum\limits_{n=1}^{\infty}\left(\dfrac{b}{a}\right)^n$　$(a>0,b>0)$;

(2) $\sum\limits_{n=1}^{\infty}\left(\dfrac{x}{n}\right)^n$　$(x>0)$.

解　(1) 因为 $\lim\limits_{n\to\infty}\sqrt[n]{\left(\dfrac{b}{a}\right)^n}=\lim\limits_{n\to\infty}\dfrac{b}{a}=\dfrac{b}{a}$,由根值判别法,知当 $b>a$ 时,该级数发散;当 $0<b<a$ 时,该级数收敛;当 $b=a$ 时,级数发散.

(2) 因为 $\lim\limits_{n\to\infty}\sqrt[n]{\left(\dfrac{x}{n}\right)^n}=\lim\limits_{n\to\infty}\dfrac{x}{n}=0$,故对任意的 $x>0$,级数 $\sum\limits_{n=1}^{\infty}\left(\dfrac{x}{n}\right)^n$ 都发散.

正项级数根值判别法的条件是充分的,而不是必要的.在定理中如果极限 $\lim\limits_{n\to\infty}\sqrt[n]{u_n}$ 不存在,则不能判断级数 $\sum\limits_{n=1}^{\infty}u_n$ 的敛散性.例如,级数 $\sum\limits_{n=1}^{\infty}\left(\dfrac{\sqrt{2}+(-1)^n}{3}\right)^n$,由于 $\lim\limits_{n\to\infty}\sqrt[n]{u_n}=\lim\limits_{n\to\infty}\dfrac{\sqrt{2}+(-1)^n}{3}$ 并不存在,所以不能用根值判别法,但是

$$0\leqslant\left[\dfrac{\sqrt{2}+(-1)^n}{3}\right]^n\leqslant\left(\dfrac{\sqrt{2}+1}{3}\right)^n,$$

而 $\sum\limits_{n=1}^{\infty}\left(\dfrac{\sqrt{2}+1}{3}\right)^n$ 因为是公比小于 1 的等比级数,所以收敛.因此级数 $\sum\limits_{n=1}^{\infty}\left(\dfrac{\sqrt{2}+(-1)^n}{3}\right)^n$ 收敛.

正项级数 $\sum\limits_{n=1}^{\infty}u_n$ 敛散性的判别法相对较多,且在实际应用中各有优劣,在应用这些判别法时,可以按以下的顺序进行.

第一步:观察级数是否为 p-级数或几何级数或其他常见级数,若不是,进行下一步;

第二步:考察 $\lim\limits_{n\to\infty}u_n$ 是否为零,若不是,则级数发散;若是,则进行下一步;

第三步:用比值判别法或根值判别法进行判断,若失效,进行下一步;

第四步:用比较判别法或其推论进行判断,难点在于选取比较级数 $\sum\limits_{n=1}^{\infty}v_n$,若用极限形式的比较判别法,应注意利用通项 u_n 的特点选其等价无穷小作为 v_n,此时 $\sum\limits_{n=1}^{\infty}u_n$ 和 $\sum\limits_{n=1}^{\infty}v_n$ 同敛散.

习题 8.2

1. 判断下列级数的敛散性：

(1) $\displaystyle\sum_{n=1}^{\infty}\left(\frac{2}{3}\right)^{n}$;

(2) $\displaystyle\sum_{n=1}^{\infty}\frac{2^{n}}{3}$;

(3) $\displaystyle\sum_{n=1}^{\infty}\frac{2}{(\sqrt{3})^{n}}$;

(4) $\displaystyle\sum_{n=1}^{\infty}\left(-\frac{3}{2}\right)^{n}$;

(5) $\displaystyle\sum_{n=1}^{\infty}\frac{1}{n^{\frac{3}{2}}}$;

(6) $\displaystyle\sum_{n=1}^{\infty}\frac{2}{3n}$;

(7) $\displaystyle\sum_{n=1}^{\infty}\frac{1}{n^{\frac{2}{3}}}$;

(8) $\displaystyle\sum_{n=1}^{\infty}\frac{3}{n^{2}}$;

(9) $\displaystyle\sum_{n=1}^{\infty}\left(\frac{1}{2^{n}}+\frac{1}{3^{n}}\right)$;

(10) $\displaystyle\sum_{n=1}^{\infty}\left(\frac{1}{n}+\frac{1}{n^{2}}\right)$.

2. 用比较判别法判断下列级数的敛散性：

(1) $1+\dfrac{1}{3}+\dfrac{1}{5}+\dfrac{1}{7}+\cdots$;

(2) $\displaystyle\sum_{n=1}^{\infty}\frac{1}{n^{2}+1}$;

(3) $\displaystyle\sum_{n=2}^{\infty}\frac{1}{n^{2}-1}$;

(4) $\displaystyle\sum_{n=1}^{\infty}\frac{1}{\ln(1+n)}$;

(5) $\displaystyle\sum_{n=1}^{\infty}\left(\frac{n}{2n+1}\right)^{n}$;

(6) $\dfrac{2}{1\cdot3}+\dfrac{2^{2}}{3\cdot3^{2}}+\dfrac{2^{3}}{5\cdot3^{3}}+\dfrac{2^{4}}{7\cdot3^{4}}+\cdots$;

(7) $\displaystyle\sum_{n=1}^{\infty}\ln\left(1+\frac{1}{n}\right)$;

(8) $\displaystyle\sum_{n=1}^{\infty}\frac{n^{n-1}}{(n+1)^{n+1}}$;

(9) $\displaystyle\sum_{n=1}^{\infty}\sin\frac{1}{n}$;

(10) $\displaystyle\sum_{n=1}^{\infty}\frac{1}{2^{n}-n}$.

3. 用比值判别法判断下列级数的敛散性：

(1) $\displaystyle\sum_{n=1}^{\infty}\frac{3^{n}}{n\cdot2^{n}}$;

(2) $\displaystyle\sum_{n=1}^{\infty}\frac{n^{2}}{3^{n}}$;

(3) $\displaystyle\sum_{n=1}^{\infty}n\tan\frac{\pi}{2^{n+1}}$;

(4) $\displaystyle\sum_{n=1}^{\infty}\frac{1}{(2n+1)!}$;

(5) $\displaystyle\sum_{n=1}^{\infty}\frac{1}{2^{2n-1}(2n-1)}$;

(6) $\displaystyle\sum_{n=1}^{\infty}\frac{2^{n}}{1\,000n}$;

(7) $\displaystyle\sum_{n=1}^{\infty}\frac{(n!)^{2}}{(2n)!}$;

(8) $\dfrac{2}{1\cdot2}+\dfrac{2^{2}}{2\cdot3}+\dfrac{2^{3}}{3\cdot4}+\dfrac{2^{4}}{4\cdot5}+\cdots$.

4. 用根值判别法判断下列级数的敛散性：

(1) $\displaystyle\sum_{n=1}^{\infty}\left(\frac{n}{3n+1}\right)^{n}$;

(2) $\displaystyle\sum_{n=1}^{\infty}\frac{3}{2^{n}(\arctan n)^{n}}$;

(3) $\displaystyle\sum_{n=1}^{\infty}\frac{n^{2}}{\left(1+\dfrac{1}{n}\right)^{n^{2}}}$;

(4) $\displaystyle\sum_{n=1}^{\infty}\frac{1}{[\ln(n+1)]^{n}}$.

8.3　任意项级数

如果一个级数只有有限个负项或正项,都可以用正项级数的判别法来判断它的敛散性;如果既有无限个正项,又有无限个负项,那么正项级数的判别法就不再适用.下面我们就讨论这种任意项级数敛散性的判别法.首先我们考虑一类特殊的任意项级数 —— 交错级数.

一、交错级数及其敛散性判别法

定义 8.3　交错级数是指各项正负交错出现的级数,其一般形式为

$$\sum_{n=1}^{\infty} (-1)^{n+1} u_n = u_1 - u_2 + u_3 - u_4 + \cdots + (-1)^{n+1} u_n + \cdots,$$

其中 $u_n > 0 (n=1,2,3,\cdots)$,或者为 $\sum_{n=1}^{\infty} (-1)^n u_n$,其中 $u_n > 0 (n=1,2,3,\cdots)$.

下面我们给出交错级数 $\sum_{n=1}^{\infty} (-1)^{n+1} u_n$ 的敛散性判别法.

定理 8.6(莱布尼兹判别法)　　如果交错级数 $\sum_{n=1}^{\infty} (-1)^{n+1} u_n$ 满足:

(1) $u_n \geqslant u_{n+1}, n=1,2,3,\cdots$;

(2) $\lim\limits_{n\to\infty} u_n = 0$,

则级数收敛,且其和 $s \leqslant u_1$.

证　　设交错级数 $\sum_{n=1}^{\infty} (-1)^{n+1} u_n$ 的部分和为 s_n.

当 $n = 2k$ 时,

$$s_{2k} = u_1 - u_2 + u_3 - u_4 \cdots + u_{2k-1} - u_{2k} =$$
$$u_1 - (u_2 - u_3) - \cdots - (u_{2k-2} - u_{2k-1}) - u_{2k},$$

根据条件(1),显然有 $s_{2k} \leqslant u_1$. 又因为

$$s_{2(k+1)} - s_{2k} = u_{2k+1} - u_{2k+2} \geqslant 0,$$

故数列 $\{s_{2k}\}$ 单调增加. 于是,根据单调有界数列收敛准则,$\lim\limits_{n\to\infty} s_n = \lim\limits_{k\to\infty} s_{2k}$ 存在,设为 s,且 $s \leqslant u_1$.

当 $n = 2k+1$ 时,

$$s_{2k+1} = s_{2k} + u_{2k+1},$$

根据条件(2),

$$\lim_{n\to\infty} s_n = \lim_{k\to\infty} s_{2k+1} = \lim_{k\to\infty} s_{2k} + \lim_{k\to\infty} u_{2k+1} = \lim_{k\to\infty} s_{2k} = s,$$

于是,级数收敛,且和 $s \leqslant u_1$.

【例 8.11】　判断级数 $\sum_{n=1}^{\infty} (-1)^n \dfrac{1}{n}$ 的敛散性.

解　因为

$$u_n = \frac{1}{n} > u_{n+1} = \frac{1}{n+1}, n = 1, 2, 3, \cdots;$$

$$\lim_{n \to \infty} u_n = \lim_{n \to \infty} \frac{1}{n} = 0,$$

根据莱布尼兹判别法知级数 $\sum\limits_{n=1}^{\infty} (-1)^n \frac{1}{n}$ 收敛.

【例 8.12】　判断级数 $\sum\limits_{n=1}^{\infty} (-1)^n \frac{n}{3^n}$ 的敛散性.

解　因为

$$u_{n+1} - u_n = \frac{n+1}{3^{n+1}} - \frac{n}{3^n} = \frac{-2n+1}{3^{n+1}} < 0, n = 1, 2, 3, \cdots,$$

即 $u_n > u_{n+1}$；又 $\lim\limits_{n \to \infty} u_n = \lim\limits_{n \to \infty} \frac{n}{3^n} = 0$，根据莱布尼兹判别法知级数 $\sum\limits_{n=1}^{\infty} (-1)^n \frac{n}{3^n}$ 收敛.

二、任意项级数及其敛散性判别法

定理 8.7　对于任意项级数 $\sum\limits_{n=1}^{\infty} u_n$，如果级数 $\sum\limits_{n=1}^{\infty} |u_n|$ 收敛，则级数 $\sum\limits_{n=1}^{\infty} u_n$ 收敛.

证　因为 $u_n \leqslant |u_n|$，所以 $0 \leqslant u_n + |u_n| \leqslant 2|u_n|$. 已知级数 $\sum\limits_{n=1}^{\infty} |u_n|$ 收敛，根据正项级数的比较判别法，$\sum\limits_{n=1}^{\infty} (u_n + |u_n|)$ 也收敛. 又由级数性质 3 知，$\sum\limits_{n=1}^{\infty} u_n = \sum\limits_{n=1}^{\infty} (u_n + |u_n| - |u_n|)$ 收敛.

定义 8.4　给定级数 $\sum\limits_{n=1}^{\infty} u_n$，如果级数 $\sum\limits_{n=1}^{\infty} |u_n|$ 收敛，则称级数 $\sum\limits_{n=1}^{\infty} u_n$ 绝对收敛；如果级数 $\sum\limits_{n=1}^{\infty} u_n$ 收敛，而级数 $\sum\limits_{n=1}^{\infty} |u_n|$ 发散，则称级数 $\sum\limits_{n=1}^{\infty} u_n$ 条件收敛.

例如，级数 $\sum\limits_{n=1}^{\infty} (-1)^n \frac{n}{3^n}$ 和 $\sum\limits_{n=1}^{\infty} \frac{n}{3^n}$ 都收敛，故级数 $\sum\limits_{n=1}^{\infty} (-1)^n \frac{n}{3^n}$ 绝对收敛；级数 $\sum\limits_{n=1}^{\infty} (-1)^n \frac{1}{n}$ 收敛，而级数 $\sum\limits_{n=1}^{\infty} \frac{1}{n}$ 发散，故级数 $\sum\limits_{n=1}^{\infty} (-1)^n \frac{1}{n}$ 条件收敛.

定理 8.7 的重要意义在于，一切判断正项级数敛散性的方法都可以用来判断级数 $\sum\limits_{n=1}^{\infty} u_n$ 是否绝对收敛.

【例 8.13】　判断级数 $\sum\limits_{n=1}^{\infty} \frac{\sin n\alpha}{n^2}$ 的敛散性.

解　因为 $\left| \frac{\sin n\alpha}{n^2} \right| \leqslant \frac{1}{n^2}$，而 $\sum\limits_{n=1}^{\infty} \frac{1}{n^2}$ 收敛，故根据正项级数比较判别法知，级数 $\sum\limits_{n=1}^{\infty} \left| \frac{\sin n\alpha}{n^2} \right|$ 也收敛，即级数 $\sum\limits_{n=1}^{\infty} \frac{\sin n\alpha}{n^2}$ 绝对收敛.

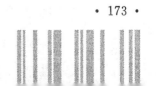

下面我们不加证明地指出:若级数 $\sum\limits_{n=1}^{\infty} u_n$ 绝对收敛,则将它的各项重新排序后所得的新级数 $\sum\limits_{n=1}^{\infty} a_n$ 也绝对收敛,且其和不变. 但对于条件收敛的级数就不一定成立. 黎曼曾证明过一个更一般的结论:对于任意一个条件收敛的级数 $\sum\limits_{n=1}^{\infty} u_n$ 与任意给定的常数 A,我们总可以通过重新排列级数 $\sum\limits_{n=1}^{\infty} u_n$ 中的项而得到一个新级数 $\sum\limits_{n=1}^{\infty} u'_n$,使得后者收敛于 A.

同时,也要注意,我们无法由结论" $\sum\limits_{n=1}^{\infty} |u_n|$ 发散"推出结论" $\sum\limits_{n=1}^{\infty} u_n$ 收敛"或是" $\sum\limits_{n=1}^{\infty} u_n$ 发散",只能说明级数 $\sum\limits_{n=1}^{\infty} u_n$ 不是绝对收敛的. 特别地,当我们运用比值判别法(达朗贝尔判别法)判断出级数 $\sum\limits_{n=1}^{\infty} |u_n|$ 发散时,可以得出结论 $\lim\limits_{n\to\infty} u_n \neq 0$,由此可以断定级数 $\sum\limits_{n=1}^{\infty} u_n$ 发散. 结合以上分析,下面给出一个适用于任意项级数的"比值判别法".

定理 8.8 设有任意项级数 $\sum\limits_{n=1}^{\infty} u_n$,如果极限 $\lim\limits_{n\to\infty} \left|\dfrac{u_{n+1}}{u_n}\right| = \rho$,则

(1) 当 $\rho < 1$ 时,级数 $\sum\limits_{n=1}^{\infty} u_n$ 绝对收敛;

(2) 当 $\rho > 1$(或 $\rho = +\infty$)时,级数发散.

【例 8.14】 判断级数 $\sum\limits_{n=1}^{\infty} (-1)^n \dfrac{n!}{n^n}$ 的敛散性.

解 因为

$$\lim_{n\to\infty}\left|\frac{u_{n+1}}{u_n}\right| = \lim_{n\to\infty}\frac{\frac{(n+1)!}{(n+1)^{n+1}}}{\frac{n!}{n^n}} = \lim_{n\to\infty}\left(\frac{n}{n+1}\right)^n = \lim_{n\to\infty}\frac{1}{\left(1+\frac{1}{n}\right)^n} = \frac{1}{e} < 1,$$

故级数 $\sum\limits_{n=1}^{\infty} (-1)^n \dfrac{n!}{n^n}$ 绝对收敛.

【例 8.15】 判断级数 $\sum\limits_{n=1}^{\infty} \dfrac{x^n}{n}$ 的敛散性.

解 因为

$$\lim_{n\to\infty}\left|\frac{u_{n+1}}{u_n}\right| = \lim_{n\to\infty}\left|\frac{\frac{x^{n+1}}{n+1}}{\frac{x^n}{n}}\right| = \lim_{n\to\infty}\frac{n}{n+1}|x| = |x|,$$

所以,当 $|x| < 1$ 时,级数 $\sum\limits_{n=1}^{\infty} \dfrac{x^n}{n}$ 绝对收敛;当 $|x| > 1$ 时,级数 $\sum\limits_{n=1}^{\infty} \dfrac{x^n}{n}$ 发散;当 $x=1$ 时,级数 $\sum\limits_{n=1}^{\infty} \dfrac{x^n}{n}$ 成为调和级数,发散;当 $x=-1$ 时,级数 $\sum\limits_{n=1}^{\infty} \dfrac{x^n}{n}$ 条件收敛.

从例 8.15 可以看到,当 $\rho=1$ 时,该定理失效,要根据具体情况具体分析. 如果是利用

比值判别法以外的方法判断出 $\displaystyle\sum_{n=1}^{\infty}|u_n|$ 发散,则还要继续讨论级数 $\displaystyle\sum_{n=1}^{\infty}u_n$ 本身的敛散性.

【例 8.16】 判断级数 $\displaystyle\sum_{n=1}^{\infty}\dfrac{(-1)^{n-1}}{\ln(n+1)}$ 的敛散性.

解 通项

$$u_n=\frac{(-1)^{n-1}}{\ln(n+1)},\quad n=1,2,3,\cdots,$$

因为 $|u_n|=\dfrac{1}{\ln(n+1)}>\dfrac{1}{n}$,而级数 $\displaystyle\sum_{n=1}^{\infty}\dfrac{1}{n}$ 发散,所以原级数非绝对收敛.但是原级数为交错级数,且满足

$$|u_n|=\frac{1}{\ln(n+1)}>\frac{1}{\ln(n+2)}=|u_{n+1}|,\quad n=1,2,\cdots,$$

$$\lim_{n\to\infty}|u_n|=\lim_{n\to\infty}\frac{1}{\ln(n+1)}=0,$$

所以原级数 $\displaystyle\sum_{n=1}^{\infty}\dfrac{(-1)^{n-1}}{\ln(n+1)}$ 条件收敛.

习题 8.3

1.判断下列级数的敛散性:

(1) $1-\dfrac{1}{\sqrt{2}}+\dfrac{1}{\sqrt{3}}-\dfrac{1}{\sqrt{4}}\cdots$;

(2) $1-\dfrac{2}{3}+\dfrac{3}{5}-\dfrac{4}{7}+\cdots$;

(3) $1-\dfrac{1}{2!}+\dfrac{1}{3!}-\dfrac{1}{4!}+\cdots$.

2.判断下列级数是否收敛,如果收敛,是条件收敛还是绝对收敛:

(1) $\displaystyle\sum_{n=1}^{\infty}(-1)^n\frac{1}{2n-1}$;

(2) $\displaystyle\sum_{n=1}^{\infty}\frac{(-1)^n+2}{(-1)^{n-1}\cdot 2^n}$;

(3) $\displaystyle\sum_{n=1}^{\infty}\frac{\sin nx}{n^2}$;

(4) $\displaystyle\sum_{n=1}^{\infty}(-1)^{n-1}\frac{n}{3^{n-1}}$;

(5) $\displaystyle\sum_{n=1}^{\infty}(-1)^{n+1}\frac{2^{n^2}}{n!}$.

8.4　幂　级　数

前面我们讨论的级数其每一项都是常数,本节我们将讨论更一般的一种级数 —— 函数项级数.

一、函数项级数

定义 8.5　给定一个定义在区间 I 上的函数列 $\{u_n(x)\}$,则表达式

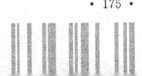

$$\sum_{n=1}^{\infty} u_n(x) = u_1(x) + u_2(x) + \cdots + u_n(x) + \cdots \qquad ①$$

称为定义在区间 I 上的一个函数项级数.

在函数项级数 ① 中,对于每个确定的 $x_0 \in I$,都能得到一个常数项级数

$$\sum_{n=1}^{\infty} u_n(x_0) = u_1(x_0) + u_2(x_0) + \cdots + u_n(x_0) + \cdots. \qquad ②$$

若级数 ② 收敛,则称点 x_0 为函数项级数 ① 的一个收敛点;若级数 ② 发散,则称点 x_0 为函数项级数 ① 的一个发散点.函数项级数 ① 的收敛点的全体称为它的收敛域,发散点的全体称为它的发散域.

对于收敛域内的每一个点 x_0,都会对应一个收敛的常数项级数 $\sum_{n=1}^{\infty} u_n(x_0)$ 的和 $s(x_0)$.这样我们就得到了一个定义在收敛域上的函数 $s(x) = \sum_{n=1}^{\infty} u_n(x)$,这个函数称为函数项级数的和函数.

类似常数项级数的情况,函数项级数的前 n 项的部分和函数 $\sum_{k=1}^{n} u_k(x)$ 记作 $s_n(x)$,在收敛域上有 $\lim_{n\to\infty} s_n(x) = s(x)$,其余项为 $r_n(x) = s(x) - s_n(x)$,在收敛域上有 $\lim_{n\to\infty} r_n(x) = 0$.

在函数项级数中,简单常见的一类级数是幂级数.

二、幂级数及其敛散性判别法

定义 8.6 具有下列形式的函数项级数

$$\sum_{n=0}^{\infty} a_n(x - x_0)^n = a_0 + a_1(x - x_0) + a_2(x - x_0)^2 + \cdots + a_n(x - x_0)^n + \cdots$$

称为幂级数.其中常数 $a_0, a_1, \cdots, a_n, \cdots$ 称为幂级数的系数.

显然,幂级数可以看成是一个"无限次多项式",而它的部分和函数 $s_n(x)$ 是一个 n 次多项式.为了方便,我们通常取 $x_0 = 0$,也就是讨论

$$\sum_{n=0}^{\infty} a_n x^n = a_0 + a_1 x + a_2 x^2 + \cdots + a_n x^n + \cdots.$$

只要对所得的结论做一个平移 $t = x - x_0$,就可以推广到 $x_0 \neq 0$ 的情况.

对于给定的函数项级数,最重要的就是确定其收敛域.下面我们就来讨论如何确定一个给定的幂级数的收敛域.先看一个例子.

【例 8.17】 考察幂级数 $1 + x + x^2 + \cdots + x^n + \cdots$ 的收敛域.

解 由几何级数的敛散性知,当 $|x| < 1$ 时,级数收敛,且和为 $\dfrac{1}{1-x}$;当 $|x| \geq 1$ 时,级数发散.因此,幂级数 $1 + x + x^2 + \cdots + x^n + \cdots$ 的收敛域是开区间 $(-1, 1)$,且和函数为 $\dfrac{1}{1-x}$;发散域是 $(-\infty, -1] \cup [1, +\infty)$.

从该例中我们看到,这个幂级数的收敛域是一个区间.事实上,这个结论对一般的幂级数都成立.我们有下面的定理.

定理 8.9(阿贝尔(Abel) 定理)

(1) 若幂级数 $\sum\limits_{n=0}^{\infty} a_n x^n$ 在点 $x=x_0(x_0 \neq 0)$ 处收敛,则在满足 $|x|<|x_0|$ 的一切 x 处 $\sum\limits_{n=0}^{\infty} a_n x^n$ 绝对收敛;

(2) 若幂级数 $\sum\limits_{n=0}^{\infty} a_n x^n$ 在点 $x=x_0(x_0 \neq 0)$ 处发散,则在满足 $|x|>|x_0|$ 的一切 x 处 $\sum\limits_{n=0}^{\infty} a_n x^n$ 发散.

证 (1)已知 $\sum\limits_{n=0}^{\infty} a_n x_0^n$ 收敛,根据级数收敛的必要条件,有 $\lim\limits_{n \to \infty} a_n x_0^n = 0$,又因为收敛数列的有界性知,存在常数 $M>0$,使得 $|a_n x_0^n| \leqslant M(n=0,1,2,\cdots)$,于是

$$|a_n x^n| = \left| a_n x_0^n \frac{x^n}{x_0^n} \right| = |a_n x_0^n| \cdot \left| \frac{x}{x_0} \right|^n \leqslant M \left| \frac{x}{x_0} \right|^n.$$

当 $|x|<|x_0|$ 时,$\left| \dfrac{x}{x_0} \right|<1$,故几何级数 $\sum\limits_{n=0}^{\infty} M \left| \dfrac{x}{x_0} \right|^n$ 收敛,由比较判别法知,$\sum\limits_{n=0}^{\infty} |a_n x^n|$ 收敛,即 $\sum\limits_{n=0}^{\infty} a_n x^n$ 绝对收敛.

(2) 反证法.假设 $\sum\limits_{n=0}^{\infty} a_n x_0^n$ 发散,而存在一点 x_1,满足 $|x_1|>|x_0|$,使得 $\sum\limits_{n=0}^{\infty} a_n x_1^n$ 收敛.那么根据(1)知,$\sum\limits_{n=0}^{\infty} a_n x_0^n$ 收敛,与条件矛盾.定理得证.

定理 8.9 表明,对幂级数 $\sum\limits_{n=0}^{\infty} a_n x^n$ 来说,一定存在一个正实数 r,使得级数在 $(-r,r)$ 内收敛,在 $[-r,r]$ 以外发散,而在分界点 $\pm r$ 处,级数可能收敛可能发散.我们称这个正数 r 为幂级数 $\sum\limits_{n=0}^{\infty} a_n x^n$ 的收敛半径,区间 $(-r,r)$ 为幂级数 $\sum\limits_{n=0}^{\infty} a_n x^n$ 的收敛区间.因此,我们只要求出收敛半径,再具体讨论级数在收敛区间 $(-r,r)$ 的两个端点处的敛散性,就能确定该幂级数的收敛域(一定是 $(-r,r)$、$[-r,r]$、$(-r,r]$、$[-r,r)$ 四者之一).

特别地,当幂级数 $\sum\limits_{n=0}^{\infty} a_n x^n$ 只在原点处收敛时,规定其收敛半径为 $r=0$;当 $\sum\limits_{n=0}^{\infty} a_n x^n$ 在实数域上都收敛时,规定其收敛半径为 $r=+\infty$.

利用定理 8.8,我们可以得到一个计算收敛半径的有用的方法.

定理 8.10 设幂级数 $\sum\limits_{n=0}^{\infty} a_n x^n$ 的系数满足 $\lim\limits_{n \to \infty} \left| \dfrac{a_{n+1}}{a_n} \right| = \rho$,则

(1) 当 $0<\rho<+\infty$ 时,$r=\dfrac{1}{\rho}$;

(2) 当 $\rho=0$ 时,$r=+\infty$;

(3) 当 $\rho=+\infty$ 时,$r=0$.

证 对于任意项级数 $\sum\limits_{n=0}^{\infty} a_n x^n$,有 $\lim\limits_{n \to \infty} \left| \dfrac{a_{n+1} x^{n+1}}{a_n x} \right| = \lim\limits_{n \to \infty} \left| \dfrac{a_{n+1}}{a_n} \right| \cdot |x| = \rho |x|$,故

(1) 当 $0<\rho<+\infty$ 时,根据阿贝尔定理知,当 $\rho\mid x\mid<1$,即 $\mid x\mid<\dfrac{1}{\rho}$ 时,$\displaystyle\sum_{n=0}^{\infty}a_nx^n$ 绝对收敛,故 $r=\dfrac{1}{\rho}$.

(2) 当 $\rho=0$ 时,对任意的 x 都有 $\rho\mid x\mid=0<1$,从而 $\displaystyle\sum_{n=0}^{\infty}a_nx^n$ 绝对收敛,故 $r=+\infty$.

(3) 当 $\rho=+\infty$ 时,对任意的 $x\neq0$ 都有 $\rho\mid x\mid=+\infty$,根据定理 8.8(2) 知,此时级数 $\displaystyle\sum_{n=0}^{\infty}a_nx^n$ 发散,$\displaystyle\sum_{n=0}^{\infty}a_nx^n$ 只在点 $x=0$ 处收敛,故 $r=0$.

【例 8.18】 求下列幂级数的收敛域:

$(1)x-\dfrac{x^2}{2}+\dfrac{x^3}{3}-\cdots+(-1)^{n-1}\dfrac{x^n}{n}+\cdots;$

$(2)1+x+\dfrac{1}{2!}x^2+\cdots+\dfrac{1}{n!}x^n+\cdots;$

$(3)\displaystyle\sum_{n=0}^{\infty}n!x^n.$

解　(1) 因为

$$\rho=\lim_{n\to\infty}\left|\frac{a_{n+1}}{a_n}\right|=\lim_{n\to\infty}\frac{\frac{1}{n+1}}{\frac{1}{n}}=\lim_{n\to\infty}\frac{n}{n+1}=1,$$

所以收敛半径 $r=\dfrac{1}{\rho}=1$. 收敛区间为 $(-1,1)$.

在端点 $x=-1$ 处,级数成为调和级数 $\displaystyle\sum_{n=1}^{\infty}\dfrac{(-1)^{2n-1}}{n}=-\sum_{n=1}^{\infty}\dfrac{1}{n}$,该级数发散;

在端点 $x=1$ 处,级数成为交错级数 $\displaystyle\sum_{n=1}^{\infty}\dfrac{(-1)^{n-1}}{n}$,该级数收敛.

所以级数 $x-\dfrac{x^2}{2}+\dfrac{x^3}{3}-\cdots+(-1)^{n-1}\dfrac{x^n}{n}+\cdots$ 的收敛域为 $(-1,1]$.

(2) 因为

$$\rho=\lim_{n\to\infty}\left|\frac{a_{n+1}}{a_n}\right|=\lim_{n\to\infty}\frac{\frac{1}{(n+1)!}}{\frac{1}{n!}}=\lim_{n\to\infty}\frac{1}{n+1}=0,$$

所以收敛半径为 $r=\dfrac{1}{\rho}=+\infty$,从而收敛域是 $(-\infty,+\infty)$.

(3) 因为

$$\rho=\lim_{n\to\infty}\left|\frac{a_{n+1}}{a_n}\right|=\lim_{n\to\infty}\frac{(n+1)!}{n!}=\lim_{n\to\infty}(n+1)=+\infty,$$

所以收敛半径 $r=\dfrac{1}{\rho}=0$,从而收敛域是 $\{0\}$,即级数仅在 $x=0$ 处收敛.

【例 8.19】 求幂级数 $\displaystyle\sum_{n=0}^{\infty}(-1)^n\dfrac{x^{2n+1}}{4^n}$ 的收敛半径.

解　级数缺少偶次幂的项,不能直接应用定理 8.10,按照定理 8.8,

$$\lim_{n \to \infty} \left| \frac{a_{n+1} x^{2n+3}}{a_n x^{2n+1}} \right| = \lim_{n \to \infty} \left| \frac{a_{n+1}}{a_n} \right| \cdot x^2 = \lim_{n \to \infty} \frac{\frac{1}{4^{n+1}}}{\frac{1}{4^n}} \cdot x^2 = \lim_{n \to \infty} \frac{4^n}{4^{n+1}} \cdot x^2 = \frac{1}{4} x^2,$$

当 $\frac{1}{4} x^2 < 1$,即 $|x| < 2$ 时,原级数绝对收敛;当 $\frac{1}{4} x^2 > 1$,即 $|x| > 2$ 时,原级数发散.因此原级数的收敛半径为 $r = 2$.

【例 8.20】　求幂级数 $\sum\limits_{n=1}^{\infty} \frac{(2x+1)^n}{n}$ 的收敛域.

解　设 $t = 2x + 1$,原级数成为 $\sum\limits_{n=1}^{\infty} \frac{t^n}{n}$.由

$$\rho = \lim_{n \to \infty} \left| \frac{a_{n+1}}{a_n} \right| = \lim_{n \to \infty} \frac{\frac{1}{n+1}}{\frac{1}{n}} = \lim_{n \to \infty} \frac{n}{n+1} = 1,$$

可知,当 $|t| < 1$,即 $\left| x + \frac{1}{2} \right| < \frac{1}{2}$ 时,原级数 $\sum\limits_{n=1}^{\infty} \frac{(2x+1)^n}{n}$ 绝对收敛;当 $|t| > 1$,即 $\left| x + \frac{1}{2} \right| > \frac{1}{2}$ 时,原级数 $\sum\limits_{n=1}^{\infty} \frac{(2x+1)^n}{n}$ 发散.

当 $\left| x + \frac{1}{2} \right| = \frac{1}{2}$ 时,$x = -1$ 或 $x = 0$.所以原级数的收敛半径为 $r = \frac{1}{2} [0 - (-1)] = \frac{1}{2}$.

当 $x = -1$ 时,级数成为交错级数 $\sum\limits_{n=1}^{\infty} \frac{(-1)^n}{n}$,该级数收敛;

当 $x = 0$ 时,级数成为调和级数 $\sum\limits_{n=1}^{\infty} \frac{1}{n}$,该级数发散.

因此原级数的收敛域为 $[-1, 0)$.

三、幂级数的运算

设幂级数 $\sum\limits_{n=0}^{\infty} a_n x^n$ 与 $\sum\limits_{n=0}^{\infty} b_n x^n$ 的收敛半径分别为 r_1 与 r_2,$r_1 r_2 \neq 0$,$r = \min\{r_1, r_2\}$,它们的和函数分别为 $s_1(x)$ 与 $s_2(x)$.

1. 加减运算

$$\sum_{n=0}^{\infty} a_n x^n \pm \sum_{n=0}^{\infty} b_n x^n = \sum_{n=0}^{\infty} (a_n \pm b_n) x^n = s_1(x) \pm s_2(x), x \in (-r, r).$$

2. 乘法运算

$$\left(\sum_{n=0}^{\infty} a_n x^n \right) \cdot \left(\sum_{n=0}^{\infty} b_n x^n \right) = a_0 b_0 + (a_0 b_1 + a_1 b_0) x + \cdots + \sum_{i=0}^{n} a_i b_{n-i} x^n + \cdots, x \in (-r, r).$$

注　两个收敛级数的乘积也是一个幂级数,其 x^n 的系数由 $n+1$ 项形如 $a_i b_j (i + j = n)$ 构成.

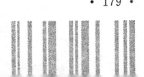

3. 除法运算

设 $b_0 \neq 0$，并且假设

$$\frac{\sum\limits_{n=0}^{\infty} a_n x^n}{\sum\limits_{n=0}^{\infty} b_n x^n} = c_0 + c_1 x + c_2 x^2 + \cdots + c_n x^n + \cdots,$$

为了确定系数，可以把级数 $\sum\limits_{n=0}^{\infty} b_n x^n$ 与 $c_0 + c_1 x + c_2 x^2 + \cdots + c_n x^n + \cdots$ 相乘，并令乘积中各项系数分别等于级数 $\sum\limits_{n=0}^{\infty} a_n x^n$ 中 x 同次幂的系数，这样就可以求出 $c_0, c_1, \cdots, c_n, \cdots$，但是 $\sum\limits_{n=0}^{\infty} c_n x^n$ 的收敛半径通常比 r 小.

4. 幂级数的性质

设幂级数 $\sum\limits_{n=0}^{\infty} a_n x^n$ 的收敛半径为 r，收敛域为 I，和函数为 $s(x)$.

性质 1　$s(x)$ 在 I 上连续.

性质 2　$s(x)$ 在 $(-r, r)$ 内可导，且有逐项求导公式

$$s'(x) = \left(\sum_{n=0}^{\infty} a_n x^n\right)' = \sum_{n=0}^{\infty} (a_n x^n)' = \sum_{n=0}^{\infty} a_n n x^{n-1},$$

所得幂级数的收敛半径也为 r.

性质 3　$s(x)$ 在 I 上可积，且有逐项积分公式

$$\int_0^x s(x)\mathrm{d}x = \int_0^x \sum_{n=0}^{\infty} a_n x^n \mathrm{d}x = \sum_{n=0}^{\infty} \int_0^x a_n x^n \mathrm{d}x = \sum_{n=0}^{\infty} \frac{a_n}{n+1} x^{n+1},$$

所得幂级数的收敛半径也为 r.

【**例 8.21**】　求幂级数 $\sum\limits_{n=1}^{\infty} x^n$ 逐项求导和逐项积分后所得幂级数的收敛域.

解　由例 8.17 知，$\sum\limits_{n=1}^{\infty} x^n$ 收敛域是开区间 $(-1, 1)$.

逐项求导后有

$$\sum_{n=1}^{\infty} (x^n)' = \sum_{n=1}^{\infty} n x^{n-1}$$

因为

$$\lim_{n \to \infty} \left|\frac{a_{n+1}}{a_n}\right| = \lim_{n \to \infty} \frac{n+1}{n} = 1$$

所以幂级数 $\sum\limits_{n=1}^{\infty} n x^{n-1}$ 的收敛半径 $r=1$. 当 $x=-1$ 时，该级数为 $\sum\limits_{n=1}^{\infty} (-1)^{n-1} n$，发散；当 $x=1$ 时，该级数为 $\sum\limits_{n=1}^{\infty} n$，发散. 故幂级数 $\sum\limits_{n=1}^{\infty} n x^{n-1}$ 的收敛域为 $(-1, 1)$.

逐项积分后得

$$\sum_{n=1}^{\infty}\left(\int_0^x x^n \mathrm{d}x\right) = \sum_{n=1}^{\infty}\frac{x^{n+1}}{n+1}$$

因为

$$\lim_{n\to\infty}\left|\frac{a_{n+1}}{a_n}\right| = \lim_{n\to\infty}\frac{\dfrac{1}{n+1}}{\dfrac{1}{n}} = 1$$

所以幂级数 $\displaystyle\sum_{n=1}^{\infty}\frac{x^{n+1}}{n+1}$ 的收敛半径为 $r=1$. 当 $x=-1$ 时, 该级数为交错级数 $\displaystyle\sum_{n=0}^{\infty}(-1)^{n+1}\frac{1}{n+1}$, 收敛; 当 $x=1$ 时, 该级数为调和级数 $\displaystyle\sum_{n=0}^{\infty}\frac{1}{n+1}$, 发散. 故幂级数的收敛域为 $[-1,1)$.

利用逐项求导和逐项积分常可以求某些幂级数的和函数.

【例 8.22】　求下列幂级数的和函数:

(1) $\displaystyle\sum_{n=1}^{\infty}nx^{n-1}$;

(2) $\displaystyle\sum_{n=0}^{\infty}\frac{x^{n+1}}{n+1}$.

解　(1) 由例 8.21 知 $\displaystyle\sum_{n=1}^{\infty}nx^{n-1}$ 的收敛域为 $(-1,1)$. 设和函数为 $s(x)$, $x\in(-1,1)$.

先对 $s(x)$ 从 0 到 x 积分, 得

$$\int_0^x s(x)\mathrm{d}x = \int_0^x \sum_{n=1}^{\infty}nx^{n-1}\mathrm{d}x = \sum_{n=1}^{\infty}\int_0^x nx^{n-1}\mathrm{d}x = \sum_{n=1}^{\infty}x^n = \frac{x}{1-x},$$

再对上式关于 x 求导, 得

$$\left(\frac{x}{1-x}\right)' = \frac{1}{(1-x)^2},$$

即

$$s(x) = \frac{\mathrm{d}}{\mathrm{d}x}\int_0^x s(x)\mathrm{d}x = \frac{1}{(1-x)^2}, \quad x\in(-1,1).$$

(2) 由例 8.21 知 $\displaystyle\sum_{n=0}^{\infty}\frac{x^{n+1}}{n+1}$ 的收敛域为 $[-1,1)$, 设和函数为 $s(x)$, $x\in[-1,1)$.

先对 $s(x)$ 关于 x 求导, 得

$$s'(x) = \left(\sum_{n=0}^{\infty}\frac{x^{n+1}}{n+1}\right)' = \sum_{n=0}^{\infty}\left(\frac{x^{n+1}}{n+1}\right)' = \sum_{n=0}^{\infty}x^n = \frac{1}{1-x},$$

再对上式从 0 到 x 积分, 得

$$\int_0^x \frac{1}{1-x}\mathrm{d}x = -\ln(1-x) = \ln\frac{1}{1-x},$$

即

$$s(x) = \int_0^x s'(x)\mathrm{d}x = \ln\frac{1}{1-x}, x\in[-1,1).$$

注　从例 8.22 可以看出, 为了利用几何级数 $\displaystyle\sum_{n=0}^{\infty}x^n = \frac{1}{1-x}$ 求出某些幂级数的和函

数,常常两次采用逐项积分和逐项求导公式.如果不能直接积分或求导得到 x^n 的形式,可以添项或去项后采用上述方法.

【例 8.23】　求幂级数 $\displaystyle\sum_{n=0}^{\infty}\frac{x^n}{n+1}$ 的和函数.

解　由 $\displaystyle\lim_{n\to\infty}\left|\frac{a_{n+1}}{a_n}\right|=\lim_{n\to\infty}\frac{\dfrac{1}{n+2}}{\dfrac{1}{n+1}}=\lim_{n\to\infty}\frac{n+1}{n+2}=1$,得收敛半径 $r=1$.

当 $x=-1$ 时,该级数为交错级数 $\displaystyle\sum_{n=0}^{\infty}(-1)^n\frac{1}{n+1}$,收敛;当 $x=1$ 时,该级数为调和级数 $\displaystyle\sum_{n=0}^{\infty}\frac{1}{n+1}$,发散.故幂级数的收敛域为 $[-1,1)$.

设 $\displaystyle\sum_{n=0}^{\infty}\frac{x^n}{n+1}$ 的和函数为 $s(x),x\in[-1,1)$,于是

$$xs(x)=\sum_{n=0}^{\infty}\frac{x^{n+1}}{n+1}.$$

由例 8.22(2),知 $xs(x)=\ln\dfrac{1}{1-x},x\in[-1,1)$.于是

当 $x\neq 0$ 时,有

$$s(x)=\frac{1}{x}\ln\frac{1}{1-x};$$

当 $x=0$ 时,由和函数的连续性,有

$$s(0)=\lim_{x\to 0}s(x)=\lim_{x\to 0}\frac{1}{x}\ln\frac{1}{1-x}=1.$$

故

$$s(x)=\begin{cases}\dfrac{1}{x}\ln\dfrac{1}{1-x}, & x\in[-1,0)\cup(0,1),\\[2mm] 1, & x=0.\end{cases}$$

【例 8.24】　求幂级数 $\displaystyle\sum_{n=1}^{\infty}n(n+1)x^n$ 的和函数.

解　由

$$\lim_{n\to\infty}\left|\frac{a_{n+1}}{a_n}\right|=\lim_{n\to\infty}\frac{(n+1)(n+2)}{n(n+1)}=1,$$

得收敛半径 $r=1$.

当 $x=-1$ 时,该级数为交错级数 $\displaystyle\sum_{n=1}^{\infty}(-1)^n n(n+1)$,发散;当 $x=1$ 时,该级数为 $\displaystyle\sum_{n=0}^{\infty}n(n+1)$,发散.故幂级数的收敛域为 $(-1,1)$.

设和函数为 $s(x),x\in(-1,1)$.

先对 $s(x)$ 从 0 到 x 积分,得

$$\int_0^x s(x)\mathrm{d}x = \int_0^x \sum_{n=1}^{\infty} n(n+1)x^n \mathrm{d}x = \sum_{n=1}^{\infty} \int_0^x n(n+1)x^n \mathrm{d}x = \sum_{n=1}^{\infty} nx^{n+1} = x^2 \sum_{n=1}^{\infty} nx^{n-1},$$

利用例 8.22(1) 的结果,知 $\sum\limits_{n=1}^{\infty} nx^{n-1} = \dfrac{1}{(1-x)^2}, x \in (-1,1)$,因此

$$\int_0^x s(x)\mathrm{d}x = x^2 \sum_{n=1}^{\infty} nx^{n-1} = \frac{x^2}{(1-x)^2}.$$

再对上式关于 x 求导,得

$$\left[\frac{x^2}{(1-x)^2}\right]' = \frac{2x}{(1-x)^3},$$

即

$$s(x) = \frac{\mathrm{d}}{\mathrm{d}x}\int_0^x s(x)\mathrm{d}x = \frac{2x}{(1-x)^3}.$$

习题 8.4

1.求下列幂级数的收敛域:

(1) $\sum\limits_{n=1}^{\infty} \dfrac{x^n}{2^n \cdot n^2}$;

(2) $\sum\limits_{n=0}^{\infty} nx^n$;

(3) $\sum\limits_{n=1}^{\infty} (-1)^n \dfrac{x^n}{n^2}$;

(4) $\sum\limits_{n=1}^{\infty} \dfrac{n!}{n^n}x^n$;

(5) $\sum\limits_{n=1}^{\infty} \dfrac{(x+2)^n}{n \cdot 2^n}$;

(6) $\sum\limits_{n=1}^{\infty} \dfrac{(x-5)^n}{\sqrt{n}}$;

(7) $\sum\limits_{n=1}^{\infty} (-1)^n \dfrac{x^{2n+1}}{2n+1}$;

(8) $\sum\limits_{n=1}^{\infty} \dfrac{2n-1}{2^n}x^{2n-2}$.

2.求下列级数的和函数:

(1) $\sum\limits_{n=1}^{\infty} (-1)^n \dfrac{x^n}{n}$;

(2) $\sum\limits_{n=1}^{\infty} 2n \cdot x^{2n-1}$;

(3) $\sum\limits_{n=1}^{\infty} \dfrac{1}{n(n+1)}x^n$.

8.5　函数的幂级数展开

前面讨论了幂级数的收敛域及其和函数的性质.但在实际应用中我们经常遇到它的反问题:给定函数 $f(x)$,是否能找到一个幂级数,使得其在某区间内收敛且和函数为 $f(x)$.

一、泰勒公式

初等函数中,多项式函数 $p_n(x) = a_0 + a_1 x + \cdots + a_n x^n$ 运算比较简单,因此在理论分析和实际近似计算中都希望可以将一个复杂函数用一个多项式函数来近似表示.我们之

前利用微分概念得到的,当 $|x|$ 很小时,$e^x \approx 1+x$、$\sin x \approx x$ 等都是用一次多项式近似表示函数的例子. 但是,从几何上看,上述近似公式的精度不高,因为都是用直线代替曲线. 因此我们进一步考虑,若改用二次、三次甚至 n 次曲线来近似,两条线的吻合程度是否会更好?

首先,我们构造一个关于 $(x-x_0)$ 的 n 阶多项式

$$p_n(x) = a_0 + a_1(x-x_0) + a_2(x-x_0)^2 + \cdots + a_n(x-x_0)^n,$$

使得在点 x_0 附近,有 $f(x) \approx p_n(x)$,设 $f(x)$ 在 $U(x_0)$ 内有直到 $n+1$ 阶导数,即要求

$$f(x_0) = p_n(x_0), f'(x_0) = p_n{}'(x_0), \cdots, f^{(n)}(x_0) = p_n^{(n)}(x_0). \qquad ①$$

下面我们来确定系数 $a_0, a_1, \cdots, a_n$,使得 $p_n(x)$ 满足上述要求.

将 x_0 代入 $p_n(x)$,有 $p_n(x_0) = a_0$,即 $a_0 = f(x_0)$. 对 $p_n(x)$ 求导,再将 x_0 代入,得到 $p_n{}'(x_0) = a_1$,即 $a_1 = f'(x_0)$. 求出 $p_n{}''(x)$,再将 x_0 代入,得 $a_2 2! = p_n{}''(x_0)$,即 $a_2 = \dfrac{f''(x_0)}{2!}$. 一般地,$a_k = \dfrac{f^{(k)}(x_0)}{k!}(k=1,2,\cdots,n)$,故得到

$$p_n(x) = f(x_0) + f'(x_0)(x-x_0) + \frac{f''(x_0)}{2!}(x-x_0)^2 + \cdots + \frac{f^{(n)}(x_0)}{n!}(x-x_0)^n. \quad ②$$

下面的定理给出了误差 $f(x) - p_n(x)$ 的表达式.

定理 8.11(泰勒中值定理) 如果函数 $f(x)$ 在含有点 x_0 的区间 (a,b) 内有直到 $n+1$ 阶的导数,则对任一 $x \in (a,b)$,有

$$f(x) = f(x_0) + f'(x_0)(x-x_0) + \frac{f''(x_0)}{2!}(x-x_0)^2 + \cdots$$

$$+ \frac{f^{(n)}(x_0)}{n!}(x-x_0)^n + R_n(x), \qquad\qquad ③$$

其中

$$R_n(x) = \frac{f^{(n+1)}(\xi)}{(n+1)!}(x-x_0)^{n+1}, \xi \text{ 介于 } x \text{ 和 } x_0 \text{ 之间}. \qquad ④$$

证 由假设可知

$$R_n(x) = f(x) - \left[f(x_0) + f'(x_0)(x-x_0) + \frac{f''(x_0)}{2!}(x-x_0)^2 + \cdots + \frac{f^{(n)}(x_0)}{n!}(x-x_0)^n \right]$$

$$= f(x) - p_n(x),$$

在 (a,b) 内有直到 $n+1$ 阶的导数,由式 ① 知

$$R_n(x_0) = R_n{}'(x_0) = \cdots = R_n^{(n)}(x_0) = 0, R_n^{(n+1)}(x) = f^{(n+1)}(x).$$

令 $G(x) = (x-x_0)^{n+1}$,易得

$$G_n(x_0) = G_n{}'(x_0) = \cdots = G_n^{(n)}(x_0) = 0, G^{n+1}(x) = (n+1)!$$

对 $R_n(x)$ 和 $G(x)$ 在相应区间上使用柯西定理 $n+1$ 次,有

$$\frac{R_n(x)}{G(x)} = \frac{R_n(x) - R_n(x_0)}{G(x) - G(x_0)} = \frac{R_n{}'(\xi_1)}{G'(\xi_1)}(\xi_1 \text{ 介于 } x \text{ 和 } x_0 \text{ 之间})$$

$$= \frac{R_n{}'(\xi_1) - R_n{}'(x_0)}{G'(\xi_1) - G'(x_0)} = \frac{R_n{}''(\xi_2)}{G''(\xi_2)}(\xi_2 \text{ 介于 } \xi_1 \text{ 和 } x_0 \text{ 之间}) = \cdots$$

$$= \frac{R_n^{(n)}(\xi_n)}{G^{(n)}(\xi_n)}(\xi_n \text{ 介于 } \xi_{n-1} \text{ 和 } x_0 \text{ 之间})$$

$$= \frac{R_n^{(n)}(\xi_n) - R_n^{(n)}(x_0)}{G^{(n)}(\xi_n) - G^{(n)}(x_0)} = \frac{R_n^{(n+1)}(\xi)}{G^{(n+1)}(\xi)} (\xi \text{ 介于 } \xi_n \text{ 和 } x_0 \text{ 之间}),$$

于是

$$R_n(x) = \frac{f^{(n+1)}(\xi)}{(n+1)!} (x - x_0)^{n+1}, \xi \text{ 介于 } x \text{ 和 } x_0 \text{ 之间}.$$

公式 ③ 称为函数 $f(x)$ 在点 x_0 处的 n 阶泰勒公式,式 ④ 称为拉格朗日型余项. 多项式 ② 称为 $f(x)$ 在点 x_0 的 n 阶泰勒多项式.

若存在正数 M,当 $x \in (a, b)$ 时,有 $|f^{(n+1)}(x)| \leqslant M$,则有估计式

$$|R_n(x)| = \left| \frac{f^{(n+1)}(\xi)}{(n+1)!} (x - x_0)^{n+1} \right| \leqslant \frac{M}{(n+1)!} |(x - x_0)^{n+1}|,$$

故

$$\lim_{x \to x_0} \frac{R_n(x)}{(x - x_0)^n} = 0.$$

即当 $x \to x_0$ 时

$$R_n(x) = o[(x - x_0)^n]. \qquad\qquad ⑤$$

式 ⑤ 称为皮亚诺型余项.

展开式

$$f(x) = f(x_0) + f'(x_0)(x - x_0) + \frac{f''(x_0)}{2!} (x - x_0)^2 + \cdots +$$

$$\frac{f^{(n)}(x_0)}{n!} (x - x_0)^n + o[(x - x_0)^n]$$

称为函数 $f(x)$ 在点 x_0 处的具有皮亚诺型余项的 n 阶泰勒公式.

当 $n = 0$ 时,泰勒公式就是拉格朗日中值定理

$$f(x) = f(x_0) + f'(\xi)(x - x_0), \xi \text{ 介于 } x \text{ 和 } x_0 \text{ 之间}$$

当 $x_0 = 0$ 时,泰勒公式又称为马克劳林公式,具有拉格朗日型余项的 n 阶马克劳林公式为

$$f(x) = f(0) + f'(0)x + \frac{f''(0)}{2!} x^2 + \cdots + \frac{f^{(n)}(0)}{n!} x^n + \frac{f^{(n+1)}(\xi)}{(n+1)!} x^{n+1}.$$

余项或写为 $\frac{f^{(n+1)}(\theta x)}{(n+1)!} x^{n+1}, 0 < \theta < 1$.

具有皮亚诺型余项的 n 阶马克劳林公式为

$$f(x) = f(0) + f'(0)x + \frac{f''(0)}{2!} x^2 + \cdots + \frac{f^{(n)}(0)}{n!} x^n + o(x^n).$$

二、泰勒级数

对于函数 $f(x)$,若存在 $U(x_0)$ 及幂级数 $\sum\limits_{n=0}^{\infty} a_n (x - x_0)^n$,使对任何 $x \in U(x_0)$,有

$$f(x) = \sum_{n=0}^{\infty} a_n (x - x_0)^n,$$

则称 $f(x)$ 在点 x_0 处可展开成幂级数. 上式称为 $f(x)$ 在点 x_0 处的幂级数展开式.

那么,什么样的函数能够展开成幂级数,展开后的幂级数的系数 a_n 又如何确定呢?

首先,幂级数在其收敛域内具有任意阶导数,因此,可展成幂级数的函数也应该具有任意阶导数.另外,若 $f(x) = \sum_{n=0}^{\infty} a_n (x-x_0)^n$ 成立,对两边分别求直到 $n+1$ 阶导数,并代入 $x = x_0$,即得 $a_n = \dfrac{f^{(n)}(x_0)}{n!}(n=1,2,\cdots)$,于是对给定的函数 $f(x)$,若有一个幂级数收敛到它,则该幂级数是唯一的:

$$\sum_{n=0}^{\infty} \frac{f^{(n)}(x_0)}{n!}(x-x_0)^n.$$

利用泰勒公式可得到 $f(x)$ 可展开成幂级数的充要条件.

定理 8.12　若 $f(x)$ 在 $U(x_0)$ 有任意阶导数,则 $f(x)$ 在 $U(x_0)$ 内能展开成

$$f(x) = f(x_0) + f'(x_0)(x-x_0) + \frac{f''(x_0)}{2!}(x-x_0)^2 + \cdots + \frac{f^{(n)}(x_0)}{n!}(x-x_0)^n + \cdots$$

的充要条件是在 $U(x_0)$ 内 $f(x)$ 在泰勒公式中的余项 $R_n(x)$ 满足 $\lim_{n\to\infty} R_n(x) = 0$.

幂级数

$$\sum_{n=0}^{\infty} \frac{f^{(n)}(x_0)}{n!}(x-x_0)^n = f(x_0) + f'(x_0)(x-x_0) + \frac{f''(x_0)}{2!}(x-x_0)^2 + \cdots$$
$$+ \frac{f^{(n)}(x_0)}{n!}(x-x_0)^n + \cdots$$

称为泰勒级数.特别地,当 $x_0 = 0$ 时,得到

$$\sum_{n=0}^{\infty} \frac{f^{(n)}(0)}{n!}x^n = f(0) + f'(0)x + \frac{f''(0)}{2!}x^2 + \cdots + \frac{f^{(n)}(0)}{n!}x^n + \cdots$$

称为马克劳林级数.

三、直接展开法

把函数展开成马克劳林级数的三个步骤.

第一步:求出 $f(x)$ 及其各阶导数在点 $x_0 = 0$ 处的值:$f(0), f'(0), f''(0), \cdots, f^{(n)}(0), \cdots$. 如果某阶导数不存在,则 $f(x)$ 不能展开成幂级数.

第二步:写出马克劳林级数 $f(0) + f'(0)x + \dfrac{f''(0)}{2!}x^2 + \cdots + \dfrac{f^{(n)}(0)}{n!}x^n + \cdots$,求出收敛半径.

第三步:验证收敛域内余项 $R_n(x) = \dfrac{f^{(n+1)}(\xi)}{(n+1)!}x^{n+1}$ 是否满足 $\lim_{n\to\infty} R_n(x) = 0$.若成立,则幂级数在收敛域内收敛且和函数为 $f(x)$.

【例 8.25】　将函数 $f(x) = e^x$ 展开成 x 的幂级数.

解　因为 $f^{(n)}(x) = e^x (n=1,2,\cdots)$,所以 $f^{(n)}(0) = 1 (n=1,2,\cdots)$,又 $f^{(0)}(0) = f(0) = 1$,因此得

$$\sum_{n=0}^{\infty} \frac{f^{(n)}(0)}{n!}x^n = \sum_{n=0}^{\infty} \frac{x^n}{n!} = 1 + x + \frac{x^2}{2!} + \cdots + \frac{x^n}{n!} + \cdots,$$

其收敛域为 $(-\infty, +\infty)$.对于任何有限数 x 和 $\theta(\theta$ 介于 0 和 1),有

$$\lim_{n\to\infty}|R_n(x)|=\lim_{n\to\infty}\left|\frac{e^{\theta x}}{(n+1)!}x^{n+1}\right|<\lim_{n\to\infty}e^{|x|}\frac{|x|^{n+1}}{(n+1)!}.$$

因 $e^{|x|}$ 是有限数，而 $\dfrac{|x|^{n+1}}{(n+1)!}$ 是收敛级数

$\displaystyle\sum_{n=0}^{\infty}\frac{x^n}{n!}(-\infty<x<+\infty)$ 的 通 项，即

$\lim\limits_{n\to\infty}e^{|x|}\dfrac{|x|^{n+1}}{(n+1)!}=0$，从而 $\lim\limits_{n\to\infty}|R_n(x)|=0$，

于是得到展开式

$$e^x=\sum_{n=0}^{\infty}\frac{x^n}{n!},\quad-\infty<x<+\infty.\qquad ⑥$$

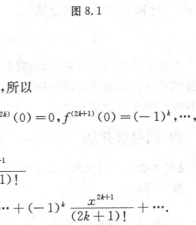

图 8.1

从图 8.1 可见，在点 $x=0$ 附近，级数 ① 的
部分和与 e^x 的近似程度随着项数的增加而增大。

【**例 8.26**】　将函数 $\sin x$ 展成 x 的幂级数。

解　因为 $f^{(n)}(x)=\sin(x+\dfrac{n}{2}\pi)(n=1,2,\cdots)$，所以

$$f(0)=0,f'(0)=1,f''(0)=0,f'''(0)=-1,\cdots,f^{(2k)}(0)=0,f^{(2k+1)}(0)=(-1)^k,\cdots,$$

于是得

$$\sum_{n=0}^{\infty}\frac{f^{(n)}(0)}{n!}x^n=\sum_{k=0}^{\infty}(-1)^k\frac{x^{2k+1}}{(2k+1)!}$$

$$=x-\frac{x^3}{3!}+\frac{x^5}{5!}-\cdots+(-1)^k\frac{x^{2k+1}}{(2k+1)!}+\cdots.$$

因为

$$\lim_{k\to\infty}\left|\frac{u_{k+1}}{u_k}\right|=\lim_{k\to\infty}\frac{(2k-1)!}{(2k+1)!}|x|^2=\lim_{k\to\infty}\frac{1}{2k(2k+1)}|x|^2=0,$$

所以它的收敛域为 $(-\infty,+\infty)$。

又对于任何有限数 x 和 θ（θ 介于 0 和 1），有

$$\lim_{k\to\infty}|R_n(x)|=\lim_{k\to\infty}\left|\sin\left(\theta x+\frac{(2k+3)\pi}{2}\right)\cdot\frac{x^{2k+3}}{(2k+3)!}\right|\leqslant\lim_{k\to\infty}\frac{|x|^{2k+3}}{(2k+3)!}=0,$$

所以得到

$$\sin x=\sum_{n=0}^{\infty}(-1)^n\frac{x^{2n+1}}{(2n+1)!},\quad-\infty<x<+\infty.\qquad ⑦$$

【**例 8.27**】　函数 $f(x)=(1+x)^a$ 的幂级数展开式是一个重要的展开式，下面略去过
程，给出 $f(x)$ 的麦克劳林级数展开式：

$$(1+x)^a=1+ax+\frac{a(a-1)}{2!}x^2+\cdots+\frac{a(a-1)(a-2)\cdots(a-k+1)}{k!}x^k+\cdots$$

$$=1+\sum_{k=1}^{\infty}\frac{a(a-1)\cdots(a-k+1)}{k!}x^k+\cdots,\quad-1<x<1.\qquad ⑧$$

其中 a 是实数。这个级数称为二项式级数。由于 $\lim\limits_{n\to\infty}\left|\dfrac{a_{n+1}}{a_n}\right|=1$，这个级数的收敛区间为

$(-1,1)$. 当 $x=\pm 1$ 时, 级数是否能表示 $(1+x)^a$ 取决于 a 的值.

可以证明: 当 $a\leqslant -1$ 时, 收敛域为 $(-1,1)$; 当 $-1<a<0$ 时, 收敛域为 $(-1,1]$; 当 $a>0$ 时, 收敛域为 $[-1,1]$. 例如:

当 $a=-1$ 时, 由式 ⑧ 得到

$$(1+x)^{-1}=\frac{1}{1+x}=1-x+x^2-\cdots+(-1)^n x^n+\cdots, \quad -1<x<1; \qquad ⑨$$

当 $a=\frac{1}{2}$ 时, 由式 ⑧ 得到

$$\sqrt{1+x}=(1+x)^{\frac{1}{2}}=1+\frac{1}{2}x+\frac{1}{2\cdot 4}x^2+\frac{1\cdot 3}{2\cdot 4\cdot 6}x^2+\cdots, \quad -1\leqslant x\leqslant 1.$$

特别地, 当 a 是正整数 n 时, 由式 ⑧ 可以看出含 x^n 项以后各项的系数都为 0. 这样就得到了我们熟悉的二项式公式

$$(1+x)^n=1+nx+\frac{n(n-1)}{2!}x^2+\cdots+nx^{n-1}+x^n.$$

直接展开法的计算量较大, 对余项的讨论也较困难. 因此我们想通过幂级数的运算和变量代换的方式将所给函数展开成幂级数. 这样做不但计算量小, 而且避免了讨论余项, 这种方法叫作间接展开法.

四、间接展开法

【例 8.28】　将函数 $\cos x$ 展成 x 的幂级数.

解　因为

$$\cos x=(\sin x)'=\left[\sum_{n=0}^{\infty}(-1)^n\frac{x^{2n+1}}{(2n+1)!}\right]'=\sum_{n=0}^{\infty}(-1)^n\frac{x^{2n}}{(2n)!}$$

$$=1-\frac{x^2}{2!}+\frac{x^4}{4!}(-1)^n-\cdots+(-1)^n\frac{x^{2n}}{(2n)!}+\cdots \quad (-\infty<x<+\infty).$$

⑩

【例 8.29】　将函数 $\ln(1+x)$ 展开成 x 的幂级数.

解　由式 ⑨ 可知

$$\frac{1}{1+x}=1-x+x^2-\cdots(-1)^n x^n+\cdots, \quad -1<x<1,$$

上式两边分别从 0 到 x 逐项积分, 得

$$\ln(1+x)=\int_0^x\frac{\mathrm{d}t}{1+t}=x-\frac{1}{2}x^2+\frac{1}{3}x^3-\cdots+(-1)^{n-1}\frac{1}{n}x^n+\cdots. \qquad ⑪$$

可以证明: 在 $x=1$ 处上仍成立, 因此收敛域为 $(-1,1]$.

【例 8.30】　将函数 $\arctan x$ 展开成 x 的幂级数.

解　将式 ⑨ 中的 x 换成 x^2, 有

$$\frac{1}{1+x^2}=1-x^2+x^4-\cdots+(-1)^{n-1}\frac{1}{n}x^n+\cdots, \quad -1<x<1,$$

上式两边分别从 0 到 x 逐项积分, 得

$$\arctan x=x-\frac{1}{3}x^3+\frac{1}{5}x-\cdots+(-1)^{n-1}\frac{x^{2n-1}}{2n-1}+\cdots. \qquad ⑫$$

当 $x=1$ 时,它是交错级数 $\sum\limits_{n=0}^{\infty} (-1)^{n-1} \dfrac{1}{2n-1}$,收敛;

当 $x=-1$ 时,它是交错级数 $\sum\limits_{n=0}^{\infty} (-1)^{n} \dfrac{1}{2n-1}$,收敛.

因此,级数 ⑫ 的收敛域为 $[-1,1]$.

【例 8.31】　将函数 $\mathrm{e}^{-\frac{x}{3}}$ 展开成 x 的幂级数.

解　将展开式 ⑥ 中的 x 换成 $-\dfrac{x}{3}$ 得

$$\mathrm{e}^{-\frac{x}{3}} = \sum_{n=0}^{\infty} (-1)^n \frac{1}{n!} \left(\frac{x}{3}\right)^n = 1 - \frac{x}{3} + \frac{1}{2!}\left(\frac{x}{3}\right) - \cdots$$
$$+ (-1)^n \frac{1}{n!}\left(\frac{x}{3}\right)^n + \cdots, \quad -\infty < x < +\infty.$$

【例 8.32】　将函数 $f(x) = \dfrac{1}{x^2+4x+3}$ 展成 $(x-1)$ 的幂级数.

解　因为

$$f(x) = \frac{1}{x^2+4x+3} = \frac{1}{(x+1)(x+3)} = \frac{1}{2(x+1)} - \frac{1}{2(x+3)}$$
$$= \frac{1}{4\left(1+\dfrac{x-1}{2}\right)} - \frac{1}{8\left(1+\dfrac{x-1}{4}\right)},$$

而

$$\frac{1}{4\left(1+\dfrac{x-1}{2}\right)} = \frac{1}{4} \sum_{n=1}^{\infty} \frac{(-1)^n}{2^n} (x-1)^n, \quad -1 < x < 3,$$

$$\frac{1}{8\left(1+\dfrac{x-1}{4}\right)} = \frac{1}{8} \sum_{n=1}^{\infty} \frac{(-1)^n}{4^n} (x-1)^n, \quad -3 < x < 5,$$

所以

$$f(x) = \frac{1}{x^2+4x+3} = \sum_{n=1}^{\infty} (-1)^n \left(\frac{1}{2^{n+2}} - \frac{1}{2^{n+3}}\right)(x-1)^n, \quad -1 < x < 3.$$

习题 8.5

1. 利用已知的初等函数的展开式,求下列函数在 $x=0$ 处的幂级数展开式,并指出收敛域:

(1) e^{x^2}; (2) $\dfrac{1}{a+x}(a \neq 0)$; (3) $\sin\left(\dfrac{\pi}{4}+x\right)$; (4) $\ln\sqrt{\dfrac{1+x}{1-x}}$.

2. 将下列函数展开成 x 的幂级数:

(1) $\cos^2 \dfrac{x}{2}$; (2) $\sin \dfrac{x}{2}$; (3) $x\mathrm{e}^{-x^2}$; (4) $\dfrac{1}{1-x^2}$; (5) $\cos\left(x-\dfrac{\pi}{4}\right)$.

3. 将下列函数在指定点处展开成幂级数,并求其收敛区间:

(1) $\dfrac{1}{3-x}$，在 $x_0=1$；　　　　　(2) $\cos x$，在 $x_0=\dfrac{\pi}{3}$；

(3) $\dfrac{1}{x^2+4x+3}$，在 $x_0=1$；　　(4) $\dfrac{1}{x^2}$，在 $x_0=3$.

8.6　傅里叶级数

本节讨论将一个周期函数展开成三角级数的问题. 这一问题不仅在数学理论研究上有重要应用，在其他学科及工程技术上也有广泛应用.

一、三角函数系及其正交性

在上一节中我们讨论了将一个给定的函数展开为幂级数的条件与方法，我们看到只有当一个函数在一个区间上无穷多次可导时，这个函数才可能在该区间上展开为幂级数. 但在实际应用中很多函数并不满足这个条件，比如无线电技术中的矩形波函数等，它们有很多间断点和尖点，在这些点处函数不可导，因此不能用一个幂级数来表示，但是这类函数具有周期性的特点，于是我们考虑用无穷多个周期函数之和来表示它们.

下面我们讨论这样的问题：给定一个以 2π 为周期的函数 $f(x)$，能不能用无穷多个以 2π 为周期的周期函数

$$1,\cos x,\sin x,\cos 2x,\sin 2x,\cdots,\cos nx,\sin nx,\cdots \qquad ①$$

的线性组合来表示？ 这个由三角函数组成的级数

$$f(x)=\frac{a_0}{2}+\sum_{n=1}^{\infty}(a_n\cos nx+b_n\sin nx) \qquad ②$$

称为三角级数.

当给定的函数是以 T 为周期时，就以三角函数系

$$1,\cos \omega x,\sin \omega x,\cos 2\omega x,\sin 2\omega x,\cdots,\cos n\omega x,\sin n\omega x,\cdots$$

来代替上述三角函数系，其中 $\omega=\dfrac{2\pi}{T}$. 因此我们把三角函数系 ① 称作基本三角函数系.

同讨论幂级数时一样，我们必须讨论三角级数的收敛问题，以及给定周期为 2π 的周期函数如何把它展开成三角级数 ②. 为此，我们首先介绍三角函数系 ① 的正交性.

所谓三角函数系 $1,\cos x,\sin x,\cos 2x,\sin 2x,\cdots,\cos nx,\sin nx,\cdots$ 在区间 $[-\pi,\pi]$ 上正交，就是指在三角函数系中任何不同的两个函数的乘积在区间 $[-\pi,\pi]$ 上的积分等于零，即

$$\int_{-\pi}^{\pi}\cos nx\,\mathrm{d}x=0,\quad n=1,2,3,\cdots;$$

$$\int_{-\pi}^{\pi}\sin nx\,\mathrm{d}x=0,\quad n=1,2,3,\cdots;$$

$$\int_{-\pi}^{\pi}\sin kx\cos nx\,\mathrm{d}x=0,\quad k,n=1,2,3,\cdots;$$

$$\int_{-\pi}^{\pi}\cos kx\cos nx\,\mathrm{d}x=0,\quad k,n=1,2,3,\cdots,k\neq n;$$

$$\int_{-\pi}^{\pi} \sin kx \sin nx \, dx = 0, \quad k,n = 1,2,3,\cdots, k \neq n.$$

以上等式,都可以通过计算定积分来验证,现将第四式验证如下.

利用三角函数中积化和差的公式

$$\cos kx \cos nx = \frac{1}{2}\big[\cos(k+n)x + \cos(k-n)x\big],$$

当 $k \neq n$ 时,有

$$\int_{-\pi}^{\pi} \cos kx \cos nx \, dx = \frac{1}{2}\int_{-\pi}^{\pi} \big[\cos(k+n)x + \cos(k-n)x\big]dx$$

$$= \frac{1}{2}\left[\frac{\sin(k+n)x}{k+n} + \frac{\sin(k-n)x}{k-n}\right]\bigg|_{-\pi}^{\pi} = 0,$$

$$k,n = 1,2,3,\cdots, k \neq n.$$

其余等式请读者自行验证.

在三角函数系 ① 中,两个相同函数的乘积在 $[-\pi,\pi]$ 区间上的积分不等于零,即

$$\int_{-\pi}^{\pi} 1^2 \, dx = 2\pi;$$

$$\int_{-\pi}^{\pi} \sin^2 nx \, dx = \pi,$$

$$\int_{-\pi}^{\pi} \cos^2 nx \, dx = \pi, \quad n = 1,2,3,\cdots.$$

二、函数展开成傅里叶级数

为了研究一个以 2π 为周期的函数 $f(x)$ 能否展开成三角级数

$$f(x) = \frac{a_0}{2} + \sum_{k=1}^{\infty}(a_k \cos kx + b_k \sin kx), \tag{③}$$

首先应考虑,假如三角级数 ③ 收敛到 $f(x)$,系数 a_0、a_k、$b_k(k=1,2,\cdots)$ 应当怎样确定? 换句话说,如何利用 $f(x)$ 把 a_0、a_k、$b_k(k=1,2,\cdots)$ 表达出来? 为此,我们进一步假设式 ③ 右端的级数可以逐项积分.

先求 a_0. 对式 ③ 从 $-\pi$ 到 π 积分,有

$$\int_{-\pi}^{\pi} f(x)dx = \int_{-\pi}^{\pi} \frac{a_0}{2}dx + \sum_{k=1}^{\infty}\left(a_k\int_{-\pi}^{\pi}\cos kx \, dx + b_k\int_{-\pi}^{\pi}\sin kx \, dx\right)$$

根据三角函数系 ① 的正交性,等式右端除第一项外,其余各项均为零,所以

$$\int_{-\pi}^{\pi} f(x)dx = \frac{a_0}{2} \cdot 2\pi,$$

于是得

$$a_0 = \frac{1}{\pi}\int_{-\pi}^{\pi} f(x)dx.$$

其次求 a_n. 用 $\cos nx$ 乘式 ③ 两端,再从 $-\pi$ 到 π 积分,我们得到

$$\int_{-\pi}^{\pi} f(x)\cos nx \, dx = \frac{a_0}{2}\int_{-\pi}^{\pi}\cos nx \, dx$$

$$+ \sum_{k=1}^{\infty} \left[a_k \int_{-\pi}^{\pi} \cos kx \cos nx \, dx + b_k \int_{-\pi}^{\pi} \sin kx \cos nx \, dx \right],$$

根据三角函数系 ① 的正交性,等式右端除 $k = n$ 的一项外,其余各项均为零,所以

$$\int_{-\pi}^{\pi} f(x) \cos nx \, dx = a_n \int_{-\pi}^{\pi} \cos^2 nx \, dx = a_n \pi,$$

于是得

$$\left. \begin{aligned} a_n &= \frac{1}{\pi} \int_{-\pi}^{\pi} f(x) \cos nx \, dx, \quad n = 0, 1, 2, 3, \cdots \\ b_n &= \frac{1}{\pi} \int_{-\pi}^{\pi} f(x) \sin nx \, dx, \quad n = 0, 1, 2, 3, \cdots \end{aligned} \right\}. \tag{④}$$

如果公式 ④ 中的积分都存在,这时系数 a_0、a_n、$b_n (n = 1, 2, \cdots)$ 叫作函数 $f(x)$ 的傅里叶(Fourier)系数,将这些系数代入式 ③ 右端,所得的三角级数

$$\frac{a_0}{2} + \sum_{n=1}^{\infty} (a_n \cos nx + b_n \sin nx)$$

叫作函数 $f(x)$ 的傅里叶级数.

注 只要周期函数 $f(x)$ 在 $[-\pi, \pi]$ 上有界可积,就可根据上述公式求出它的傅里叶系数,从而做出其傅里叶级数. 但是我们无法断言该级数一定收敛于 $f(x)$. 事实上函数 $f(x)$ 的傅里叶级数在 $[-\pi, \pi]$ 上不一定收敛,即使收敛,也不一定收敛到 $f(x)$. 因而我们把函数 $f(x)$ 与其傅里叶级数之间的关系表示成

$$f(x) \sim \frac{a_0}{2} + \sum_{n=1}^{\infty} (a_n \cos nx + b_n \sin nx)$$

下面我们叙述一个收敛定理(不加证明),它给出关于上述问题的一个重要结论.

定理 8.13(收敛定理,狄利克雷(Dirichlet)充分条件) 设 $f(x)$ 以 2π 为周期,如果它满足:

(1) 在一个周期内连续或只有有限个第一类间断点;

(2) 在一个周期内至少只有有限个极值点.

则 $f(x)$ 的傅里叶级数收敛,并且

① 当 x 是 $f(x)$ 的连续点时,级数收敛于 $f(x)$;

② 当 x 是 $f(x)$ 的间断点时,级数收敛于

$$\frac{1}{2}[f(x^-) + f(x^+)].$$

收敛定理告诉我们:只要函数在 $[-\pi, \pi]$ 上至多有有限个第一类间断点,并且不作无限次振动,函数的傅里叶级数在连续点处就收敛于该点的函数值,在间断点处收敛于该点左极限与右极限的算术平均值. 可见,函数展开成傅里叶级数的条件比展开成幂级数的条件低得多. 记

$$C = \{x \mid f(x) = \frac{1}{2}[f(x^-) + f(x^+)]\}.$$

在 C 上就成立 $f(x)$ 的傅里叶级数展开式

$$f(x) = \frac{a_0}{2} + \sum_{n=1}^{\infty} (a_n \cos nx + b_n \sin nx), x \in C. \tag{⑤}$$

【例 8.33】　设 $f(x)$ 是周期为 2π 的周期函数,它在 $[-\pi,\pi)$ 上的表达式为

$$f(x)=\begin{cases}-1, & -\pi\leqslant x<0,\\ 1, & 0\leqslant x<\pi,\end{cases}$$

将 $f(x)$ 展开成傅里叶级数.

解　所给函数满足收敛定理的条件,它在点 $x=k\pi(k=0,\pm1,\pm2,\cdots)$ 处不连续,在其他点处连续,从而由收敛定理知道 $f(x)$ 的傅里叶级数收敛,并且当 $x=k\pi$ 时级数收敛于

$$\frac{-1+1}{2}=\frac{1+(-1)}{2}=0,$$

当 $x\neq k\pi$ 时级数收敛于 $f(x)$,和函数的图形如图 8.2 所示.

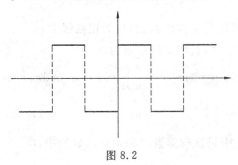

图 8.2

其傅里叶系数计算如下:

$$a_n=\frac{1}{\pi}\int_{-\pi}^{\pi}f(x)\cos nx\,\mathrm{d}x=\frac{1}{\pi}\int_{-\pi}^{0}(-1)\cos nx\,\mathrm{d}x+\frac{1}{\pi}\int_{0}^{\pi}1\cdot\cos nx\,\mathrm{d}x$$

$$=0,\quad n=0,1,2,\cdots$$

$$b_n=\frac{1}{\pi}\int_{-\pi}^{\pi}f(x)\sin nx\,\mathrm{d}x=\frac{1}{\pi}\int_{-\pi}^{0}(-1)\sin nx\,\mathrm{d}x+\frac{1}{\pi}\int_{0}^{\pi}1\cdot\sin nx\,\mathrm{d}x$$

$$=\frac{1}{\pi}\left(\frac{\cos nx}{n}\right)\Big|_{-\pi}^{0}+\frac{1}{\pi}\left(-\frac{\cos nx}{n}\right)\Big|_{0}^{\pi}=\frac{1}{n\pi}(1-\cos n\pi-\cos n\pi+1)$$

$$=\frac{2}{n\pi}[1-(-1)^n]=\begin{cases}\dfrac{4}{n\pi}, & n=1,3,5,\cdots,\\[2mm] 0, & n=2,4,6,\cdots.\end{cases}$$

将求得的系数代入式 ⑤,就得到 $f(x)$ 的傅里叶级数展开为

$$f(x)=\frac{4}{\pi}\left[\sin x+\frac{1}{3}\sin 3x+\cdots+\frac{1}{2k-1}\sin(2k-1)x+\cdots\right]$$

$$=\frac{4}{\pi}\sum_{k=1}^{\infty}\frac{1}{2k-1}\sin(2k-1)x,\quad-\infty<x<\infty;x\neq 0,\pm\pi,\pm2\pi,\cdots.$$

如果把例 8.33 中的函数理解为矩形波的波形函数(周期 $T=2\pi$,振幅 $E=1$,自变量 x 表示时间),那么上面所得到的展开式表明:矩形波是有由一系列不同频率的正弦波叠加而成的,这些正弦波的频率依次为基波频率的奇数倍.

三、奇偶周期函数的傅里叶级数

一般说来,一个函数的傅里叶级数既含有正弦项,又含有余弦项.但是,也有一些函数

的傅里叶级数只含有正弦项或者只有常数项和余弦项.实际上,这些情况是与所给函数 $f(x)$ 的奇偶性有密切关系的.设周期为 2π 的函数在 $[-\pi,\pi]$ 上有界可积.下面我们讨论 $f(x)$ 为奇函数或偶函数时的傅里叶级数.

(1) 当 $f(x)$ 为奇函数时,其傅里叶系数为

$$a_n = \frac{1}{\pi}\int_{-\pi}^{\pi} f(x)\cos nx\,\mathrm{d}x = 0, \quad n=0,1,2,\cdots$$

$$b_n = \frac{1}{\pi}\int_{-\pi}^{\pi} f(x)\sin nx\,\mathrm{d}x = \frac{2}{\pi}\int_{0}^{\pi} f(x)\sin nx\,\mathrm{d}x, \quad n=1,2,3,\cdots$$

这时 $f(x)$ 的傅里叶级数中只含有正弦函数的项:

$$f(x) \sim \sum_{n=1}^{\infty} b_n \sin nx.$$

这样的傅里叶级数称为傅里叶正弦级数,简称为正弦级数.

(2) 当 $f(x)$ 为偶函数时,其傅里叶系数为

$$a_n = \frac{1}{\pi}\int_{-\pi}^{\pi} f(x)\cos nx\,\mathrm{d}x = \frac{2}{\pi}\int_{0}^{\pi} f(x)\cos nx\,\mathrm{d}x, \quad n=0,1,2,\cdots$$

$$b_n = \frac{1}{\pi}\int_{-\pi}^{\pi} f(x)\sin nx\,\mathrm{d}x = 0, \quad n=1,2,3,\cdots$$

这时 $f(x)$ 的傅里叶级数中只含有常数项和余弦函数的项:

$$f(x) \sim \frac{a_0}{2} + \sum_{n=1}^{\infty} a_n \cos nx.$$

这样的傅里叶级数称为傅里叶余弦级数,简称为余弦级数.

【例 8.34】 设函数 $f(x)$ 以 2π 为周期,它在 $[-\pi,\pi]$ 上的表达式为 $f(x)=\begin{cases} 1, & 0<x<\pi \\ 0, & x=0,\pm\pi \\ -1, & -\pi<x<0 \end{cases}$ (图 8.3),求 $f(x)$ 的傅里叶级数及其和函数.

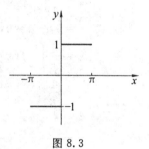

图 8.3

解 因为 $f(x)$ 为奇函数,所以

$$a_n = 0, \quad n=0,1,2,\cdots,$$

$$b_n = \frac{2}{\pi}\int_{0}^{\pi} \sin nx\,\mathrm{d}x = -\frac{2}{n\pi}\cos nx\,\Big|_{0}^{\pi} = \frac{2[1-(-1)^n]}{n\pi}$$

$$= \begin{cases} 0, & n=2k \\ \dfrac{4}{(2k-1)\pi}, & n=2k-1 \end{cases}, \quad k=1,2,\cdots.$$

于是

$$f(x) \sim \frac{4}{\pi}\sum_{k=1}^{\infty}\frac{1}{2k-1}\sin(2k-1)x = \frac{4}{\pi}\left(\sin x + \frac{1}{3}\sin 3x + \frac{1}{5}\sin 5x + \cdots\right).$$

由于 $f(x)$ 在 $[-\pi,\pi]$ 上至多有有限个第一类间断点,并且不作无限次振动,故其傅里叶级数在 $(-\infty,+\infty)$ 上收敛,记其和函数为 $s(x)$.不难看出,当 $x\in(-\pi,0)\bigcup(0,\pi)$(即 $f(x)$ 的连续点集合)时,$s(x)=f(x)$.在间断点 $x=-\pi$ 处

$$s(-\pi) = \frac{1}{2}[f(-\pi+0)+f(\pi-0)] = \frac{1}{2}[-1+1] = 0 = f(-\pi).$$

同理,在另两个间断点 $x=\pi$ 及 $x=0$ 处,也可算出 $s(\pi)=0=f(\pi)$,$s(0)=0=f(0)$. 于是在整个区间 $[-\pi,\pi]$ 上,$s(x) \equiv f(x)$. 再由周期性知,在 $(-\infty,+\infty)$ 上 $s(x) \equiv f(x)$,亦即 $f(x)$ 在整个数轴 $(-\infty,+\infty)$ 上可展开为傅氏级数:

$$f(x) = \frac{4}{\pi}\left(\sin x + \frac{1}{3}\sin 3x + \frac{1}{5}\sin 5x + \cdots\right), \quad x \in (-\infty,+\infty)$$

图 8.4 显示了在区间 $[-\pi,\pi]$ 上这个傅氏级数的部分和逐步逼近 $f(x)$ 的情况,其中

$$s_1(x) = \frac{4}{\pi}\sin x,$$

$$s_2(x) = \frac{4}{\pi}\left(\sin x + \frac{1}{3}\sin 3x\right),$$

$$s_3(x) = \frac{4}{\pi}\left(\sin x + \frac{1}{3}\sin 3x + \frac{1}{5}\sin 5x\right),$$

$$s_4(x) = \frac{4}{\pi}\left(\sin x + \frac{1}{3}\sin 3x + \frac{1}{5}\sin 5x + \frac{1}{7}\sin 7x\right).$$

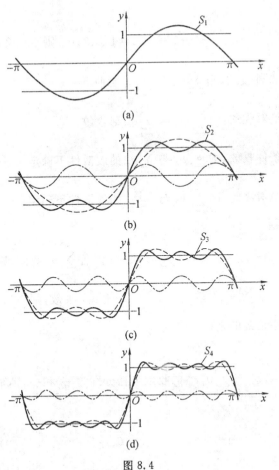

图 8.4

习题 8.6

1. 设 $f(x)$ 是以 2π 为周期的函数，它在 $[-\pi,\pi)$ 中的表达式分别由下列各式给出，求出 $f(x)$ 的傅里叶级数及其和函数：

(1) $f(x) = x, -\pi \leqslant x < \pi$;

(2) $f(x) = x^2, -\pi \leqslant x < \pi$;

(3) $f(x) = |x|, -\pi \leqslant x < \pi$;

(4) $f(x) = \begin{cases} -2, & -\pi \leqslant x < 0 \\ 1, & 0 \leqslant x < \pi \end{cases}$.

2. 求函数 $f(x) = \dfrac{1}{2} - \dfrac{\pi}{4}\sin x (0 \leqslant x \leqslant \pi)$ 的傅里叶余弦级数.

3. 求函数 $f(x) = \dfrac{\pi - x}{2}(0 \leqslant x \leqslant 2\pi)$ 的傅里叶正弦展开式.

总习题八

1. 选择题

(1) 设 $p_n = \dfrac{a_n + |a_n|}{2}$, $q_n = \dfrac{a_n - |a_n|}{2}$, $n = 1,2,3,\cdots$, 则下列命题中正确的是( )

A. 若 $\displaystyle\sum_{n=1}^{\infty} a_n$ 条件收敛, 则 $\displaystyle\sum_{n=1}^{\infty} p_n$ 与 $\displaystyle\sum_{n=1}^{\infty} q_n$ 都收敛;

B. 若 $\displaystyle\sum_{n=1}^{\infty} a_n$ 绝对收敛, 则 $\displaystyle\sum_{n=1}^{\infty} p_n$ 与 $\displaystyle\sum_{n=1}^{\infty} q_n$ 都收敛;

C. 若 $\displaystyle\sum_{n=1}^{\infty} a_n$ 条件收敛, 则 $\displaystyle\sum_{n=1}^{\infty} p_n$ 与 $\displaystyle\sum_{n=1}^{\infty} q_n$ 的敛散性不确定;

D. 若 $\displaystyle\sum_{n=1}^{\infty} a_n$ 绝对收敛, 则 $\displaystyle\sum_{n=1}^{\infty} p_n$ 与 $\displaystyle\sum_{n=1}^{\infty} q_n$ 的敛散性不确定.

(2) 设有以下命题：

① 若 $\displaystyle\sum_{n=1}^{\infty} (u_{2n-1} + u_{2n})$ 收敛, 则 $\displaystyle\sum_{n=1}^{\infty} u_n$ 收敛; ② 若 $\displaystyle\sum_{n=1}^{\infty} u_n$ 收敛, 则 $\displaystyle\sum_{n=1}^{\infty} u_{n+1\,000}$ 收敛; ③ 若 $\displaystyle\lim_{n\to\infty} \dfrac{u_{n+1}}{u_n} > 1$, 则 $\displaystyle\sum_{n=1}^{\infty} u_n$ 发散; ④ 若 $\displaystyle\sum_{n=1}^{\infty} (u_n + v_n)$ 收敛, 则 $\displaystyle\sum_{n=1}^{\infty} u_n$、$\displaystyle\sum_{n=1}^{\infty} v_n$ 都收敛.

则以上命题中正确的是( )

A. ①②   B. ②③   C. ③④   D. ①④

(3) 设幂级数 $\displaystyle\sum_{n=1}^{\infty} a_n x^n$ 与 $\displaystyle\sum_{n=1}^{\infty} b_n x^n$ 的收敛半径分别为 $\dfrac{\sqrt{5}}{3}$ 和 $\dfrac{1}{3}$, 则幂级数 $\displaystyle\sum_{n=1}^{\infty} \dfrac{a_n^2}{b_n^2} x^n$ 的收敛半径是( )

A $\dfrac{\sqrt{5}}{3}$ B. 5   C. $\dfrac{1}{3}$ D. $\dfrac{1}{5}$

2.填空题

(1) 对级数 $\sum\limits_{n=1}^{\infty} u_n$，$\lim\limits_{n\to\infty} u_n = 0$ 是它收敛的_____条件，不是它收敛的_____条件.

(2) 部分和数列 $\{s_n\}$ 有界是正项级数 $\sum\limits_{n=1}^{\infty} u_n$ 收敛的_____条件.

(3) 若级数 $\sum\limits_{n=1}^{\infty} u_n$ 绝对收敛，则级数 $\sum\limits_{n=1}^{\infty} u_n$ 必定_____；若级数 $\sum\limits_{n=1}^{\infty} u_n$ 条件收敛，则级数 $\sum\limits_{n=1}^{\infty} |u_n|$ 必定_____.

3.判断下列级数的敛散性：

(1) $\sum\limits_{n=1}^{\infty} \dfrac{(n!)^2}{2^{n^2}}$；

(2) $\sum\limits_{n=1}^{\infty} \dfrac{n\cos^2\dfrac{n\pi}{3}}{2^n}$；

(3) $\sum\limits_{n=2}^{\infty} \dfrac{1}{\ln^{10} n}$；

(4) $\sum\limits_{n=1}^{\infty} \dfrac{a^n}{n^s}$ $(a>0, s>0)$.

4.设正项级数 $\sum\limits_{n=1}^{\infty} u_n$、$\sum\limits_{n=1}^{\infty} v_n$ 都收敛.证明：级数 $\sum\limits_{n=1}^{\infty} (u_n+v_n)^2$ 也收敛.

5.讨论下列级数的绝对收敛性和条件收敛性：

(1) $\sum\limits_{n=1}^{\infty} (-1)^n \dfrac{1}{n^p}$；

(2) $\sum\limits_{n=1}^{\infty} (-1)^{n+1} \dfrac{\sin\dfrac{\pi}{n+1}}{\pi^{n+1}}$；

(3) $\sum\limits_{n=1}^{\infty} (-1)^n \ln\dfrac{n+1}{n}$；

(4) $\sum\limits_{n=1}^{\infty} (-1)^n \dfrac{(n+1)!}{n^{n+1}}$.

6.求下列幂级数的收敛区间：

(1) $\sum\limits_{n=1}^{\infty} \dfrac{3^n + 5^n}{n}$；

(2) $\sum\limits_{n=1}^{\infty} \left(1 + \dfrac{1}{n}\right)^{n^2} x^n$；

(3) $\sum\limits_{n=1}^{\infty} n(x+1)^n$；

(4) $\sum\limits_{n=1}^{\infty} \dfrac{n}{2^n} x^{2n}$.

7.将下列级数展开成 x 的幂级数：

(1) $\ln(x + \sqrt{x^2+1})$；

(2) $\dfrac{1}{(2-x)^2}$.

8.设 $f(x)$ 是以 2π 为周期的函数，它在 $[-\pi, \pi)$ 中的表达式为

$$f(x) = \begin{cases} 0, & -\pi \leqslant x < 0, \\ e^x, & 0 \leqslant x < \pi, \end{cases}$$

求出 $f(x)$ 的傅里叶级数.

第 9 章

Mathematica 实验

　　Mathematica 是一个符号计算与数值计算的通用数学软件包,是由美国的物理学家 Stephen Wolfram 所领导的一个小组开发成功并推向市场的. Mathematica 由最初的 1.0、1.2、2.0、2.2、2.4、3.0 版,到现在的 5.0 版,目前国内常用的版本是 Windows 下的 5.2 版. 与 Mathcad 和 MATLAB 相比,Mathematica 才称得上是一个真正的数学符号计算软件包,因为只有它的内核是以符号计算为基础的,比如你可以定义一些数学规则,让它为你进行符号推导演算工作. 在 Mathematica 中,你可以像 Mathcad 那样进行草稿式的数学计算,你也可以像 MATLAB 一样进行命令式的数学计算. 本章以 5.2 版为基础,介绍 Mathematica 的使用方法.

9.1　Mathematica 的集成环境及基本操作

当 Mathematica 运行时,会出现如图 9.1 所示的窗口.

图 9.1

右边的小窗口,我们称为数学工具面板,它包含多种数学符号,更多的符号可从命令菜单 File/Palettes 中得到,利用它,可以输入数学算式.比如计算积分

$$\int_0^\pi x^2 \sin(2x)\,\mathrm{d}x$$

完全可以通过数学工具面板,在 Mathematica 中写成 $\int_0^\pi x^2 \mathrm{Sin}(2x)\,\mathrm{d}x$ 的形式,但这种输入方法有两个问题:首先,Mathematica 的输入操作不方便;其次,由于 Mathematica 的函数及符号太多,导致这种输入方法效率太低.因此,对这种直观的命令输入方法将不做过多的介绍.有兴趣的读者可以查阅相关的帮助主题.但使用 Mathematica 计算数学问题最有效的方法是,直接通过键盘输入每个函数所代表的英文字符串.

左边的大窗口,Mathematica 称之为 Notebook,Mathematica 可以将在 Notebook 中输入的命令存入一个扩展名为".nb"的文件中,首次进入时默认的文件名为 Untitled—1.nb.你可以在 Notebook 中输入数学算式并让 Mathematica 为你计算.Notebook 窗口中右面最小的"]",Mathematica 称为 cell(细胞),每个 cell 可以输入多个命令,每个命令间用分号分隔,并且一个 cell 也可能占用多个行,若干个 cell 组成更大的 cell.如果想删除某个 cell,只要用鼠标单击此 cell 右边的"]",然后按删除键即可.

每次进入 Notebook,并且重新建立一个文件,Mathematica 总是将你所输入的命令与它计算的相应结果进行编号.输入按顺序用 In[1],In[2],In[3],…,相应的输出结果用 Out[1],Out[2],Out[3],…(注:非计算信息不显示输出编号),你可以在运算过程中,使用 Out[n] 来调用以前的结果,也可以使用 %(上一次计算的结果)、%%(上两次计算的结果)、%%%(上三次计算的结果),依此类推.你可以将 Mathematica 看成是一个超级的计算器,如果你在 In[n] 下输入一个或多个命令,然后按"Shift＋Enter",Mathematica 就会执行这些命令并以 Out[n] 的形式给出其计算结果.本章的所有例子都是直接从 Notebook 中拷贝过来的,我们去掉了 In[n] 及 Out[n] 的标号,但将输入用五号 courier 显示,输出用五号字显示.

如果输入的命令以分号结束,则 Mathematica 不会给出此命令的输出结果(绘图命令及非计算信息除外).你可以调用 Help 菜单随时获得系统详细的帮助,此外,你也可直接在 Notebook 中键入类似下面的字符串来获得帮助:

? I*　　列出以字母 I 开头的所有命令清单

? Intege*　　列出以 Intege 开头的所有命令清单

? Integrate　　列出此命令的帮助

?? Integrate　　列出此命令的更详细的帮助

下面简要介绍一下 Mathematica 的部分菜单命令.

1. File 菜单

"New"建立一个新的 Notebook;"Open"打开已有的 Notebook,即以扩展名为.nb 形式存在的文件;"Close"关闭当前 Notebook;"Save"保存当前 Notebook,其默认名为 Untitled—1.nb,Untitled—2.nb,… 的形式;"Save As"将当前 Notebook 换名存盘;"Save As Special"将当前 Notebook 以某种特殊文件格式保存,包括:3.0 以前版本的文

件格式、文本格式、Mathematica 软件包格式、多细胞格式、Tex 格式、超文本格式；"Open Special"打开特殊格式的文件，它主要用于各平台间的转换，比如将 UNIX 系统用 Mathematica 写的程序读入 Windows 下的 Mathematica 中.

2. Edit 菜单

"Clear"删除选定内容（直接删除，不放入剪裁板）；"Copy As"将选定的内容按指定的格式拷贝至剪裁板；"Save Selection As"将选定的内容按指定的格式保存到文件中；"Selecet All"选定 Notebook 中的全部内容；"Insert Object"插入一个 OLE 对象；"Motion"主要用于控制光标的移动；"Expression Input"使用此菜单（主要是用快捷键）可以在 Notebook 中输入形象化的数学公式；"Preference"通过这个选项，可以修改 Mathematica 的所有系统运行参数.

3. Cell 菜单

"Convert To"将细胞从一种形式转换为另一种形式，例如输入 Integrate[x,x]并将光标定位在此细胞内，然后选择"Convert To Traditional Form"，会将此行转换为$\int x \mathrm{d}x$的形式；"Display As"改变细胞的显示形式；"Cell Properties"用于设定细胞的各种属性；"Cell Grouping"合并或拆散所选定的细胞；"Divide Cell"将一个细胞拆成若干个细胞；"Merge Cells"将选定的多个细胞合并成一个细胞；"Animate Selected Graphics"此命令可以将用户选定的一系列图形细胞以动画方式连续播放；"Make Standard Size"此命令可以将图形恢复到默认的尺寸.

4. Format 菜单

在 Notebook 中，我们可以编排和打印与 Word 效果相似的文稿，Format 菜单就是用于此目的的."Style"用来设置选定内容的文本风格；"Screen Style Environment"指定 Notebook 的窗口风格；"Printing Style Environment"指定当前 Notebook 的打印风格；"Show Expression"选中一个或多个细胞，选择此菜单，你会看到 Mathematica 在磁盘上保存此细胞的完整形式；"Option Inspector"与菜单 Edit → Preference 基本相同；"Style Sheet"用来设置整个 Notebook 的显示风格；"Edit Style Sheet"设置当前 Notebook 的显示风格；"Font"选择字体；"Face"此选项设置字体的样式，其中 Plain 为普通格式，Bold 为粗体字，Italic 为斜体，Underline 为下划线；"Size"以磅为单位设置字体的大小；"Text Color"设置前景颜色；"BackGround Color"设置背景颜色；"Chose Font"类似于 Word 中字体的对话框，可以选择字体、字号及字体样式等；"Text Alignment"按某种形式，对齐选定的内容；"Word Wrapping"若当前细胞内某行的长度超过当前 Notebook 窗口所能显示的长度时，通知 Mathematica 作怎样的调整，一般选择是 Wrap at Window Width，即按当前窗口宽度进行折行；"Cell Dingbat"在选定的细胞前面加上特殊的标志；"Horizontal Line"对选定的细胞添加不同风格的水平线；"Show Ruler"打开或关闭类似于 Word 中的标尺；"Show Toolbar"打开或关闭 Notebook 窗口中的常用工具栏；"Show Page Breaks"显示及隐藏分页线及页码；"Magnification"用于改变 Notebook 中各细胞在屏幕上的显示比例.

5. Input 菜单

"Get Graphics Coordinates"获得二维图形中点的坐标，此菜单只含有提示信息，其用法是：将鼠标指向图形，然后按住 Ctrl 键，就可看到图形中的坐标；"3D ViewPoint Selector"指定三维图形的视角（它实际上是生成一个字符串，用于 Plot3D 等命令），例如键入

Plot3D[x^2 − y^2,{x, − 1,1},{y, − 1,1}]

画出马鞍面的图形后，我们想改变此图形的观察角度，将上行变为

Plot3D[x^2 − y^2,{x, − 1,1},{y, − 1,1},]

并将光标停留在最后一个逗号的后面，调用此菜单，拖动鼠标旋转立方体，找到一个合适的角度后，单击 Paste 按钮，上一行将变成类似于

Plot3D[x^2 − y^2,{x, − 1,1},{y, − 1,1},ViewPoints −> {− 1,5, − 2}]

的形式，重新执行此行就改变了图形的观察角度；"Color Selector"用法同上，但改变图形的颜色；"Record Sound"调用 Windows 中的录音机程序进行录音；"Get File Path"得到文件的详细路径；"Create Table/Matrix/Palette"创建表格、矩阵或模板，但它们的本质都是二维表；"Copy Input From Above"复制上一次输入的内容；"Copy Output From Above"复制上一次输出的内容；"Start New Cell Below"在当前细胞的后面，插入一个新细胞，其快捷键是 Alt ＋ Enter，另外，在 Notebook 后面的空白处单击鼠标，然后输入内容，则系统将会将此内容分配给一个新细胞；"Complete Selection"此菜单对于输入 Mathemtica 命令，是相当有用的，例如，对于 Plot3D 命令，你只记住了它的前 3 个字母，那么，在 Notebook 中键入 Plo 后，调用此菜单或按快捷键 Ctrl＋K，系统会弹出一个对话框，里面包含所有以 Plo 开头的命令，选择 Plot3D 命令，系统就会为你补齐此命令余下的字母；"Make Template"此菜单对于输入 Mathemtica 命令，也是相当有用的，例如，你输入了 Plot3D 后，忘记了此命令的格式，可以调用此菜单或者按快捷键 Shift＋Ctrl＋K，系统将会在 Plot3D 后，添加如下字符串

Plot3D[f, {x, xmin , xmax}, {y, ymin , ymax}]

将它修改成你需要的具体形式即可.

6. Kernel 菜单

"Evaluation"选项含："Evaluate Cells"计算选定的细胞（快捷键 Shift ＋ Enter）；"Evaluate In Place"计算选定的内容，并在同一位置用其计算结果替换此内容，"Evaluate Notebook"计算当前整个 Notebook；"Abort Evaluation"中止当前的计算，快捷键为 Alt＋.；"Start Kernel"Notebook 只是负责对输入及输出进行格式化的工作，真正进行数学运算的程序称之为系统内核（Kernel），本菜单将 Kernel 装入内存，注意，Mathematica 进行第一次计算时，就自动装入 Kernel，除非系统出现问题，否则不用执行此菜单；"Quit Kernel"关闭已经打开的系统内核；"Delete All Output"删除 Notebook 中的所有输出结果.

7. Find 菜单

"Find"查找或者替换 Notebook 中的内容；"Enter Selection"此菜单可将选定的内容直接送入 Find 菜单的 Search For 文本框中，省去了用户直接输入字符串的过程；"Add/Remove Cell Tags"在 Notebook 中，可以为每个细胞取一个名字，它称为细胞标签，此菜单可给某个细胞加上标签或去掉标签；"Cell Tags"此菜单可快速选定 Notebook

中具有标签的细胞;"Show Cell Tags"显示或者隐藏细胞标签.

8. Window 菜单

"Stack Windows"在屏幕上层叠式排列已经打开的各个 Notebook 窗口;"Tile Window Wide"水平横向平辅各个窗口;"Tile Window Tall"纵向排列各个窗口;"Message"打开一标题为 Message 的窗口,它是 Mathematica 的信息提示窗口.

9. Help 菜单

"Help Browser"是 Mathemetica 提供的一个强大的文本帮助系统,其下面的菜单 Find Selected Function、Master Index、Built-in Functions、Mathematica Book、Getting Started/Demos、Add-ones 都是此菜单的一个子项;"Why the Beep?"Mathematica 试图对你最近一次运算的错误信息做进一步解释.

9.2　Mathematica 表达式及其运算规则

在本节中,将主要介绍 Mathematica 进行数学运算的基本工作原理及特殊符号的输入方式.

1. 西腊字母及命令的直观输入

在 Notebook 中,有两种输入西腊字母的方法,一种是调用 File → Palettes → BasicInput、BaiscTypesetting 或 CompleteCharacters → Letters → Greek 菜单,此时会弹出一个含有西腊字母的数学工具面板,单击此面板的符号即可;另一种是直接通过键盘输入西腊字母所代表的标准名称,其格式为 \[Greek_name],例如,在 Notebook 中输入 \[Beta] 后(注意大小写),将会显示 β,下面是一些常用西腊字母的标准名称表.

α \[Alpha]	β \[Beta]	γ \[Gamma]	δ \[Dalta]
ε \[Epsilon]	ζ \[Zeta]	η \[Eta]	θ \[Theta]
λ \[Lambda]	μ \[Mu]	ξ \[Xi]	π \[Pi]
ρ \[Rho]	σ \[Sigma]	τ \[Tau]	φ \[Phi]
φ \[CurlyPhi]	ω \[Omega]	Φ \[CapitalPhi]	Γ \[Capitalg amma]
Π \[CapitalPi]	ψ \[Psi]	Σ \[CapitalSigma]	Ω \[CapitalOmega]

另外,在刚开始使用 Mathematica 时,一般对有关数学运算命令及数学公式的输入都不是太熟悉,这时可以通过菜单 File → Palettes 的各个下级子菜单输入相关命令及公式,不过这种输入方法效率不高,建议还是少用为好.

2. 表达式

Mathematica 能够处理多种类型的数据形式:数学公式、集合、图形等,Mathematica 将它们都称为表达式.使用函数及运算符($+$, $-$, $*$, $/$, $\hat{\ }$ 等)可组成各种表达式.

FullForm[a * b + c]

Plus[Times[a,b],c]

FullForm[{1,2,3,4}]

List[1,2,3,4]

Head[Sin[x]]

Sin

FullForm[] 可显示出表达式在系统内部存储的标准格式,而 Head[] 可得到某个表达式的头部,这对我们确定表达式的类型很有用处.

3. Mathematica 中数的类型与精度

在 Mathematica 中,进行数学运算的"数"有四种类型,它们分别是 Integer(整数)、Rational(有理数)、Real(实数)、Complex(复数).不带有小数点的数,系统都认为是整数,而带有小数点的数,系统则认为是实数.对两个整数的比,例如 12/13,系统认为是有理数,而 a＋b＊I 形式的数,系统认为是复数.Mathematica 可表示任意大的数和任意小的数,其他计算机语言比如 C、Basic 是做不到这一点的,例如

500！//N

$1.220136825991110 \times 10^{1134}$

(2＋I)(1＋2I)^2/(2−11I)

$-\dfrac{3}{5}-\dfrac{4i}{5}$

其中 //N 表示取表达式的数值解,默认精度为 16 位,它等价于 N[expr],一般形式为 N[expr,n],即取表达式 n 位精度的数值解.例如

N[π,50]

3.1415926535897932384626433832795028841971693993751

使用 Rationalize[expr,error] 命令可将表达式转换为有理数,其中 error 表示转换后误差的控制范围.例如

Rationalize[3.1415926,10^−5]

$\dfrac{355}{113}$

Rationalize[3.1415926,10^−10]

$\dfrac{173551}{55243}$

Mathematica 中的变量以字母开头,变量中不能含有空格及下划线,因此,上面的 2I 表示 2＊I(I 为虚数),乘号可用空格代替.在很多情况下,乘号可以省略,例如(1＋I)(1＋2I) 中的两个乘号.如果某个表达式的结果为复数,Mathematica 就会给出复数的结果.对下面的 3 次方程

Solve[x^3−2x^2＋3x−6==0,x]

$\{\{x \to 2\},\{x \to -i\sqrt{3}\},\{x \to i\sqrt{3}\}\}$

上面的计算结果,系统给出的是一个分数值,在 Mathematica 中,不同类型的数进行运算,其结果是高一级的数,如有理数与实数运算的结果是实数,复数与实数的运算结果是复数,依此类推.由于整数与有理数的运算级别最低,因此,在进行数学计算中,如果可能的话,就尽量用精确数,即整数或有理数.另外,"＝＝"称为逻辑等号,定义一个等式要用逻辑等号.

在 Mathematica 中,一行中可以输入多个命令,各命令间用分号分隔.另外,分号还有

一个作用是通知 Mathematica,只在内存中计算以分号结尾的命令,但不输出此命令的计算结果. 如果表达式太长,一行写不下,可以分 2 行写,系统会自动判断一个表达式是否输入完毕. 对于需要多行输入的表达式,建议每行用运算符结尾. 下面简要说明一下 Mathematica 的赋值符号及相关命令. 在 Mathematica 中,对变量赋值,有两种方法.

（1）A：=expr.

意思是将表达式 expr 的值赋给 A,但 Mathematica 并不立即执行此项操作,一直到用到 A 的值时,Mathematica 才真正地将 expr 的值赋给 A,即所谓的延迟赋值. 在大部分情况下,都采用延迟赋值的形式为表达式赋值.

（2）A＝expr 或 A＝B＝expr.

一般称为立即赋值. 只要一执行该命令,Mathematica 将 expr 的值赋给 A. 另外,对于变量,Mathematica 不像 C 语言那样,需要申请后再使用,也不用事先确定变量的类型,这些问题都由 Mathematica 来自动处理. 对于不需要的变量,可以使用 Clear 命令将变量从内存中清除出去,以节省内存空间,例如

Clear[A] 清除变量 A.

Clear[A,B,W] 清除变量 A、B、W.

Clear["A＊","B＊"] 清除以 A,B 开头的所有变量.

可以使用 Precision[expr] 或 Accuracy[expr] 返回表达式的精度,下面的变量 a 是计算 $\int_1^2 e^{-x^2}dx$ 的数值积分,b 是计算其符号积分,c 和 d 只是输入的形式不同,但精度却不一样.

a：=NIntegrate[Exp[－x^2],{x,1,2}]；Precision[a]

MachinePrecision

MachinePrecision 代表系统估算的精度,利用语句

N[%,2]

16.

可知,MachinePrecision 就代表了 16 这个数.

b：=Integrate[Exp[－x^2],{x,1,2}]；Accuracy[b]

∞

c＝1.23；d＝123/100；Print["c＝",Accuracy[c],"d＝",Accuracy[d]]

c＝16. d＝∞

其中,∞ 在系统中是一个内部常数,其完整的命令是 Infinity,这样的常数有：Pi（π）、E（实数 e）、ComplexInfinity（复数的无穷大）、I（复数 i）、Degree（1°＝π/180）、C（不定积分的任意常数）,另外,D（导数运算符）、N（取精度运算符）、O（泰勒展开的高阶无穷小量）. 上面 Print[] 命令的功能是打印表达式或者字符串,其格式为

Print[expr1,expr2,…]

expr1,expr2,… 可以为任意合法的 Mathematica 表达式,如果为字符串,则需要双引号将字符串括起来.

在实际计算过程中,可能得到的结果中含有很小的数,为了以后计算上的方便,我们如果想去掉这样的数,可以使用命令

Chop[expr,dx] 若 expr 中的某个数小于 dx,则用 0 来代替该数

Chop[expr] 若 expr 中的数小于 10^{-10},则用 0 来代替该数

可以用下面的几个函数来判断表达式运算结果的类型,其中 True 和 False 是系统内部的布尔常量.

NumberQ[expr] 判断表达式是否为一个数,返回 True 或 False

IntegerQ[expr] 判断表达式是否为整数,返回 True 或 False

EvenQ[expr] 判断表达式是否为偶数,返回 True 或 False

OddQ[expr] 判断表达式是否为奇数,返回 True 或 False

PrimeQ[expr] 判断表达式是否为素数,返回 True 或 False

Head[expr] 判断表达式的类型

Print[Head[0.5],″ ″,Head[1/2],″ ″,Head[{1,2,3}]]

Real Rational List

上面 Print[] 命令的功能是打印表达式或者字符串,其格式为

$$\text{Print}[\text{expr1},\text{expr2},\cdots]$$

expr1,expr2,… 可以为任意合法的 Mathematica 表达式,如果为字符串,则需要双引号将字符串括起来.

4. 常用数学函数

Mathematica 的数学运算,主要是依靠其内部的大量数学函数完成的,下面我们依次列出常用的数学函数,其中 x、y、a、b 代表实数,z 代表复数,m、n、k 为整数.所有的函数或者是它的英文全名,或者是其他计算机语言约定俗成的名称,函数的参数表用方括号[]括起来,而不是用圆括号.另外,Mathematica 对大小写敏感.

(1)数值函数.

Round[x] 最接近 x 的整数

Floor[x] 不大于 x 的最大整数

Celing[x] 不小于 x 的最小整数

Sign[x] 符号函数

Abs[z] 若 z 为实数,则求绝对值,为复数,则取模

max[x1,x2,…] 或 max[{x1,x2, …},…] 求最大值

min[x1,x2,…] 或 min[{x1,x2, …},…] 求最小值

x＋Iy,Re[z],Im[z],Conjugate[z],Arg[z] 关于复数的基本运算

(2)随机函数.

Random[] 返回一个区间[0,1] 内的一个随机数

Random[Real,{xmin ,xmax}] 返回一个区间[xmin ,xmax] 内的随机数

Random[Integer] 以 1/2 的概率返回 0 或 1

Random[Integer,{imin ,imax}] 返回位于[imin ,imax] 间的一个整数

Random[Complex] 模为 1 的随机复数

Random[Complex,{zmin ,zmax}] 复平面上的随机复数

SeedRandom[] 使用系统时间作为随机种子

SeedRandom[n] 使用整数 n 作为随机种子

（3）整数函数及组合函数.

Mod[m,n],Quotient[m,n] m/n 的余数及商

GCD[n1,n2,⋯],LCM[n1,n2,⋯] 最大公约数及最小公倍数

FactorInteger[n] 返回整数 n 的所有质数因子表

PrimePi[x],Prime[k] 返回小于 x 的质数个数及第 k 个质数

n!，n!! 整数 n 的阶乘及双阶乘

Binomial[n,m],Mutinomial[n,m,⋯] 计算

$$\frac{n!}{m! \cdot (n-m)!},\frac{(n+m+\cdots)}{n! \cdot m! \cdot \cdots}$$

Signature[{i1,i2,⋯}] 排列的正负符号

（4）初等超越函数.

这些函数的名称一目了然，不多加解释. 它们是：Sqrt[z]、z1^z2、Exp[z]、Log[z]、Log[b,z]、Sin[z]、Cos[z]、Tan[z]、Cot[z]、Csc[z]、Sec[z]、Arcsin[z]、Arccos[z]、ArcCsc[z]、ArcSec[z]、ArcTan[z]、ArcCot[z]、Sinh[z]、Cosh[z]、Tanh[z]、Coth[z]、Csch[z]、Sech[z]、ArcSinh[z]、ArcCosh[z]、ArcTanh[z]、ArcCoth[z]、ArcCsch[z]、ArcSech[z].

5. 自定义函数

在 Mathematica 中定义一个新函数后,其用法与内部函数是一样的,其定义形式为

fun[var1 _,var2 _,⋯]：=expr

或

fun[var1 _,var2 _,⋯]＝expr

其中函数变量后面的下划线必不可少,以上面的 var1 _为例,其意思是让 var1 匹配所有表达式,但我们可以在下划线的后面限定变量的类型,例如 f[n _ Integer] 的意思是变量 n 是一个整数. 例如

f[x _]＝Simplify[D[Exp[2x] Sin[x],{x,3}]]

$e^{2x}(11Cos[x]＋2Sin[x])$

g[x _,y _]：＝x^2＋f[y];g[1,0]

12

Mathematica 中的函数调用是递归的,就是说,函数可以调用自身,下面是计算阶乘的函数子程序.

Clear[a,k];a[k _ Integer]：＝k * a[k−1];a[0]＝1;

Print["30! ＝",a[30]," a[10.0]＝",a[10.0]];

30! ＝265252859812191058636308480000000 a[10.0]＝a[10.]

由于限制 k 为整数,所以对 a[10.0],Mathematica 是不会计算的. 系统中的许多内部

函数都是利用递归调用实现的，$Recursionlimit 是系统进行递归调用的最大次数，默认值为 256，你可以将它修改为一个合适的值，这只需对 $Recursionlimit 重新赋值即可.

对于复杂的函数定义，可以用模块 Module[] 定义，其形式为

fun[var1 _,var2 _,…]：＝Module[{x,y,…},statement1；statement2；
…；statementN]

其中变量 x、y 称为局部变量，它只在此函数定义的内部起作用（实际上，Module[] 就是其他计算机语言中的函数子程序）.另外，对于复杂的函数定义，一般要应用条件判断其循环结构.例如，上面计算阶乘的例子可用模块形式书写为

f[n _]：＝Module[{a,k},a[0]＝1；a[k _]：＝ka[k－1]；a[n]]；f[50]
30414093201713378043612608166064768844377641568960512000000000000

如果没有 Return[expr] 命令，Module[] 返回最后一次计算结果作为函数值.还有，在某些情况下，若需要更改 Mathematica 内部函数定义，以适合某种特殊要求.例如对 log[x^s] 和 log[x y]，系统并不直接化成 s log[x] 和 log[x]＋log[y] 的形式，这我们可以通过更改 Mathematica 对函数 log[] 的定义来做到这一点，这要用到以下函数

Unprotect[command] 移去系统对命令 command 的保护状态

Protect[command] 加上系统对命令 command 的保护状态

请看下面的具体做法.

Clear[a,b,s]；Print[Log[a　b],"",Log[a^s]]；Unprotect[Log]；
Log[a b]　Log[a^s]
Log[a _ b _]：＝Log[a]＋Log[b]；Log[a _ ^s _]：＝s Log[a]；Protect[Log]
{Log}
{Log[a　b],Log[a^s]}
{Log[a]＋Log[b],s Log[a]}

Mathematica 中的函数定义还有以下形式：

Function[x,body] 定义以 body 为函数体的纯函数，其中 x 可由用户提供的任何变量来代替；

Function[{x1,x2,…},body] 同上，但定义多个变量的纯函数；

Body& 若函数体 body 是单变量函数，此变量规定为 ♯，若为多个变量，则第一个变量为 ♯1，第二个变量 ♯2，依此类推

Nest[Function[w,1/(1＋w)],x,3]

$$\cfrac{1}{1+\cfrac{1}{1+\cfrac{1}{1+x}}}$$

♯^2&[1＋x]
$(1＋x)^2$

Map[♯^2&,{x,y,z}]
(x^2,y^2,z^2)

(♯1^2＋♯2^2)&[x,y]

$$x^2 + y^2$$

6. 函数及表达式的变换规则

(1)expr/. rules 变换法则 rules 只对 expr 中的每项使用一次.

Integrate[x^2 Sin[n x],{x,0,Pi}]

$$\frac{-2+(2-n^2\pi^2)Cos[n\pi]+2n\pi Sin[n\pi]}{n^3}$$

利用 Cell 中的 convert to,则知上面的命令即为

$$\int_0^\pi x^2 Sin(nx)dx$$

Simplify[%]/. {Cos[n Pi] (-1)^n, Sin[n Pi] 0}

$$\frac{-2+(-1)^n(2-n^2\pi^2)}{n^3}$$

x+y/. {{x a1, y b1},{x a2, y b2},{x a3, y b3}}

{a1 + b1,a2 + b2,a3 + b3}

其中"→"是键入"->"的结果. 另外,如果变换条件只有一个,可以不用集合定界符{},例如

x+y+z/. x 1

1+y+z

(2)expr //. rules 反复对 expr 使用 rules,直到结果不变为止.

Sin[4a] //.

{Sin[n _ x _] Sin[(n-1)x]Cos[x]+Cos[(n-1)x]Sin[x],

Cos[n _ x _] Cos[(n-1)x]Cos[x]-Sin[(n-1)x]Sin[x]}

Sin[a] (-2Cos[a] Sin[a]² + Cos[a] (Cos[a]² - Sin[a]²)) +

Cos[a] (2Cos[a]² Sin[a] + Sin[a] (Cos[a]² - Sin[a]²))

(3)Nest[f,x,n] 函数 f 以 x 为变量,进行 n 次复合运算.

实质上,f 是函数的头,即 Head[f],例如

Head[Sin[x^2+y]]

Sin

Nest[Sin ,z,5]

Sin[Sin[Sin[Sin[Sin[z]]]]]

g[x _]=1/(1+x);Nest[g,x,3]

$$\frac{1}{1+\cfrac{1}{1+\cfrac{1}{1+x}}}$$

(4)NestList[f,x,n] 同上,但形成一个复合函数序列的集合.

(5)Compose[f,g,…,h,x] 函数复合,生成 f[g[…h[x]]].

(6)Composition[f,g,…,h] 同上,但不带有自变量.

(7)ComposeList[{f,g,…,h},x] 生成复合序列{x,f[x],g[f[x]],…}.

NestList[g,x,5]

{x,g[x],g[g[x]],g[g[g[x]]],g[g[g[g[x]]]],

g[g[g[g[g[x]]]]]}

Compose[v,g,h,x]

v[g[h[x]]]

Composition[v,g,h]

Composition[v,g,h]

%[x]

v[g[h[x]]]

ComposeList[{v,g,h},x]

{x,v[x],g[v[x]],h[g[v[x]]]}

(8)FixedPoint[f,x] 对 x 重复 f 运用,直到结果不变为止.

(9)FixedPointList[f,x] 同上,但列出所有中间计算结果.

(10)FixedPointList[f,x,SameTest → Comp] 对两个连续的结果运用比较关系 comp,比较结果为真时停止运算

下面以利用牛顿迭代法求 5 开平方根为例,说明其用法.

Sqrt5[x _]:=1/2(x+5/x) // N;

FixedPoint[Sqrt5,2,SameTest (Abs[#1−#2]<10^(−8)&)]

2.23607

FixedPointList[Sqrt5,2]

{2,2.25,2.23611,2.23607,2.23607,2.23607}

(11)FoldList[f,x,{a,b,…}] 构成集合{x,f[x,a],f[f[x,a],b],…}

(12)Fold[f,x,{a,b,…}] 给出函数 FoldList 的最后一个元素

例如

FoldList[g,x,{a,b,c}]

{x,g[x,a],g[g[x,a],b],g[g[g[x,a],b],c]}

Fold[g,x,{a,b,c}]

g[g[g[x,a],b],c]

(13)seclect[expr,f] 在 expr 中挑选出函数 f 为 True 的元素

(14)seclect[expr,f,n] 同上,但只选出前 n 个使 f 为 True 的元素

d1={3,5,12,9,4,7,1};Select[d1,# > 4&]

{5,12,9,7}

9.3　符号数学运算

Mathematica 的最大优点就是能够进行各种复杂的数学符号计算,下面分类介绍它的符号计算功能.

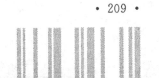

1. 代数多项式运算

多项式是代数学中最基本的表达式,下面分类给出关于它的各种数学运算.

(1) 基本运算.

Expand[poly] 将多项式 poly 展开为乘积与乘幂

Expand[poly,expr] 只展开 poly 中与 expr 相匹配的项

Factor[poly] 对多项式 poly 进行因式分解

FactorTerms[poly] 提取多项式 poly 中的数字公因子

Collect[poly,x] 以 x 为变量,按相同的幂次排列多项式 poly

Collect[poly,{x,y,…}] 同上,但以 x、y 为变量

PowerExand[expr] 将 expr 中的 $(x\ y)^p$ 变为 $x^p y^p$,$(x^p)^q$ 变为 x^{pq}

请见下面的例子.

Expand[(1+(1+x^2)^2)^2,1+x^2]

$(2+2x^2+x^4)^2$

Expand[(1+(1+x^2)^2)^2]

$4+8x^2+8x^4+4x^6+x^8$

Factor[%]

$(2+2x^2+x^4)^2$

(2) 多项式的结构.

Length[poly] 列出多项式所含的项数

Exponent[expr,form] 给出 expr 中关于 form 的最高幂次

Coefficient[expr,form] 给出 expr 中关于 form 的系数

Coefficient[poly,form] 以 form 为变量,将 poly 前面的系数按幂次由小到大顺序用集合形式列出

请见下面的例子.

t=Expand[(2a+3x)^3 (4x+5y)^2];t

$128a^3x^2+576a^2x^3+864ax^4+432x^5+320a^3xy+1440a^2x2y+$

$2160ax^3y+1080x^4y+200a^3y^2+900a^2xy^2+1350ax^2y^2+675x^3y^2$

Collect[t,x]

$432x^5+200a^3y^2+x^4(645a+1080y)+$

$x^3(576a^2+2160ay+675y^2)+$

$x^2(128a^3+1440a^2y+1350ay^2)+x(320a^3y+900a^2y^2)$

Exponent[t,x]

5

Coefficient[t,x^3]

$576a^2+2160ay+675^y2$

CoefficientList[t,y]

$\{128a^3x^2+576a^2x^3+864ax^4+432x^5,$

$320a^3x+1440a^2x^2+2160ax^3+1080x^4,$

$200a^3 + 900a^2x + 1350ax^2 + 675x^3$ }

FactorTerms[t,y]

$(8a^3 + 36a^2x + 54ax^2 + 27x^3)(16x^2 + 40xy + 25y^2)$

（3）多项式的四则运算.

PolynomialQuotient[poly1,poly2,x] 求 poly1 除以 poly2 的商,其中 poly1 与 poly2 均以 x 为变量,其结果舍去余式

PolynomialRemainder[poly1,poly2,x] 求 poly1/poly2 的余式

PolynomialGCD[poly1,poly2] 求 poly1 与 poly2 的最大公因式

PolynomialLCM[poly1,poly2] 求 poly1 与 poly2 的最小公倍式

FactorTerms[poly] 提取 poly 中所有项的公因子

FactorTerms[poly,x] 以 x 为变量,提取公因子

FactorList[poly] 以集合形式给出 poly 的公因子

InterpolatingPolynomial[{{x1,y1},{x2,y2},…},x] 求通过数据点(x1,y1),(x2,y2),… 且以 x 为变量的拉格朗日插值多项式.

请见下面关于多项式四则运算的例子.

p1:=4 − 3x^2 + x^3;p2:=4 + 8x + 5x^2 + x^3;

{Factor[p1],Factor[p2]}

{$(−2+x)^2(1+x),(1+x)(2+x)^2$}

{PolynomialGCD[p1,p2],PolynomialLCM[p1,p2]}

{$1+x,(4−4x+x^2)(4+8x+5x^2+x^3)$}

PolynomialQuotient[(x^2+1)p1,p2,x]

$33 − 8x + x^2$

PolynomialRemainder[p1,p2,x]

$− 8x − 8x^2$

d={{−2,4},{−1,1},{0,0},{1,1},{2,4}};

InterpolatingPolynomial[d,x]

$4 + (−2 + x)(2 + x)$

Simplify[%]

x^2

（4）有理多项式运算.

Numerator[expr] 给出表达式 expr 的分子部分

ExpandNumerator[expr] 只将表达式 expr 中的分子部分展开

Denominator[expr] 给出表达式 expr 的分母部分

ExpandDenominator[expr] 只将表达式 expr 中的分母部分展开

Expand[expr] 只展开表达式 expr 的分子,并将分母分成单项

ExpandAll[expr] 同时展开表达式 expr 的分子与分母

Together[expr] 将多个有理分式进行通分运算

Apart[expr] 将有理分式 expr 分解为一系列最简分式的和

Cancel[expr] 约去有理分式 expr 分子与分母的公因子

Factor[expr] 对 expr 进行因式分解

请见下面有关有理多项式运算的例子.

t＝(x－1)^2(2＋x)/((1＋x)(x－3)^2);Expand[t]

$$\frac{2}{(-3+x)^2(1+x)} - \frac{3x}{(-3+x)^2(1+x)} + \frac{x^3}{(-3+x)^2(1+x)}$$

ExpandAll[t]

$$\frac{2}{9+3x-5x^2+x^3} - \frac{3x}{9+3x+5x^2+x^3} + \frac{x^3}{9+3x-5x^2+x^3}$$

Together[%]

$$\frac{2-3x+x^3}{(-3+x)^2(1+x)}$$

Apart[%]

$$1 + \frac{5}{(-3+x)^2} + \frac{19}{4(-3+x)} + \frac{1}{4(1+x)}$$

Factor[%]

$$\frac{(-1+x)^2(2+x)}{(-3+x)^2(1+x)}$$

ExpandNumerator[%]

$$\frac{2-3x+x^3}{(-3+x)^2(1+x)}$$

(5) 表达式的化简.

Simplify[expr] 化简 expr,使其结果的表达式最短.

FullSimplify[expr] 同上,但将结果表达式中的所有函数展开.

对于化简表达式,上面的两个命令差不多,但大部分情况下,常用 Fullsimplify[],通过下面的例子,可以看出 Fullsimplify[] 确实比 Simplify[] 好一点.

Simplify[Cos[x]^2－Sin[x]^2]

Cos[2 x]

{Simplify[Gamma[1＋n]/n],FullSimplify[Gamma[1＋n]/n]}

$$\left\{ \frac{Gamma[1+n]}{n}, Gamma[n] \right\}$$

2. 三角函数运算

虽然 Simplify 及 FullSimplify 命令也能对三角函数表达式进行化简,但功能有限,在大部分情况下,我们对三角函数就使用以下命令.

TrigExpand[expr] 展开倍角及和差形式的三角函数

TrigFactor[expr] 用倍角及和差形式表示三角函数

TrigFactorList[expr] 给出每个因式及其指数的列表

TrigReduce[expr] 用倍角化简 expr,使其结果的表达式最短

TrigToExp[expr] 使用欧拉公式将三角表达式化成复指数形式

ExpToTrig[expr] 将复指数形式的表达式化成三角函数形式表达式

下面是三角函数运算的例子.

$t = Sin[3y]Cos[2x+y] - Cos[3x]; t1 = TrigExpand[t]$

$- Cos[x]^3 - Cos[x]Cos[y]^2 Sin[x] + Cos[x]Cos[y]^4 Sin[x] +$

$3Cos[x]Sin[x]^2 + Cos[x]^2 Cos[y]Sin[y] +$

$2Cos[x]^2 Cos[y]^3 Sin[y] - Cos[y]Sin[x]^2 Sin[y] -$

$2Cos[y]^2 Sin[x]^2 Sin[y] + Cos[x]Sin[x]Sin[y]^2 -$

$6Cos[x]Cos[y]^2 Sin[x]Sin[y]^2 - 2Cos[x]^2 Cos[y]Sin[y]^3 +$

$2Cos[y]Sin[x]^2 Sin[y]^3 + Cos[x]Sin[x]Sin[y]^4$

$t2 = TrigFactor[t1]$

$\frac{1}{2}(-2Cos[3x] - Sin[2x-2y] + Sin[2x+4y])$

$\{t3 = TrigReduce[t1], t4 = TrigReduce[t1-t2]\}$

$\left\{\frac{1}{2}(-2Cos[3x] - Sin[2x-2y] + Sin[2x+4y]), 0\right\}$

$t5 = TrigToExp[t]$

$-\frac{1}{2}e^{-3ix} - \frac{1}{2}e^{3ix} + \frac{1}{4}ie^{2ix-2iy} -$

$\frac{1}{4}ie^{-2ix+2iy} + \frac{1}{4}ie^{-2ix-4iy} - \frac{1}{4}ie^{2ix+4iy}$

$Simplify[\%]$

$\frac{1}{4}e^{-3ix}(-2 - 2e^{6ix} + ie^{i(x-4y)} + ie^{5ix-2iy} - ie^{5ix+4iy} - ie^{i(x+2y)})$

$FullSimplify[\%]$

$- Cos[3\ x] + Cos[2\ x+y]\ Sin[3\ y]$

由此可见,Simplify[] 与 FullSimplify[] 是针对所有代数运算进行化简的函数,而 TrigReduce[] 只对三角函数的化简有效.

3. 复数运算

Mathematica 中的复数运算与其他数学运算没有什么区别,下面是有关复数运算的数学函数,其中 I 为系统内部变量,表示复数虚部.

$x+Iy, Re[z], Im[z], Abs[z], Conjugate[z], Arg[z]$ 以上分别为复数、实部、虚部、模、共轭复数、辐角主值;

ComplexExpand[expr] 展开 expr,并假设 expr 中所有变量都是实数;

ComplexExpand[expr,{x1,x2,…}] 展开 expr,假设 x1、x2 为复数;

Mathematica 的大部分内部函数,都是基于复数的,例如三角函数、指数与对数函数、贝塞尔函数等.

$\{z = (3+6I)/(7-I)^2, Abs[z], Re[z], Im[z], Conjugate[z],$

$Arg[z]\}$

$\left\{\frac{3}{125} + \frac{33i}{250}, \frac{3}{10\sqrt{5}}, \frac{3}{125}, \frac{33}{250}, -\frac{33i}{250}, ArcTan\left[\frac{11}{2}\right]\right\}$

ComplexExpand[Tan[2x＋I∗3y]]

$$\frac{Sin[4x]}{Cos[4x]＋Cosh[6y]}＋\frac{iSinh[6y]}{Cos[4x]＋Cosh[6y]}$$

z＝. ;ComplexExpand[Sin[z]Exp[x],z]

e^xCosh[Im[z]]Sin[Re[z]]＋ie^xCos[Re[z]]Sinh[Im[z]]

4. 方程求解

Solve[lhs＝＝rhs,x] 求出 x 的解；

Solve[{lhs1＝＝rhs1,lhs2＝＝rhs2,…},{x,y,…}] 求联立方程组 x,y,… 的解；

Reduce[{lhs1＝＝rhs1,lhs2＝＝rhs2,…},{x,y,…}] 同上,但给出方程组所有可能的解,包括平凡解；

Eliminate[{lhs1＝＝rhs1,lhs2＝＝rhs2,…},{x,y,…}] 消去方程组中的变量 x,y,…；

expr/. solution 将解 solution 应用于表达式 expr；

Solve[] 是求解方程或方程组的非平凡解的一个最简单的公式.

下面是几个这方面的例子.

x＝. ;Solve[x^4－8x^3＋24x^2－32x＋15＝＝0,x]

{{x→1},{x→2－i},{x→2＋i},{x→3}}

Solve[{2x＋3y＝＝8,3x＋2y＝＝7},{x,y}]

{{x→1,y→2}}

但是,Solve[] 只能求出方程或方程组的理论解,下面的两例子中,第一个例子是能够求出理论解的,但若 Mathematica 都显示出来,可能要占据整个屏幕,此时我们只有利用 // N 或 N[] 命令从理论解计算它的数值解；对于第二个例子,根本没有理论解,因此 Solve[] 命令也求不出来的理论解,只能用下节的 FindRoot[] 命令求它的数值解.

x＝. ;Solve[x^4＋2x^3＋x＋1＝＝0,x] // N

{{x→0.379567－0.76948i},{x→0.379567＋0.76948i},
{x→－2.11769},{x→－0.641445}}

Abs[x]/. %

{0.858004,0.858004,2.11769,0.641445}

Solve::tdep：

The equations appear to involve the variables to be

solved for in an essentially non-algebraic way.

Solve [{$x^2＋y^2$＝＝4,ex＋y＝＝6},{x,y}]

Reduce[] 与 Solve[] 的区别是：Reduce[] 还能给出平凡解,而 Solve[] 则只能给出非平凡解.

Solve[a x＋b＝＝c,x]

$$\left\{\left\{x→\frac{－b＋c}{a}\right\}\right\}$$

Reduce[a x＋b＝＝c,x]

$$(b==c\&\&a==0) \mid\mid \left(a \neq 0\&\&x==\frac{-b+c}{a}\right)$$

Eliminate[] 的作用是:从方程组中消去若干个变量以简化方程组.

Eliminate[{a x^3+y==0,2x+(1-a)y==1},y]

$$-ax^3+a^2x^3==1-2x$$

Solve[%,x]/. a 2//N

$$\{\{x \rightarrow 0.423854\},\{x \rightarrow -0.211927+1.06524 i\},$$
$$\{x \rightarrow -0.211927-1.06524 i\}\}$$

5. 微积分运算

(1) 极限运算

limit[expr,x → x0] 求当 x → x_0 时,表达式 expr 的极限;

limit[expr,x → x0,Direction → -1] 同上,但求左极限;

limit[expr,x → x0,Direction → 1] 同上,但求右极限.

在 Mathematica 安装目录的 \AndOnes\Stan dardPackages\Calculus 子目录下,有一个软件包 limit. m,它对极限命令 limit[] 进行了各种扩展,使适用计算的函数更广. 在计算极限前,最好先装入此软件包.

<< Calculus'limit'

limit[ArcSin[(1-x)/(1+x)],x → + Infinity]

$$-\frac{\pi}{2}$$

limit[(Exp[Sin[x]]-1)/x,x → 0]

1

limit[(Pi-x)Tan[x],x Pi/2,Direction → 1]

∞

在 Mathematica 安装目录的 \AndOnes\Stan dardPackages\ 下,附加了许多在 Mathematica 启动时没有装入到系统内部的数学软件包,它们的磁盘上的扩展名为 ".m",对每个软件包,都可以通过任何一个文本编辑软件如 Notebook、NotePad、Word 等打开它,研究它的用法,并通过"<< 软件包目录名'该目录下的文件名'"装入此软件包,下面是软件包的清单:Alg ebra(代数软件包)、LinearAlg ebra(线性代数软件包)、Statistics(统计软件包)、Culculus(微积分软件包)、DiscreteMath(离散数学软件包)、NumberTheory(数论软件包)、Geometry(几何软件包)、Graphics(图形处理软件包) 和 NumericalMath(数值分析软件包). 另外,在每个软件包目录下,都有一个文件"Master. m",如果将此软件包装入,就装入了该目录下的所有软件包. 比如装入所有微积分运算方面的软件包,可使用

<< calculus 'master'

(2) 导数运算.

f'[x] 函数 f(x) 的导数;

f″[x] 函数 f(x) 的二阶导数,更一般情况是下面的函数;

D[f,x] 求导数 $\dfrac{\mathrm{d}f}{\mathrm{d}x}$ 或者偏导数 $\dfrac{\partial f}{\partial x}$；

D[f,{x,n}] 求高阶导数 $\dfrac{\mathrm{d}^n f}{\mathrm{d}x^n}$ 或者高阶偏导数 $\dfrac{\partial^n f}{\partial x^n}$；

D[f,x,y,…] 求高阶混合偏导数 $\dfrac{\partial^n f}{\partial x \partial y \cdots}$；

D[f,x,Nonconstants → {y,z,…}] 求 f 对 x 的偏导数,其中假设变量 y,z,… 为 x 的函数；

Dt[f] 求函数 f 的全微分 df；

Dt[f,x] 只求函数 f 对变量 x 的微分；

Dt[f,x,Constant → {c1,c2,…}] 同上,但假设 c1、c2 为常数.

下面是有关导数方面的一些数学运算.

f[x_]:=(x²+1)²ArcTan[x];FullSimplify[{f'[x],f''[x]}]

{(1+x²)(1+4xArcTan[x]),6x+4(1+3x²) ArcTan[x]}

FullSimplify[{D[f[x],x],D[f[x],{x,2}]}]]

{(1+x²)(1+4xArcTan[x]),6x+4(1+3x²) ArcTan[x]}

u[x_,y_]:=x^3y+x^2y^2−3x y^3;D[u[x,y],{x,2},{y,1}]

6 x+4 y

Dt[5y^2+Sin[y]==x^2,x]

10yDt[y,x]+Cos[y]Dt[y,x]==2x

Solve[%,Dt[y,x]]

$$\left\{\left\{Dt[y,x]\to\frac{2x}{10y+Cos[y]}\right\}\right\}$$

Dt[u[x,y],x]

$3x^2y+2xy^2−3y^3+x^3Dt[y,x]+2x^2yDt[y,x]−9xy^2Dt[y,x]$

Dt[u[x,y],y]

$x^3+2x^2y−9xy^2+3x^2yDt[x,y]+2xy^2Dt[y,x]−3y^3Dt[x,y]$

（3）积分运算.

Integrate[f,x] 求不定积分 $\int f \mathrm{d}x$；

Integrate[f,{x,a,b}] 求定积分 $\int_a^b f \mathrm{d}x$；

Integrate[f,{x,a,b},Assumptions → expr] 允许某些限定条件；

Integrate[f,{x,a,b},{y,y1[x],y2[x]}] 求 $\int_a^b \mathrm{d}x \int_{y1(x)}^{y2(x)} f \mathrm{d}x$.

下面是积分方面的运算

Clear[x,y,a,b];

FullSimplify[Integrate[Exp[a x]Cos[b x],x]]

$$\frac{e^{ax}(aCos[bx]+bSin[bx])}{a^2+b^2}$$

Integrate[x^4 Sin[x]^7,{x,0,Pi/2}]

$$\frac{37135284736 - 18756486840\pi + 833875875\pi^3}{2836181250}$$

Integrate[x y, {y,$-$1,2},{x,y^2,y+2}]

$$\frac{45}{8}$$

注:这是二重积分$\int_{-1}^{2}dy\int_{y^2}^{y+2}xy\,dx$

Integrate[x^n,{x,0,1}]

If$\left[\mathrm{Re}[n]>-1,\dfrac{1}{1+n},\mathrm{Integrate}\big[x^n,(x,0,1),\mathrm{Assumptions}\to\mathrm{Re}[n]\leqslant-1\big]\right]$

Integrate[x^n,{x,0,1},Assumptions (n>1)]

$$\frac{1}{1+n}$$

Integrate[Sin[ax]/x,{x,0,∞}]

If$\left[a\in\mathrm{Reals},\dfrac{1}{2}\pi\mathrm{Sign}[a],\right.$

$\left.\quad\mathrm{Integrate}\left[\dfrac{\mathrm{Sin}[ax]}{x},\{x,0,\infty\},\mathrm{Assumptions}\to a\notin\mathrm{Reals}\right]\right]$

Integrate[Sin[a x]/x,{x,0,∞},Assumptions $\to$ (Im[a] $\to$ 0)]

$$\frac{1}{2}\pi\mathrm{Sign}[a]$$

(4) 级数运算.

Sum[f,{i,imin ,imax}] 计算符号和 $\sum\limits_{i=i_{\min}}^{i_{\max}} f$;

Sum[f,{i,imin ,imax ,di}] 同上,但步长为 di;

Sum[f,{i,imin ,imax ,di},{j,jmin ,jmax ,di},…] 计算多重符号和,若省略 di,则默认按 1 递增;

Product[f,{i,imin ,imax}] 计算符号积 $\prod\limits_{i=i_{\min}}^{i_{\max}} f$;

Product[f,{i,imin ,imax ,di}] 同上,但步长为 di;

Product[f,{i,imin ,imax ,di},{j,jmin ,jmax ,di},…] 计算多重符号积,若省略 di,则默认按 1 递增;

Series[f,{x,x0,n}] 求函数 f 在 x＝x0 处的 n 阶泰勒展开式;

Series[f,{x,x0,n},{y,y0,m},…] 求函数 f 在(x0,y0,…)点泰勒展开式,其中 x 展开至多为 n 阶,y 至多为 m 阶,……;

Normal[expr] 去掉泰勒展开式 expr 中的高阶无穷小项.

下面是计算实例.

Clear[i,j,n,x,f];Sum[1/j^2,{j,1,Infinity,2}]

$$\frac{\pi a2}{8}$$

Sum[(−1)^(n−1)/n,{n,1,Infinity}]

log[2]

Sum[(−1)^n/(2n+1),{n,0,Infinity}]

$$\frac{\pi}{4}$$

Product[x+i,{i,0,1,0.2}]

x(0.2+x)(0.4+x)(0.6+x)(0.8+x)(1.+x)

Series[Sqrt[1+x^2],{x,0,5}]

$$1+\frac{x^2}{2}-\frac{x^4}{2}+O[x]^6$$

f[x_]=Normal[%]

$$1+\frac{x^2}{2}-\frac{x^4}{8}$$

(5) 微分方程的理论解.

DSolve[eqn,y[x],x] 求解微分方程 eqn,其中 y 为 x 的函数;

DSolve[{eqn,initial conditions},y[x],x] 求解含有初始条件的微分方程;

DSolve[{eqn1,eqn2,⋯},{y1[t],y2[t],⋯},t] 求解微分方程组其中 y1[t],y2[t],⋯ 为函数,t 为自变量.

在输入要求解的微分方程时,如果 y 为函数,x 为自变量,则我们一般用 y[x] 表示函数本身,y′[x] 表示函数的一阶导数,y″[x] 表示二阶导数,y‴[x] 表示三阶,依此类推.当然,你也可用 D[y[x],{x,n}] 的形式来输入函数的导数.在 Mathematica 所给出的微分方程的解中,用 C[1],C[2],C[3],⋯ 表示任意常数.

Clear[x,y,t];DSolve[y′[x]==6x³y[x]²,y[x],x]

$$\left\{\left\{y[x]\to-\frac{2}{3x^4+2C[1]}\right\}\right\}$$

DSolve[xy′[x]==$\frac{y[x]^2}{x}$+y[x],y[x],x]

$$\left\{\left\{y[x]\to-\frac{x}{C[1]-Log[x]}\right\}\right\}$$

DSolve[{x³y′[x]==x²y[x]−2y[x]²,y[1]==6},y[x],x]

$$\left\{\left\{y[x]\to\frac{6x^2}{-12+13x}\right\}\right\}$$

solution=DSolve[x²y″[x]+5xy′[x]−2y[x]==0,y[x],x]

$$\{\{y[x]\to x^{-\sqrt{2}(\sqrt{2}-\sqrt{3})}C[1]+x^{-\sqrt{2}(\sqrt{2}+\sqrt{3})}C[2]\}\}$$

sol=FullSimplify[solution]

$$\{\{y[x]\to x^{-2-\sqrt{6}}(x^{2\sqrt{6}}C[1]+C[2])\}\}$$

f[x_]=sol[[1,1,2]]///.{C[1] 1,C[2] 2}

$$x^{-2-\sqrt{6}}(2+x^{2\sqrt{6}})$$

sol=DSolve[{y″[x]−y′[x]==4xeˣ,y[0]==0,y′[0]==0},y[x],x]

$$\left\{\left\{y[x]\rightarrow\frac{4(1-xe^x-\text{Log}[xe]+e^x\text{Log}[xe])}{(-1+\text{Log}[xe])\text{Log}[xe]}\right\}\right\}$$

sol $//$. log[xe] $1+\text{Log}[x]$

$$\left\{\left\{y[x]\rightarrow-\frac{4(-xe^x-\text{Log}[x]+e^x(1+\text{Log}[x]))}{\text{Log}[x](1+\text{Log}[x])}\right\}\right\}$$

DSolve[{x''[t]−2y[t]==t+2,3y'[t]==3t²},{x[t],y[t]},t]

$$\left\{\left\{y[t]\rightarrow\frac{t^3}{3}+C[2],x[t]\rightarrow\right.\right.$$

$$\left.\left.-t^2-\frac{t^3}{3}+\frac{8t^5}{15}+t\left(2t+\frac{t^2}{2}-\frac{t^4}{2}\right)+tC[1]+t^2C[2]+C[3]\right\}\right\}$$

9.4　图　形　绘　制

Mathematica 能够绘制各种类型的函数图形,下面分类介绍它的函数绘图命令.

1. 平面图形绘制

Plot[f,{x,xmin ,xmax}] 画出 f 在区间(xmain,xmax)上的曲线图;

Plot[{f1,f2,⋯},{x,xmin ,xmax}] 同上,但在一张图中同时画出 f1,f2,⋯ 的图形;

ListPlot[{{x1,y1},{x2,y2},⋯}] 由给定的数据绘图;

ParametricPlot[{x[t],y[t]},{t,tmin ,tmax}] 画出参数方程图形.

以下是几个相关实例:

Plot[{Sin[x],Cos[x]},{x,0,4Pi}]

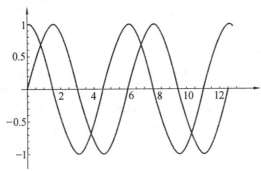

ParametricPlot[{Cos[t]^3,Sin[t]^3},{t,0,2Pi}]

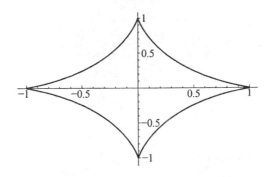

2. 图形的重组

Show[plot1,plot2,…] 将多个图形画到一张图上；

Show[GraphicsArray[{{plot1,plot2,…},…}]] 绘制图形阵列.

p1：=Plot[{1−x^2,x^2−1},{x,−1,1}];

p2：=ParametricPlot[{Cos[t]^3,Sin[t]^3},{t,0,2Pi}];

Show[p1,p2]

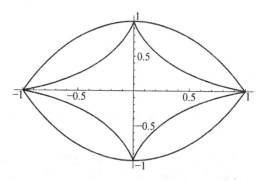

3. 空间图形绘制

Plot3D[f,{x,xmin ,xmax},{y,ymin ,ymax}] 画三维曲面图；

ListPlot3D[{{z11,z12,…},{z21,z22,…},…}] 由高度数据画图；

ParametricPlot3D[{x[t],y[t],z[t]},{t,tmin ,tmax}] 空间曲线图；

ParametricPlot3D[{x[t,u],y[t,u],z[t,u]},{t,tmin ,tmax},

{u,umin ,umax}] 画出参数方程所表示的空间曲面图；

ContourPlot[f,{x,xmin ,xmax},{y,ymin ,ymax}] 函数的等高线图；

ListContourPlot[{{z11,z12,…},…}] 由高度数组画等高线图；

DensityPlot[f,{x,xmin ,xmax},{y,ymin ,ymax}] 函数的密度图；

ListDensityPlot[{{z11,z12,…},…}] 由高度数组画密度图.

Plot3D[Sin[x^2+y^2]/(x^2+y^2),{x,−3,3},{y,−3,3},

PlotPoints → 40]

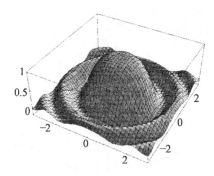

ContourPlot[x^2−y^2,{x,−1,1},{y,−1,1},

ContourShading → False]

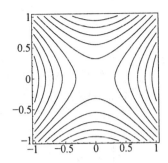

4. 特殊图形

LogPlot[f,{x,xmin ,xmax}] X 为对数轴,其他与 Plot 命令相同

LogLogPlot[f,{x,xmin ,xmax}] 同上,但 Y 轴也为对数轴

LogListPlot[{{x1,y1},{x2,y2},⋯}] X 轴为对数轴,其他与命令 ListPlot[] 相同

LogLogListPlot[{{x1,y1},{x2,y2},⋯}] 同上,但 Y 轴也为对数轴

PolarPlot[r[t],{t,tmin,tmax}] 极坐标图形

PieChart[list] 饼形图

BarChart[list] 直方图

使用上面这些绘图函数前,需要先装入 \Stan dardPackages\ Graphics\ 目录下的附加绘图软件包 Graphics. m.

<<　Graphics′Graphics′

PolarPlot[{1+Cos[t],1},{t,0,2Pi}]

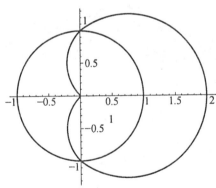

总习题九

1. 求下列极限:

(1) $\lim\limits_{x \to 0}(1+x)^{\frac{3}{x}}$

(2) $\lim\limits_{x \to 4}\dfrac{\sqrt{x}-2}{x-4}$

(3) $\lim\limits_{x \to 0} \dfrac{\sin x}{x}$

(4) $\lim\limits_{x \to 0^+} x \ln x$

2. 求下列导数：

(1) $y = 3x \ln x$

(2) $y = x^2 \arctan x + \arcsin x^3$

(3) $y = x^{3\cos x + 5}$

(4) $y = \dfrac{(x + \sin x)^5}{\sec x}$

3. 求下列积分：

(1) $\displaystyle\int x \sin x^2 \, dx$

(2) $\displaystyle\int_0^5 x e^x \, dx$

(3) $\displaystyle\int_1^2 \dfrac{x}{x^4 + x^2} \, dx$

(4) $\displaystyle\int_0^{+\infty} x e^{-x^2} \, dx$

4. 求下列级数：

(1) $\displaystyle\sum_{n=1}^{\infty} \dfrac{1}{n(n+1)}$

(2) $\displaystyle\sum_{n=1}^{\infty} \dfrac{n}{3^n}$

(3) $\displaystyle\sum_{n=1}^{\infty} \dfrac{1}{n^2}$

(4) $\displaystyle\sum_{n=1}^{\infty} \dfrac{(-1)^n}{n}$

习题参考答案

习题 5.1

1. Ⅳ Ⅴ Ⅵ Ⅶ Ⅲ
2. $(a,b,-c)$、$(-a,b,c)$、$(a,-b,c)$ $(a,-b,-c)$、$(-a,b,-c)$、$(-a,-b,c)$
   $(-a,-b,-c)$
3. $(0,2,-1)$
4. $(2,-16,-3)$
5. $e_a=\left(-\dfrac{1}{\sqrt{6}},\dfrac{1}{\sqrt{6}},\dfrac{2}{\sqrt{6}}\right)$
6. $(\sqrt{2},\sqrt{2},0)$ 或 $(0,0,-2)$
7. 2
8. $|\overrightarrow{AB}|=2,\cos\alpha=-\dfrac{1}{2},\cos\beta=-\dfrac{\sqrt{2}}{2},\cos\gamma=\dfrac{1}{2},\alpha=\dfrac{2}{3}\pi,\beta=\dfrac{3}{4}\pi,\gamma=\dfrac{\pi}{3}$

习题 5.2

1. (1)8,$(2,1,-1)$; (2)16,$(-4,-2,2)$
2. $-\dfrac{3}{2}$
3. (1) 不一定 (2) 不一定 (3) 不一定
4. $\left(-\dfrac{5}{\sqrt{27}},\dfrac{1}{\sqrt{27}},\dfrac{1}{\sqrt{27}}\right)$
5. 2
6. $\sqrt{8+\sqrt{3}}$
7. $\dfrac{\pi}{3}$.
8. $\sqrt{35}$
9. 略

习题 5.3

1. $2x - y - z = 0$

2. $3x - 7y + 5z - 12 = 0$

3. $x - 3y - 2z = 0$

4. (1) xOy 面　(2) 过点 $\left(\frac{1}{2}, 0, 0\right)$ 与 x 轴垂直的平面　(3) 过 x 轴的平面

　　(4) 与 z 轴平行的平面　(5) 过原点的平面

5. $5x - 2y - 7z - 4 = 0$

6. $2y + z + 3 = 0$

7. $y - 3z = 0$

8. $y + 1 = 0$

9. $2y + z = 0$

10. $\arccos \dfrac{\sqrt{2}}{3}$

习题 5.4

1. (1) $\begin{cases} x = 2 + \lambda \\ y = 3 + \lambda \\ z = 4 + 2\lambda \end{cases}$, $\begin{cases} x - y + 1 = 0 \\ 2y - z - 2 = 0 \end{cases}$

(2) $\dfrac{x-2}{-2} = \dfrac{y-3}{-4} = \dfrac{z-1}{2}$, $\begin{cases} 2x - y - 1 = 0 \\ y + 2z - 5 = 0 \end{cases}$

(3) $\dfrac{x-0}{4} = \dfrac{y-2}{-8} = \dfrac{z+2}{4}$, $\begin{cases} x = 4\lambda \\ y = 2 - 8\lambda \\ z = -2 + 4\lambda \end{cases}$

2. (1) $\arcsin \dfrac{\sqrt{6}}{21}$　(2) $\arccos \dfrac{9}{11}$

3. $\dfrac{x-1}{2} = \dfrac{y+2}{4} = \dfrac{z-3}{-2}$

4. $\dfrac{x-3}{2} = \dfrac{y+1}{3} = \dfrac{z-4}{6}$

5. $\dfrac{x-2}{3} = \dfrac{y+3}{1} = \dfrac{z-1}{5}$

6. $\begin{cases} 3x + 4y + 5z + 1 = 0 \\ 27x - 4y - 13z - 53 = 0 \end{cases}$

7. $\begin{cases} 8x - 7y + 2z = 0 \\ 9x - 10y - 2z + 17 = 0 \end{cases}$ 或 $\dfrac{x+1}{2} = \dfrac{y}{2} = \dfrac{z-4}{-1}$

8. $\begin{cases} 4x+5y+6z-24=0 \\ 7x+8y+9z-36=0 \end{cases}$ 或 $\dfrac{x+1}{1}=\dfrac{y-2}{-2}=\dfrac{z-3}{1}$

9. $\dfrac{\pi}{3}$

10. (1) 平行　(2) 垂直　(3) 线含于面内

11. $\dfrac{\sqrt{2}}{2}$

12. $(5,-1,0)$

13. $\begin{cases} x+2y+z-3=0 \\ x+2y-5z+15=0 \end{cases}$ 或 $\begin{cases} x=2t+4 \\ y=-t-2 \\ z=3 \end{cases}$

习题 5.5

1. $2x-6y+2z-7=0$

2. $(1)(1,-2,0),2$　$(2)x-y-\sqrt{2}z+1=0$

3. $x^2+z^2=3y$

4. $4x^2-16(y^2+z^2)=32$,　$4(x^2+z^2)-16y^2=32$

5. (1) $y=1$ 在平面解析几何中表示平行于 x 轴的一条直线,在空间解析几何中表示与 zOx 面平行的平面

(2) $y=x-1$ 在平面解析几何中表示斜率为 1、y 轴截距为 -1 的一条直线,在空间解析几何中表示平行于 z 轴的平面

(3) $x^2+y^2=1$ 在平面解析几何中表示圆心在原点、半径为 1 的圆,在空间解析几何中表示母线平行于 z 轴、准线为 $\begin{cases} x^2+y^2=1 \\ z=0 \end{cases}$ 的圆柱面

(4) $z=2-x^2$ 在平面解析几何中表示过原点、z 轴上截距为 2 的抛物线,在空间解析几何中表示母线平行于 y 轴、准线为 $\begin{cases} z=2-x^2 \\ y=0 \end{cases}$ 的抛物柱面

6. (1) 表示 xOy 面上的椭圆 $\dfrac{x^2}{4}+\dfrac{y^2}{9}=1$ 绕 x 轴旋转一周而生成的旋转曲面或表示 xOz 面上的椭圆 $\dfrac{x^2}{4}+\dfrac{z^2}{9}=1$ 绕 x 轴旋转一周而生成的旋转曲面

(2) 表示 xOy 面上的双曲线 $x^2-\dfrac{y^2}{4}=1$ 绕 y 轴旋转一周而生成的旋转曲面或表示 yOz 面上的双曲线 $-\dfrac{y^2}{4}+z^2=1$ 绕 y 轴旋转一周而生成的旋转曲面

(3) 表示 xOy 面上的双曲线 $x^2-y^2=1$ 绕 x 轴旋转一周而生成的旋转曲面或表示 xOz 面上的双曲线 $x^2-z^2=1$ 绕 x 轴旋转一周而生成的旋转曲面

(4) 表示 xOz 面上的直线 $z=x+a$ 或 $z=-x+a$ 绕 z 轴旋转一周而生成的旋转曲面

或表示 yOz 面上的直线 $z=y+a$ 或 $z=-y+a$ 绕 z 轴旋转一周而生成的旋转曲面

7.(1) 母线平行于 y 轴的柱面,准线为 $\begin{cases} x^2-3z=0 \\ y=0 \end{cases}$

(2) 旋转轴为 x 轴,母线为 $\begin{cases} y=ax^2+bx+c \\ z=0 \end{cases}$ 的旋转面

习题 5.6

1. $3y^2-z^2=16, 3x^2+2z^2=16$

2. (1) $z^2=a^2-b^2$

(2) $\begin{cases} x=1+\sqrt{3}\cos t \\ y=\sqrt{3}\sin t \\ z=0 \end{cases}$, $0\leqslant t \leqslant 2\pi$

3. $\begin{cases} 2x^2-2x+y^2=8 \\ z=0 \end{cases}$

4. $\begin{cases} x^2+y^2\leqslant 4 \\ z=0 \end{cases}$

5. xOy 面 $\begin{cases} z=0 \\ x^2+y^2-2x=0 \end{cases}$, zOx 面 $\begin{cases} z^2+2x=4 \\ y=0 \end{cases}$, yOz 面 $\begin{cases} 4y^2+(z^2-2)^2=4 \\ x=0 \end{cases}$

6.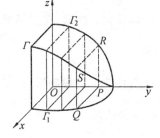

总习题五

1. (1) $(-1,4,6)$

(2) 相交但不垂直

(3) $x^2-y^2-z^2=1$

(4) $\dfrac{x+1}{3}=\dfrac{y-1}{2}=\dfrac{z-2}{-1}$

(5) $3x-2y-5z+35=0.$

2. (1)A (2)B (3)B (4)A (5)D

3. (1) $a \cdot (2a-b) = (1,0,-2) \cdot (-1,-1,0) = -1, 3a \times b = 3\begin{vmatrix} i & j & k \\ 1 & 0 & -2 \\ 3 & 1 & -4 \end{vmatrix} = (6,-6,3)$

(2) 方程组中取 $y=0$，得 $x=1, z=2$，直线的方向向量为 $s = \begin{vmatrix} i & j & k \\ 1 & 1 & -1 \\ 2 & -1 & 1 \end{vmatrix} =$

$(0,-3,-3)$，则对称式方程为 $\dfrac{x-1}{0} = \dfrac{y}{-3} = \dfrac{z-2}{-3}$，参数方程为 $\begin{cases} x=1 \\ y=-3\lambda \\ z=2-3\lambda \end{cases}$

(3) 因 $b /\!/ a$，设 $b = ka$，则有 $b^2 = (2k)^2 + (-k)^2 + (3k)^2 = 126$，解得 $k = \pm 3$，所以
$b = \pm(6,-3,9)$

(4) 因为 $|a+b|^2 = 7, |a-b|^2 = 1$，所以

$$\cos\langle a+b, a-b \rangle = \frac{(a+b) \cdot (a-b)}{|a-b| \cdot |a+b|} = \frac{3-1}{\sqrt{7}} = \frac{2}{\sqrt{7}}$$

故

$$\langle a+b, a-b \rangle = \arccos \frac{2}{\sqrt{7}}$$

(5) 设 $r = (x,y,z)$，因 $r \perp a, r \perp b, a = (2,-3,1), b = (1,-2,3), c = (2,1,2)$，则
$$2x - 3y + z = 0, \quad x - 2y + 3z = 0$$

又由

$$\text{Prj}_c r = \frac{r \cdot c}{|c|} = 14$$

则

$$2x + y + 2z = 14 |c| = 14 \times 3 = 42$$

解得 $x = 14, y = 10, z = 2$，所以 $r = (14,10,2)$

(6) 因 $3A + D = 0, C + D = 0$，则 $C = 3A$，因过点 $(0,0,1)$，则 $D = -3A$，而 xOy 面法向
量取 $n = (0,0,1)$，由夹角关系可得 $36A^2 = 10A^2 + B^2, B = \pm\sqrt{26}A$，则有
$$Ax \pm \sqrt{26}Ay + 3Az - 3A = 0$$

即

$$x - \sqrt{26}y + 3z - 3 = 0$$

或

$$x + \sqrt{26}y + 3z - 3 = 0$$

(7) 设过直线的平面束方程为 $x - z + 2 + \lambda(y - 2z + 4) = 0$，因与平面 $x + y - z = 0$ 垂
直，整理得 $x + \lambda y + (-1-2\lambda)z + 2 + 4\lambda = 0$，则有 $1 + \lambda + 1 + 2\lambda = 0$，解得 $\lambda = -\dfrac{2}{3}$，
故 $3x - 2y + z - 2 = 0$

(8) 设所求直线方程为 $\dfrac{x+1}{m} = \dfrac{y-0}{n} = \dfrac{z-4}{p}$. 所求直线平行于平面 $3x - 4y + z -$

$10 = 0$，故有 $3m - 4n + p = 0$，又所求直线与直线 $\dfrac{x+1}{1} = \dfrac{y-3}{1} = \dfrac{z}{2}$ 相交，故有

$$\begin{vmatrix} -1-(-1) & 3-0 & 0-4 \\ 1 & 1 & 2 \\ m & n & p \end{vmatrix} = 0,$$
即 $10m - 4n - 3p = 0$，解得 $\dfrac{16}{m} = \dfrac{19}{n} = \dfrac{28}{p}$，故所求

直线方程为 $\dfrac{x+1}{16} = \dfrac{y}{19} = \dfrac{z-4}{28}$

(9) 第一个方程表示球心在坐标原点 O、半径为 a 的上半球面，第二个方程表示母线平行于 z 轴的圆柱面，方程组表示上述上半球面与圆柱面的交线

(10) $x^2 + y^2 \leqslant 4, x^2 \leqslant z \leqslant 4, y^2 \leqslant z \leqslant 4$

习题 6.1

1. (1) 开集，无界集　(2) 开集，区域，有界集　(3) 开集，区域，无界集　(4) 开集，无界集

2. $\dfrac{5}{2}, \dfrac{x^2 + y^2}{xy}$

3. (1) $\{(x, y) \mid x > 0, y \neq \dfrac{\pi}{2} + k\pi, k \in \mathbf{Z}\}$

   (2) $\{(x, y) \mid x + y > 0, x - y > 0\}$

   (3) $\{(x, y) \mid \mid x \mid \leqslant a$ 且 $\mid y \mid \leqslant b\}$

   (4) $\{(x, y) \mid x^2 + y^2 \neq 0\}$

习题 6.2

1. (1) $\dfrac{\pi}{4}$　(2) $\dfrac{7}{3}$　(3) 2　(4) 2　(5) 1　(6) 0

2. 略

3. $\{(x, y) \mid y^2 = 2x\}$

习题 6.3

1. (1) $\dfrac{\partial z}{\partial x} = 3x^2 y - y^3, \dfrac{\partial z}{\partial y} = x^3 - 3xy^2$

   (2) $\dfrac{\partial z}{\partial x} = \dfrac{1}{x - 2y}, \dfrac{\partial z}{\partial y} = -\dfrac{2}{x - 2y}$

   (3) $\dfrac{\partial z}{\partial x} = -\dfrac{y^2}{(x-y)^2}, \dfrac{\partial z}{\partial y} = \dfrac{x^2}{(x-y)^2}$

   (4) $\dfrac{\partial z}{\partial x} = y^2 (1 + xy)^{y-1}$

   $\dfrac{\partial z}{\partial y} = (1 + xy)^y \left[\ln(1 + xy) + \dfrac{xy}{1 + xy} \right]$

(5) $\dfrac{\partial z}{\partial x} = -\dfrac{y}{x^2 + y^2}, \dfrac{\partial z}{\partial y} = \dfrac{x}{x^2 + y^2}$

(6) $\dfrac{\partial u}{\partial x} = -\dfrac{y}{x^2} - \dfrac{1}{z}, \dfrac{\partial u}{\partial y} = \dfrac{1}{x} - \dfrac{z}{y^2}, \dfrac{\partial u}{\partial z} = \dfrac{1}{y} + \dfrac{x}{z^2}$

(7) $\dfrac{\partial u}{\partial x} = -\dfrac{x}{(x^2 + y^2 + z^2)^{\frac{3}{2}}}, \dfrac{\partial u}{\partial y} = -\dfrac{y}{(x^2 + y^2 + z^2)^{\frac{3}{2}}}, \dfrac{\partial u}{\partial z} = -\dfrac{z}{(x^2 + y^2 + z^2)^{\frac{3}{2}}}$

(8) $\dfrac{\partial u}{\partial x} = y^z x^{y^z - 1}, \dfrac{\partial u}{\partial y} = z y^{z-1} x^{y^z} \ln x, \dfrac{\partial u}{\partial z} = y^z x^{y^z} \ln x \ln y$

2. $-1, 0$

3. $\dfrac{2}{5}, \dfrac{1}{5}$

4. (1) $\dfrac{1}{y}$

(2) $(1-y)\cos(x+y) - (1+x)\sin(x+y)$

(3) $-16xy$

(4) $\dfrac{2(x+y)}{(x-y)^3} \sin \dfrac{(x+y)}{(x-y)} + \dfrac{4xy}{(x-y)^4} \cos \dfrac{(x+y)}{(x-y)}$

5. (1) $y^{\sin x} \cos x \ln y \, dx + y^{\sin x - 1} \sin x \, dy$

(2) $\left(y + \dfrac{1}{y} \right) dx + x \left(1 - \dfrac{1}{y^2} \right) dy$

(3) $e^{yz} dx + (xz e^{yz} + 1) dy + (xy e^{yz} - e^{-z}) dz$

(4) $\dfrac{1}{\sqrt{x^2 + y^2 + z^2}} (x \, dx + y \, dy + z \, dz)$

6. (1) $\dfrac{4}{21} dx + \dfrac{8}{21} dy$

(2) $\dfrac{3}{\sqrt{2e}} dx + \dfrac{3}{\sqrt{2e}} dy$

(3) dx

7. $\Delta z = -0.119, dz = -0.125$

8. 略

9. 略

10. 略

11. (1) ≈ 1.08 (2) ≈ 2.95

12. $x^4 + 5x^2 y^3 - 3xy^4 + y^5 + C, C$ 为任意常数

13. 减少了 $200\pi \text{ cm}^3$

习题 6.4

1. 0

2. $1 - \sqrt{3}$

3. $\dfrac{\pm 5}{3\sqrt{17}}$

4. (1) $\dfrac{1}{r}(x,y,z)$ (2) $-\dfrac{1}{r^3}(x,y,z)$

5. $\left.\dfrac{\partial z}{\partial v}\right|_{(1,1)} = \cos\alpha + \sin\alpha$

   (1) $\left(\cos\dfrac{\pi}{4}, \sin\dfrac{\pi}{4}\right)$

   (2) $\left(\cos\dfrac{5\pi}{4}, \sin\dfrac{5\pi}{4}\right)$

   (3) $\left(\cos\dfrac{3\pi}{4}, \sin\dfrac{3\pi}{4}\right)$ 或 $\left(\cos\dfrac{7\pi}{4}, \sin\dfrac{7\pi}{4}\right)$

6. 增加最快的方向为 $n = \dfrac{1}{\sqrt{21}}(2i - 4j + k)$，方向导数为 $\sqrt{21}$，减少最快的方向为 $-n = \dfrac{1}{\sqrt{21}}(-2i + 4j - k)$，方向导数为 $-\sqrt{21}$

7. $\left(-\dfrac{2}{a}, -\dfrac{2}{b}, \dfrac{2}{c}\right)$

8. 略

习题 6.5

1. (1) $\dfrac{3(1-4x^2)}{\sqrt{1-(3x-4x^3)^2}}$

   (2) $e^{\sin x - 2x^3}\cos x - 6e^{\sin x - 2x^3}x^2$

   (3) $\dfrac{2y^2 e^{2x}}{x\ln y} - \dfrac{y^2 e^{2x}}{x^2\ln y}; \dfrac{2ye^{2x}}{x\ln y} - \dfrac{y^2 e^{2x}}{xy(\ln y)^2}$

   (4) $(x+2y)^{x-y}\left[\dfrac{x-y}{x+2y} + \ln(x+2y)\right]$

   $(x+2y)^{x-y}\left[\dfrac{2(x-y)}{x+2y} - \ln(x+2y)\right]$

   (5) $2(x+y) - \sin(x+y+\arcsin y)$

   (6) $\dfrac{e^x(1+x)}{1+x^2 e^{2x}}$

   (7) $e^t(\cos t - \sin t) + \cos t$

2. (1) $2xf'_1 + ye^{xy}f'_2, -2yf' + xe^{xy}f'_2$

   (2) $f'_1 + 2xf'_2, f'_1 + 2yf'_2, f'_1 + 2zf'_2$

   (3) $f'_1 + yf'_2 + yzf'_3, xf'_2 + xzf'_3, xyf'_3$

   (4) $f'_1 - \dfrac{1}{x^2}f'_2, -\dfrac{1}{y^2}f'_1 + f'_2$

3. 略

4. 略

5. 略

6. 略

7. $y^2 f''_{11} + 4xy f''_{12} + 4x^2 f''_{22} + 2f'_2 f'_1 + xy(f''_{11} + 4f''_{22}) + 2(x^2 + y^2)f''_{12}$

8. $\dfrac{y^2 - \mathrm{e}^x}{\cos y - 2xy}$

9. $\dfrac{a^2}{(x+y)^2}$

10. $\dfrac{1-x}{z-2}, -\dfrac{1+y}{z-2}$

11. $\dfrac{z\ln z}{z\ln y - x}, \dfrac{z^2}{xy - zy\ln y}$

12. 略

13. 略

14. 略

15. (1) $\dfrac{y-z}{x-y}, \dfrac{z-x}{x-y}$

　　(2) $\dfrac{ux - vy}{y^2 - x^2}, \dfrac{vx - uy}{y^2 - x^2}, \dfrac{ux - uy}{y^2 - x^2}, \dfrac{ux - vy}{y^2 - x^2}$

习题 6.6

1. 切线方程:$\dfrac{x - \frac{1}{2}}{1} = \dfrac{y-2}{-4} = \dfrac{z-1}{8}$;法平面方程:$2x - 8y + 16z - 1 = 0$

2. 切线方程:$\begin{cases} x + z = 1 \\ y = \frac{1}{2} \end{cases}$;法平面方程:$x - z = 0$

3. 切线方程:$\dfrac{x-2}{1} = \dfrac{y-2}{1} = \dfrac{z-4}{4}$;法平面方程:$x + y + 4z - 20 = 0$

4. 切线方程:$\dfrac{x - x_0}{1} = \dfrac{y - y_0}{\frac{m}{y_0}} = \dfrac{z - z_0}{-\frac{1}{2z_0}}$;

　　法平面方程:$(x - x_0) + \dfrac{m}{y_0}(y - y_0) - \dfrac{1}{2z_0}(z - z_0) = 0$

5. 切线方程:$\dfrac{x-1}{2} = \dfrac{y-1}{-3} = \dfrac{z+2}{1}$

　　法平面方程:$2x - 3y + z + 3 = 0$

6. 切线方程:$\dfrac{x-1}{8} = \dfrac{y+1}{10} = \dfrac{z-2}{7}$;

　　法平面方程:$8(x-1) + 10(y+1) + 7(z-2) = 0$

7. $(-1,1,-1),\left(-\dfrac{1}{3},\dfrac{1}{9},-\dfrac{1}{27}\right)$

8. 切平面方程: $x+2y-4=0$ 法线方程: $\begin{cases}\dfrac{x-2}{1}=\dfrac{y-1}{2}\\ z=0\end{cases}$

9. 切平面方程: $64(x-2)+9(y-1)-(z-35)=0$;

   法线方程: $\dfrac{x-2}{64}=\dfrac{y-1}{9}=\dfrac{z-35}{-1}$

10. $(-3,-1,3)$ 法线方程: $\dfrac{x+3}{1}=\dfrac{y+1}{3}=\dfrac{z-3}{1}$

11. $\cos\gamma=\dfrac{3}{\sqrt{22}}$

12. 略

习题 6.7

1. $(2,-2)$ 极大值 8

2. $\left(\dfrac{\sqrt{2}}{2},\dfrac{3}{8}\right)\left(-\dfrac{\sqrt{2}}{2},\dfrac{3}{8}\right)$ 极小值 $-\dfrac{1}{64}$

3. 无极值

4. 极小值 $-\sqrt{2}$;极大值 $\sqrt{2}$

5. $\dfrac{1}{4}$

6. $\dfrac{3\sqrt{3}}{4}R^2$

7. $\left(\dfrac{1}{2},\dfrac{1}{4}\right),d=\dfrac{7\sqrt{2}}{8}$

8. $2\sqrt{10}$ m,$3\sqrt{10}$ m

9. $100,25$

总习题六

1. (1) 充分,必要

   (2) 必要,充分

   (3) 充分

   (4) 充分

   (5) $\{(x,y)\mid x>y,且\ x-y\neq 1\}$

   (6) $f(x)=x(x+2)$

   (7) $\sqrt{2}$

(8) $\dfrac{x-2}{2}=\dfrac{y-1}{2}=\dfrac{z-1}{3}, 2(x-2)+2(y-1)+3(z-1)=0$

(9) $4x-2y-3z-3=0$

(10) $(0,0)$

2. (1)D (2)D (3)B (4)D (5)C

3.
$$\Delta z=\frac{(x+\Delta x)(y+\Delta y)}{(x+\Delta x)^2-(y+\Delta y)^2}-\frac{xy}{x^2-y^2}=$$
$$\frac{(2.01)(1.03)}{(2.01)^2-(1.03)^2}-\frac{2}{3}=0.02$$

又
$$\frac{\partial z}{\partial x}=-\frac{(y^3+x^2y)}{(x^2-y^2)^2}$$
$$\frac{\partial z}{\partial y}=\frac{(x^3+xy^2)}{(x^2-y^2)^2}$$
$$\frac{\partial z}{\partial x}\Big|_{(2,1)}=-\frac{5}{9},\frac{\partial z}{\partial y}\Big|_{(2,1)}=\frac{10}{9}$$
$$\mathrm{d}z\Big|_{\substack{x=2,\Delta x=0.01\\ y=1,\Delta y=0.03}}=\frac{\partial z}{\partial x}\Big|_{(2,1)}\cdot\Delta x+\frac{\partial z}{\partial y}\Big|_{(2,1)}\cdot\Delta y=0.03$$

4.
$$\frac{\partial z}{\partial x}=u'_x\mathrm{e}^{\alpha x+y}+\alpha u\mathrm{e}^{\alpha x+y},\frac{\partial z}{\partial y}=u'_y\mathrm{e}^{\alpha x+y}+\alpha u\mathrm{e}^{\alpha x+y}$$
$$\frac{\partial^2 z}{\partial x\partial y}=u''_{xy}\mathrm{e}^{\alpha x+y}+\alpha u'_y\mathrm{e}^{\alpha x+y}+u'_x\mathrm{e}^{\alpha x+y}+\alpha u\mathrm{e}^{\alpha x+y}=$$
$$\alpha u'_y\mathrm{e}^{\alpha x+y}+u'_x\mathrm{e}^{\alpha x+y}+\alpha u\mathrm{e}^{\alpha x+y}$$
$$\frac{\partial^2 z}{\partial x\partial y}-\frac{\partial z}{\partial x}-\frac{\partial z}{\partial y}+z=\alpha u'_y\mathrm{e}^{\alpha x+y}+u'_x\mathrm{e}^{\alpha x+y}+\alpha u\mathrm{e}^{\alpha x+y}-(u'_x\mathrm{e}^{\alpha x+y}+\alpha u\mathrm{e}^{\alpha x+y})-$$
$$(u'_y\mathrm{e}^{\alpha x+y}+\alpha u\mathrm{e}^{\alpha x+y})+u\mathrm{e}^{\alpha x+y}=0$$

解得 $\alpha=1$.

5. 设直角平行六面体在第一卦限的顶点为 (x,y,z),则要求 $V=8xyz$ 在条件 $\dfrac{x^2}{a^2}+\dfrac{y^2}{b^2}+\dfrac{z^2}{c^2}=1$ 下的最大值,令
$$F(x,y,z,\lambda)=xyz+\lambda\left(\frac{x^2}{a^2}+\frac{y^2}{b^2}+\frac{z^2}{c^2}-1\right)$$
$$\begin{cases}\dfrac{\partial F}{\partial x}=yz+2\lambda\dfrac{x}{a^2}=0\\[2mm]\dfrac{\partial F}{\partial y}=xz+2\lambda\dfrac{y}{b^2}=0\\[2mm]\dfrac{\partial F}{\partial z}=xy+2\lambda\dfrac{z}{c^2}=0\end{cases}$$

解得 $x=\dfrac{a}{\sqrt{3}}y=\dfrac{b}{\sqrt{3}}z=\dfrac{c}{\sqrt{3}}$,所以当边长 $2x=\dfrac{2a}{\sqrt{3}},2y=\dfrac{2b}{\sqrt{3}},2z=\dfrac{2c}{\sqrt{3}}$,有最大体积 $V=\dfrac{8abc}{3\sqrt{3}}$

6. 设曲面上达到最短距离的点为 (x,y,z),则要求 $d^2=x^2+y^2+z^2$ 在条件 $(x-y)^2-$

$z^2 = 1$ 达到最小值, 令

$$F(x,y,z,\lambda) = x^2 + y^2 + z^2 - \lambda(x-y)^2 - \lambda z^2 - \lambda$$

于是

$$\begin{cases} \dfrac{\partial F}{\partial x} = 2x + 2\lambda(x-y) = 0 \\[2mm] \dfrac{\partial F}{\partial y} = 2y - 2\lambda(x-y) = 0 \\[2mm] \dfrac{\partial F}{\partial z} = 2z - 2\lambda z = 0 \end{cases}$$

即

$$\begin{cases} x + \lambda(x-y) = 0 \\ y - \lambda(x-y) = 0 \\ z - \lambda z = 0 \end{cases}$$

若 $\lambda = 1$, 解得 $x = 0, y = 0$, 代入曲面方程 $(x-y)^2 - z^2 = 1$ 得 $z^2 = 1, d^2 = 1, d = 1$.

若 $\lambda \neq 1$, 解得 $z = 0, x = -y$, 代入曲面方程 $(x-y)^2 - z^2 = 1$ 得 $x^2 = \dfrac{1}{4}, y^2 = \dfrac{1}{4}$,

$d^2 = \dfrac{1}{2}$, 即 $d = \dfrac{\sqrt{2}}{2}$.

习题 7.1

1. 略

2. (1) 4π　(2) $\dfrac{2}{3}\pi R^3$

3. (1) $\pi ab \leqslant \iint\limits_D e^{x^2+y^2} \, d\sigma \leqslant \pi ab \cdot e^{b^2}$

　(2) $0 \leqslant \iint\limits_D xy(x+y) \, d\sigma \leqslant 2$

4. (1) $\iint\limits_D (x+y)^2 \, d\sigma \leqslant \iint\limits_D (x+y)^3 \, d\sigma$

　(2) $\iint\limits_D [\ln(x+y)]^2 \, d\sigma \geqslant \iint\limits_D \ln(x+y) \, d\sigma$

习题 7.2

1. (1) $I = \displaystyle\int_1^2 dx \int_0^{\frac{x}{2}} f(x,y) \, dy = \int_0^{\frac{x}{2}} dy \int_1^2 f(x,y) \, dx$

(2) $I = \displaystyle\int_{-\sqrt{2}}^{\sqrt{2}} dx \int_{x^2}^{4-x^2} f(x,y) \, dy = \int_0^2 dy \int_{-\sqrt{y}}^{\sqrt{y}} f(x,y) \, dx + \int_2^4 dy \int_{-\sqrt{4-y}}^{\sqrt{4-y}} f(x,y) \, dx$

(3) $I = \displaystyle\int_{-1}^1 dx \int_{1-\sqrt{1-x^2}}^{1+\sqrt{1-x^2}} f(x,y) \, dy = \int_0^2 dy \int_{-\sqrt{1-(y-1)^2}}^{\sqrt{1-(y-1)^2}} f(x,y) \, dx$

2. $(1) \int_0^1 dx \int_x^1 f(x,y) dy$

$(2) \int_0^{\frac{1}{2}} dx \int_0^{\sqrt{2x}} f(x,y) dy + \int_{\frac{1}{2}}^{\sqrt{7}} dx \int_0^1 f(x,y) dy + \int_{\sqrt{7}}^{2\sqrt{2}} dx \int_0^{\sqrt{8-x^2}} f(x,y) dy$

$(3) \int_0^a dy \int_{-\sqrt{a^2-y^2}}^{\sqrt{a^2-y^2}} f(x,y) dx$

$(4) \int_0^1 dy \int_{1-\sqrt{1-y^2}}^{2-y} f(x,y) dx$

$(5) \int_0^1 dy \int_{\arcsin y}^{\pi-\arcsin y} f(x,y) dx + \int_{-1}^0 dy \int_{-2\arcsin y}^{\pi} f(x,y) dx$

3. $(1) e - e^{-1}$ $(2) -\dfrac{3}{2}\pi$ $(3) -\dfrac{1}{2}$ $(4) \dfrac{6}{55}$ $(5) e - 2$ $(6) \dfrac{p^5}{21}$

$(7) \dfrac{76}{3}$ $(8) 4\ln 2 - \dfrac{3}{2}$ $(9) 1$

4. $(1) \int_0^{2\pi} d\theta \int_a^b f(\rho\cos\theta, \rho\sin\theta)\rho d\rho$

$(2) \int_{-\frac{\pi}{2}}^{\frac{\pi}{2}} d\theta \int_0^{2\cos\theta} f(\rho\cos\theta, \rho\sin\theta)\rho d\rho$

$(3) \int_{\frac{\pi}{4}}^{\frac{3}{4}\pi} d\theta \int_0^R f(\rho\cos\theta, \rho\sin\theta)\rho d\rho$

$(4) \int_0^{\frac{\pi}{2}} d\theta \int_0^{\frac{1}{\sin\theta+\cos\theta}} f(\rho\cos\theta, \rho\sin\theta)\rho d\rho.$

5. $(1) \int_{\frac{\pi}{4}}^{\frac{\pi}{3}} d\theta \int_0^{2\sec\theta} f(\rho)\rho d\rho$ $(2) \dfrac{3}{4}\pi a^4$ $(3) \dfrac{a^3}{6}[\sqrt{2} + \ln(\sqrt{2}+1)]$

6. $(1) \dfrac{\pi}{4}(2\ln 2 - 1)$ $(2) \dfrac{3}{64}\pi^2$ $(3) \dfrac{\pi}{8}(\pi - 2)$ $(4) \dfrac{\ln 5}{2}$

7. $\dfrac{4}{3}$

8. $\dfrac{\pi^5}{40}$

9. 略

10. 略

习题 7.3

1. $(1) \dfrac{1}{6}$ $(2) -\dfrac{11}{24}$ $(3) \dfrac{\pi}{4}$ $(4) \dfrac{2}{15}\pi$ $(5) \dfrac{1}{364}$

$(6) \dfrac{1}{2}\left(\ln 2 - \dfrac{5}{8}\right)$ $(7) \dfrac{3}{2}\pi$

2. $\dfrac{7}{12}\pi$

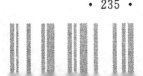

3. $\dfrac{1}{48}$

4. (1) $\dfrac{8\sqrt{2}-7}{6}\pi$　(2) $\dfrac{32}{15}\pi R^5$

习题 7.4

1. (1) 9　(2) $\dfrac{17}{6}$

2. $\left(\dfrac{\pi}{4}-\dfrac{1}{2}\right)R^2$

3. $\dfrac{16}{3}a^3$

4. $\dfrac{3}{32}\pi a^4$

5. $\left(\dfrac{\sqrt{3}}{2}+\dfrac{\pi}{3}\right)a^2$

6. $\dfrac{5}{3}k\pi a^3$

7. $\left(\dfrac{a^2+ab+b^2}{2(a+b)},0\right)$

8. $\left(\dfrac{2}{5}a,\dfrac{2}{5}a\right)$

9. (1) $\dfrac{8}{3}a^4$　(2) $\dfrac{7}{15}a^2$　(3) $\dfrac{112}{45}\rho a^6$

10. $-2\pi G\rho\left[h+\sqrt{R^2+(h-a)^2}-\sqrt{R^2-a^2}\right]$

习题 7.5

1. $\dfrac{256}{15}a^3$　2. 32　3. $\dfrac{1}{12}(5\sqrt{5}-1)+\dfrac{\sqrt{2}}{2}$　4. $\dfrac{3}{2}+\dfrac{\sqrt{2}}{2}$

5. $e^a\left(2+\dfrac{1}{4}\pi a\right)-2$　6. $\dfrac{2}{3}\pi a^3$　7. 9　8. $2a^2$

习题 7.6

1. (1) $\dfrac{4}{5}$　(2) 0　2. (1) 0　(2) 0　3. -2π

4. $-\dfrac{1}{2}\pi a^3$　5. $-2\pi a^2$　6. $\dfrac{8}{3}\pi^3-9\pi$

7. $\dfrac{1}{2}$　8. 13

9. (1) $\displaystyle\int_L \dfrac{P+2xQ}{\sqrt{1+4x^2}}\,\mathrm{d}s$　(2) $\displaystyle\int_L [\sqrt{2x-x^2}\,P+(1-x)Q]\,\mathrm{d}s$

习题 7.7

1. 8　2. $\dfrac{\pi}{4}R^2-R$ 加线　3. $3(\mathrm{e}^2+1)$

4. 12　5. $\dfrac{\pi^2}{4}$　6. $\dfrac{\sin 2}{4}-\dfrac{7}{6}$

7. (1) $\dfrac{3}{8}\pi a^2$　(2) 12π　8. (1) $\dfrac{5}{2}$　(2) 236　(3) 5

9. (1) $\dfrac{1}{2}x^2+2xy+\dfrac{1}{2}y^2$　(2) x^2y

　(3) $x^3y+4x^2y^2-12\mathrm{e}^y+12y\mathrm{e}^y$　(4) $y^2\sin x+x^2\cos y$

习题 7.8

1. 略

2. (1) $\dfrac{\sqrt{3}}{3}$　(2) $4\pi R^4$　(3) $4\sqrt{21}$

3. (1) $-\dfrac{27}{4}$　(2) $\pi a(a^2-h^2)$

4. (1) $\dfrac{13}{3}\pi$　(2) $\dfrac{149}{30}\pi$　(3) $\dfrac{111}{10}\pi$　5. 9π　6. $\dfrac{13}{3}\sqrt{2}$

习题 7.9

1. 略　2. $-\dfrac{\pi}{6}$　3. $\dfrac{\pi}{16}+\dfrac{1}{6}$

4. (1) $\dfrac{1}{4}\pi R^4$　(2) $-\dfrac{2}{3}\pi h^3$　(3) $\dfrac{1}{2}\pi^2 R$

5. $\dfrac{2}{105}\pi R^7$　6. $\dfrac{3}{2}\pi$　7. $\dfrac{1}{8}$

习题 7.10

1. a^4　2. $\dfrac{12}{5}\pi R^5$　3. $\dfrac{5}{3}\pi$　4. 81π　5. $\dfrac{3}{2}$

6. $2\sqrt{2}\pi$　7. $-\sqrt{3}\pi R^2$　8. -20π　9. 9π

总习题七

1.填空题

(1) $(e-1)^2$　(2) $\dfrac{4}{3}a^3$　(3) $\dfrac{1}{24}$　(4) $\dfrac{1}{6}$　(5) $I_1 < I_2 < I_3$

(6) 0　(7) πa^2　(8) $-\cos 2x \sin 3y$　(9) $e^2 \cos 1 - 1$　(10) -8

(11) $4\pi R^4$　(12) π　(13) $\dfrac{\pi}{2}$

2.选择题

(1)C　(2)C　(3)B　(4)B　(5)C　(6)D　(7)D　(8)B

(9)C　(10)C　(11)D　(12)A　(13)B

3.计算题

(1) $\displaystyle\int_0^{\frac{\pi}{6}} \mathrm{d}y \int_y^{\frac{\pi}{6}} \dfrac{\cos x}{x}\mathrm{d}x = \int_0^{\frac{\pi}{6}} \mathrm{d}x \int_0^x \dfrac{\cos x}{x}\mathrm{d}y = \sin x \Big|_0^{\frac{\pi}{6}} = \dfrac{1}{2}$

(2) $\displaystyle\int_0^{\frac{\pi}{2}} \mathrm{d}\theta \int_0^{\cos\theta} f(r\cos\theta, r\sin\theta)r\mathrm{d}r = \int_0^1 \mathrm{d}x \int_0^{\sqrt{\frac{1}{4}-\left(x-\frac{1}{2}\right)^2}} f(x,y)\mathrm{d}y$

(3) 略

(4) 由 D 关于 y 轴对称,被积函数 $f(x,y)$ 关于 x 是偶函数.若记 D 的右半部分为 $D_右$,则

$$\iint_D | y-x^2 | \mathrm{d}x\mathrm{d}y = 2\iint_{D_右} | y-x^2 | \mathrm{d}x\mathrm{d}y =$$

$$2\Big[\int_0^1 \mathrm{d}x \int_{x^2}^2 (y-x^2)\mathrm{d}y + \int_0^1 \mathrm{d}x \int_0^{x^2} (x^2-y)\mathrm{d}y\Big] = \dfrac{46}{15}$$

(5) 令 $x = \rho\cos\theta, y = \rho\sin\theta$,则

$$\iint_D \mathrm{d}x\mathrm{d}y = \int_0^{\frac{\pi}{4}} \mathrm{d}\theta \int_{2\cos\theta}^{4\cos\theta} \rho\mathrm{d}\rho = \dfrac{3}{2} + \dfrac{3}{4}\pi$$

(6) 由积分区域 D,其面积为 $S = 4 - \dfrac{\pi}{2}$.积分区域 D 的形心纵坐标为 $\bar{y}=1$,即

$$1 = \bar{y} = \dfrac{1}{4-\frac{\pi}{2}}\iint_D y\mathrm{d}x\mathrm{d}y$$

所以

$$\iint_D y\mathrm{d}x\mathrm{d}y = 4 - \dfrac{\pi}{2}$$

(7) $$\iint_D e^{x^2} \mathrm{d}x\mathrm{d}y = \int_0^1 \mathrm{d}x \int_{x^3}^x e^{x^2} \mathrm{d}y = \dfrac{1}{2}e - 1$$

(8) 各曲面围成的立体是以曲面 $z = x^2 + y^2$ 为顶,以 $D = \{(x,y) \mid y \leqslant 1, y \geqslant x^2\}$ 为底,母线平行于 z 轴的曲顶柱体,故所求体积为

$$V = \iint_D (x^2+y^2)\mathrm{d}x\mathrm{d}y = 2\iint_{D_1} (x^2+y^2)\mathrm{d}x\mathrm{d}y =$$

$$2\int_0^1 dx \int_{x^2}^1 (x^2+y^2)dy = \frac{88}{105}$$

(9) $\displaystyle\int_L x\,ds = \int_0^1 t^3 \cdot \sqrt{(3t^2)^2+4^2}\,dt = \frac{61}{54}$

(10) $\displaystyle\int_\Gamma x^2 yz\,ds = \int_0^2 0\,dt + \int_0^1 0\,dt + \int_0^3 2t\,dt = 9$

(11) $\displaystyle\int_\Gamma y\,dx - x\,dy + (x^2+y^2)dz = \int_0^1 [e^{-t}\cdot e^t + e^t \cdot e^{-t} + (e^{2t}+e^{-2t})]dt =$

$$2 + \frac{a}{2}(e^2 - e^{-2})$$

(12) ① $\displaystyle\int_L y\,dx + (y-x)dy = \int_0^3 3x\,dx + 3(3x-x)dx = \frac{81}{2}$

② $\displaystyle\int_L y\,dx + (y-x)dy = \int_0^3 x^2\,dx + (x^2-x)\cdot 2x\,dx = \frac{63}{2}$

③ $\displaystyle\int_L y\,dx + (y-x)dy = 0 + \int_0^9 (y-3)dy = \frac{27}{2}$

(13) 因为 $\dfrac{\partial Q}{\partial x} = e^y = \dfrac{\partial P}{\partial y}$，则积分与路径无关，从而

$$\int_L (e^y + \sin x)dx + (xe^y - \cos y)dy =$$

$$\int_0^\pi (1+\sin x)dx + \int_0^\pi [0 + (\pi e^y - \cos y)]dy =$$

$$2 + \pi e^\pi$$

(14) 因为 $\dfrac{\partial Q}{\partial x} - \dfrac{\partial P}{\partial y} = 5$，由格林公式，得到

$$\oint_L (xe^{x^2-y^2} - 2y)dx - (ye^{x^2-y^2} - 3x)dy = \iint_D 5\,dx\,dy = 10$$

(15) 因为 $\dfrac{\partial Q}{\partial x} - \dfrac{\partial P}{\partial y} = -3(x-y)^2 - 3(x+y)^2 = -6x^2 - 6y^2 \neq 0$，可见积分与路径有关. 添加线段使路径为闭曲线. 由格林公式，有

$$\int_L (x+y)^3\,dx - (x-y)^3\,dy = 60 - 6\iint_D (x^2+y^2)dx\,dy = 60 - \frac{135}{2}\pi$$

(16) 将 L 看成由参数方程 $\begin{cases} x = x \\ y = a\sin x \end{cases}$ 给出的曲线，用参数方程代入使得曲线积分化为定积分，即

$$I(a) = \int_L (1+y^3)dx + (2x+y)dy =$$

$$\int_0^\pi (1 + a^3 \sin^3 x)dx + (2x + a\sin x)\cdot a\cos x\,dx =$$

$$\pi + \frac{4}{3}a^3 - 4a$$

对变量求导得

$$I'(a) = 4a^2 - 4 \begin{cases} > 0, & a < 1 \\ = 0, & a = 1 \\ < 0, & a > 1 \end{cases}$$

由此可见,点 $a=1$ 是函数的唯一极值点,并且是极小点,从而达到函数的最小值 $I(1) = \pi - \dfrac{8}{3}$.

(17) 将 Σ 分为 Σ_1 和 Σ_2 两部分,其中 $\Sigma_1 : z_1 = \sqrt{c^2\left(1 - \dfrac{x^2}{a^2} - \dfrac{y^2}{b^2}\right)}$,取其为上侧,$\Sigma_2 : z_2 = -\sqrt{c^2\left(1 - \dfrac{x^2}{a^2} - \dfrac{y^2}{b^2}\right)}$,取其为下侧,则

$$\oiint_{\Sigma} z^2 \, \mathrm{d}x\,\mathrm{d}y = \iint_{\Sigma_1} z^2 \, \mathrm{d}x\,\mathrm{d}y + \iint_{\Sigma_2} z^2 \, \mathrm{d}x\,\mathrm{d}y =$$

$$\iint_{D_{xy}} \sqrt{c^2\left(1 - \dfrac{x^2}{a^2} - \dfrac{y^2}{b^2}\right)} \, \mathrm{d}x\,\mathrm{d}y -$$

$$\iint_{D_{xy}} \sqrt{c^2\left(1 - \dfrac{x^2}{a^2} - \dfrac{y^2}{b^2}\right)} \, \mathrm{d}x\,\mathrm{d}y = 0$$

(18) 添加辅助面 $\Sigma_1 = \{(x,y,z) \mid z = 0, x^2 + y^2 \leqslant R^2\}$,取下侧,则在由 Σ 和 Σ_1 所围成的空间闭区域 Ω 上应用高斯公式得

$$\iint_{\Sigma + \Sigma_1} x\,\mathrm{d}y\,\mathrm{d}z + y\,\mathrm{d}z\,\mathrm{d}x + z\,\mathrm{d}x\,\mathrm{d}y =$$

$$\iiint_{\Omega} \left(\frac{\partial x}{\partial x} + \frac{\partial y}{\partial y} + \frac{\partial z}{\partial z}\right) \mathrm{d}v =$$

$$3\iiint_{\Omega} \mathrm{d}v = 3 \cdot \frac{2\pi R^3}{3} = 2\pi R^3$$

(19) 取 Σ 为平面 $z=2$ 的上侧被 Γ 所围成的部分,则 Σ 的单位法向量为 $\boldsymbol{n} = (0,0,1)$,Σ 在 xOy 面上的投影区域 D_{xy} 为 $x^2 + y^2 \leqslant 4$.于是由斯托克斯公式得

$$\oint_{\Gamma} 3y\,\mathrm{d}x - xz\,\mathrm{d}y + yz^2\,\mathrm{d}z = \iint_{\Sigma} \begin{vmatrix} 0 & 0 & 0 \\ \dfrac{\partial}{\partial x} & \dfrac{\partial}{\partial y} & \dfrac{\partial}{\partial z} \\ 3y & -xz & yz^2 \end{vmatrix} \mathrm{d}S =$$

$$-\iint_{D_{xy}} (2+3)\,\mathrm{d}x\,\mathrm{d}y = -20\pi$$

(20) $I = \iiint_{\Omega}\left[\dfrac{\partial}{\partial x}(2xz) + \dfrac{\partial}{\partial y}(yz) + \dfrac{\partial}{\partial z}(-z^2)\right]\mathrm{d}v = \iiint_{\Omega} z\,\mathrm{d}v$ 作球坐标变换,则

$$I = \int_0^{2\pi} \mathrm{d}\theta \int_0^{\frac{\pi}{4}} \mathrm{d}\varphi \int_0^{\sqrt{2}} \rho\cos\varphi\,\rho^2\sin\varphi\,\mathrm{d}\rho = \frac{\pi}{2}$$

(21) 整个曲面分成三个部分,由积分区域的可加性,得

$$\iint_{\Sigma} \frac{\mathrm{e}^z}{\sqrt{x^2 + y^2}} \mathrm{d}x\,\mathrm{d}y = \iint_{\Sigma_1 + \Sigma_2 + \Sigma_3} \frac{\mathrm{e}^z}{\sqrt{x^2 + y^2}} \mathrm{d}x\,\mathrm{d}y =$$

$$-\int_0^{2\pi}d\theta\int_0^1 e\rho + \int_0^{2\pi}d\theta\int_0^2 e^2\,d\rho + \int_0^{2\pi}d\theta\int_1^2 e^\rho\,d\rho =$$

$$-2\pi e(e-1)$$

(22) 设 $\Sigma_1: z = -\sqrt{a^2-x^2-y^2}$ (下侧), $\Sigma_2: \begin{cases} x^2+y^2 \leqslant a^2 \\ z=0 \end{cases}$ (上侧),则有

$$\iint_{\Sigma_2} \frac{ax\,dydz + 2(x+a)y\,dzdx}{\sqrt{x^2+y^2+z^2+1}} = 0$$

由此,有

$$I = \iint_\Sigma \frac{ax\,dydz + 2(x+a)y\,dzdx}{\sqrt{x^2+y^2+z^2+1}} =$$

$$\iint_{\Sigma_1+\Sigma_2-\Sigma_2} \frac{ax\,dydz + 2(x+a)y\,dzdx}{\sqrt{x^2+y^2+z^2+1}} =$$

$$\frac{1}{\sqrt{a^2+1}}\iiint_\Omega [a+2(x+a)]\,dv =$$

$$\frac{1}{\sqrt{a^2+1}}\iiint_\Omega 3a\,dv = \frac{2\pi a^4}{\sqrt{a^2+1}}$$

(23) 由斯托克斯公式得

$$I = \int_\Gamma (y-z)\,dx + (z-x)\,dy + (x-y)\,dz = -2\iint_\Sigma dydz + dzdx + dxdy$$

又因 Σ 在 xOy 面上的投影区域为 $D_{xy} = \{(x,y) \mid x^2+y^2 \leqslant 1\}$,而 Σ 的方程可写为 $z=1-x$,所以 Σ 上侧的单位法向量为 $(\cos\alpha, \cos\beta, \cos\gamma) = \frac{1}{\sqrt{2}}(1,0,1)$,于是

$$\iint_\Sigma dydz + dzdx + dxdy = \iint_\Sigma (\cos\alpha + \cos\beta + \cos\gamma)\,dS =$$

$$\iint_{D_{xy}} \frac{\sqrt{2}}{\cos\gamma}\,dxdy =$$

$$2\iint_{D_{xy}} dxdy = 2\pi$$

综上所述

$$I = \int_\Gamma (y-z)\,dx + (z-x)\,dy + (x-y)\,dz = -2\iint_\Sigma dydz + dzdx + dxdy = -4\pi$$

4. 证明略.

习题 8.1

1. (1) $u_n = \sqrt[n]{0.001}$, $n = 1,2,\cdots$ (2) $u_n = \left(\frac{1}{2^n} + \frac{1}{3^n}\right)$, $n = 1,2,\cdots$

 (3) $u_n = \frac{x^{n-1}}{(3n-2)(3n+1)}$, $n = 1,2,\cdots$ (4) $u_n = \frac{2^{n-1}}{3\cdot5\cdots\cdot(2^n-1)}$, $n = 1,2,\cdots$

2. $u_n = \frac{2}{n(n+1)}$, 收敛,和为 $S = 2$

3.(1) 发散　(2) 收敛　(3) 发散　(4) 发散

4.1　5.略　6.略

习题 8.2

1.(1) 收敛 (2) 发散 (3) 收敛 (4) 发散 (5) 收敛 (6) 发散 (7) 发散 (8) 收敛 (9) 收敛 (10) 发散

2.(1) 发散 (2) 收敛 (3) 收敛 (4) 发散 (5) 收敛 (6) 收敛 (7) 发散 (8) 收敛 (9) 发散 (10) 收敛

3.(1) 发散 (2) 收敛 (3) 收敛 (4) 收敛 (5) 收敛 (6) 发散 (7) 收敛 (8) 发散

4.(1) 收敛 (2) 收敛 (3) 收敛 (4) 收敛

习题 8.3

1.(1) 收敛 (2) 发散 (3) 收敛

2.(1) 条件收敛 (2) 绝对收敛 (3) 绝对收敛 (4) 绝对收敛 (5) 发散

习题 8.4

1.(1) $[-2,2]$　(2)$(-1,1)$　(3)$[-1,1]$　(4)$(-e,e)$　(5)$[-4,0)$　(6)$(4,6)$

　　(7)$(-1,1)$　(8)$(-\sqrt{2},\sqrt{2})$

2.(1) $-\ln(1+x),-1<x\leqslant 1$

　　(2) $\dfrac{2x}{(1-x^2)^2},|x|<1$

　　(3) 当 $x\neq 0$,且 $|x|<1$ 时,$s(x)=1+\left(\dfrac{1}{x}-1\right)\ln(1-x)$;当 $x=0,\pm 1$ 时,$s(x)=0$

习题 8.5

1.(1) $\displaystyle\sum_{n=0}^{\infty}\dfrac{1}{n!}x^{2n},(-\infty,+\infty)$

　　(2) $\displaystyle\sum_{n=0}^{\infty}\dfrac{(-1)^n x^n}{a^{n+1}},(-a,a)$

　　(3) $\dfrac{\sqrt{2}}{2}\displaystyle\sum_{n=0}^{\infty}(-1)^n\left[\dfrac{x^{2n}}{(2n)!}+\dfrac{x^{2n+1}}{(2n+1)!}\right],(-\infty,+\infty)$

　　(4) $\displaystyle\sum_{n=0}^{\infty}\dfrac{x^{2n+1}}{2n+1},(-1,1)$

2. (1) $1-\dfrac{x^2}{2\cdot 2!}+\dfrac{x^4}{2\cdot 4!}-\cdots+(-1)^n\dfrac{x^{2n}}{2\cdot(2n)!}+\cdots(-\infty,+\infty)$

 (2) $\displaystyle\sum_{n=1}^{\infty}\dfrac{(-1)^{n-1}}{(2n-1)!}\left(\dfrac{x}{2}\right)^{2n-1},(-\infty,+\infty)$

 (3) $\displaystyle\sum_{n=1}^{\infty}(-1)^{n-1}\dfrac{x^{2n-1}}{(n-1)!},(-\infty,+\infty)$

 (4) $\displaystyle\sum_{n=0}^{\infty}x^{2n},(-1,1)$

 (5) $\dfrac{\sqrt{2}}{2}\displaystyle\sum_{n=0}^{\infty}(-1)^n\left(\dfrac{x^{2n}}{(2n)!}+\dfrac{x^{2n+1}}{(2n+1)!}\right),(-\infty,+\infty)$

3. (1) $\displaystyle\sum_{n=0}^{\infty}\dfrac{1}{2^{n+1}}(x-1)^n,(-1,3)$

 (2) $\displaystyle\sum_{n=0}^{\infty}\left[\dfrac{(-1)^n}{2}\cdot\dfrac{\left(x-\dfrac{\pi}{3}\right)^{2n}}{(2n)!}+(-1)^{n+1}\dfrac{\sqrt{3}}{2}\dfrac{\left(x-\dfrac{\pi}{2}\right)^{2n+1}}{(2n+1)!}\right],(-\infty,+\infty)$

 (3) $\displaystyle\sum_{n=0}^{\infty}(-1)^n\left(\dfrac{1}{2^{n+2}}-\dfrac{1}{2^{2n+3}}\right)(x-1)^n,(-1,3)$

 (4) $\displaystyle\sum_{n=0}^{\infty}\dfrac{(-1)^n(n+1)}{3^{n+2}}(x-3)^n,(0,6)$

习题 8.6

1. (1) $2\left(\sin x-\dfrac{1}{2}\sin 2x+\cdots+\dfrac{(-1)^{n-1}\sin nx}{n}+\cdots\right)=\begin{cases}x,-\pi<x<\pi\\0,x=\pm\pi\end{cases}$

 (2) $\dfrac{\pi^2}{3}+4\displaystyle\sum_{n=1}^{\infty}(-1)^n\dfrac{\cos nx}{n^2}=x^2,-\pi\leqslant x\leqslant\pi$

 (3) $\dfrac{\pi}{2}-\dfrac{4}{\pi}\left(\dfrac{\cos x}{1^2}+\dfrac{\cos 3x}{3^2}+\cdots+\dfrac{\cos(2k-1)x}{(2k-1)^2}+\cdots\right)=|x|,-\pi\leqslant x\leqslant\pi$

 (4) $-\dfrac{1}{2}+\dfrac{6}{\pi}\left(\sin x+\dfrac{\sin 3x}{3}+\cdots+\dfrac{\sin(2k-1)x}{2k-1}+\cdots\right)=\begin{cases}-2,-\pi<x<0\\1,0<x<\pi\\-\dfrac{1}{2},x=0,x=\pm\pi\end{cases}$

2. $\dfrac{1}{2}-\dfrac{\pi}{4}\sin x=\dfrac{\cos 2x}{1\cdot 3}+\dfrac{\cos 4x}{3\cdot 5}+\cdots+\dfrac{\cos 2kx}{(2k-1)(2k+1)}+\cdots,0\leqslant x\leqslant\pi$

3. $\dfrac{\pi-x}{2}=\displaystyle\sum_{n=1}^{\infty}\dfrac{\sin nx}{n},0<x<2\pi$

总习题八

1. (1) B (2) B (3) B

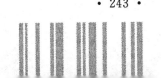

2.(1) 必要、充分(2) 充要(3) 收敛、发散

3.(1)$u_n = \dfrac{(n!)^2}{2n^2} = \dfrac{[(n-1)!]^2}{2} \to +\infty (n \to +\infty)$，由于一般项不趋于零，故级数发散

(2) $u_n = \dfrac{n\cos^2\frac{n\pi}{3}}{2^n} \leqslant \dfrac{n}{2^n} = v_n$，又因为 $\lim\limits_{n\to\infty} \dfrac{v_{n+1}}{v_n} = \lim\limits_{n\to\infty} \dfrac{n+1}{n} \cdot \dfrac{1}{2} < 1$，由比较判别法知 $\sum\limits_{n=1}^{\infty} v_n$

收敛，又根据比较判别法知原级数收敛

(3) $u_n = \dfrac{1}{\ln^{10} n}$，因为 $\lim\limits_{n\to\infty} \dfrac{u_n}{\frac{1}{n}} = \lim\limits_{n\to\infty} \dfrac{n}{\ln^{10} n} = +\infty$，而级数 $\sum\limits_{n=1}^{\infty} \dfrac{1}{n}$ 发散，故由比较判别法的极

限形式知原级数发散

(4) $u_n = \dfrac{a^n}{n^s}$，$\lim\limits_{n\to\infty} \dfrac{u_{n+1}}{u_n} = \lim\limits_{n\to\infty} a\left(\dfrac{n}{n+1}\right)^s = a$，由比值判别法知，当 $a<1$ 时级数收敛，当

$a>1$ 时级数发散. 当 $a=1$ 时，原级数成为 $\sum\limits_{n=1}^{\infty} \dfrac{1}{n^s}$，由 p-级数的结论知，当 $s>1$ 时

级数收敛，当 $s \leqslant 1$ 时级数发散.

4.略

5.(1) $u_n = \dfrac{(-1)^n}{n^p}$，$|u_n| = \dfrac{1}{n^p}$，当 $p>1$ 时，$\sum |u_n|$ 收敛；当 $0<p\leqslant 1$ 时，$\sum\limits_{n=1}^{\infty} \dfrac{(-1)^n}{n^p}$

是交错级数，根据莱布尼茨定理知其收敛且为条件收敛；当 $p \leqslant 0$ 时，由于

$\lim\limits_{n\to\infty} u_n \neq 0$，级数发散. 综上，当 $p>1$ 时，级数绝对收敛；当 $0<p\leqslant 1$ 时，级数条件

收敛；当 $p \leqslant 0$ 时，级数发散

(2) $u_n = \dfrac{(-1)^n}{\pi^{n+1}} \sin\dfrac{\pi}{n+1}$，$|u_n| \leqslant \left(\dfrac{1}{\pi}\right)^{n+1}$，而级数 $\sum\limits_{n=1}^{\infty}\left(\dfrac{1}{\pi}\right)^{n+1}$ 收敛，由比较判别法知

$\sum\limits_{n=1}^{\infty} |u_n|$ 收敛，即原级数绝对收敛

(3) $u_n = (-1)^n \ln\dfrac{n+1}{n}$，$\lim\limits_{n\to\infty} \dfrac{|u_n|}{\frac{1}{n}} = \lim\limits_{n\to\infty} n\ln\left(\dfrac{1}{n}+1\right) = \lim\limits_{n\to\infty} \ln\left(\dfrac{1}{n}+1\right)^n = 1$，而级数

$\sum\limits_{n=1}^{\infty} \dfrac{1}{n}$ 发散，故由比较判别法的极限形式知 $\sum\limits_{n=1}^{\infty} |u_n|$ 发散. 而 $\sum\limits_{n=1}^{\infty} u_n$ 是交错级数且

满足莱布尼兹定理的条件，因此收敛，故原级数条件收敛

(4) $\lim\limits_{n\to\infty} \dfrac{|u_{n+1}|}{|u_n|} = \lim\limits_{n\to\infty} \dfrac{(n+2)n^{n+1}}{(n+1)^{n+2}} = \lim\limits_{n\to\infty} \dfrac{n+2}{n+1} \cdot \dfrac{1}{\left(1+\frac{1}{n}\right)^{n+1}} = \dfrac{1}{e} < 1$，由比值判别法知

$\sum\limits_{n=1}^{\infty} |u_n|$ 收敛，即原级数绝对收敛

6.(1) $a_n = \dfrac{3^n+5^n}{n}$，因为 $\lim\limits_{n\to\infty} \dfrac{|a_{n+1}|}{|a_n|} = \lim\limits_{n\to\infty} \dfrac{n}{n+1} \cdot \dfrac{3^{n+1}+5^{n+1}}{3^n+5^n} = \lim\limits_{n\to\infty} \dfrac{n}{n+1} \cdot \dfrac{3\left(\frac{3}{5}\right)^n+5}{\left(\frac{3}{5}\right)^n+1} = $

5，故收敛半径为 $R = \dfrac{1}{5}$，收敛区间为 $\left(-\dfrac{1}{5}, \dfrac{1}{5}\right)$

(2) $a_n = \left(1 + \dfrac{1}{n}\right)^{n^2}$，因为 $\lim\limits_{n\to\infty} \dfrac{|a_{n+1}|}{|a_n|} = \lim\limits_{n\to\infty} \dfrac{\left(\dfrac{n+2}{n+1}\right)^{(n+1)^2}}{\left(\dfrac{n+1}{n}\right)^{n^2}} = \dfrac{\mathrm{e}^2}{\mathrm{e}} = \mathrm{e}$，故收敛半径为 $R = \dfrac{1}{\mathrm{e}}$，

收敛区间为 $\left(-\dfrac{1}{\mathrm{e}}, \dfrac{1}{\mathrm{e}}\right)$.

(3) 令 $x + 1 = t$，先讨论 $\sum\limits_{n=1}^{\infty} n t^n$ 的收敛区间，因为 $\lim\limits_{n\to\infty} \dfrac{|a_{n+1}|}{|a_n|} = \lim\limits_{n\to\infty} \dfrac{n+1}{n} = 1$，故收敛半

径为 $R = 1$，$\sum\limits_{n=1}^{\infty} n t^n$ 的收敛区间为 $(-1, 1)$，故原级数的收敛区间是 $(-2, 0)$

(4) 令 $\dfrac{x^2}{2} = t$，原级数成为 $\sum\limits_{n=1}^{\infty} n t^n$，由上题知该级数的收敛区间是 $(-1, 1)$. 因为 $x = \pm\sqrt{2t}$，故原级数的收敛区间是 $(-\sqrt{2}, \sqrt{2})$

7. (1) 因为

$$\left[\ln(x + \sqrt{x^2 + 1})\right]' = \dfrac{1}{\sqrt{x^2 + 1}} = (x^2 + 1)^{-\frac{1}{2}}$$

而

$$(x^2 + 1)^{-\frac{1}{2}} = 1 + \sum_{n=1}^{\infty} (-1)^n \dfrac{(2n-1)!!}{(2n)!!} x^{2n}, \quad x \in [-1, 1]$$

故

$$\ln(x + \sqrt{x^2 + 1}) = \int_0^x (x^2 + 1)^{-\frac{1}{2}} \mathrm{d}x = \int_0^x \left[1 + \sum_{n=1}^{\infty} (-1)^n \dfrac{(2n-1)!!}{(2n)!!} x^{2n}\right] \mathrm{d}x =$$

$$x + \sum_{n=1}^{\infty} (-1)^n \dfrac{(2n-1)!!}{(2n)!!(2n+1)} x^{2n+1}, \quad x \in [-1, 1]$$

(2) 因为 $\dfrac{1}{(2-x)^2} = \left(\dfrac{1}{2-x}\right)'$，$x \neq 2$，而

$$\dfrac{1}{2-x} = \dfrac{1}{2} \cdot \dfrac{1}{1 - \dfrac{x}{2}} = \sum_{n=0}^{\infty} \left(\dfrac{x}{2}\right)^n = \sum_{n=0}^{\infty} \dfrac{1}{2^{n+1}} x^n, \quad x \in (-2, 2)$$

故

$$\dfrac{1}{(2-x)^2} = \left(\dfrac{1}{2-x}\right)' = \left(\sum_{n=0}^{\infty} \dfrac{1}{2^{n+1}} x^n\right)' = \left(\dfrac{1}{2} + \sum_{n=1}^{\infty} \dfrac{1}{2^{n+1}} x^n\right)' =$$

$$\sum_{n=1}^{\infty} \dfrac{n}{2^{n+1}} x^{n-1}, \quad x \in (-2, 2)$$

8. $f(x) = \dfrac{\mathrm{e}^{\pi} - 1}{2\pi} + \dfrac{1}{\pi} \sum\limits_{n=1}^{\infty} \left[\dfrac{(-1)^n \mathrm{e}^{\pi} - 1}{n^2 + 1} \cos n\pi + \dfrac{(-1)^n \mathrm{e}^{\pi} + 1}{n^2 + 1} n \sin n\pi\right]$，$x \in \mathbf{R} \mid \{k\pi \mid$

$k \in \mathbf{Z}\}$.

总习题九

1. (1) Limit[(1＋x)^{3/x}, x → 0]

   e^3

   (2) Limit[(√x－2)/(x－4), x → 4]

   $\dfrac{1}{4}$

   (3) Limit[Sin[x]/x, x → 0]

   1

   (4) Limit[x Log[x], x → 0, Direction → 1]

   0

2. (1) D[(3 x)Log[x], x]

   $3＋3\ \text{Log}[x]$

   (2) D[x^2 ArcTan[x]＋ArcSin[x^3], x]

   $\dfrac{x^2}{1＋x^2}＋\dfrac{3x^2}{\sqrt{1－x^6}}＋2x\text{ArcTan }x$

   (3) D[x^(3 Cos[x]＋5), x]

   $x^{5＋3\text{Cos}[x]}\ \dfrac{5＋3\text{Cos}[x]}{x}－3\text{Log}[x]\ \text{Sin}[x]$

   (4) D[(x＋Sin[x])^5/Sec[x], x]

   $5\text{Cos}[x](1＋\text{Cos}[x])(x＋\text{Sin}[x])^4－\text{Sin}[x](x＋\text{Sin}[x])^5$

3. (1) Integrate[x Sin[x^2], x]

   $-\dfrac{1}{2}\text{Cos}[x^2]$

   (2) Integrate[x Exp[x], {x, 0, 5}]

   $1＋4e^5$

   (3) Integrate[x/(x^4＋x^2), {x, 1, 2}]

   $\dfrac{1}{2}\text{Log}\Big[\dfrac{8}{5}\Big]$

   (4) Integrate[x Exp[－(x^2)], {x, 0, Infinity}]

   $\dfrac{1}{2}$

4. (1) Sum[1/(n (n＋1)), {n, 1, Infinity}]

   1

   (2) Sum[n/(3^n), {n, 1, Infinity}]

   $\dfrac{3}{4}$

   (3) Sum[1/(n^2), {n, 1, Infinity}]

$$\frac{\pi^2}{6}$$

(4)Sum[(−1)^n/n,{n,1,Infinity}]

− Log[2]

参考文献

[1] 同济大学数学系. 高等数学[M]. 北京：高等教育出版社，2007.

[2] 赵树嫄. 微积分[M]. 北京：中国人民大学出版社，2007.

[3] 孔繁亮. 高等数学[M]. 哈尔滨：哈尔滨工业大学出版社，2010.

[4] 同济大学应用数学系. 高等数学：本科少学时类型[M]. 北京：高等教育出版社，2010.

[5] 李忠，周建莹. 高等数学[M]. 2 版. 北京：北京大学出版社，2004.

[6] 张文国，牟卫华，陈庆辉. 高等数学：下册[M]. 北京：中国铁道出版社，2004.

[7] 李天然. 高等数学[M]. 北京：高等教育出版社，2002.

[8] 李正元. 高等数学辅导[M]. 6 版. 上海：同济大学出版社，2012.

[9] 林源渠. 高等数学精选习题解析[M]. 北京：北京大学出版社，2011.

[10] 宣立新. 高等数学：下册[M]. 3 版. 北京：高等教育出版社，2010.

[11] 张韵华，王新茂. Mathematica. 7 实用教程[M]. 合肥：中国科学技术大学出版社，2011.